Sergio **Fabbri**
Mara **Masini**

EXPERIMENTA

corso di Fisica

PER IL PRIMO BIENNIO

1

Questo volume è disponibile anche in versione digitale.
Per scaricare il **libro digitale interattivo**:
- annota i codici stampati sul bollino argentato presente in questa pagina
- segui le istruzioni sul sito internet www.seieditrice.com/libri-digitali

SOCIETÀ EDITRICE INTERNAZIONALE - TORINO

07335

SEI

Coordinamento editoriale: Anna Maria Battaglini
Progetto editoriale e redazione: Claudia Marchis
Coordinamento tecnico: Michele Pomponio
Progetto grafico: Studio Balbo-Gozzelino
Impaginazione: LIV - Cascine Vica (TO)
Disegni: Studio Balbo-Gozzelino; Matilde Rivetti
Copertina: Piergiuseppe Anselmo
Coordinamento multimediale: Nicola Prinetti
Redazione multimediale: Francesca Gatto

Referenze fotografiche
Marka: p. 40 (*a*) – p. 74 (basso) – p. 172 – p. 214 (*c-f-h*) – p. 215 (*b*);
Mela Alice: p. 77; *Panoramic Elevators*, OTIS S.p.A., Cernusco sul Naviglio (MI): p. 211

Le illustrazioni non citate provengono dall'Archivio SEI.

AZIENDA CON SISTEMA DI GESTIONE
PER LA QUALITÀ CERTIFICATO DA DNV
= UNI EN ISO 9001:2008 =

www.seieditrice.com

Prima edizione: 2013

Ristampa
0 1 2 3 4 5 6 7 8 9 10
2013 2014 2015 2016 2017

Stampa: Vincenzo Bona S.p.A., Torino

Indice

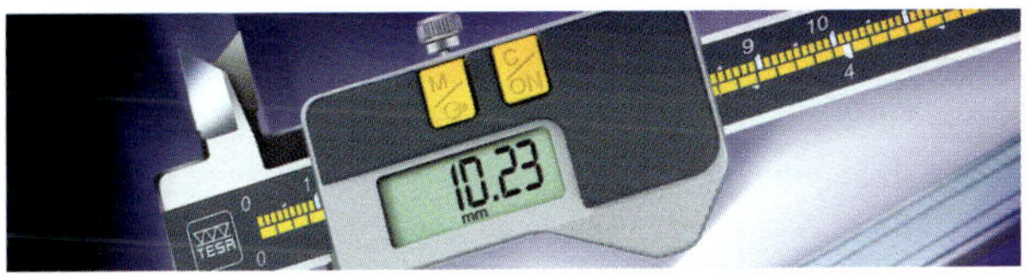

1 Le misure, 3

2 Le forze e l'equilibrio, 39

Premessa

«Ogni passo, ogni parte dell'insieme della natura
è solo un'*approssimazione* dell'intera verità,
ovvero di quella che per quanto ne sappiamo è l'intera verità.»
Richard P. Feynman

L'innovazione continua delle modalità di insegnamento dovuta al naturale cambiamento delle caratteristiche e delle necessità dello studente, ultimamente ha ricevuto un'ulteriore spinta a causa dei progressi tecnologici, che hanno letteralmente invaso la società in generale e il mondo della scuola in particolare. Ci siamo trovati quindi, come docenti, di fronte all'esigenza di sfruttare al meglio tutte le risorse e le potenzialità derivanti dagli sviluppi di una didattica multimediale, la quale veicola ovviamente, con le maggiori possibilità in termini di strumenti da utilizzare, anche un adeguamento degli stessi contenuti.
Dopo avere sperimentato per alcuni anni nelle classi la crescita del digitale nella nostra realtà quotidiana, partendo dai semplici videoproiettori e dai primi ipertesti per arrivare ai tablet e alle LIM, abbiamo ritenuto necessario riversare tale esperienza in questo testo, nell'ottica che la trasmissione dei contenuti, l'acquisizione di competenze e capacità, nonché la crescita personale dei ragazzi, fosse l'obiettivo prioritario. Non si tratta, cioè, di dare una patina di modernità alle tradizionali attività didattiche, ma di imprimere a queste ultime una spinta propulsiva attraverso le nuove tecnologie.
Per raggiungere l'obiettivo, bisogna avere a disposizione non una semplice somma di strumenti utilizzati separatamente nel tempo e nello spazio, ma del materiale veramente integrato, mettendo in comunicazione diretta e senza soluzione di continuità le pagine del libro e le ricchissime fonti della multimedialità. Per tale motivo **Experimenta**, seconda edizione di *Phoenomena*, consente di passare agevolmente e flessibilmente dal testo classico alle lezioni multimediali, al libro digitale interattivo (contenente animazioni, figure attive, filmati di laboratorio e approfondimenti on-line), ai link delle applet disponibili in Internet.
In tal modo, da una parte lo studente ha a disposizione un percorso di apprendimento certamente più ampio e vicino alla sua sensibilità e abilità informatica, dall'altra l'insegnante può rendere l'attività in classe più stimolante, coinvolgente e – perché no? – creativa.

L'intento

In **Experimenta** per rendere l'**approccio** con la Fisica il più possibile **diretto e coinvolgente** è stato valorizzato l'**aspetto iconografico**, facendo in modo che fotografie, disegni, grafici entrino a far parte integrante del testo, anziché costituire qualcosa di puramente coreografico o comunque marginale.
Una tale impostazione produce un altro vantaggio: rendere la parte testuale vera e propria più concisa, meno dispersiva, condensata attorno ai nuclei centrali di ogni tematica trattata, ma senza dover rinunciare alla rigorosità del **linguaggio scientifico** – anzi, semmai, accentuandola.

Lo studio

La struttura generale del corso è la seguente.

- Il testo è suddiviso in **Moduli**, a loro volta articolati in **Unità**.

2 Le forze e l'equilibrio

Competenze

Unità 3 Forze e loro misurazione
- Applicazione della legge di Hooke (formule dirette ed inverse)
- Riconoscimento di grandezze direttamente proporzionali tramite le proprietà
- Tracciamento del grafico di grandezze direttamente proporzionali
- Determinazione della pendenza nel grafico forza-allungamento
- Manipolazione di equazioni del tipo $Y = K \cdot X$

Unità 4 Vettori ed equilibrio
- Rappresentazione grafica di operazioni di somma tra vettori
- Scomposizione di un vettore
- Individuazione delle condizioni di equilibrio di un punto materiale
- Quantificazione del ruolo dell'attrito in situazioni statiche

Unità 5 Equilibrio del corpo rigido
- Studio del momento di una forza per l'individuazione delle condizioni di equilibrio di un corpo rigido
- Applicazioni concrete di leve

Unità 6 Fluidi
- Applicazione della formula della pressione e della formula della densità
- Applicazione del principio di Pascal
- Applicazione della legge di Stevino
- Applicazione della relazione che esprime la spinta di Archimede
- Riconoscimento nell'esperienza quotidiana degli effetti della pressione

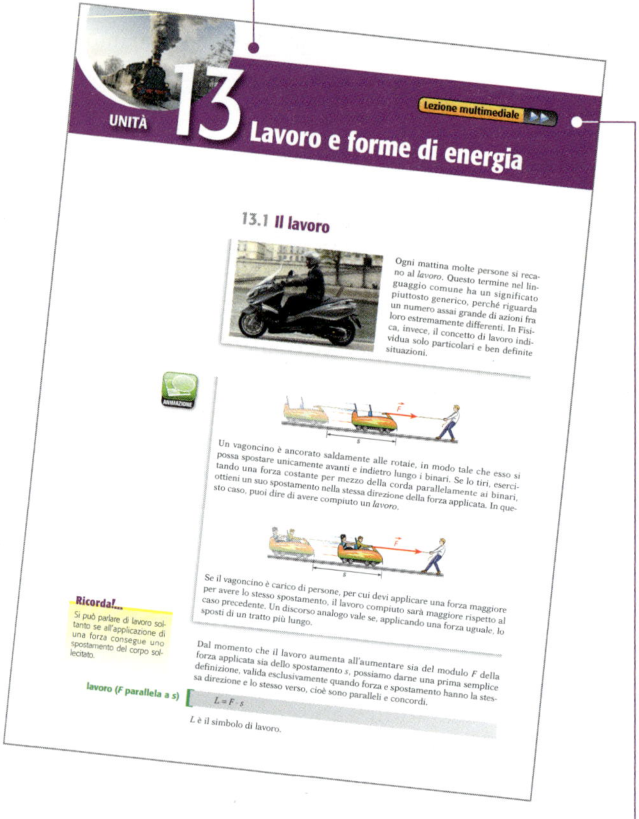

UNITÀ 13 Lavoro e forme di energia

Lezione multimediale

13.1 Il lavoro

Ogni mattina molte persone si recano al *lavoro*. Questo termine nel linguaggio comune ha un significato piuttosto generico, perché riguarda un numero assai grande di azioni fra loro estremamente differenti. In Fisica, invece, il concetto di lavoro individua solo particolari e ben definite situazioni.

Un vagoncino è ancorato saldamente alle rotaie, in modo tale che esso si possa spostare unicamente avanti e indietro lungo i binari. Se lo tiri, esercitando una forza costante per mezzo della corda parallelamente ai binari, ottieni un suo spostamento nella stessa direzione della forza applicata. In questo caso, puoi dire di avere compiuto un *lavoro*.

Se il vagoncino è carico di persone, per cui devi applicare una forza maggiore per avere lo stesso spostamento, il lavoro compiuto sarà maggiore rispetto al caso precedente. Un discorso analogo vale se, applicando una forza uguale, lo sposti di un tratto più lungo.

Ricorda!... Si può parlare di lavoro soltanto se all'applicazione di una forza consegue uno spostamento del corpo sollecitato.

Dal momento che il lavoro aumenta all'aumentare sia del modulo F della forza applicata sia dello spostamento s, possiamo darne una prima semplice definizione, valida esclusivamente quando forza e spostamento hanno la stessa direzione e lo stesso verso, cioè sono paralleli e concordi.

lavoro (F parallela a s) $L = F \cdot s$

L è il simbolo di lavoro.

Nell'apertura di Modulo sono elencate le **Competenze** di base da raggiungere al termine di ogni unità.

- L'icona rimanda a **Fisica. Percorsi multimediali**, lezioni multimediali utilizzabili sia dallo studente per lo studio personale, sia dal docente con la LIM per la didattica in classe. Ogni lezione multimediale propone un percorso sintetico che ricalca i contenuti dell'unità del testo, arricchiti di animazioni, video, immagini ed esempi svolti.

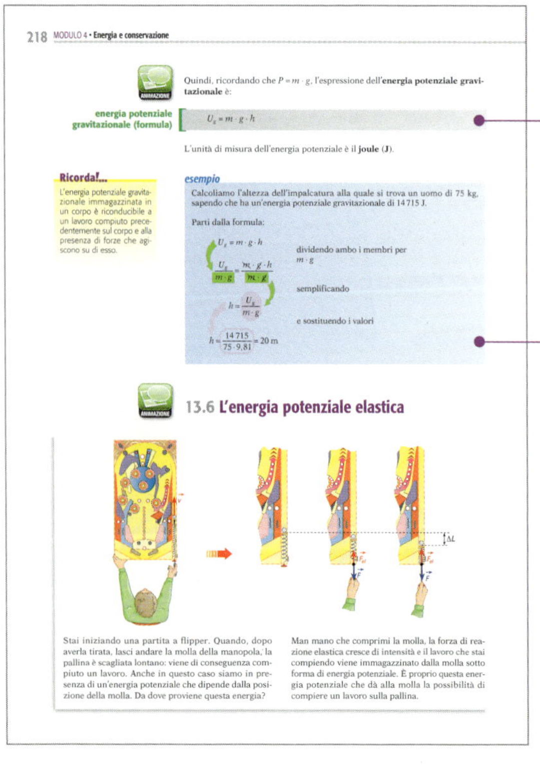

218 MODULO 4 • Energia e conservazione

Quindi, ricordando che $P = m \cdot g$, l'espressione dell'**energia potenziale gravitazionale** è:

energia potenziale gravitazionale (formula) $U_g = m \cdot g \cdot h$

L'unità di misura dell'energia potenziale è il **joule** (**J**).

Ricorda!... L'energia potenziale gravitazionale immagazzinata in un corpo è riconducibile a un lavoro compiuto precedentemente sul corpo e alla presenza di forze che agiscono su di esso.

esempio

Calcoliamo l'altezza dell'impalcatura alla quale si trova un uomo di 75 kg, sapendo che ha un'energia potenziale gravitazionale di 14 715 J.

Parti dalla formula:

$U_g = m \cdot g \cdot h$ dividendo ambo i membri per $m \cdot g$

$\frac{U_g}{m \cdot g} = \frac{m \cdot g \cdot h}{m \cdot g}$ semplificando

$h = \frac{U_g}{m \cdot g}$ e sostituendo i valori

$h = \frac{14\,715}{75 \cdot 9{,}81} = 20$ m

13.6 L'energia potenziale elastica

Stai iniziando una partita a flipper. Quando, dopo averla tirata, lasci andare la molla della manopola, la pallina è scagliata lontano: viene di conseguenza compiuto un lavoro. Anche in questo caso siamo in presenza di un'energia potenziale che dipende dalla posizione della molla. Da dove proviene questa energia?

Man mano che comprimi la molla, la forza di reazione elastica cresce di intensità e il lavoro che stai compiendo viene immagazzinato dalla molla sotto forma di energia potenziale. È proprio questa energia potenziale che dà alla molla la possibilità di compiere un lavoro sulla pallina.

- Nel corso delle Unità i concetti principali sono evidenziati da un **richiamo** laterale.

- Gli **esempi** mostrano in che modo possono essere utilizzate le conoscenze acquisite per la risoluzione di semplici esercizi applicativi.

- Alcuni momenti di riflessione intitolati **Ricorda!...** sottolineano aspetti e conseguenze dei concetti trattati che è bene siano presi in considerazione con una certa attenzione.

- Attraverso i **Flash** si collegano i concetti studiati alla realtà quotidiana.

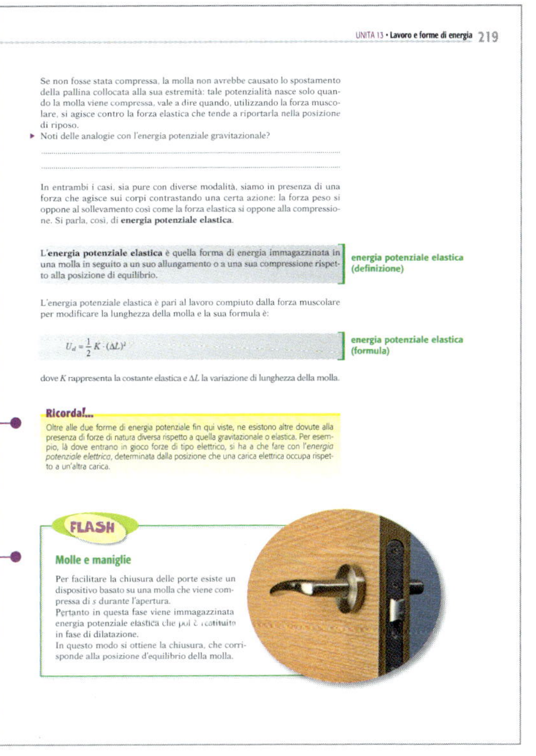

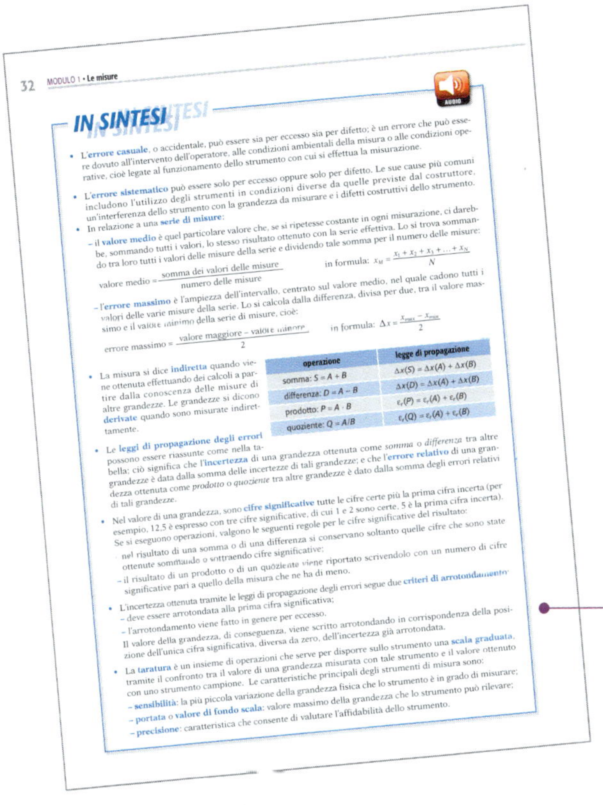

- **In sintesi** aiuta lo studente a esprimersi chiaramente e in modo rigoroso, ricapitolando con ordine i concetti più importanti dell'Unità.

All'interno del testo varie **icone** rimandano al materiale digitale di integrazione al corso, utile strumento per avere più chiari i concetti studiati o per approfondire gli argomenti esposti. Tali materiali sono reperibili all'interno del portale della Casa Editrice all'indirizzo www.seieditrice.com, nel sito dell'opera, oppure sono direttamente collegati alle pagine del **libro digitale interattivo**.

Le icone e i relativi oggetti linkati sono i seguenti:

ANIMAZIONE **animazioni**, che, partendo dalle figure del libro, chiariscono e rendono più immediata la comprensione dell'argomento;

VIDEO LAB **filmati di esperimenti di laboratorio**, ripresi e descritti in dettaglio nelle varie fasi di esecuzione, in modo che gli studenti possano *vedere* realmente l'esperimento, anche se non hanno la possibilità di accedere al laboratorio;

SCHEDA LAB **schede di laboratorio**, che guidano passo passo nelle esperienze chi ha la possibilità di accedere al laboratorio scolastico;

VIRTUAL LAB **esperienze virtuali**, simulazioni di esperienze di laboratorio che permettono l'acquisizione dei dati sperimentali senza recarsi fisicamente in laboratorio;

ESPANSIONI **espansioni**, contenenti argomenti di approfondimento che non sempre si ha tempo a sviluppare in classe, e che comunque possono essere scaricati on line;

MATEMATICA **matematica**, argomenti di matematica di base, utili da ripassare in particolari punti del testo;

AUDIO **sintesi** dell'unità in formato mp3, per ripassare la lezione;

VERIFICHE **verifiche** interattive.

La verifica

La fase di verifica è molto articolata.

- **Vero-falso** e **Test a scelta multipla** rappresentano momenti di consolidamento ed elaborazione delle conoscenze teoriche acquisite.

- Gli **Esercizi**, disposti secondo i paragrafi che scandiscono l'Unità, sempre accompagnati da un **esercizio guidato**, richiedono l'applicazione immediata di definizioni e formule, per passare poi agli sviluppi con ricorso alle formule inverse.

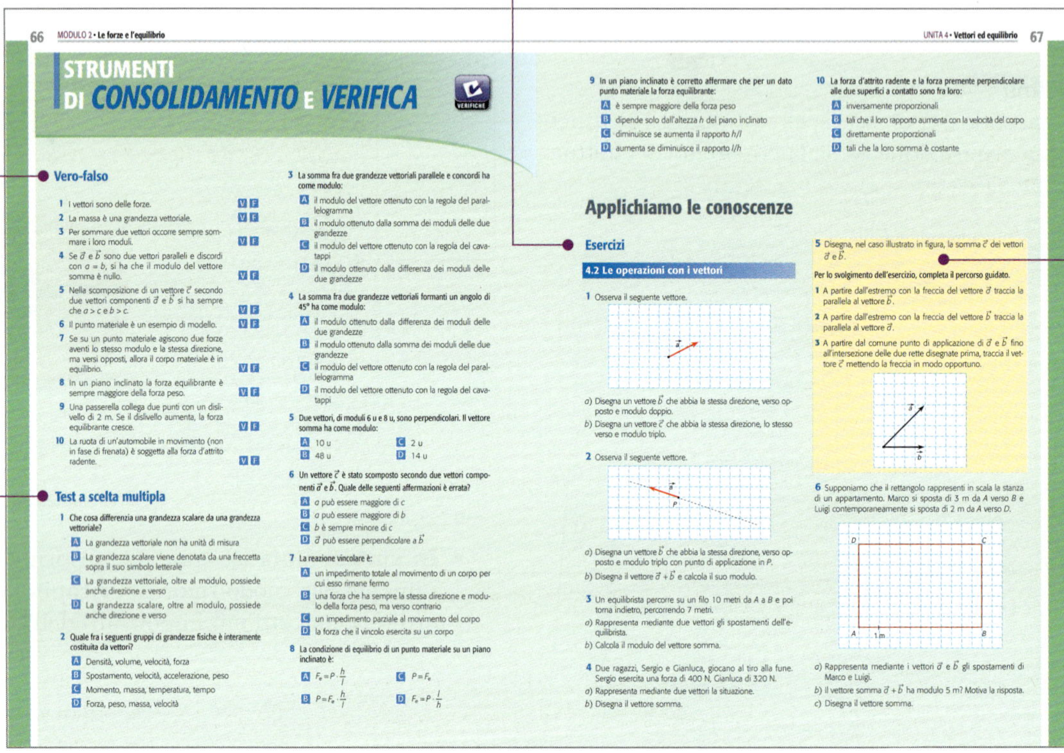

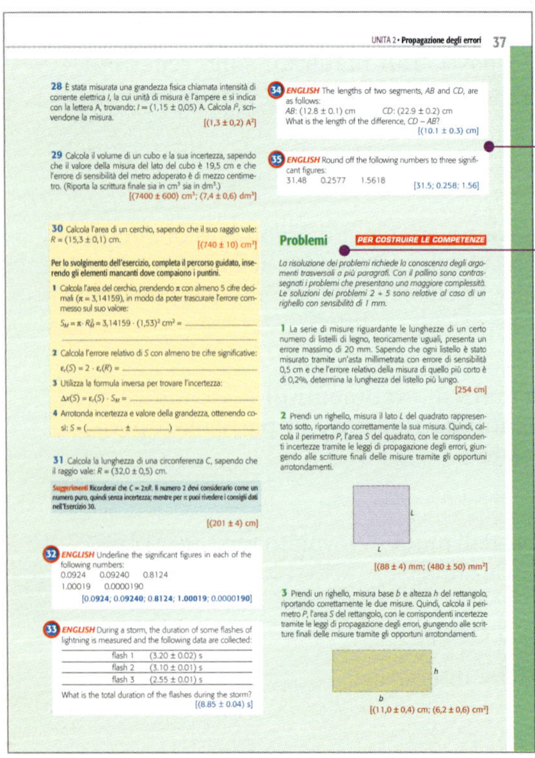

- Sono proposti **esercizi** e **problemi** in lingua inglese.

- I **Problemi**, suddivisi su due livelli di difficoltà (i più difficili sono segnalati con un pallino), riguardano contenuti trasversali ai paragrafi che compongono l'Unità e, talvolta, alle Unità precedenti; servono per verificare il **raggiungimento delle competenze** e si concludono sempre con un caso di applicazione delle leggi di propagazione degli errori, in modo da mantenere *allenato* lo studente su questa capacità operativa.

Fisica. Percorsi multimediali

Fisica. Percorsi multimediali è una raccolta di lezioni multimediali che arricchiscono il testo con filmati, animazioni, immagini, link per la visualizzazione di applet disponibili in rete e strumenti aggiuntivi quali la sintesi delle lezioni in formato mp3 e verifiche interattive.

In ogni lezione viene proposto un percorso che può essere seguito passo passo e che ricalca in linea di massima i contenuti presenti nel testo; in alternativa, facendo opportune scelte tramite gli strumenti messi a disposizione, si ha la possibilità di effettuare una selezione personalizzata del materiale.

La struttura delle singole lezioni è descritta qui di seguito.

Si può optare per seguire la **Lezione**, andare direttamente alle **Verifiche** (V/F, *Test a scelta multipla* ecc.) o accedere al **Ripasso**.

Extra contiene:

NonsoloMatematica, competenze matematiche e non (grandezze direttamente proporzionali, inversamente proporzionali e con proporzionalità quadratica, equivalenze, notazione esponenziale, equazioni, utilizzo della calcolatrice e così via) propedeutiche allo studio della Fisica.

Per il recupero, semplici esercizi finalizzati a rilevare il raggiungimento delle competenze di base.

Da questa parte della schermata si può accedere direttamente a filmati, animazioni, figure, grafici, tabelle, formule inverse e link per l'uso guidato di applet.

Con il menu orizzontale si accede alla teoria, il cui argomento è richiamato dal nome del pulsante.

Finestra dedicata alla visualizzazione della teoria, delle immagini, dei filmati e delle animazioni.

Introduzione

La verità emerge più facilmente dall'errore
che dalla confusione.
F. BACONE

Il metodo sperimentale

Come prima cosa cerchiamo di capire esattamente *di che cosa tratta* la nostra disciplina e, in particolare, *come* lo affronta.

di che cosa si occupa la Fisica

La Fisica si occupa di tutto ciò che accade in natura, indicato in generale come **fenomeno**, che è possibile studiare attraverso particolari entità chiamate **grandezze fisiche**.

Tale scelta impone ovviamente una netta delimitazione degli argomenti da trattare. Infatti, dal momento che le grandezze fisiche, affinché siano davvero tali, devono poter essere **misurate**, ne deriva che dal campo di interesse della Fisica debbano essere escluse (non perché in assoluto poco importanti, ma solamente in quanto non sottoponibili a misurazione) tematiche quali la bellezza, le emozioni, la spiritualità e così via. La Fisica fa una descrizione *quantitativa* dei fenomeni e *non* solo *qualitativa*, per poter giungere a conclusioni oggettive.

metodo sperimentale

Le modalità con cui vengono analizzati i fenomeni fisici sono espresse dal **metodo sperimentale**, introdotto e sistematizzato per la prima volta da Galilei.

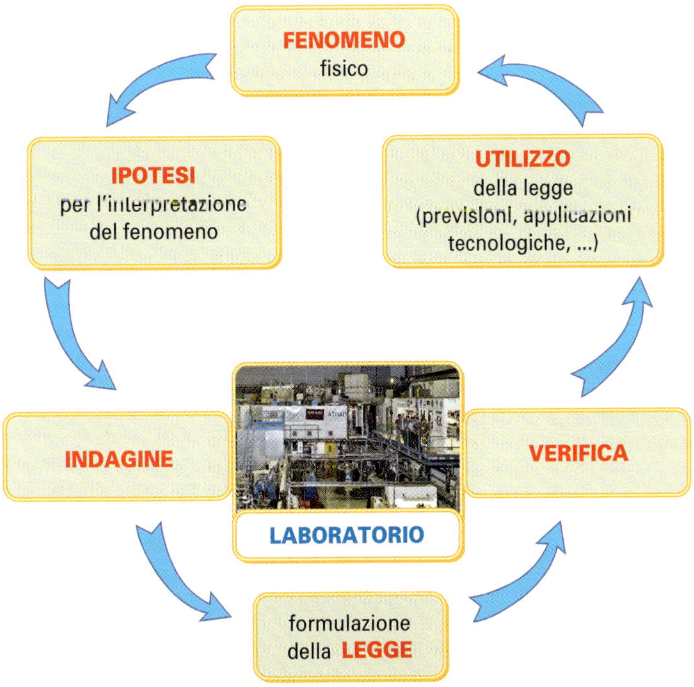

La caratteristica principale del metodo sperimentale consiste nel fatto che, dopo una fase iniziale di tipo **qualitativo** (l'osservazione di quello che accade), al termine di un certo percorso si arriva a una sintesi, quasi sempre tramite l'uso del *linguaggio matematico*, delle conoscenze acquisite: la **legge** fisica.
Di conseguenza, l'approccio diventa sostanzialmente di tipo **quantitativo**, con la possibilità concreta di fare calcoli, previsioni, progetti.

Quali sono le conseguenze fondamentali di questo modo di procedere?

1. Le cose possono essere diverse da come appaiono, perché il nostro intuito ci può ingannare.
2. È possibile dimostrare che una determinata affermazione è eventualmente falsa.
3. Chiunque deve poter ottenere nel suo laboratorio, ovunque esso si trovi, gli stessi risultati da noi raggiunti nel nostro laboratorio.
4. Una legge o una teoria non sono considerate vere per sempre, ma soltanto fino a quando non viene dimostrato che sono false.

Ricorda!...

Lo studio della Fisica, al di là dei contenuti puramente disciplinari, rappresenta un'occasione importante per il potenziamento delle tue capacità critiche, che ti sono indispensabili in ogni esperienza non solo di lavoro, ma anche di vita.

Le misure

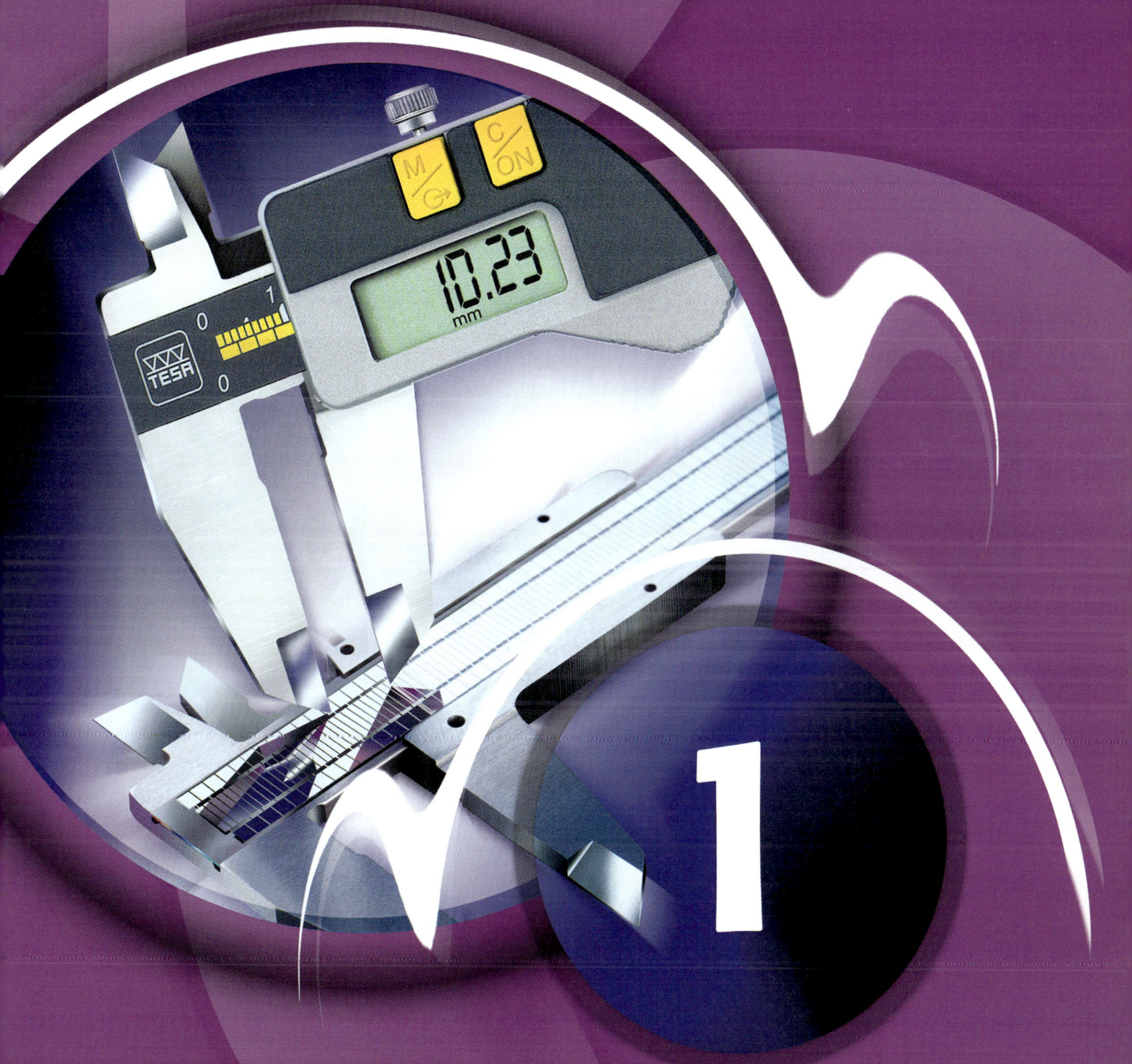

1

Competenze

Unità 1
Misure ed errori
- Scrittura di una misura
- Calcolo dell'errore relativo
- Valutazione della precisione di una misura

Unità 2
Propagazione degli errori
- Applicazione delle leggi di propagazione degli errori nelle misure indirette
- Arrotondamento dei risultati delle misure
- Elaborazione di tipi differenti di serie di dati (valore medio)

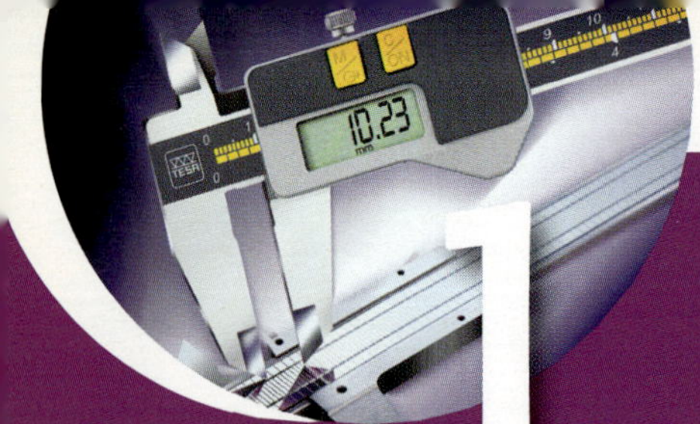

UNITÀ 1

Lezione multimediale

Misure ed errori

1.1 Le misure

Se ci guardiamo intorno, potremmo avere l'impressione che la nostra vita sia piena di... numeri.
In un certo senso è così, ma si tratta sempre semplicemente di numeri?

Tramite il metro puoi misurare la larghezza di un tavolo.

Con il termometro rilevi la temperatura dell'ambiente.

Osservando il tachimetro conosci la velocità alla quale procede la moto.

Probabilmente, se scrivi quanto sei alto, riporti un numero seguito da una parola o da un simbolo, qualcosa del tipo: 1,75 **metri**. Perché questa precisazione? Non bastava scrivere 1,75? Forse, nel parlare, dai per scontata la parola «metri»; comunque sia, non crediamo che tu abbia dubbi sul fatto che dire di essere alti 1,75 può non essere esauriente, se non è chiaro che si tratta di **metri** e non di **kilometri** o di **pollici**.
Avrai allora intuito che nell'esempio visto non abbiamo a che fare con un banale numero, bensì con una **misura**. E questo proprio perché numeri di quel tipo sono sempre seguiti da una certa parola o simbolo (immaginiamo che tu sappia già che nome ha, in ogni caso ne parleremo espressamente più avanti). Ecco: capire che cos'è *esattamente* una **misura** è il primo e fondamentale passo che dobbiamo compiere per poter iniziare a parlare di Fisica.

grandezze fisiche

La Fisica si occupa soltanto di quei fenomeni che possono essere studiati tramite delle **grandezze fisiche**, cioè tramite *grandezze* che caratterizzano quel fenomeno e che siamo in grado di **misurare**.

Fin qui tutto chiaro... Ma che cosa significa esattamente **misurare**?

misurare

Con la parola **misurare** intendiamo l'insieme delle operazioni al termine delle quali associamo un **numero** a una grandezza.

A questo punto potresti avere l'impressione che stiamo girando intorno al problema senza in realtà risolverlo, perché ancora non è chiaro che cosa si debba fare concretamente. Tuttavia, operare in maniera scientifica ha un grosso vantaggio rispetto ad altri settori, in quanto a un certo punto si passa... all'azione!

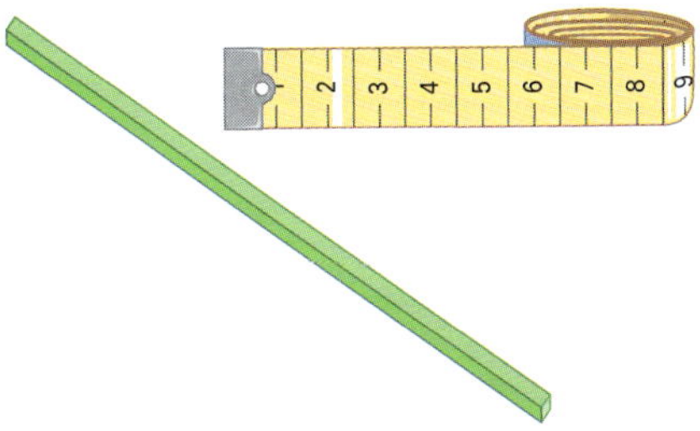

Osserva la figura e prova a pensare quali azioni compiresti per misurare la lunghezza L dell'asticella utilizzando il metro da sarto riprodotto.

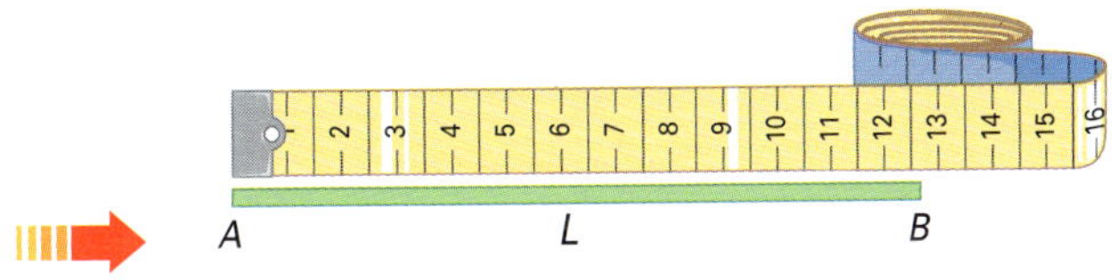

In linea di massima potremmo sintetizzare così ciò che si fa per misurare la lunghezza L dell'asticella:

a) si prende il metro da sarto e, dopo averlo aperto, lo si appoggia sull'asticella;

b) si controlla che lo zero del metro da sarto coincida con un estremo dell'asticella (A);

c) si va a leggere sul metro da sarto il valore numerico in corrispondenza del secondo estremo (B).

Riflettendo sulla sequenza di operazioni svolte, possiamo in sintesi dire che la misurazione è consistita nel confrontare la lunghezza dell'asticella L con un'altra lunghezza (quella del metro da sarto) preparata per questo scopo.

misurazione

L'essenza delle azioni che chiamiamo complessivamente **misurazione** non è altro che un **confronto** fra la grandezza in esame e un'altra grandezza di riferimento, o campione, che costituisce l'**unità di misura**.

Cerchiamo di comprendere meglio che cosa intendiamo con **unità di misura**. Per rendere possibile lo scambio di informazioni sulle grandezze fisiche è fondamentale accordarsi su uno stesso campione di riferimento che, pur continuando a essere frutto di scelte arbitrarie, ha il vantaggio di essere condiviso da molte persone.

unità di misura

L'**unità di misura** è un campione di riferimento, dello stesso tipo della grandezza da misurare, fissato secondo una precisa convenzione e rispetto a cui viene determinato il valore della grandezza stessa.

Adesso facciamo una vera e propria misurazione e analizziamo gli effetti di tale azione. L'unità di misura utilizzata è il metro, ma per comodità ricorreremo al centimetro che è un suo sottomultiplo.

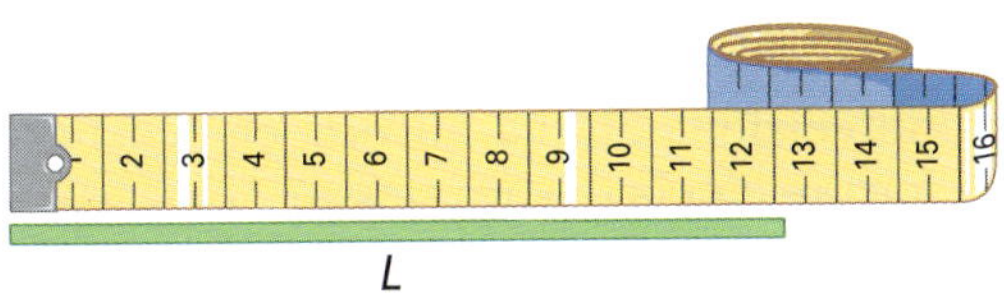

Che cosa ritieni si debba riportare come valore della grandezza L?

a) 12,5 cm *b*) 12,6 cm *c*) 12,7 cm *d*) 13,0 cm

Forse ti appaiono più convincenti la risposta *b* oppure la *c*... Eppure, esse sono sbagliate, perché lo strumento adoperato non consente di effettuare, per come è stato costruito, letture di valori intermedi fra 12,5 cm e 13,0 cm. Nessuno può dire se la grandezza valga effettivamente 12,67 cm e non piuttosto 12,705 cm... Non possiamo dire dei numeri a caso!
La risposta corretta è la *a*.

Ricorda!...

L'unità di misura è un elemento indispensabile, senza il quale i valori numerici delle grandezze non hanno alcun significato.

Il risultato della misura, se vogliamo procedere in modo oggettivo e scientifico, non deve essere condizionato dall'operatore che l'ha eseguita. Bisogna, quindi, tenere conto dei limiti dello strumento usato, cioè dell'**errore di sensibilità** dello strumento.

errore di sensibilità

L'**errore di sensibilità** di uno strumento è la più piccola variazione della grandezza che lo strumento è in grado di rilevare.

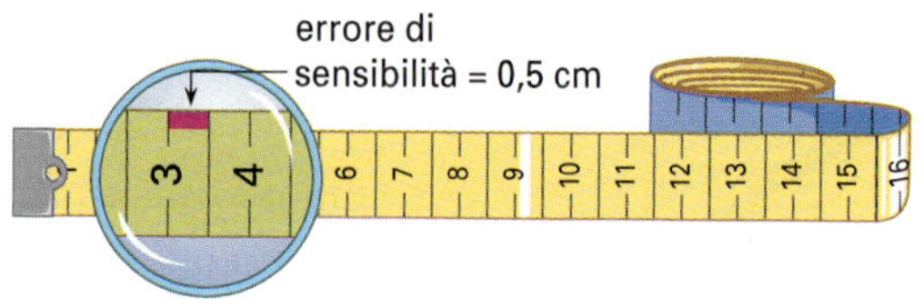

L'**errore di sensibilità** corrisponde al valore della distanza tra due divisioni (dette anche *tacche*) successive nella scala dello strumento.
Da 0 a 1 cm ci sono due divisioni, per cui ogni divisione vale:

$$1 : 2 = 0,5 \text{ cm}$$

E questo è appunto l'**errore di sensibilità** del metro da sarto che abbiamo utilizzato.

Ritornando alla nostra misurazione, abbiamo che la lunghezza L corrisponde a poco più di 25 divisioni, per cui:

$$25 \cdot 0,5 = 12,5 \text{ cm}$$

Tale quantità prende il nome di **valore della grandezza**.

valore della grandezza

Il **valore della grandezza** è la quantità numerica che leggiamo sulla scala di uno strumento adatto a tale scopo.

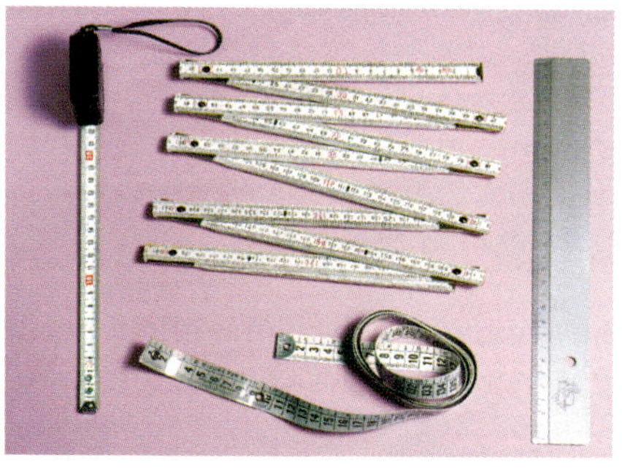

Tuttavia, il valore della grandezza, come abbiamo visto, non è esattamente 12,5 cm, ma «qualcosa di più», che però il nostro strumento non è in grado di apprezzare. A meno di cambiare strumento, prendendone uno più sensibile (un righello anziché il metro da sarto, per esempio), dobbiamo rassegnarci ad avere un valore della grandezza con un certo grado di imprecisione.

Come esprimere l'imprecisione di una misura, che costituisce pur sempre un'informazione da fornire con la misura stessa?

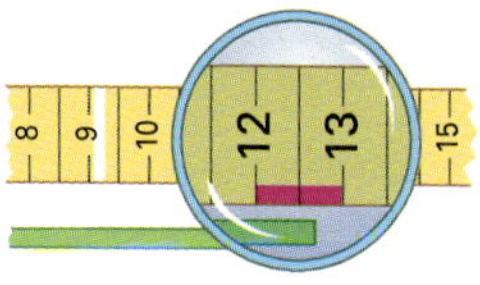

Osservando l'ingrandimento non possiamo avere dubbi sul fatto che il valore della grandezza si trova vicino a 12,5 cm ed è chiaramente compreso fra 12,0 cm e 13,0 cm, vale a dire fra:

$$12,5 - 0,5 = 12,0 \text{ cm} \quad \text{e} \quad 12,5 + 0,5 = 13,0 \text{ cm}$$

L'intervallo di possibili valori all'interno del quale rientra il valore della grandezza misurata (che nel nostro caso va da 12,0 cm a 13,0 cm), si chiama **intervallo di indeterminazione**.

Il risultato di un'operazione di misurazione non può mai produrre un valore numerico infinitamente preciso (cioè con infinite cifre, come lo sono i numeri trattati in matematica), bensì solo un intervallo di valori più o meno ampio.

Tale considerazione non è legata ad azioni *errate*, ma è dovuta al fatto che la misurazione non può per sua natura portare a un risultato per così dire perfetto.

Ricorda!...

Il valore della grandezza in generale lo indicheremo con x_M, in cui il pedice M sta per «misurato», mentre la lettera x sarà di volta in volta sostituita da altre lettere (per esempio, L per la lunghezza, t per il tempo e così via).

1.2 L'incertezza della misura

Quando una misurazione viene effettuata così come esposto nel paragrafo precedente, viene detta **misura diretta**.

Si parla di **misura diretta** quando la grandezza da misurare viene confrontata (tramite lo strumento) *direttamente* con il campione preso come unità di misura, senza passaggi intermedi.

misura diretta

VIRTUAL LAB

SCHEDA LAB

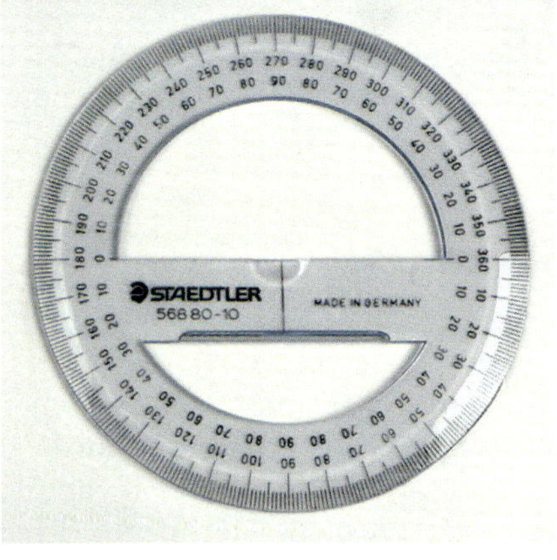

Oltre alle lunghezze, sono misure dirette per esempio quelle che riguardano gli angoli (con il goniometro) e gli intervalli di tempo (con il cronometro).

Ci sono però altri casi in cui, anche se la lettura viene fatta in modo diretto leggendo subito il valore della grandezza sullo strumento (per esempio, la misurazione della temperatura di un ambiente con il termometro), non si può parlare di misure dirette, bensì di misure con **strumenti tarati**: quello che vedi in tali strumenti è una grandezza fisica che ne rappresenta un'altra di tipo diverso. Nel termometro, infatti, osservi una posizione del liquido (per esempio l'alcol) presente nel capillare, dunque una lunghezza, a cui però viene in qualche modo associata appunto una temperatura.

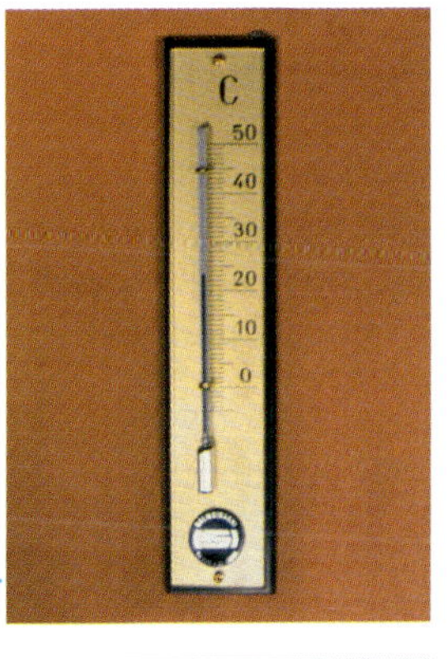

Può capitare spesso che le misure siano, invece, il frutto di un calcolo matematico (prova a pensare all'area di una figura geometrica). Si parla allora di **misure indirette**.

La **misura indiretta** di una grandezza è quella misura eseguita effettuando dei calcoli a partire dalla conoscenza delle misure di altre grandezze.

misura indiretta

grandezze derivate

Le grandezze misurate indirettamente prendono il nome di **grandezze derivate**.

Comunque sia, in qualunque tipo di misura il valore della grandezza può essere semplicemente *stimato*, cioè determinato con una certa imprecisione. A tale imprecisione diamo il nome di **incertezza**.

incertezza

L'**incertezza** quantifica il grado di imprecisione che si ha nell'individuazione del valore di una grandezza.

Ricorda!...

L'incertezza non sempre è data dall'errore di sensibilità dello strumento: non trattare perciò i due termini come se avessero lo stesso significato.

L'incertezza viene indicata con il simbolo Δx, dove Δ è una lettera greca che si legge «delta», mentre x sta per la grandezza generica. Essa ha la medesima unità di misura della grandezza alla quale si riferisce.
In definitiva, il risultato della misurazione della lunghezza L dell'asticella, per tenere conto di tutto quanto abbiamo detto, viene solitamente scritto nel seguente modo (il simbolo ± si legge «più o meno»):

misura

$$L = (12{,}5 \pm 0{,}5)\ \text{cm}$$

È questo che solitamente si intende quando si parla di **misura**.
Se manca qualcuno degli elementi indicati qui sopra, allora la misura non è completa.

$L = (12{,}5 \pm 0{,}5)$ cm

La lettera che precede il segno di uguaglianza costituisce una sorta di iniziale del nome della grandezza stessa: è il **simbolo della grandezza**.

$L = (12{,}5 \pm 0{,}5)$ cm

Il primo numero entro parentesi è il numero ottenuto confrontando la grandezza con l'unità di misura ed è chiamato **valore della grandezza**.

$L = (12{,}5 \pm 0{,}5)$ cm

Il secondo numero entro parentesi è l'**incertezza** della misura.

$L = (12{,}5 \pm 0{,}5)$ cm

Il simbolo che completa la scrittura è l'**unità di misura**, cioè il campione di riferimento rispetto al quale valutiamo la grandezza fisica.

1.3 L'errore relativo

Se si deve dire quale fra due misure sia la *migliore*, vale a dire la *più precisa*, su che cosa possiamo basarci? Sull'incertezza? Proviamo a considerare per un attimo la seguente situazione, riguardante i risultati ottenuti da due ipotetici tiratori al piattello:

tiratore 1:	100 tiri	10 errori
tiratore 2:	200 tiri	16 errori

▶ Chi pensi sia stato più bravo? Pensando al ragionamento che hai seguito mentalmente, motiva la tua risposta.

....

Apparentemente il tiratore 1 ha fatto globalmente meno errori; tuttavia, il tiratore 2, pur avendo eseguito il doppio dei tiri, ha commesso meno del doppio di errori:

10 errori su **100** tiri	*cioè*	**5** errori su **50** tiri
16 errori su **200** tiri	*cioè*	**4** errori su **50** tiri

Essendoci così ricondotti allo stesso numero di tiri (50), adesso appare evidente che il tiratore più bravo è in realtà il secondo (4 errori contro 5).
In quale operazione matematica possiamo tradurre questa valutazione del risultato? Nella *divisione* fra il numero di errori e il numero di tiri:

tiratore 1: $\frac{10}{100} = 0{,}1$ tiratore 2: $\frac{16}{200} = 0{,}08$

Nota che nel caso del tiratore 2, quello più preciso, la divisione ha condotto a un risultato minore. Anche nelle nostre misurazioni accade qualcosa di analogo. Supponiamo di dover misurare la lunghezza di due diverse asticelle, usando ancora il metro da sarto.

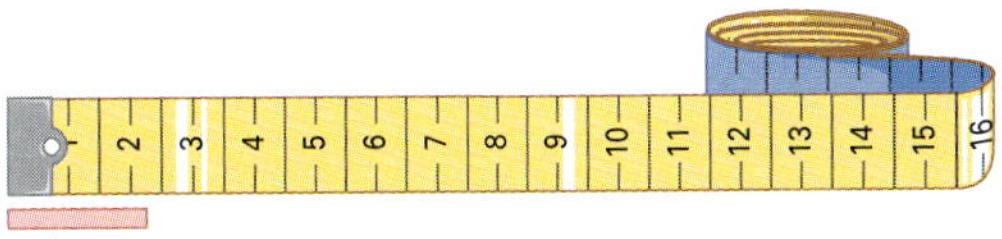

L_1

$L_1 = (2{,}0 \pm 0{,}5)$ cm

un'incertezza di 0,5 cm su un valore di 2,0 cm equivale a:

$$\frac{0{,}5\ \text{cm}}{2{,}0\ \text{cm}} = 0{,}25$$

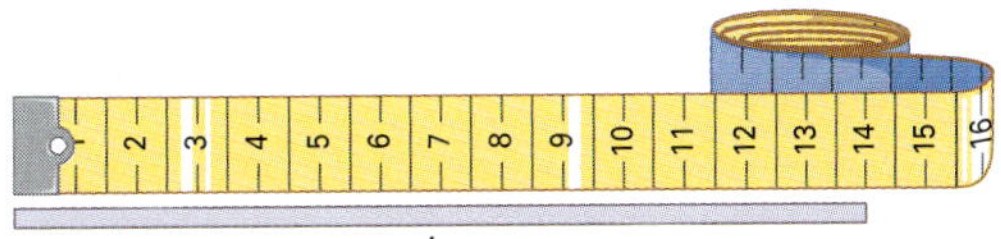

L_2

$L_2 = (14{,}0 \pm 0{,}5)$ cm

un'incertezza di 0,5 cm su un valore di 14,0 cm equivale a:

$$\frac{0{,}5\ \text{cm}}{14{,}0\ \text{cm}} = 0{,}03571$$

L'incertezza è identica (0,5 cm). Eppure, dire che la lunghezza della prima asticella si trova fra 1,5 cm e 2,5 cm non possiede lo stesso grado di precisione dell'affermazione che la seconda è compresa fra 13,5 cm e 14,5 cm. I due numeri trovati, 0,25 e 0,03571, che sono detti **errori relativi**, evidenziano il fatto che la misura di L_2 è più precisa di quella di L_1, in quanto l'incertezza (0,5 cm) ha meno rilievo, essendo maggiore il valore della grandezza.

errore relativo

L'**errore relativo** ci dà informazioni sulla precisione di una misura. **informazione**

L'**errore relativo** è definito come il rapporto fra l'incertezza e il valore della grandezza: **definizione**

$$\text{errore relativo} = \frac{\text{incertezza}}{\text{valore della grandezza}}$$

In termini matematici, possiamo scrivere:

$$\varepsilon_r = \frac{\Delta x}{x_M}$$ **formula**

ε è una lettera greca che si legge «epsilon», il pedice *r* sta per *relativo*.

Talvolta, è comodo esprimere l'errore relativo in forma percentuale. In tal caso si ha:

$$\varepsilon_{r\%} = \frac{\Delta x}{x_M} \cdot 100\ \%$$ **errore relativo percentuale**

Ricorda!...

a) In quanto rapporto fra quantità espresse nella stessa unità di misura, l'errore relativo non ha unità di misura: è adimensionale, un numero puro.
b) L'errore relativo deve essere sempre più piccolo di 1 (in percentuale, più piccolo del 100%), non può mai essere più grande di 1.
c) L'incertezza può, invece, essere più grande di 1. In sostanza, può essere un numero qualunque: l'importante, però, è che risulti piccola rispetto al valore della grandezza.

esempio

Determina quale fra le seguenti misure, ottenute con strumenti di sensibilità diversa, è quella *più precisa*:

a) $t_1 = (22{,}8 \pm 0{,}2)$ s

b) $t_2 = (75{,}0 \pm 0{,}5)$ s

c) $t_3 = (110 \pm 1)$ s

Mentre prima si poteva dare una risposta subito, questa volta è più difficile.
Allora, ricorriamo all'errore relativo: lo calcoliamo in tutti e tre i casi e vediamo a quale misura corrisponde quello minore.

a) $\varepsilon_r(t_1) = \dfrac{\Delta x(t_1)}{t_{1M}} = \dfrac{0{,}2}{22{,}8} = 0{,}00877$

b) $\varepsilon_r(t_2) = \dfrac{\Delta x(t_2)}{t_{2M}} = \dfrac{0{,}5}{75{,}0} = \mathbf{0{,}00667}$

c) $\varepsilon_r(t_3) = \dfrac{\Delta x(t_3)}{t_{3M}} = \dfrac{1}{110} = 0{,}00909$

(per gli arrotondamenti vedi **NonsoloMatematica**)
La misura più precisa è la seconda, perché il suo errore relativo è quello minore. Ora rispondi tu.
La misura meno precisa è la ....
perché ....

Come vedi, nell'esempio la misura più precisa non è la prima, come avresti forse affermato frettolosamente, per il fatto che la sua incertezza è quella minore. Infatti, l'incertezza di per sé non è né grande né piccola: può essere valutata solamente in rapporto al valore della grandezza a cui si riferisce. Un'incertezza di un kilometro è grande se rapportata alla distanza fra Rimini e Riccione; è assai modesta se relativa alla distanza tra la Terra e la Luna!

$$\varepsilon_r = \frac{\Delta x}{x_M}$$

$$\Delta x = \varepsilon_r \cdot x_M \qquad x_M = \frac{\Delta x}{\varepsilon_r}$$

Talvolta può capitare di dover trovare l'incertezza di una grandezza, conoscendone il valore e l'errore relativo.
Come si può fare?
Si parte dalla formula dell'errore relativo ε_r e si ricava l'incertezza Δx con la formula inversa (vedi **NonsoloMatematica**).
Qui a fianco riassumiamo le *formule inverse* a partire dalla definizione di errore relativo.

1.4 Il Sistema Internazionale di Unità

Quando si deve scegliere una grandezza campione per la misura di una certa grandezza, prima di tutto dobbiamo assicurarci che le due grandezze siano **omogenee**: per misurare una lunghezza, faremo uso di un'altra lunghezza usata come campione e non di un intervallo di tempo.

grandezze omogenee

Si parla di **grandezze omogenee** quando esse possono essere confrontate fra loro tramite una relazione d'ordine (fissando cioè un criterio con il quale si può stabilire se una grandezza è minore, maggiore o uguale nei confronti dell'altra grandezza), per cui è ammesso effettuare fra tali grandezze la somma e la differenza.

Per far sì che a livello mondiale siano più agevoli la comunicazione e il commercio (basti pensare all'eventualità di acquistare un prodotto o di consultare una relazione scientifica tramite Internet), da qualche decennio si è intrapresa la strada di utilizzare ovunque le stesse unità di misura.
Per sgomberare il terreno da una miriade davvero sconfinata di campioni di riferimento, nel 1960, dalla XI Conferenza Generale di Pesi e Misure tenutasi a Parigi, è stato stabilito un sistema di unità di misura detto **Sistema Internazionale di Unità** (che si abbrevia **SI**), riconosciuto ufficialmente in tutto il mondo.

Il SI fissa un certo numero di grandezze fondamentali con le rispettive unità di misura, grazie alle quali è possibile determinare tutte le altre grandezze e le relative unità di misura. In tabella ne riportiamo soltanto alcune, seguite dalle loro definizioni semplificate. (L'elenco completo e dettagliato lo trovi nelle tabelle alla fine del volume.)

Tabella 1

grandezza	unità di misura	simbolo
massa	kilogrammo	kg
lunghezza	metro	m
tempo	secondo	s

Sistema Internazionale di Unità (SI)

Il **kilogrammo** è la *massa di un campione cilindrico equilatero di platino-iridio*, di diametro 39 mm, conservato nell'Ufficio Internazionale dei Pesi e delle Misure di Sèvres, vicino a Parigi. Una volta era invece la massa di 1 dm^3 di acqua distillata alla temperatura di 4 °C.

kilogrammo
kg

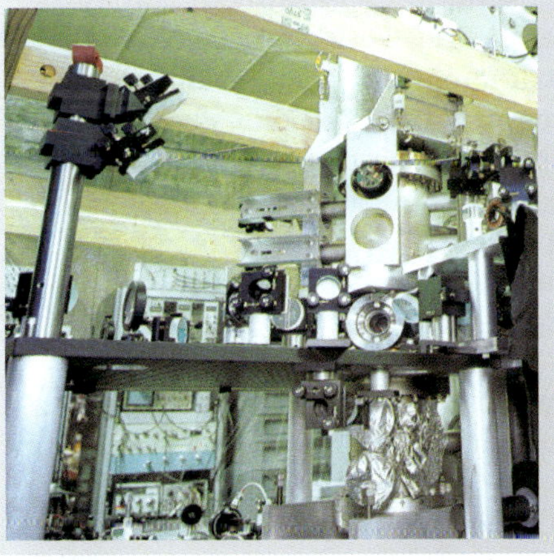

Il **secondo** è *l'intervallo di tempo nel quale si verifica un certo fenomeno che si ripete con grande precisione riguardante un atomo chiamato cesio-133*. Dapprima era una delle 86 400 parti in cui veniva suddiviso il giorno solare medio.

secondo
s

Il **metro** oggi è definito come la *distanza percorsa nel vuoto dalla luce in un intervallo di tempo pari a una frazione piccolissima di secondo* (il numero che si ottiene facendo 1 diviso 299 792 458). In precedenza, era la quarantamilionesima parte del meridiano terrestre, poi la distanza fra due incisioni riportate su una sbarra di platino-iridio.

metro
m

Concludiamo, notando come qualcosa di apparentemente stabile, quale il sistema delle unità di misura, evolva invece continuamente, andando di pari passo con il progresso scientifico e tecnologico, che porta a dispositivi sempre più sofisticati.
Per esempio, la precisione (dell'ordine di 1 diviso 100 miliardi) con cui è stato fissato il campione per le lunghezze, cioè il metro, è dovuta alla tecnologia **laser**.

FLASH

Il laser

Le definizioni di alcune unità di misura fondamentali del Sistema Internazionale si sono modificate nel tempo. Questo è dovuto al progresso che la scienza e la tecnologia hanno compiuto negli ultimi decenni.
In particolare, il fatto di avere definito a partire dal 1983 il metro come la «distanza percorsa nel vuoto dalla luce in un tempo pari a 1/299 792 458 secondi» è una conseguenza della messa a punto della tecnica laser, che ha permesso di calcolare la velocità della luce c con estrema precisione, trovando:

$$c = (299\,792\,458 \pm 1)\ \text{m/s}$$

Quasi trecentomila kilometri al secondo!
Il laser è sostanzialmente un dispositivo che può produrre un *pennello* perfetto e purissimo di luce e concentrare quantità enormi di energia in spazi piccolissimi. Viene utilizzato in telemetria per il funzionamento del telemetro a radar ottico, uno strumento che serve per rilevare con una semplice lettura la distanza di un oggetto lontano, al quale non si può accedere direttamente. Tuttavia, sarebbe errato credere che il laser venga impiegato unicamente in settori che poco hanno a che vedere con la realtà che ci coinvolge quotidianamente.

Al contrario, esso viene utilizzato, per fare qualche esempio, nei lettori di codici a barre, nei lettori CD e DVD, nella olografia (metodo di fotografia in rilievo che sfrutta le interferenze prodotte dalla sovrapposizione di due fasci laser), nei sistemi di puntamento, nelle stampanti ad alta risoluzione, nella microsaldatura, nelle incisioni di precisione, nei bisturi per la microchirurgia, nella laserterapia per la cura degli occhi...
La nostra vita è ormai condizionata da questa tecnologia!
Persino il divertimento, se pensiamo ad alcuni effetti luminosi speciali che si vedono nei film di fantascienza, nei concerti rock e nelle discoteche.

MATEMATICA

Ogni unità di misura ha dei *multipli* e dei *sottomultipli* (vedi tabella al fondo del volume) basati sulle potenze del 10; il loro nome si forma ponendo un *prefisso* davanti al nome dell'unità di misura.
Per ripassare come si eseguono le equivalenze vedi **NonsoloMatematica**.

Per esempio:

1 **hm** (ettometro) = 100 metri

1 **cl** (centilitro) = 1/100 di litro

1 **mm** (millimetro) = 1/1000 di metro

1.5 Analisi dimensionale e grandezze fisiche

Effettuare l'analisi dimensionale di un'equazione in cui compaiono delle grandezze fisiche vuol dire verificare la congruenza delle unità di misura con le quali sono espressi i due membri: le unità di misura del primo devono necessariamente coincidere con quelle del secondo.
Per esempio, se una formula è del tipo $A = B \cdot C$, di conseguenza, bisogna che l'unità di misura della grandezza A corrisponda a quella del prodotto $B \cdot C$.
Questo tipo di verifica prende il nome di **analisi dimensionale** e in certi frangenti si può rivelare di grande utilità.
Le dimensioni fisiche vengono rappresentate solitamente tra parentesi quadre. Per lo spazio, il tempo, la massa e la temperatura, le cui unità di misura costituiscono quattro delle sette unità fondamentali del Sistema Internazionale (SI), sono:

- **[L]** per la lunghezza;
- **[t]** per il tempo;
- **[M]** per la massa;
- **[T]** per la temperatura.

Se consideriamo per esempio la forza, che per un famoso principio della dinamica è data dalla relazione $F = ma$ (m è la massa e a l'accelerazione), possiamo trovare la corrispondente espressione dimensionale della sua unità di misura che si chiama newton:

$$[F] = [m\, a]$$

Aiutandoci con la tabella 2, troviamo le dimensioni di m e a:

$$[m] \Rightarrow [\mathrm{kg}] \Rightarrow [\mathrm{M}]$$

e

$$[a] \Rightarrow \left[\frac{\mathrm{m}}{\mathrm{s}^2}\right] \Rightarrow \left[\frac{\mathrm{L}}{\mathrm{t}^2}\right] \Rightarrow [\mathrm{L}][\mathrm{t}]^{-2}$$

perciò:

$$[F] \Rightarrow [\mathrm{L}][\mathrm{t}]^{2}[\mathrm{M}]$$

che sono appunto le dimensioni del newton.
Vediamo le principali grandezze fisiche e le loro unità di misura, questa volta esprimendo anche le rispettive **dimensioni**.

Tabella 2

Grandezza	Unità di misura	Dimensione
lunghezza	metro (m)	[L]
tempo	secondo (s)	[t]
massa	kilogrammo (kg)	[M]
temperatura	kelvin (K)	[T]
densità	kilogrammo al metro cubo (kg/m^3)	$[L]^{-3}$ [M]
velocità	metro al secondo (m/s)	[L] $[t]^{-1}$
accelerazione	metro al secondo quadrato (m/s^2)	[L] $[t]^{-2}$
forza	newton (N)	[L] $[t]^{-2}$ [M]
pressione	pascal (Pa)	$[L]^{-1}$ $[t]^{-2}$ [M]
lavoro	joule (J)	$[L]^2$ $[t]^{-2}$ [M]
potenza	watt (W)	$[L]^2$ $[t]^{-3}$ [M]
capacità termica	joule su kelvin (J/K)	$[L]^2$ $[t]^{-2}$ [M] $[T]^{-1}$

IN SINTESI

AUDIO

- La Fisica si occupa di quei fenomeni che possono essere studiati tramite delle **grandezze fisiche**, cioè tramite grandezze che caratterizzano quel fenomeno e che siamo in grado di **misurare**.

- **Misurare** significa eseguire un insieme di operazioni al termine delle quali associamo un **numero** a una grandezza. Ciò che chiamiamo complessivamente **misurazione** non è altro che un confronto fra la grandezza in esame e un campione di riferimento, dello stesso tipo della grandezza da misurare e fissato secondo una precisa convenzione, che costituisce l'**unità di misura**.

- L'**errore di sensibilità** di uno strumento è la più piccola variazione della grandezza che lo strumento è in grado di rilevare (per esempio, in un righello corrisponde al valore della distanza tra due divisioni, o *tacche*, successive). Il **valore della grandezza** misurata è la quantità numerica che leggiamo sulla scala di uno strumento adatto a tale scopo. L'**intervallo di indeterminazione** è l'intervallo di possibili valori all'interno del quale rientra il valore della grandezza misurata.

- Si parla di **misura diretta** quando la grandezza da misurare viene confrontata (tramite lo strumento) *direttamente* con il campione preso come unità di misura, senza passaggi intermedi. Ne è un esempio la misura di un angolo con il goniometro. Si dice invece **misura indiretta** quando questa viene eseguita effettuando dei calcoli a partire dalla conoscenza delle misure di altre grandezze. Le grandezze misurate indirettamente si dicono **grandezze derivate**.

- In qualunque tipo di misura il valore della grandezza può essere semplicemente *stimato*, cioè determinato con un certo grado di imprecisione cui diamo il nome di **incertezza**.
  L'**errore relativo** ε_r fornisce informazioni sulla precisione di una misura ed è definito come il rapporto tra l'incertezza e il valore della grandezza stessa:

  $$\varepsilon_r = \frac{\text{incertezza}}{\text{valore della grandezza}} = \frac{\Delta x}{x_M}$$

  L'**errore relativo** può essere espresso anche in forma **percentuale**:

  $$\varepsilon_{r\%} = \frac{\Delta x}{x_M} \cdot 100\%$$

- Due **grandezze** si dicono **omogenee** quando possono essere confrontate fra loro tramite una relazione d'ordine (fissando cioè un criterio con il quale si può stabilire se una grandezza è minore, maggiore o uguale nei confronti dell'altra grandezza), per cui è ammesso effettuare tra tali grandezze la somma e la differenza.

- Il **Sistema Internazionale di Unità** (abbreviato: **SI**) è un sistema di unità di misura stabilito nel 1960 allo scopo di agevolare la comunicazione e il commercio, e riconosciuto ufficialmente in tutto il mondo. Il SI fissa un certo numero di grandezze fondamentali con le rispettive unità di misura, dalle quali è possibile determinare tutte le altre grandezze e le relative unità. Tra le unità di misura SI di grandezze fondamentali vi sono:

grandezza	unità di misura	simbolo
massa	kilogrammo	kg
lunghezza	metro	m
tempo	secondo	s

  Ogni unità di misura ha dei multipli e dei sottomultipli basati sulle potenze del 10; il loro nome si forma ponendo un prefisso davanti al nome dell'unità di misura.

STRUMENTI DI CONSOLIDAMENTO E VERIFICA

VERIFICHE

Vero-falso

1 La Fisica si occupa anche della bellezza perché è comunque in qualche modo misurabile. V F

2 La scelta delle unità di misura è assolutamente convenzionale, poiché dipende dalla scelta arbitraria del campione. V F

3 In qualunque misura c'è sempre un certo margine di imprecisione. V F

4 Le misure che si effettuano con il goniometro sono misure dirette. V F

5 Tutti gli strumenti tarati consentono di effettuare misure dirette. V F

6 L'incertezza non ha unità di misura. V F

7 L'errore relativo ha la stessa unità di misura del valore della grandezza a cui si riferisce. V F

8 L'errore relativo serve per valutare la precisione di una misura. V F

9 L'unità di misura della lunghezza nel Sistema Internazionale è il millimetro. V F

10 Centimetro, minuto e grammo sono unità di misura fondamentali del Sistema Internazionale. V F

Test a scelta multipla

1 La Fisica si occupa di tutto quello che si può:

A studiare

B contare

C misurare

D descrivere

2 Ipotizzato che tu abbia scelto come unità di misura dei volumi il *gonfio* (unità stabilita da te), contrariamente al resto dell'umanità che continua a utilizzare il m^3, allora:

A non potresti più misurare i volumi

B potresti ancora effettuare la misurazione dei volumi, ma nessuno ti capirebbe

C le misure fatte da te sarebbero necessariamente meno precise

D le misure fatte da te sarebbero necessariamente più precise

3 Data la corrente elettrica $I = (0{,}85 \pm 0{,}05)$ A, ottenuta da una lettura diretta sullo strumento, quale delle seguenti affermazioni è errata?

A I è il simbolo della grandezza e A è l'unità di misura

B 0,05 A è l'incertezza e 0,85 A è il valore della grandezza

C L'errore di sensibilità dello strumento con cui è stata effettuata la misurazione è di 0,05 A

D La misura è 0,85

4 L'errore relativo è definito come:

A rapporto fra valore della grandezza e incertezza

B somma fra valore della grandezza e incertezza

C rapporto fra incertezza e valore della grandezza

D prodotto fra incertezza e valore della grandezza

5 Quale fra le seguenti affermazioni sull'incertezza è corretta?

A Volendo, può essere completamente eliminata

B Può essere più grande del valore della grandezza a cui si riferisce

C È il rapporto tra errore relativo e valore della grandezza

D Ha la stessa unità di misura del valore della grandezza a cui si riferisce

6 Data la misura $S = (1{,}25 \pm 0{,}05)$ m^2, il suo errore relativo vale:

A 0,05 m^2

B 0,05

C 0,04 m^2

D 0,04

7 Quale fra le seguenti affermazioni sull'errore relativo è corretta?

A È un numero puro, vale a dire non possiede unità di misura

B Può essere minore, uguale o maggiore di 1

C È un altro modo per chiamare l'errore di sensibilità di uno strumento

D Ha la stessa unità di misura del valore della grandezza a cui si riferisce

8 Quale dei seguenti strumenti consente misure dirette?

A Termometro

B Cronometro

C Bilancia

D Tachimetro

9 **L'unità di misura della massa nel Sistema Internazionale è:**

A il kilogrammo

B il grammo

C il quintale

D l'ettogrammo

10 **Quale gruppo di unità di misura appartiene totalmente al SI?**

A metro, secondo, kilogrammo

B centimetro, secondo, grammo

C kilometro, minuto, kilogrammo

D millimetro, minuto, grammo

Applichiamo le conoscenze

Esercizi

1.1 Le misure

1 Verifica la tua personale *percezione* di alcune misure di massa, indicando se le affermazioni seguenti sono vere o false.

a) 100 litri di acqua «pesano» più di 1 quintale (100 kg). V F

b) La quantità di massa contenuta in 500 grammi di acciaio è uguale alla quantità di massa contenuta in 500 grammi di gommapiuma. V F

c) La massa di un'automobile di media cilindrata si può aggirare intorno a 15 000 kilogrammi. V F

2 Verifica la tua personale *percezione* di alcune misure di intervallo di tempo, indicando se le affermazioni seguenti sono vere o false.

a) Un atleta può attualmente correre i cento metri in meno di 5 secondi. V F

b) L'occhio umano può percepire soltanto fenomeni che durano più di 1 secondo. V F

c) In una giornata di 24 ore ci sono più di 1000 minuti. V F

3 Verifica la tua personale *percezione* di alcune misure di lunghezza, indicando se le affermazioni seguenti sono vere o false.

a) La tua aula è più alta di 6 metri. V F

b) La distanza tra Milano e Roma è superiore a 300 kilometri. V F

c) Lo spessore del tuo libro di testo è di circa 10 centimetri. V F

4 Esaminata la figura qui sotto, riporta l'errore di sensibilità dello strumento.

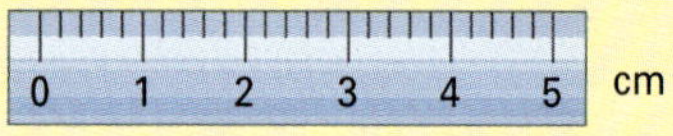

[0,2 cm]

Per lo svolgimento dell'esercizio, completa il percorso guidato, inserendo gli elementi mancanti dove compaiono i puntini.

1 Rileva il primo valore numerico riportato sulla scala graduata dopo lo zero: ....

2 Conta il numero di divisioni comprese fra lo zero e il valore numerico prima rilevato: ....

3 Calcola l'errore di sensibilità: errore di sensibilità =

$$= \frac{\text{valore letto sulla scala}}{\text{numero divisioni fra 0 e valore letto}} = \frac{1}{\ldots\ldots} = \ldots\ldots\ldots$$

....

5 Esaminata la figura qui sotto, riporta l'errore di sensibilità dei singoli strumenti (non riprodotti in scala).

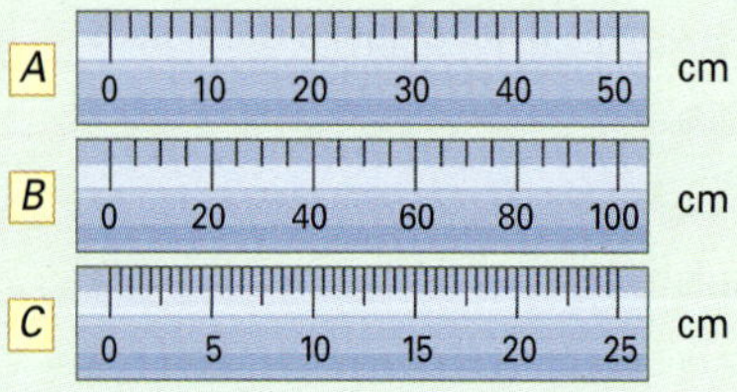

Errore di sensibilità (*A*): ....

Errore di sensibilità (*B*): ....

Errore di sensibilità (*C*): ....

[2 cm; 5 cm; 0,5 cm]

6 *ENGLISH* Three students are using three rulers, each one having a different sensitivity, to measure the length of a wooden board. Based on the sensitivity of each device, they reported their measurements as 30 cm, 30.1 cm and 30.08 cm, respectively. Which sensitivity error is affecting each measurement? [1 cm; 0.1 cm; 0.01 cm]

1.2 L'incertezza della misura

7 Se leggendo i risultati di una gara di nuoto noti per i primi tre posti i seguenti tempi:

51,22 s 51,24 s 51,27 s

quale pensi possa essere l'errore di sensibilità di quelle misure dovuto al cronometro?

8 Se nella misurazione della distanza tra due punti su un foglio l'incertezza è pari a 2 mm, quanto vale allora l'intervallo di indeterminazione?

9 Esaminato lo strumento qui sotto, riporta il valore delle divisioni in azzurro, sapendo che lo strumento può misurare da 0 a 3 ampere (A). Dopodiché, disegna una freccia che indichi il valore 1,8 A.

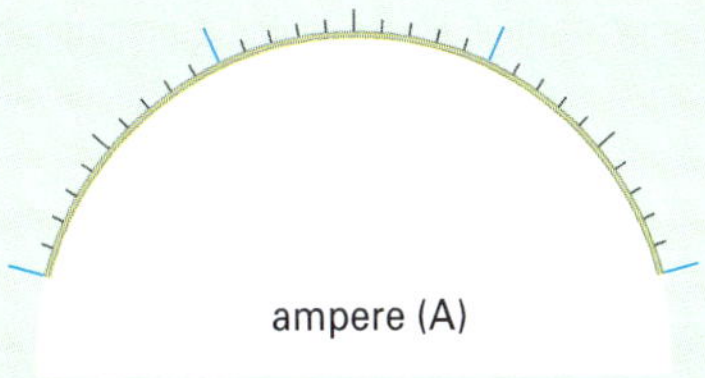

10 Esaminato lo strumento qui sotto, riporta il valore delle divisioni in rosso, sapendo che lo strumento può misurare da 0 a 20 volt (V). Dopodiché, disegna una freccia che indichi il valore 16,5 V.

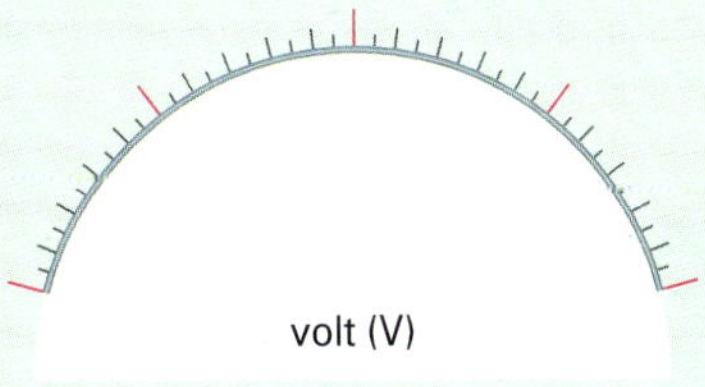

11 Esaminata la figura qui a lato, completa le righe seguenti:

Errore di sensibilità: ....

Valore della grandezza: ....

Risultato della misura:

t = (.................... ± ....) ....

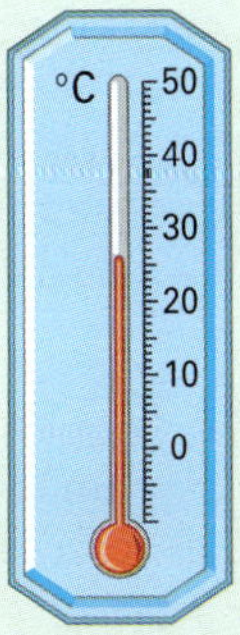

Suggerimenti **Per la determinazione dell'errore di sensibilità devi procedere come nell'Esercizio 4. Per altre informazioni, puoi fare riferimento ai primi due paragrafi di questa Unità.**

12 Esaminata la figura sotto, riporta il risultato della misurazione:

L = (.................... ± ....) ....

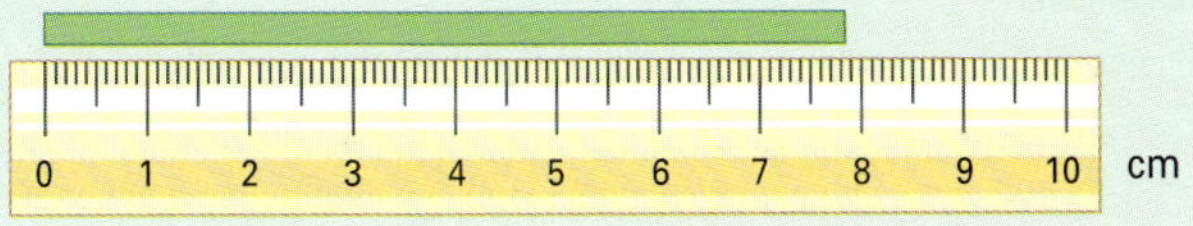

13 Con l'ausilio di un goniometro, disegna un angolo di 28° e il suo intervallo di indeterminazione, ipotizzando che l'errore di sensibilità dello strumento adoperato sia di 2°.

Suggerimenti **Fissata una semiretta, traccia a partire dal punto d'origine altre tre semirette: quella che forma un angolo di 28° e quelle che formano angoli di...**

14 Con uno strumento, caratterizzato da un errore di sensibilità di 20 g, è stata effettuata una lettura di 340 g. Disegna l'intervallo di indeterminazione della misura.

15 Tramite un righello, in cui una divisione sulla scala corrisponde a 0,5 mm, è stato misurato lo spessore di un libro, trovando 2,20 cm. Disegna l'intervallo di indeterminazione della misura.

16 ***ENGLISH*** A scale can measure values with a sensitivity of 10 g. If the real value is 420 g, what is the uncertainty range of the measurement? [410 ÷ 430 g]

1.3 L'errore relativo

17 Determina quale fra A e B è la misura più precisa, sapendo che l'errore relativo di A è 0,0045, mentre quello di B è 0,045.

18 Determina quale fra A, B e C è la misura meno precisa, se l'errore relativo di A è 0,0125, l'errore relativo di B è 0,025, mentre quello di C è 0,08.

19 Sono state misurate le due seguenti grandezze:

$t = (0,95 \pm 0,01)$ s $L = (23,5 \pm 0,1)$ cm

Calcola i rispettivi errori relativi. [0,01053; 0,00426]

Per lo svolgimento dell'esercizio, completa il percorso guidato, inserendo gli elementi mancanti dove compaiono i puntini.

1 L'errore relativo di una generica grandezza x è dato dalla formula: $\varepsilon_r = \dfrac{\Delta x}{x_M}$.

2 L'errore relativo di t è perciò:

$$\varepsilon_r(t) = \frac{\Delta x(t)}{t_M} = \frac{0,01}{0,95} = \ldots\ldots\ldots\ldots$$

3 Mentre, analogamente, l'errore relativo di L è:

$$\varepsilon_r(L) = \frac{\Delta x(L)}{L_M} = \frac{\ldots\ldots}{\ldots\ldots} = \ldots\ldots\ldots\ldots$$

20 Calcola gli errori relativi delle seguenti misure:

$v = (112 \pm 4)$ km/h

$a = (9,81 \pm 0,01)$ m/s^2

$t = (36,8 \pm 0,2)$ °C

[0,03571; 0,00102; 0,00543]

21 Determina, motivando la risposta, la più precisa fra le seguenti misure:

$A = (100 \pm 5)$ g $C = (40 \pm 1)$ g
$B = (50 \pm 2)$ g $D = (8{,}0 \pm 0{,}5)$ g

Suggerimenti Devi calcolare prima gli errori relativi delle quattro misure e quindi stabilire (vedi esempio svolto nell'Unità) quale fra essi...

[*C*; ...]

22 Determina, motivando la risposta, la meno precisa fra le seguenti misure:

$A = (15{,}4 \pm 0{,}1)$ mm $C = (39{,}0 \pm 0{,}5)$ mm
$B = (0{,}85 \pm 0{,}05)$ mm $D = (460 \pm 2)$ mm

[*B*; ...]

23 Sappiamo che l'errore relativo di una misura è pari a 0,02. Se si tratta di una misura diretta e il valore della grandezza è 250 cm, quanto vale l'errore di sensibilità dello strumento?

[5 cm]

Per lo svolgimento dell'esercizio, completa il percorso guidato, inserendo gli elementi mancanti dove compaiono i puntini.

1 La definizione di errore relativo è: ε_r = ...

2 La formula inversa che dà l'incertezza è invece:

$\Delta x = \varepsilon_r \cdot$ ....

3 Sostituendo i valori numerici, trovi infine:

$\Delta x = 0{,}02 \cdot$ .... = ...

24 L'errore relativo di una misura è pari a 0,00625. Trova l'incertezza della grandezza e scrivi la misura, sapendo che il valore della grandezza è 80,0 kg.

[0,5 kg; ...]

25 L'errore relativo di una misura è 0,0125, mentre la sua incertezza è pari a 2 s. Determina il valore della grandezza e scrivi la misura.

Suggerimenti Per determinare x_M è sufficiente, nella formula che definisce l'errore relativo, scambiare di posto fra loro ε_r e x_M.

[160 s]

26 La figura sotto riproduce un voltmetro; esso misura una grandezza elettrica chiamata tensione (ΔV) e la sua unità di misura è il volt (V). Esaminata la figura, calcola gli errori relativi delle misure nelle due posizioni (*A*) e (*B*) dell'indice.

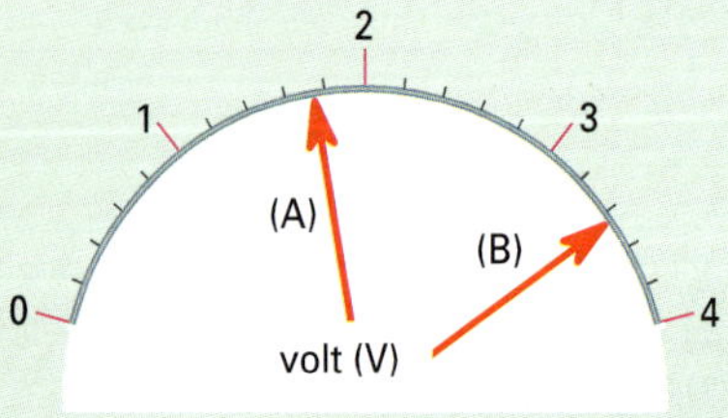

[0,11111; 0,05882]

27 La figura sotto riproduce un amperometro, che serve per misurare l'intensità di corrente elettrica (*I*), la cui unità di misura è l'ampere (A). Esaminata la figura, scrivi i risultati delle misure e calcola gli errori relativi per entrambe le posizioni (*A*) e (*B*) dell'indice.

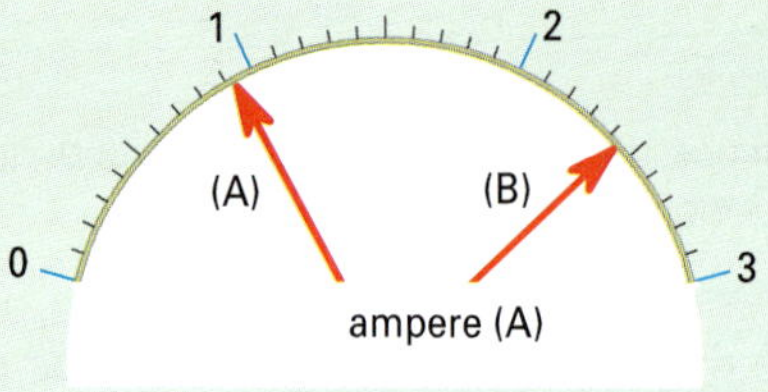

[0,11111; 0,04167]

28 La figura sotto riproduce un dinamometro, uno strumento che studierai più avanti. Esso misura le forze (*F*) e l'unità di misura si chiama newton (N); il valore va letto in corrispondenza della freccia. Dopo aver scritto la misura corrispondente alla situazione riportata in figura, calcola il corrispondente errore relativo.

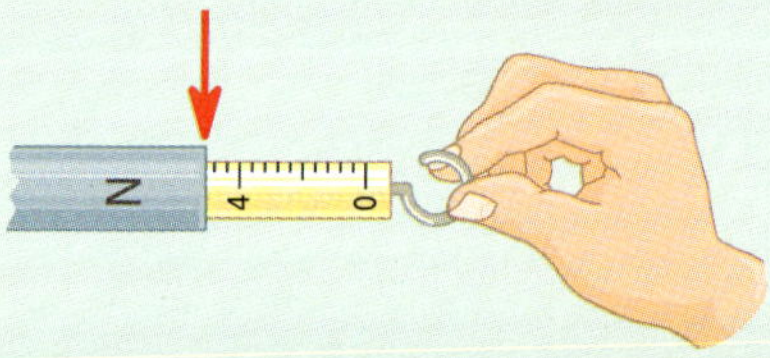

[0,08333]

29 Calcola gli errori relativi nelle tabelle seguenti, in cui nella prima riga sono riportate le incertezze e nella seconda riga i corrispondenti valori delle grandezze.

Tabella *A*

Δx (s)	1	0,5	0,1
x_M (s)	14	14,0	14,0
ε_r	...	...	...

Tabella *B*

Δx (s)	0,1	0,1	0,1
x_M (s)	18,6	25,9	71,0
ε_r	...	...	...

30 Esamina le tabelle dell'Esercizio 29, una volta che sono state completate; rifletti sulla differenza tra i due casi e compila gli spazi sottostanti dove trovi i puntini.

Tabella A:

- restando costante ....
  se diminuisce ....
  allora l'errore relativo ....

Tabella B:

- restando costante ....
  se aumenta ....
  allora l'errore relativo ....

31 Individua nella tua abitazione almeno tre strumenti che servono per misurare grandezze fisiche, possibilmente di tipo diverso l'una dall'altra. Rilevato l'errore di sensibilità di ciascuno strumento, effettua con ognuno di essi una misurazione, riportando il risultato della misura. Infine, calcola gli errori relativi. Organizza una tabella come quella che segue, senza dimenticare, dove è necessario, l'unità di misura.

strumento			
grandezza			
errore di sensibilità			
valore			
misura			
errore relativo			

32 Osservando che la porzione di carta millimetrata in figura ha un proprio errore di sensibilità (che può essere diverso per ognuno dei due assi cartesiani), riporta la misura completa per s e t relativamente al punto P.

[(17 ± 1) s; (5,8 ± 0,2) m]

Per lo svolgimento dell'esercizio, completa il percorso guidato, inserendo gli elementi mancanti dove compaiono i puntini.

1 Il valore di 1 quadretto da 1 mm sulla carta millimetrata, corrispondente all'incertezza, vale:

$$\Delta x(t) = \frac{\text{valore letto sul grafico}}{\text{numero quadretti tra 0 e valore letto}} =$$

$$= \frac{10}{10} = \dots\dots\dots$$

2 Il valore della grandezza è perciò:

t = (numero quadretti di P) · (valore di 1 quadretto) =

= 17 · .... = ...

3 La scrittura è, infine: t = (......... ± ....) ....

4 Analogamente devi procedere per s: ....

....

33 Riportato su un foglio di carta millimetrata un sistema di assi cartesiani, ponendo sull'asse delle ascisse X i tempi t in secondi e su quello delle ordinate Y le distanze percorse s in metri, individua il punto P dato da:

$$t = (22{,}5 \pm 0{,}5)\ \text{s} \qquad s = (8{,}7 \pm 0{,}1)\ \text{m}$$

Suggerimenti Scegli come valore di 1 quadretto da 1 mm, lungo i due assi cartesiani, rispettivamente le incertezze di t e di s...

Problemi

PER COSTRUIRE LE COMPETENZE

La risoluzione dei problemi richiede la conoscenza di argomenti trasversali a più paragrafi. Con il pallino sono contrassegnati i problemi che presentano una maggiore complessità.

1 Una misurazione ha fornito per il valore di una lunghezza un intervallo di indeterminazione che va da 28,8 m a 29,0 m. Scrivi il risultato della misura, dopo aver individuato l'incertezza e il valore della grandezza.

Suggerimenti Ti conviene fare un disegno dell'intervallo in questione per capire meglio la situazione. Il valore medio dell'intervallo sarà..., mentre la metà di tale intervallo...

[(28,9 ± 0,1) m]

2 La figura qui sotto rappresenta l'intervallo di indeterminazione relativo a una misura. Scrivi il risultato corrispondente, dopo aver individuato l'incertezza e il valore della grandezza.

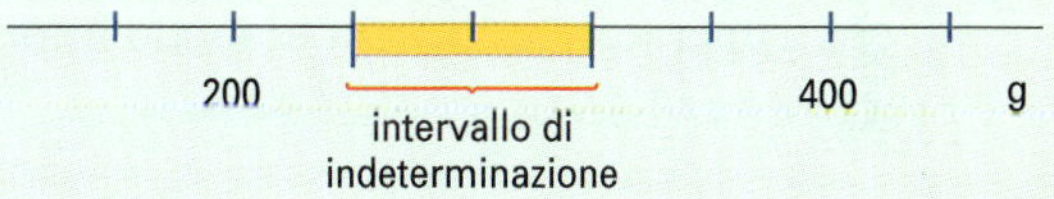

[(280 ± 40) g]

• **3** Completa la seguente tabella:

Δx (kg)	...	0,1	1	5	0,2	...
x_M (kg)	0,400	50,0	...	160	...	2500
ε_r	0,005	...	0,025	...	0,0625	0,1

• **4** Nella figura che segue sono riportate due bilance per la misurazione della massa, la prima analogica e la seconda digitale. Dopo aver esaminato attentamente la situazione:

- individua quale delle due bilance è più sensibile;
- scrivi la misura rilevata da ciascuna bilancia;
- individua la misura più precisa.

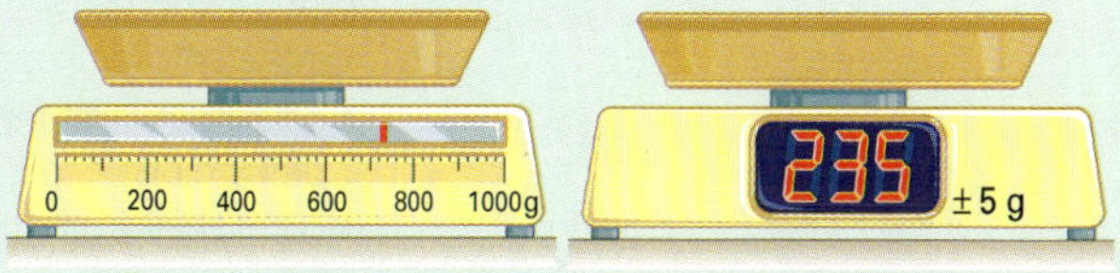

[(740 ± 20) g; (235 ± 5) g; ...]

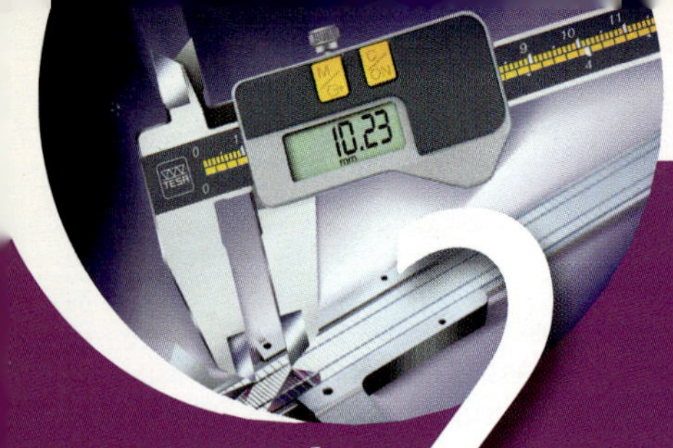

UNITÀ 2

Propagazione degli errori

2.1 I tipi di errore

A questo punto dovresti essere ormai convinto del fatto che le operazioni di misurazione non portano mai a trovare valori delle grandezze che abbiano una precisione assoluta. Piuttosto, riusciamo a individuare degli intervalli di valori, detti **intervalli di indeterminazione**, che possono essere più o meno ampi a seconda dell'incertezza che caratterizza quella misura. Esaminiamo ora un po' più a fondo le cause di errore, oltre a quelle legate strettamente alla sensibilità dello strumento.

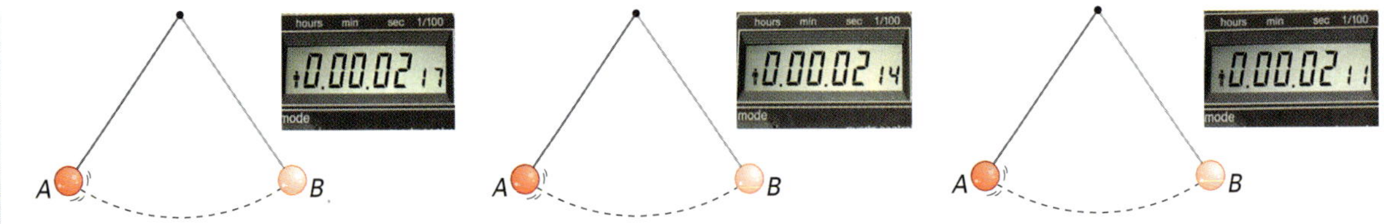

Supponiamo di misurare varie volte, tramite un cronometro manuale, il periodo di un pendolo semplice, vale a dire il tempo che esso impiega a compiere un'oscillazione completa (da *A* a *B* e ritorno). Molto probabilmente accadrà che i valori trovati ogni volta saranno fra loro un po' diversi, senza che cambino le caratteristiche del pendolo. È chiaro: dovendo far partire e arrestare *a occhio* il cronometro, l'operatore influenza in modo imprevedibile la misura.

In nessun caso potremo dire in anticipo con assoluta certezza se i nuovi valori saranno più grandi o più piccoli di quelli già disponibili: si parla perciò di **errori casuali** o **accidentali**.

errori casuali o accidentali

Gli **errori casuali** o **accidentali** sono quegli errori che influenzano la misura sia per eccesso sia per difetto in maniera non prevedibile.

Se per esempio sappiamo che il periodo *vero* di un certo pendolo semplice è di 2,14 s, allora misurazioni affette da errori casuali possono fornire una sequenza di questo tipo:

2,13	2,12	2,15	2,13	2,17	2,15	2,16	2,14	2,11	s

cioè valori sia maggiori sia minori di 2,14 s.

Ricorda!...

I motivi che possono generare **errori casuali** sono:
- intervento dell'operatore;
- condizioni ambientali della misura (cambiamento della temperatura, della pressione, dell'umidità ecc.);
- condizioni operative (legate al funzionamento dello strumento con cui si effettua la misurazione).

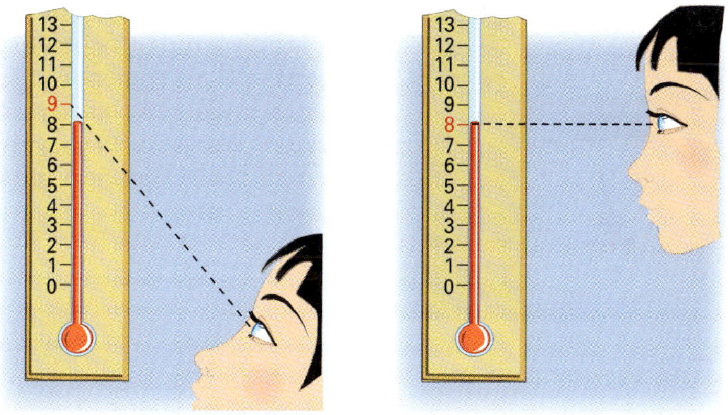

Un classico errore accidentale è quello che si commette nella lettura di uno strumento a causa del non corretto allineamento tra gli occhi dell'operatore, l'indice (quando c'è) e la scala riprodotta sullo strumento. È il cosiddetto **errore di parallasse**. La sua rilevanza è tanto maggiore quanto più è angolata la collocazione di chi effettua la misurazione rispetto alla posizione corretta, che è sopra il punto di lettura perpendicolarmente al piano nel quale è riportata la scala.

Esiste anche un'altra tipologia di errori. Ti sarà capitato di avere a che fare con orologi di pessima marca che non funzionano bene. Di solito accade che un orologio che tende ad «andare avanti», andrà sempre avanti, fornendo perciò un orario sempre in eccesso rispetto a quello reale. Il contrario accade con orologi che viceversa hanno la tendenza, per motivi costruttivi, ad «andare indietro», a ritardare: il loro orario sarà sempre in difetto. In questi casi abbiamo a che fare con **errori sistematici**.

Gli **errori sistematici** sono quegli errori che influenzano la misura solo in uno dei due sensi: o sempre per eccesso oppure sempre per difetto.

errori sistematici

Riprendendo l'esempio precedente, se il valore *vero* di un intervallo di tempo è 2,14 s, effettuando varie misure di tale grandezza condizionate da errori sistematici, potremmo trovare:

2,16	**2,18**	**2,15**	**2,16**	**2,17**	**2,15**	**2,16**	**2,17**	**2,19**	s

cioè sempre valori più grandi di 2,14 s; oppure:

2,13	**2,12**	**2,11**	**2,13**	**2,10**	**2,13**	**2,09**	**2,12**	**2,11**	s

cioè sempre valori più piccoli di 2,14 s.

Gli errori sistematici possono, se individuati, essere del tutto o parzialmente eliminati. Infatti, riprendendo l'esempio dell'orologio difettoso, se ipotizzi di sapere che ogni ora effettiva esso va avanti di due minuti e sai di averlo messo a punto (tramite il segnale orario della radio) alle sette, quando segnerà le tredici e dodici minuti, saprai che in realtà sono solamente le tredici.

Ricorda!...

Fra le cause di **errori sistematici** si hanno:
- utilizzo degli strumenti in condizioni diverse da quelle previste dal costruttore;
- interferenza dello strumento con la grandezza da misurare;
- difetti costruttivi dello strumento.

Un classico errore sistematico è quello legato a un non corretto **azzeramento** dello strumento.
Per esempio, se la bilancia, quando è scarica, segna già 30 g, evidentemente darà valori superiori di tale entità a ogni lettura.

SCHEDA LAB

2.2 Le serie di misure

Ipotizziamo che si voglia fare un'indagine sull'altezza dei banchi della scuola per verificare se sono adeguati alla statura degli studenti che la frequentano. Cominciamo a raccogliere i dati nelle singole classi. Ogni alunno misura con il metro a nastro l'altezza del proprio banco. I dati, per una classe di 25 studenti, potrebbero essere quelli contenuti nella tabella che segue.

Tabella 1

h (cm)				
78,1	78,0	79,5	78,5	77,7
77,3	77,8	78,0	78,3	78,0
77,8	77,2	77,7	79,1	77,8
77,8	78,1	78,0	78,2	78,2
77,7	78,0	77,6	77,5	76,9

Ciò che abbiamo ottenuto è una **serie di misure**.

serie di misure

Si parla di **serie di misure** in due casi:
- quando si ha un certo numero di valori riguardanti la stessa grandezza, relativa però a misurazioni effettuate su tanti oggetti o in fenomeni ripetuti, ma teoricamente uguali;
- quando i valori della grandezza riguardano sempre un unico oggetto o un unico fenomeno, ma la misurazione viene ripetuta molte volte.

Il primo caso è quello che stiamo trattando noi; il secondo lo avremmo avuto se, per esempio, ognuno dei 25 alunni avesse eseguito la misurazione dell'altezza di un unico banco. Se la persona incaricata di raccogliere i dati delle varie classi ti venisse a chiedere qual è il risultato sintetico da noi ottenuto, che cosa gli risponderesti?
Scegli il dato dell'alunno che secondo te ha eseguito meglio la misurazione (che ha fornito magari 78,2 cm)? Oppure prendi per sicurezza il valore massimo della serie (79,5 cm)? O, ancora, opti per quello che si ripete più spesso (78,0 cm, che compare cinque volte)? In realtà, nessuna delle tre scelte è corretta. Infatti, per tenere conto con equità di tutti i contributi occorre calcolare il **valore medio**.

Cerchiamo di capire il significato di *valore medio*. Immaginiamo che tre amici dispongano rispettivamente di 10, 9 e 5 euro. *Insieme* hanno dunque:

$$10 + 9 + 5 = 24 \text{ euro}$$

Che cosa accadrebbe se, invece, avessero 8 euro *ciascuno*? In questo caso avrebbero tutti e tre assieme la *stessa* cifra complessiva di prima (8 + 8 + 8 = 24 euro), con la differenza che ognuno possiederebbe la stessa quantità di denaro degli altri due; 8 euro è appunto il *valore medio* di 10, 9 e 5 euro.

valore medio

Il **valore medio** di una serie di misure è quel particolare valore che, se si ripetesse costante in ogni misurazione, ci darebbe, sommando tutti i valori, lo stesso risultato ottenuto con la serie effettiva. — **informazione**

Lo definiamo nel seguente modo:

Il **valore medio** di una serie di misure si trova sommando fra loro tutti i valori delle misure della serie e dividendo tale somma per il numero delle misure: — **definizione**

$$\text{valore medio} = \frac{\text{somma dei valori delle misure}}{\text{numero delle misure}}$$

Matematicamente, scriviamo:

$$x_M = \frac{x_1 + x_2 + x_3 + \ldots + x_N}{N}$$

formula

Nel caso della tabella 1, con pazienza puoi trovare:

$$x_M = \frac{78{,}1 + 77{,}3 + 77{,}8 + \ldots + 76{,}9}{25} = 77{,}952 \text{ cm}$$

Il problema che si pone adesso è: che cosa prendiamo come incertezza? La soluzione più semplice sembrerebbe quella di considerare la stessa incertezza delle singole misure, cioè 0,1 cm. La conseguenza è che l'intervallo di indeterminazione andrebbe quindi (dovendo arrotondare il valore della misura a 78,0 cm) da 77,9 cm a 78,1 cm.
Tuttavia, puoi facilmente verificare che la maggior parte delle misure cade al di fuori di tale intervallo nel quale, invece, il valore della misura dovrebbe rientrare con probabilità... elevata! Dunque, questa scelta non è opportuna.

Esistono in realtà molti metodi per determinare l'incertezza in una serie di misure. Talvolta si ricorre persino alla statistica, che fa uso di particolari funzioni matematiche.
Il procedimento più semplice che viene applicato quando le misure non sono molte e sono affette soltanto da errori casuali, consiste nel calcolare l'**errore massimo** (o **semidispersione**).

errore massimo

informazione

L'**errore massimo** ci dà l'ampiezza dell'intervallo, centrato sul valore medio, nel quale cadono tutti i valori delle varie misure della serie.

definizione

L'**errore massimo** è dato dalla differenza, divisa per due, fra il valore massimo e il valore minimo della serie di misure.
Quindi possiamo scrivere:

$$\text{errore massimo} = \frac{\text{valore maggiore} - \text{valore minore}}{2}$$

cioè:

formula

$$\Delta x = \frac{x_{max} - x_{min}}{2}$$

Con i dati a disposizione, avremo:

$$\Delta x = \frac{79{,}5 - 76{,}9}{2} = 1{,}3 \cong 2 \text{ cm} \qquad \text{(il simbolo } \cong \text{ si legge «uguale circa»)}$$

Per cui la scrittura della misura diventa:

$\boldsymbol{x} = \mathbf{(78 \pm 2)\ cm}$

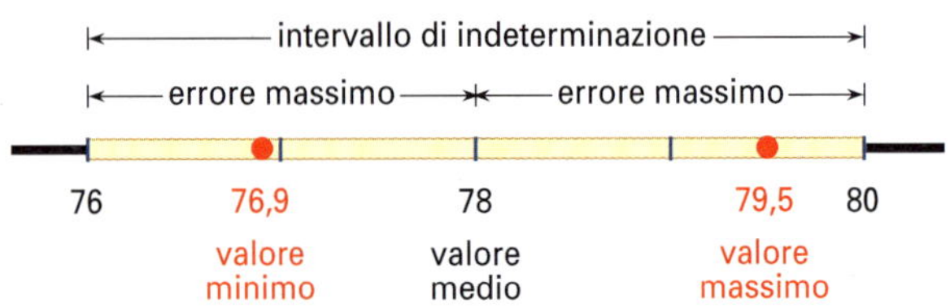

L'intervallo di indeterminazione della misura, che va da 78 – 2 = 76 cm a 78 + 2 = 80 cm, comprende tutti i valori delle singole misure della serie.

SCHEDA LAB

2.3 Le misure indirette

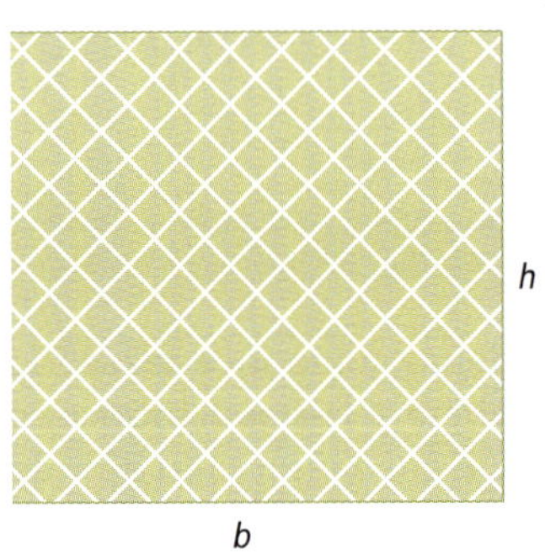

Vogliamo ricoprire il pavimento di una stanza con uno strato di linoleum. Quanti metri quadrati di linoleum dobbiamo acquistare? Non esiste uno strumento che consenta di effettuare la misura in modo diretto dell'area che devi ricoprire. Però, grazie agli studi di geometria, trattandosi della superficie di un rettangolo, sappiamo che basta misurare la base b, quindi l'altezza h e poi eseguire la moltiplicazione: $A = b \cdot h$.

Quello che abbiamo fatto in questo caso è una **misura indiretta**, vale a dire la misurazione di una grandezza fisica tramite un calcolo matematico.

La **misura indiretta** di una grandezza è quella misura ottenuta effettuando dei calcoli a partire dalla conoscenza delle misure di altre grandezze.

misura indiretta

Le grandezze misurate indirettamente prendono il nome di **grandezze derivate**.

grandezze derivate

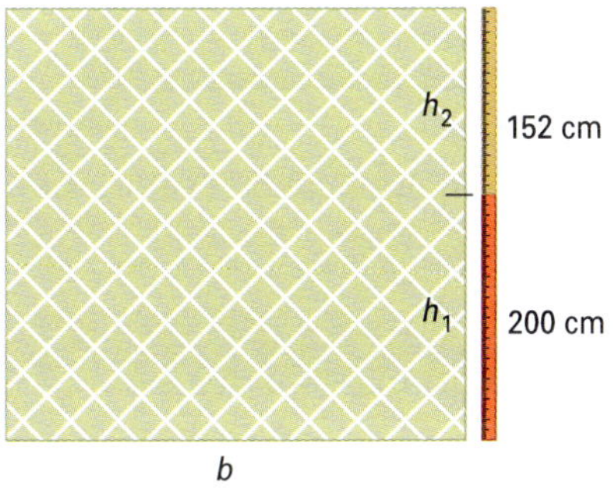

Misuriamo allora h. Abbiamo a disposizione un metro a nastro che arriva a 200 cm e che ha un errore di sensibilità di 0,5 cm. Dato che la lunghezza di h è maggiore del metro a nastro completamente disteso, mettiamo con cura lo zero a un'estremità della stanza, quindi là dove arriva lo strumento, cioè 200 cm, facciamo un segno con un gessetto. Dopodiché, portiamo lo zero sul segno e rileviamo quanto manca all'altra estremità della stanza (per esempio 152 cm). Alla fine abbiamo:

$$h = h_1 + h_2 \quad \Rightarrow \quad h_M = 200{,}0 + 152{,}0 = 352{,}0 \text{ cm}$$

Nasce a questo punto il problema di che cosa dobbiamo prendere come incertezza di h. Ancora 0,5 cm?
In realtà, quello stesso tipo di errore è stato commesso tanto nella misura del primo tratto quanto del secondo:

$$h_1 = (200{,}0 \pm 0{,}5) \text{ cm}$$

$$h_2 = (152{,}0 \pm 0{,}5) \text{ cm}$$

L'incertezza di 0,5 cm è presente due volte, quindi possiamo ritenere che per l'incertezza dell'altezza totale si debbano sommare le incertezze di h_1 e h_2:

$$\Delta x(h) = \Delta x(h_1) + \Delta x(h_2) \quad \Rightarrow \quad \Delta x(h) = 0{,}5 + 0{,}5 = 1 \text{ cm}$$

Il risultato finale dell'altezza è perciò:

$$h = (352 \pm 1) \text{ cm}$$

▶ Che cosa proponi se si presenta la necessità di ottenere la differenza tra due grandezze e determinare, per esempio, $h = h_1 - h_2$? ....

....

È meno intuitivo rispetto al caso visto prima della somma, tuttavia anche ora l'incertezza di h è data dalla somma delle incertezze di h_1 e h_2, per cui si ha: $h = (48 \pm 1)$ cm.

L'**incertezza** di una grandezza fisica ottenuta come **somma** oppure come **differenza** fra altre grandezze è data dalla **somma** delle incertezze di tali grandezze.

incertezza nella somma e nella differenza

Procediamo con il nostro problema, supponendo che la misura della base sia: $b = (390 \pm 1)$ cm. Per trovare la superficie basterà calcolare:

$$A_M = b_M \cdot h_M = 390 \cdot 352 = 137\,280 \text{ cm}^2$$

Purtroppo le complicazioni non sono terminate. Infatti, dopo quanto abbiamo detto, non possiamo pensare che il valore dell'area in questione sia privo di incertezza.

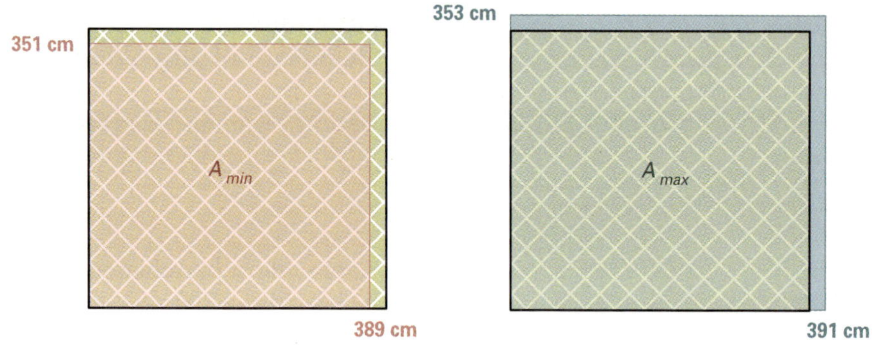

L'area può variare tra un valore minimo ottenuto moltiplicando i valori minimi di b e h:

$$A_{min} = b_{min} \cdot h_{min} = 389 \cdot 351 = 136\,539 \text{ cm}^2$$

e un valore massimo, ottenuto moltiplicando i valori massimi di b e h:

$$A_{max} = b_{max} \cdot h_{max} = 391 \cdot 353 = 138\,023 \text{ cm}^2$$

È evidente che anche per l'area dobbiamo trovare un modo per individuare l'incertezza.
La via non è semplice. Ti daremo qui le regole da seguire, facendoti notare che adesso entrano in gioco gli **errori relativi** e non direttamente le incertezze, come nei casi visti in precedenza per la somma e la differenza.

Vediamo come devi procedere, una volta calcolato il valore della grandezza (nel nostro caso l'area A) definita dal prodotto fra altre due grandezze (b e h), per trovare la sua incertezza.

a) Calcoli gli errori relativi di b e di h:

$$\varepsilon_r(b) = \frac{1}{390} = 0{,}00256$$

$$\varepsilon_r(h) = \frac{1}{352} = 0{,}00284$$

b) Fai la somma degli errori relativi di b e h, trovando così l'errore relativo dell'area A:

$$\varepsilon_r(A) = \varepsilon_r(b) + \varepsilon_r(h) = 0{,}00256 + 0{,}00284 = 0{,}00540$$

c) Moltiplichi l'errore relativo di A per il valore della grandezza stessa, in modo da determinare la sua incertezza:

$$\Delta x(A) = \varepsilon_r(A) \cdot A_M = 0{,}00540 \cdot 137\,280 = 741{,}312 \text{ cm}^2$$

Si potrebbe dimostrare che in maniera del tutto analoga, per quanto riguarda la determinazione dell'incertezza, si deve procedere nella eventualità che una grandezza sia il quoziente di altre grandezze.

errore relativo nel prodotto e nel quoziente

L'**errore relativo** di una grandezza fisica ottenuta come **prodotto** oppure come **quoziente** fra altre grandezze è dato dalla **somma** degli errori relativi di tali grandezze.

Riepiloghiamo sinteticamente le **leggi di propagazione degli errori** per mezzo di una tabella.

operazione	legge di propagazione
somma: $S = A + B$	$\Delta x(S) = \Delta x(A) + \Delta x(B)$
differenza: $D = A - B$	$\Delta x(D) = \Delta x(A) + \Delta x(B)$
prodotto: $P = A \cdot B$	$\varepsilon_r(P) = \varepsilon_r(A) + \varepsilon_r(B)$
quoziente: $Q = A/B$	$\varepsilon_r(Q) = \varepsilon_r(A) + \varepsilon_r(B)$

leggi di propagazione degli errori

Cifre significative

In una misura l'incertezza impone che si esprima il valore della grandezza non oltre la cifra che rappresenta l'incertezza stessa. Se facciamo una misurazione in cui **0,5** cm è l'errore di sensibilità dello strumento, non è possibile riportare il valore oltre la prima cifra decimale, corrispondente appunto a **0,5**.

Potremo avere, per esempio, L = (**12,5 ± 0,5**) cm:

incertezza **0,5** cm ⇒ valore della grandezza **12,5** cm

In effetti non avrebbe senso scrivere **12,52** cm (anche se dovessimo vedere che il valore è in realtà un po' più di **12,5** cm), in quanto la sensibilità dello strumento non ci consente di andare oltre, e nessuno può assicurarci che non si tratti invece di **12,5197** cm!
Si dice allora che il valore **12,5** cm è espresso con **tre** cifre significative, vale a dire due cifre certe (l'**1** e il **2**) e la prima cifra incerta (il **5**).

Si intendono come **cifre significative** del valore di una grandezza tutte le cifre certe fino alla prima incerta compresa.

cifre significative

una cifra decimale ⇑ **34,(2)** → **prima cifra incerta** ⇓ **tre cifre significative**

cinque cifre decimali ⇑ **0,0080(4)** → **prima cifra incerta** ⇓ **tre cifre significative**

Le cifre significative di un numero non coincidono necessariamente con le cifre dopo la virgola, cioè i decimali. Può succedere, ma si tratta di casi particolari.

Ricorda!...

Gli zeri compresi tra cifre significative sono anch'essi significativi.

Che cosa succede quando si fanno delle operazioni tra misure i cui valori sono riportati con le rispettive cifre significative?

Nel risultato di una somma o di una differenza si conservano soltanto quelle cifre che sono state ottenute sommando o sottraendo cifre significative.

cifre significative nella somma o nella differenza

Facciamo la somma tra **34,2** cm e **5,64** cm:

34,2□ +
5,64 =
39,84 cm

Il **4** non è stato ottenuto come somma di cifre significative (perché sopra di esso c'è uno [0] non significativo che quindi non è stato riportato), per cui la somma è **39,8 cm**.

cifre significative nel prodotto o nel quoziente

Il risultato di un prodotto o di un quoziente viene riportato scrivendolo con un numero di cifre significative pari a quello della misura che ne ha di meno.

Facciamo il prodotto tra **22,3** cm e **7,4** cm.

$$\begin{array}{r} 22{,}3\ \cdot \\ 7{,}4\ = \\ \hline 165{,}02\ \text{cm}^2 \end{array}$$

Il **7,4** cm ha due cifre significative, mentre **22,3** cm ne ha tre; dunque il risultato va riportato analogamente a **7,4** cm con due sole cifre significative: il **5** non può comparire e viene sostituito dallo **0**, mentre il **6** arrotondato diventa **7**. Il valore finale è perciò **170 cm**.

Criteri di arrotondamento

Ricorda!...

Le **cifre significative** di un numero non sono le cifre scritte dopo la virgola, cioè i decimali. È solo un caso particolare quello nel quale vi è coincidenza fra di esse. Il numero 34,572 ha tre cifre decimali e cinque cifre significative.

Il discorso svolto sulle cifre significative riguarda un aspetto puramente matematico del problema. Vediamo allora quali sono i **criteri di arrotondamento** che si possono seguire da un punto di vista fisico quando è necessario arrotondare sia l'incertezza sia il valore di una grandezza derivata e che noi adotteremo.
È doveroso precisare che questi criteri costituiscono un primo semplificato approccio, per il loro carattere per così dire «prudenziale». Tuttavia, essi trovano delle ben precise motivazioni fisiche, che analizziamo una alla volta.

1. Una sola cifra significativa per l'incertezza

L'incertezza deve essere arrotondata alla prima cifra significativa, vale a dire alla prima cifra diversa da zero che si incontra leggendo l'incertezza da sinistra verso destra.

Se facciamo l'ipotesi che l'incertezza relativa a una misura indiretta valga **0,04275** m, per cui siamo informati che il **4** dei centesimi (**0,04275** m) costituisce l'incertezza di maggiore rilevanza nella misura, a che cosa può servire tenersi le cifre che vengono dopo? In ogni caso l'incertezza sui millesimi data dal **2** (**0,04275** m) e sulle cifre restanti viene inglobata da quella maggiore, rappresentata ovviamente dalla prima cifra significativa.

2. L'incertezza arrotondata sempre per eccesso

Se l'incertezza, avendo più di una cifra significativa, deve essere arrotondata, è opportuno farlo sempre **per eccesso**, anche se la cifra subito a destra della prima cifra significativa è minore di 5 (solo se è 0 è il caso di arrotondare per difetto).

Arrotondando **0,04275** m alla prima cifra significativa, si dovrebbe scrivere **0,04** m, dal momento che la cifra a destra del **4** è un **2** (**0,04275** m) e quindi l'arrotondamento andrebbe fatto per difetto. Perché scrivere invece **0,05** m? In pratica non facciamo altro che allargare l'intervallo di indeterminazione, per cui, se anche perdiamo in precisione della misura (dal momento che l'errore relativo risulta incrementato), abbiamo però una certezza maggiore che il valore sia effettivamente dentro quell'intervallo così allargato. L'incertezza è dunque **0,05** m.

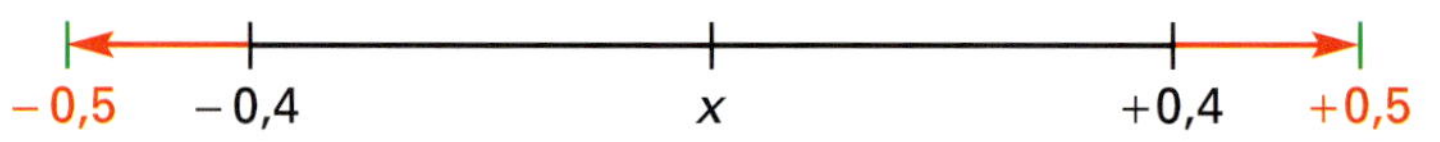

3. Valore della grandezza espresso fino alla cifra dell'incertezza

Il valore della grandezza va arrotondato per eccesso o per difetto a seconda dei casi (arrotondamento matematico, vedi **NonsoloMatematica**), in corrispondenza della posizione dell'unica cifra diversa da zero dell'incertezza già arrotondata.

MATEMATICA

Il ragionamento è analogo a quello svolto nel punto 1. Supponiamo che il valore calcolato sia risultato **6,83196** m. L'incertezza vale **0,05** m e impone, perciò, che siano i centesimi a essere instabili: la prima cifra incerta è il **3** (**6,83196** m). È ragionevole supporre, di conseguenza, che le cifre successive, vale a dire **196** (**6,83196** m), siano ancora più incerte del **3**, cioè fondamentalmente... di pura fantasia! Viceversa, arrotondare addirittura a **6,8** m comporterebbe una evidente perdita di informazione. Il valore deve essere riportato come **6,83** m.
Vediamo di chiarire quanto esposto con qualche esempio.

esempi

Supponiamo che il valore di una grandezza sia 7,84216 kg, mentre la corrispondente incertezza risulti essere di 0,05429 kg. Come dobbiamo esprimere il risultato?

Incertezza:

$\Delta x = 0,05429$ kg

la prima cifra significativa è il 5

$\Delta x = 0,05429$ kg

anche se a destra del 5 c'è 4, si arrotonda per eccesso

$\Delta x = 0,06$ kg

Valore della grandezza:

$x_M = 7,84216$ kg

dato che l'incertezza è di 6 centesimi, non scriviamo il valore oltre il 4 dei centesimi e lo arrotondiamo per difetto perché a destra del 4 c'è 2

$x_M = 7,84$ kg

Risultato della misura: $\boldsymbol{x = (7,84 \pm 0,06)}$ **kg**

Vediamo un altro esempio, in cui il valore della grandezza è 375,047 dm^3 con un'incertezza pari a 20,741 dm^3.

Incertezza:

$\Delta x = 20,741$ dm^3

la prima cifra significativa è il 2

$\Delta x = 20,7451$ dm^3

a destra del 2 c'è 0: è l'unico caso in cui arrotondiamo l'incertezza per difetto (altrimenti, avremmo dovuto portarlo a 30)

$\Delta x = 20$ dm^3

Valore della grandezza:

$x_M = 375,047$ dm^3

poiché l'incertezza è di 2 decine, non esplicitiamo il valore oltre il 7 delle decine, e lo arrotondiamo per eccesso perché a destra del 7 c'è 5

$x_M = 380$ dm^3

Risultato della misura: $\boldsymbol{x = (380 \pm 20)}$ $\mathbf{dm^3}$

Finalmente, siamo in grado di scrivere la misura della quantità di linoleum che ci serve per ricoprire il pavimento della stanza proposta nelle pagine precedenti. Riassumendo, avevamo trovato:

$$A_M = 137\,280\ \text{cm}^2 \qquad \Delta x(A) = 741{,}312\ \text{cm}^2$$

Applicando i criteri di arrotondamento visti, si ha:

$$\Delta x = \mathbf{7}41{,}312\ \text{cm}^2 \quad \Rightarrow \quad \mathbf{8}00\ \text{cm}^2$$

$$x_M = 137\,\mathbf{2}80\ \text{cm}^2 \quad \Rightarrow \quad 137\,\mathbf{3}00\ \text{cm}^2$$

Quindi:

$$A = (137\,300 \pm 800)\ \text{cm}^2$$

Se cambiamo scala, dividendo per 10 000 in modo da riportarci ai m^2, abbiamo una scrittura più appropriata:

$$A = (13{,}73 \pm 0{,}08)\ \text{m}^2$$

I vari tipi di scrittura

Riassumiamo con un disegno le differenti situazioni che possono portare a ottenere una misura.

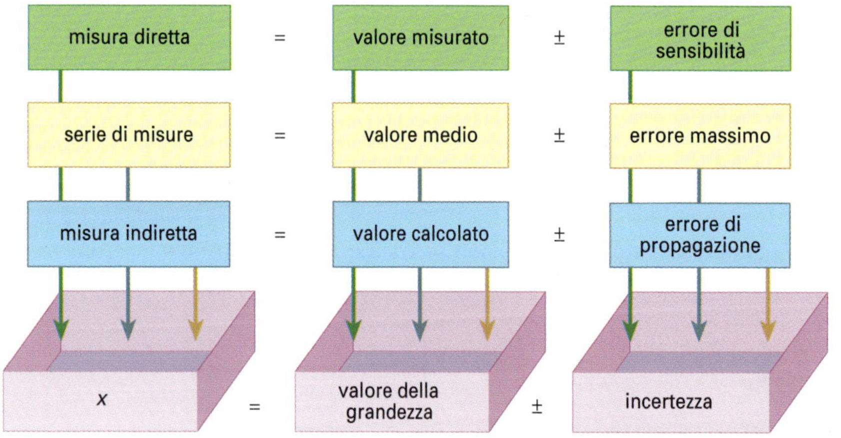

Quando ti trovi di fronte alla scrittura di una misura relativa a una determinata grandezza fisica, per esempio $v = (58 \pm 3)$ km/h, ciò che in generale chiamiamo **valore della grandezza** e **incertezza** possono avere origini differenti.
A seconda dei casi, le varie «scatole» che costituiscono la misura vengono riempite con contenuti che dipendono dal tipo di misurazione effettuata.

Anche se la scrittura deve rispettare, qualunque sia la sua origine, le stesse regole formali nell'aspetto finale, tuttavia è possibile notare delle differenze. Per esempio: la velocità scritta sopra può essere frutto della lettura eseguita direttamente su un tachimetro?

No. Infatti, se il valore letto è corretto, cioè **58** km/h, l'incertezza (nella fattispecie l'errore di sensibilità dello strumento) non può essere **3** km/h. Non c'è coerenza.
Poteva essere **2** km/h, nel qual caso il valore letto sarebbe potuto essere **56**, **58** o **60** km/h (e mai **57**, **59** o **61** km/h).

Se però quella è proprio la scrittura corretta di una velocità, $\mathbf{v = (58 \pm 3)}$ **km/h**, non può trattarsi di una lettura diretta, bensì del frutto di un calcolo (una serie di misure o la velocità determinata tramite la sua formula, vale a dire spazio percorso diviso intervallo di tempo).

2.4 Gli strumenti

Soffermiamoci ora su alcune sintetiche informazioni riguardanti gli strumenti di misura.
Il procedimento che rende idonei gli strumenti per l'effettuazione di una misurazione viene chiamato **taratura**.

La **taratura** è quell'insieme di operazioni che devono essere compiute per collocare una **scala graduata** su uno strumento, tramite il confronto tra il valore di una grandezza misurata con tale strumento e il valore ottenuto con uno strumento campione.

taratura

Gli strumenti sono principalmente caratterizzati da:
- *sensibilità*;
- *portata* o *fondo scala*;
- *precisione*.

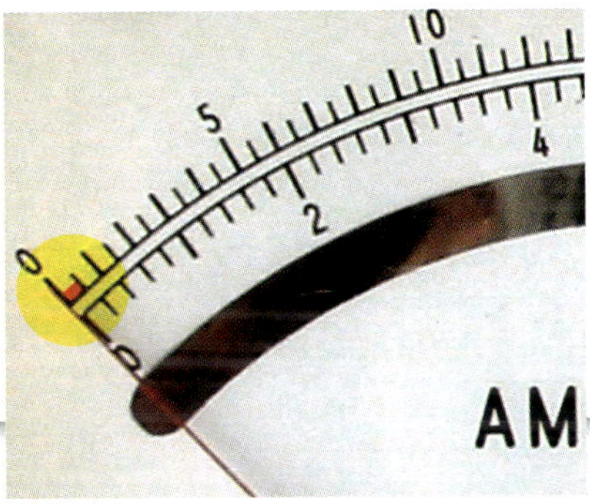

L'**errore di sensibilità** è la più piccola variazione della grandezza fisica che lo strumento è in grado di misurare.

errore di sensibilità

Ti ricordiamo che l'errore di sensibilità corrisponde, perciò, al valore di una divisione nella scala dello strumento.

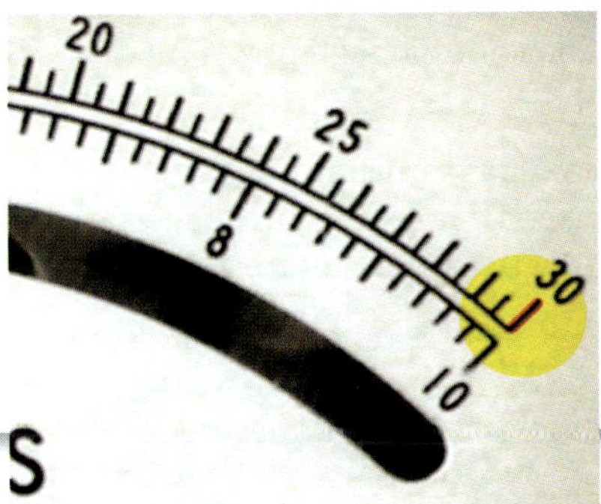

La **portata** o **valore di fondo scala** è il valore massimo della grandezza che lo strumento è in grado di rilevare.

portata o valore di fondo scala

In certi casi, se lo strumento viene impiegato in modo tale che i valori della grandezza ne oltrepassano la portata, il suo funzionamento può venire compromesso. Quindi è importante, prima di utilizzare un dato strumento, assicurarsi se è in grado di sopportare il valore più elevato che prevediamo possa raggiungere la grandezza fisica da misurare.

Ricorda!...

La *sensibilità* non va confusa con la *precisione dello strumento*. Infatti, non è detto che uno strumento molto sensibile sia necessariamente anche molto preciso, cioè affidabile: certi orologi, pur potendo rilevare anche i millesimi di secondo, possono essere dei veri e propri... "cipolloni"!

La **precisione** è una caratteristica che consente di valutare l'affidabilità dello strumento nella rilevazione delle misure.

precisione

Quest'ultima è una definizione puramente qualitativa, collegata a quella che viene indicata come **classe** di uno strumento e che studierai nell'ambito delle discipline specialistiche.

IN SINTESI

AUDIO

- L'**errore casuale**, o accidentale, può essere sia per eccesso sia per difetto; è un errore che può essere dovuto all'intervento dell'operatore, alle condizioni ambientali della misura o alle condizioni operative, cioè legate al funzionamento dello strumento con cui si effettua la misurazione.

- L'**errore sistematico** può essere solo per eccesso oppure solo per difetto. Le sue cause più comuni includono l'utilizzo degli strumenti in condizioni diverse da quelle previste dal costruttore, un'interferenza dello strumento con la grandezza da misurare e i difetti costruttivi dello strumento.
- In relazione a una **serie di misure**:
  - il **valore medio** è quel particolare valore che, se si ripetesse costante in ogni misurazione, ci darebbe, sommando tutti i valori, lo stesso risultato ottenuto con la serie effettiva. Lo si trova sommando tra loro tutti i valori delle misure della serie e dividendo tale somma per il numero delle misure:

$$\text{valore medio} = \frac{\text{somma dei valori delle misure}}{\text{numero delle misure}} \qquad \text{in formula: } x_M = \frac{x_1 + x_2 + x_3 + \ldots + x_N}{N}$$

  - l'**errore massimo** è l'ampiezza dell'intervallo, centrato sul valore medio, nel quale cadono tutti i valori delle varie misure della serie. Lo si calcola dalla differenza, divisa per due, tra il valore massimo e il valore minimo della serie di misure, cioè:

$$\text{errore massimo} = \frac{\text{valore maggiore} - \text{valore minore}}{2} \qquad \text{in formula: } \Delta x = \frac{x_{max} - x_{min}}{2}$$

- La misura si dice **indiretta** quando viene ottenuta effettuando dei calcoli a partire dalla conoscenza delle misure di altre grandezze. Le grandezze si dicono **derivate** quando sono misurate indirettamente.

operazione	legge di propagazione
somma: $S = A + B$	$\Delta x(S) = \Delta x(A) + \Delta x(B)$
differenza: $D = A - B$	$\Delta x(D) = \Delta x(A) + \Delta x(B)$
prodotto: $P = A \cdot B$	$\varepsilon_r(P) = \varepsilon_r(A) + \varepsilon_r(B)$
quoziente: $Q = A/B$	$\varepsilon_r(Q) = \varepsilon_r(A) + \varepsilon_r(B)$

- Le **leggi di propagazione degli errori** possono essere riassunte come nella tabella; ciò significa che l'**incertezza** di una grandezza ottenuta come *somma* o *differenza* tra altre grandezze è data dalla somma delle incertezze di tali grandezze; e che l'**errore relativo** di una grandezza ottenuta come *prodotto* o *quoziente* tra altre grandezze è dato dalla somma degli errori relativi di tali grandezze.

- Nel valore di una grandezza, sono **cifre significative** tutte le cifre certe più la prima cifra incerta (per esempio, 12,5 è espresso con tre cifre significative, di cui 1 e 2 sono certe, 5 è la prima cifra incerta). Se si eseguono operazioni, valgono le seguenti regole per le cifre significative del risultato:
  - nel risultato di una somma o di una differenza si conservano soltanto quelle cifre che sono state ottenute sommando o sottraendo cifre significative;
  - il risultato di un prodotto o di un quoziente viene riportato scrivendolo con un numero di cifre significative pari a quello della misura che ne ha di meno.

- L'incertezza ottenuta tramite le leggi di propagazione degli errori segue due **criteri di arrotondamento**:
  - deve essere arrotondata alla prima cifra significativa;
  - l'arrotondamento viene fatto in genere per eccesso.

  Il valore della grandezza, di conseguenza, viene scritto arrotondando in corrispondenza della posizione dell'unica cifra significativa, diversa da zero, dell'incertezza già arrotondata.

- La **taratura** è un insieme di operazioni che serve per disporre sullo strumento una **scala graduata**, tramite il confronto tra il valore di una grandezza misurata con tale strumento e il valore ottenuto con uno strumento campione. Le caratteristiche principali degli strumenti di misura sono:
  - **sensibilità**: la più piccola variazione della grandezza fisica che lo strumento è in grado di misurare;
  - **portata** o **valore di fondo scala**: valore massimo della grandezza che lo strumento può rilevare;
  - **precisione**: caratteristica che consente di valutare l'affidabilità dello strumento.

STRUMENTI DI CONSOLIDAMENTO E VERIFICA

VERIFICHE

Vero-falso

1 Gli errori casuali influenzano una misura solo per eccesso. V F

2 Un cronometro che fornisce valori in eccesso a causa di un cattivo azzeramento darà luogo a errori di tipo sistematico. V F

3 L'errore di parallasse è un errore di lettura dovuto al fatto che l'indice dello strumento oscilla continuamente. V F

4 Il risultato di una serie di misure viene rappresentato dal valore medio. V F

5 Il risultato di una serie di misure non presenta alcuna incertezza. V F

6 La misura di una lunghezza è un esempio di misura indiretta. V F

7 L'incertezza di una grandezza ottenuta come differenza tra altre due grandezze è data dalla somma delle incertezze di queste ultime. V F

8 L'errore relativo di una grandezza ottenuta come prodotto tra altre due grandezze è dato dal prodotto degli errori relativi di queste ultime. V F

9 Dopo averla determinata, è bene arrotondare l'incertezza di una grandezza derivata sempre per eccesso. V F

10 La precisione di uno strumento corrisponde alla sua sensibilità. V F

Test a scelta multipla

1 Gli errori sistematici possono essere dovuti a:

A intervento accidentale dell'operatore durante l'esecuzione della misurazione

B mutazione imprevedibile delle condizioni ambientali durante la misurazione

C difetto di funzionamento tecnico dello strumento (per esempio, cattivo azzeramento)

D instabilità del valore della grandezza in fase di misurazione

2 Se una grandezza C è ottenuta come differenza fra due grandezze A e B, allora possiamo dire che l'incertezza di C è:

A la differenza fra le incertezze di A e di B

B il prodotto fra le incertezze di A e di B

C la somma delle incertezze di A e di B

D la somma degli errori relativi di A e di B moltiplicata per il valore di C

3 Come valore di una grandezza ricavata da una serie di misure si prende:

A il valore che ha una maggiore frequenza, cioè che si ripete più spesso

B il valore medio, vale a dire la somma di tutti i valori divisa per il numero delle misure

C il valore minore della serie, per motivi di sicurezza

D il valore rilevato al centro fra la prima misurazione e l'ultima

4 L'errore massimo di una serie di misure (detto anche semidispersione):

A è la somma di tutti i valori delle misure divisa per il numero di misure

B è il valore maggiore meno il valore minore della serie diviso due

C è il valore maggiore più il valore minore della serie diviso per il numero delle misure

D coincide con l'incertezza di ognuna delle misure che compone la serie

5 Data la serie di misure:
4,25 4,20 4,19 4,26 4,21 4,27
in metri, il risultato si scrive come:

A (4,19 ± 0,01) m

B (25,38 ± 0,06) m

C (4,23 ± 0,08) m

D (4,23 ± 0,04) m

6 Data la serie di misure:
6,20 6,35 6,30 6,25 6,40 in volt, possiamo dire che l'errore di sensibilità dello strumento (voltmetro) è:

A 0,1 volt

B 0,02 volt

C 0,01 volt

D 0,05 volt

7 Se una grandezza C è ottenuta come prodotto fra due grandezze A e B, allora possiamo dire che l'errore relativo di C è:

A la somma delle incertezze di A e di B divisa per il valore di C

B il valore medio fra gli errori relativi di A e di B

C la differenza fra gli errori relativi di A e di B

D la somma degli errori relativi di A e di B

8 Se una grandezza C è ottenuta come rapporto fra due grandezze A e B, allora possiamo dire che l'incertezza di C è:

A la somma degli errori relativi di A e di B moltiplicata per il valore di C

B il rapporto fra le incertezze di A e di B

C la somma delle incertezze di A e di B

D il rapporto fra gli errori relativi di A e di B moltiplicato per il valore di C

9 **Che cosa si intende con portata o valore di fondo scala di uno strumento?**

A Il valore della prima divisione indicata sulla scala graduata

B Il valore oltre il quale lo strumento non funziona correttamente e può danneggiarsi

C Il primo valore numerico indicato esplicitamente sulla scala graduata

D Lo scostamento medio tra valore reale e valore rilevato dallo strumento

10 **Che cos'è la precisione di uno strumento?**

A Un sinonimo dell'errore di sensibilità, la più piccola variazione della grandezza che lo strumento è in grado di rilevare

B Il valore più grande che lo strumento può misurare

C La velocità con cui lo strumento arriva a stabilizzarsi su un valore della misura

D Una caratteristica che valuta la corrispondenza tra il valore reale della grandezza e quello rilevato dallo strumento

Applichiamo le conoscenze

Esercizi

2.1 I tipi di errore

1 A causa di un azzeramento non corretto, l'indice di un cronometro si ferma sempre su 0,02 s. Se una lettura su tale strumento fornisce il valore 1,18 s, sapendo che l'errore di sensibilità è di un centesimo di secondo, riporta il risultato della misura, eliminando l'errore sistematico. **[(1,16 ± 0,01) s]**

Per lo svolgimento dell'esercizio, completa il percorso guidato, inserendo gli elementi mancanti dove compaiono i puntini.

1 L'errore sistematico è in questo caso per eccesso, per cui il valore effettivo è: $t_M = 1{,}18 - 0{,}02 =$ ....

2 L'errore di sensibilità dello strumento è: $\Delta x(t) =$ ....

3 Il risultato della misura finale è perciò: $t =$ ....

2 Misurando il diametro di un CD con un righello che ha un errore di sensibilità di 0,5 mm, uno studente allinea il bordo del piccolo disco con l'estremità dello strumento, dal quale lo zero della scala dista però 3,5 mm. Se la lettura fornisce un valore di 11,70 cm, scrivi la misura eliminando l'errore sistematico. **[(12,05 ± 0,05) cm]**

3 Un orologio, che ha un errore di sensibilità di 1 minuto, va indietro di 2 minuti ogni ora effettivamente trascorsa. Subito dopo avere sincronizzato l'orario da esso segnato con un orologio più preciso, hai rilevato un evento della durata di 87 minuti. Scrivi in modo completo la misura in minuti relativa a tale intervallo di tempo, eliminando l'errore sistematico. **[(90 ± 1) min]**

4 Un commerciante, con una bilancia che ha un errore di sensibilità di 1 g, pesa 212 g di prosciutto. La carta sulla quale ha riposto la merce determina una tara di 8 g.

a) A causa della tara, viene commesso un errore casuale o sistematico? ....

b) L'errore nel peso è commesso per difetto o per eccesso? ....

c) Si può eliminare l'errore dovuto alla presenza della tara? ....

d) Qual è la quantità effettiva di prosciutto pesata? ....

e) Quanto vale l'incertezza determinata dalla bilancia? ....

f) Come si scriverebbe la misura, in kg, una volta eliminata la tara? m = (.......... ± ....) kg

5 Una fabbrica produce una certa quantità di cuscinetti a sfere che devono avere un diametro interno di 35,00 mm. Immagina di controllare, misurandolo sei volte, il diametro di un cuscinetto campione tramite un calibro ventesimale, che ha un errore di sensibilità pari a 1/20 di millimetro (cioè 0,05 mm).

a) Indica a piacere sei valori del diametro, ipotizzando che siano incorsi degli errori casuali rispetto al valore vero, tenendo conto dell'errore di sensibilità dello strumento usato: ....

b) Gli errori hanno determinato solo valori più grandi di 35,00 mm? ....

c) Gli errori hanno determinato solo valori più piccoli di 35,00 mm? ....

d) Gli errori casuali che hanno condizionato i valori da te immaginati, possono essere eliminati? ....

e) Se adoperi al posto del calibro uno strumento meno sensibile (per esempio il tuo righello), gli errori casuali sarebbero più o meno evidenti? ....
Perché? ....

f) Scrivi la misura del primo valore del diametro da te riportato, considerando l'errore di sensibilità del calibro: d = (35,.......... ± ....) mm.

6 Per un'imperfetta taratura, un righello dà come valore di una grandezza 15,6 cm. Con uno strumento più preciso, si ottiene invece il valore di 15,2 cm. Sulla base di questa informazione, scrivi il risultato corretto e completo della misura nel caso in cui il righello abbia fornito il valore di 11,7 cm.

Suggerimenti **Per trovare la misura senza l'errore sistematico, devi fare ricorso a una proporzione. Invece, l'errore di sensibilità del righello è...**

[(11,4 ± 0,1) cm]

7 ***ENGLISH*** Because of an incorrect zero setting, the zero value reading on a balance scale actually corresponds to 0.04 kg, so that all the readings are affected by a systematic error. A reading on this balance – whose sensitivity error is 1 dg – yields the value 2.18 kg. Determine the real value of the measurement, taking both the sensitivity error and the systematic error into account.

[(2.16 ± 0.01) kg]

2.2 Le serie di misure

8 Data la serie di misure:

320	310	290	330	340	300
280	310	330	320	280	340

in kilogrammi, trova:

a) il valore medio;

b) l'errore massimo o semidispersione.

[312,5 kg; 30 kg]

Per lo svolgimento dell'esercizio, completa il percorso guidato, inserendo gli elementi mancanti dove compaiono i puntini.

1 Calcola il valore medio, facendo la somma di tutti i valori e dividendo per il numero di misure:

x_M = ...

2 Calcola l'errore massimo, sottraendo il valore minore da quello massimo e dividendo per due:

Δx = ...

9 Data la serie di misure:

19,4 20,4 21,0 20,8 19,6 20,0

in °C, determina il suo valore medio.

[20,2 °C]

10 Data la serie di misure:

0,724 0,721 0,728 0,729 0,725

in metri, calcola l'errore massimo o semidispersione.

[0,004 m]

11 Data la serie di misure:

9,95 9,80 9,65 9,70 9,55 9,75 9,90

in secondi, individua l'errore di sensibilità dello strumento con cui sono state effettuate le misurazioni e l'errore massimo o semidispersione.

[0,05 s; 0,2 s]

12 Data la serie di misure:

4,15	4,10	4,20	4,20	4,30	4,10
4,25	4,05	4,25			

in millimetri:

a) trova il valore medio;

b) trova l'errore massimo o semidispersione;

c) arrotonda l'errore massimo e il valore alla prima cifra decimale.

[(4,2 ± 0,2) mm]

13 Hai acquistato tre confezioni di cioccolatini: una da 40, una da 20 e una da 15.

a) Quanti cioccolatini hai comprato complessivamente? ....

b) Se vuoi fare tre confezioni uguali con tutti i cioccolatini acquistati, quanti ne metti in ognuna delle tre confezioni uguali? ....

c) C'è una confezione che contiene già il numero medio di cioccolatini? ....

d) Che cosa trovi, se moltiplichi il numero medio di cioccolatini per il numero di confezioni? ....

14 Un giocatore di pallacanestro in cinque partite giocate ha realizzato i seguenti punteggi:

25 12 18 32 23

a) Quanti punti ha realizzato complessivamente? ....

b) Quanti punti ha realizzato in media a partita? ....

c) Il punteggio medio trovato è minore di 12? ....
È maggiore di 32? ....

d) Il punteggio medio corrisponde a uno dei punteggi ottenuti effettivamente? ....

e) Che cosa trovi, se moltiplichi il punteggio medio per il numero di partite giocate?

f) Qual è la differenza tra il punteggio maggiore e quello minore? ....

g) Qual è la differenza tra il punteggio maggiore e quello medio? ....

h) Qual è la differenza tra il punteggio medio e quello minore? ....

i) Vedi una relazione tra il risultato del punto *f* e quelli dei punti *g* e *h*? ....

l) Se dovessi riassumere con un'unica scrittura tutti i risultati, scriveresti: (......... ± ....) punti.

15 Data la serie di misure:

12,5 12,4 11,9 11,8 12,4 12,6 12,1 12,0 11,7

in secondi, trova:

a) il valore medio;

b) l'errore massimo o semidispersione;

c) la scrittura della misura.

[(12,2 ± 0,5) s]

16 ***ENGLISH*** In an experiment to measure the density of an unknown liquid, the following data (in g/cm³) were determined:

1.85 1.86 1.91 1.90 1.88 1.82

Calculate the average experimental density.

[1.87 g/cm³]

17 ***ENGLISH*** A series of temperature measurements gave the following results (expressed in °C):

28.6 28.3 29.1 28.9 29.3 28.7

Calculate:

a) the average temperature; *b*) the maximum error.

[*a*) 28.8; *b*) 0.2]

2.3 Le misure indirette

18 La misurazione relativa a due masse ha fornito i seguenti risultati: $m_1 = (46,0 \pm 0,2)$ kg; $m_2 = (19,6 \pm 0,2)$ kg. Determina la somma $M = m_1 + m_2$, riportando la scrittura completa della misura: $M = (... \pm ...)$ kg.
[(65,6 ± 0,4) kg]

Per lo svolgimento dell'esercizio, completa il percorso guidato, inserendo gli elementi mancanti dove compaiono i puntini.

1 La somma dei valori delle due masse dà: M_M = ...

2 Per trovare l'incertezza di M si sommano quelle di m_1 ed m_2: $\Delta x(M)$ = ...

3 C'è bisogno di eseguire degli arrotondamenti? ....
....

4 La misura finale è perciò: M = ...

19 Determina la somma $T = t_1 + t_2$, riportando la scrittura completa della misura $T = (... \pm ...)$ s, sapendo che $t_1 = (6,23 \pm 0,01)$ s e $t_2 = (3,05 \pm 0,01)$ s.
[(9,28 ± 0,02) s]

20 È stata effettuata la misurazione relativa a due masse e si è ottenuto $M = (24,7 \pm 0,1)$ hg e $m = (8,5 \pm 0,1)$ hg; determina la scrittura della differenza tra M ed m: $M - m = (... \pm ...)$ hg.
[(16,2 ± 0,2) hg]

21 È stata effettuata la misurazione relativa a due intervalli di tempo e si è ottenuto: $T = (1,28 \pm 0,02)$ s, $t = (0,43 \pm 0,01)$ s; determina la scrittura sia della somma sia della differenza fra le due grandezze: $T + t = (... \pm ...)$ s e $T - t = (... \pm ...)$ s.
[(1,71 ± 0,03) s; (0,85 ± 0,03) s]

22 Nella seguente tabella, in cui le colonne sono state già completate del tutto o in parte, inserisci in luogo dei punti i valori o le incertezze debitamente arrotondati. (Con la scrittura u.d.m. si intende una generica **u**nità **di** **m**isura.)

x_M (u.d.m.)	Δx (u.d.m.)	$(x_M \pm \Delta x)$ (u.d.m.)
0,27147	0,005408	... ± 0,006
13,4971	0,08274	13,50 ± ...
87,6542	4,74474	88 ± ...
290,925	8,3329	... ± 9
525,083	14,625	... ± 20
743,425	47,386	740 ± ...
3196,37	242,61	... ± 300
6732,00	165,93	... ± ...

Suggerimenti Tieni conto che si arrotonda prima l'incertezza e poi il valore della grandezza.

23 Date le grandezze $A = (12,5 \pm 0,5)$ m, $B = (35,5 \pm 0,5)$ m e $C = (18,0 \pm 0,5)$ m, calcola l'errore relativo del prodotto $V = A \cdot B \cdot C$.
[0,08186]

Per lo svolgimento dell'esercizio, completa il percorso guidato, inserendo gli elementi mancanti dove compaiono i puntini.

1 Calcola l'errore relativo di A con almeno tre cifre significative:

$\varepsilon_r(A) = \frac{\Delta x(A)}{A_M}$ = ...

2 Fai la stessa cosa per le altre due grandezze:

$\varepsilon_r(B)$ = ...; $\varepsilon_r(C)$ = ...

3 Effettua la somma fra i tre errori relativi:

$\varepsilon_r(V) = \varepsilon_r(A) + \varepsilon_r(B) + \varepsilon_r(C)$ = ...

24 Date le seguenti tre grandezze $B = (3,79 \pm 0,01)$ dm, $L = (5,20 \pm 0,02)$ dm e $H = (9,45 \pm 0,05)$ dm, calcola l'errore relativo del prodotto $P = B \cdot L \cdot H$.
[0,01178]

25 Date le due grandezze $S = (400 \pm 10)$ m² e $b = (25 \pm 1)$ m, calcola l'errore relativo del rapporto h fra S e b: $h = \frac{S}{b}$.

Suggerimenti Ricorda che nel quoziente, così come nel prodotto, gli errori relativi devono essere fra loro...

[0,065]

26 Date le grandezze $A = (85,0 \pm 0,1)$ cm, $B = (42,6 \pm 0,1)$ cm e $C = (22,0 \pm 0,1)$ m, calcola il volume $V = A \cdot B \cdot C$, determinane l'errore relativo e l'incertezza, arrotonda i risultati e scrivi la misura.

Suggerimenti Una volta che hai trovato l'errore relativo di V come nell'Esercizio 23, per calcolare l'incertezza devi utilizzare la formula inversa $\Delta x(V) = \varepsilon_r(V) \cdot V_M$...

[(79 700 ± 700) cm³]

27 Il lato di un quadrato misura $L = (4,85 \pm 0,05)$ mm. Calcola la sua area S, pervenendo alla scrittura completa.
[(23,5 ± 0,5) mm²]

Per lo svolgimento dell'esercizio, completa il percorso guidato, inserendo gli elementi mancanti dove compaiono i puntini.

1 Calcola il valore della superficie:

$S_M = L_M^2 = (4,85)^2$ mm² = ...

2 Calcola l'errore relativo di L con almeno tre cifre significative:

$\varepsilon_r(L) = \frac{\Delta x(L)}{L_M}$ = ...

3 Essendo $S = L^2 = L \cdot L$, applica la regola della propagazione degli errori valida per il prodotto:

$\varepsilon_r(S) = \varepsilon_r(L) + \varepsilon_r(L) = 2 \cdot \varepsilon_r(L)$ = ...

4 Utilizza la formula inversa per trovare l'incertezza:

$\Delta x(S) = \varepsilon_r(S) \cdot S_M$ = ...

5 Arrotonda incertezza e valore della grandezza, ottenendo così: S = (.......................... ± ....) ....

28 È stata misurata una grandezza fisica chiamata intensità di corrente elettrica I, la cui unità di misura è l'ampere e si indica con la lettera A, trovando: $I = (1{,}15 \pm 0{,}05)$ A. Calcola I^2, scrivendone la misura.

[(1,3 ± 0,2) A^2]

29 Calcola il volume di un cubo e la sua incertezza, sapendo che il valore della misura del lato del cubo è 19,5 cm e che l'errore di sensibilità del metro adoperato è di mezzo centimetro. (Riporta la scrittura finale sia in cm^3 sia in dm^3.)

[(7400 ± 600) cm^3; (7,4 ± 0,6) dm^3]

30 Calcola l'area di un cerchio, sapendo che il suo raggio vale: $R = (15{,}3 \pm 0{,}1)$ cm.

[(740 ± 10) cm^2]

Per lo svolgimento dell'esercizio, completa il percorso guidato, inserendo gli elementi mancanti dove compaiono i puntini.

1 Calcola l'area del cerchio, prendendo π con almeno 5 cifre decimali ($\pi = 3{,}14159$), in modo da poter trascurare l'errore commesso sul suo valore:

$S_M = \pi \cdot R_M^2 = 3{,}14159 \cdot (1{,}53)^2$ cm^2 = ...

....

2 Calcola l'errore relativo di S con almeno tre cifre significative:

$\varepsilon_r(S) = 2 \cdot \varepsilon_r(R) =$ ....

3 Utilizza la formula inversa per trovare l'incertezza:

$\Delta x(S) = \varepsilon_r(S) \cdot S_M =$ ....

4 Arrotonda incertezza e valore della grandezza, ottenendo così: S = (.................... ± ....) ....

31 Calcola la lunghezza di una circonferenza C, sapendo che il raggio vale: $R = (32{,}0 \pm 0{,}5)$ cm.

Suggerimenti Ricorderai che $C = 2\pi R$. Il numero 2 devi considerarlo come un numero puro, quindi senza incertezza; mentre per π puoi rivedere i consigli dati nell'Esercizio 30.

[(201 ± 4) cm]

32 ***ENGLISH*** Underline the significant figures in each of the following numbers:

0.0924 0.09240 0.8124
1.00019 0.0000190

[0.0**924**; 0.0**9240**; 0.**8124**; **1.00019**; 0.0000**190**]

33 ***ENGLISH*** During a storm, the duration of some flashes of lightning is measured and the following data are collected:

flash 1	(3.20 ± 0.02) s
flash 2	(3.10 ± 0.01) s
flash 3	(2.55 ± 0.01) s

What is the total duration of the flashes during the storm?

[(8.85 ± 0.04) s]

34 ***ENGLISH*** The lengths of two segments, AB and CD, are as follows:

AB: (12.8 ± 0.1) cm CD: (22.9 ± 0.2) cm

What is the length of the difference, $CD - AB$?

[(10.1 ± 0.3) cm]

35 ***ENGLISH*** Round off the following numbers to three significant figures:

31.48 0.2577 1.5618

[31.5; 0.258; 1.56]

Problemi

PER COSTRUIRE LE COMPETENZE

La risoluzione dei problemi richiede la conoscenza degli argomenti trasversali a più paragrafi. Con il pallino sono contrassegnati i problemi che presentano una maggiore complessità. Le soluzioni dei problemi 2 ÷ 5 sono relative al caso di un righello con sensibilità di 1 mm.

1 La serie di misure riguardante le lunghezze di un certo numero di listelli di legno, teoricamente uguali, presenta un errore massimo di 20 mm. Sapendo che ogni listello è stato misurato tramite un'asta millimetrata con errore di sensibilità 0,5 cm e che l'errore relativo della misura di quello più corto è di 0,2%, determina la lunghezza del listello più lungo.

[254 cm]

2 Prendi un righello, misura il lato L del quadrato rappresentato sotto, riportando correttamente la sua misura. Quindi, calcola il perimetro P, l'area S del quadrato, con le corrispondenti incertezze tramite le leggi di propagazione degli errori, giungendo alle scritture finali delle misure tramite gli opportuni arrotondamenti.

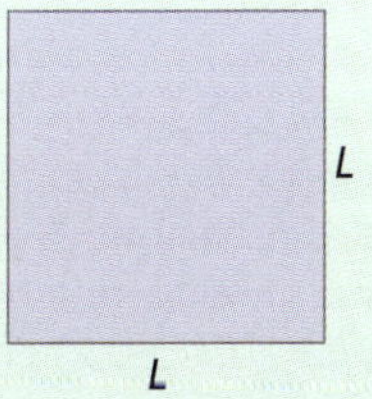

[(88 ± 4) mm; (480 ± 50) mm^2]

3 Prendi un righello, misura base b e altezza h del rettangolo, riportando correttamente le due misure. Quindi, calcola il perimetro P, l'area S del rettangolo, con le corrispondenti incertezze tramite le leggi di propagazione degli errori, giungendo alle scritture finali delle misure tramite gli opportuni arrotondamenti.

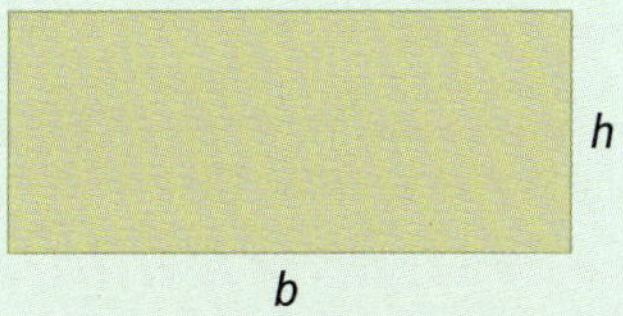

[(11,0 ± 0,4) cm; (6,2 ± 0,6) cm^2]

4 Prendi un righello, misura lunghezza *a*, altezza *b* e larghezza *c* del parallelepipedo, riportando correttamente le tre misure. Quindi, calcola il volume del parallelepipedo e la corrispondente incertezza tramite le leggi di propagazione degli errori, giungendo alla scrittura finale con gli opportuni arrotondamenti. (Esprimi il risultato finale in cm^3.)

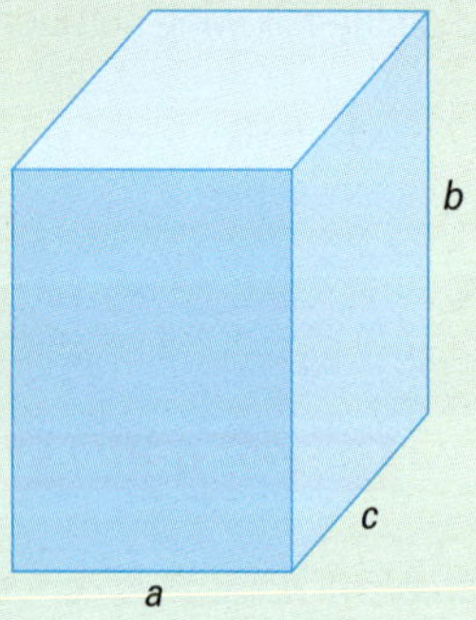

[(8 ± 2) cm^3]

5 Prendi un righello, misura il lato *L* del quadrato esterno e il diametro *d* della circonferenza interna della figura sotto, riportando correttamente le due misure. Quindi, calcola l'area della regione in rosso.

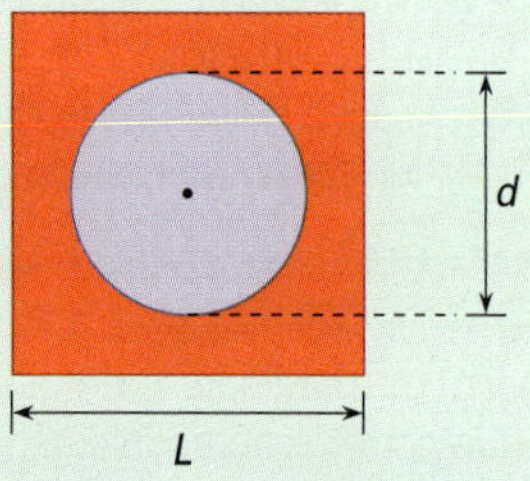

Suggerimenti Devi calcolare l'area del quadrato e del cerchio e le corrispondenti incertezze tramite le leggi di propagazione degli errori, pervenendo alle scritture finali con gli opportuni arrotondamenti (per il cerchio puoi rivedere il percorso guidato dell'Esercizio 30). Quindi, a partire da queste due aree procederai a...

[(380 ± 80) mm^2]

6 Un rettangolo ha dimensioni: B = (45,5 ± 0,5) cm, H = (12,0 ± 0,5) cm; un altro rettangolo ha dimensioni: b = (15,2 ± 0,2) cm, h = (7,4 ± 0,2) cm. Calcola le aree dei due rettangoli, le rispettive incertezze e riporta la scrittura delle due misure. Dopodiché, procedi al calcolo della somma delle due aree e della sua incertezza, pervenendo anche in questo caso alla scrittura della misura completa e corretta.

[(550 ± 30) cm^2; (112 ± 5) cm^2; (660 ± 40) cm^2]

7 ***ENGLISH*** The basis and height of a rectangle measure (20.2 ± 0.1) m and (10.5 ± 0.1) m, respectively. Calculate the value of the rectangle area and its relative error.

[(212.1± 0.0720) m^2]

● **8** Dopo avere effettuato nei due strumenti sotto riportati la misurazione rispettivamente di intensità di corrente elettrica *I* (unità di misura: ampere, A) e di tensione elettrica ΔV (unità di misura: volt, V), calcola il rapporto tra la tensione elettrica ΔV e la corrente elettrica *I*, che prende il nome di resistenza elettrica *R* (unità di misura: ohm, Ω), e la sua incertezza, trovando infine:

$$R = \frac{\Delta V}{I} = (\ldots \pm \ldots)\ \ldots$$

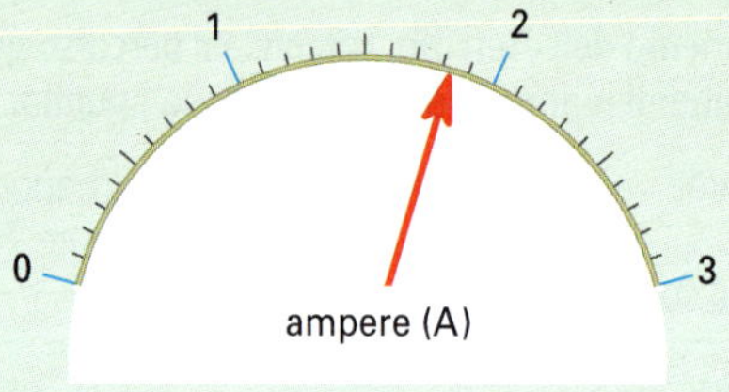

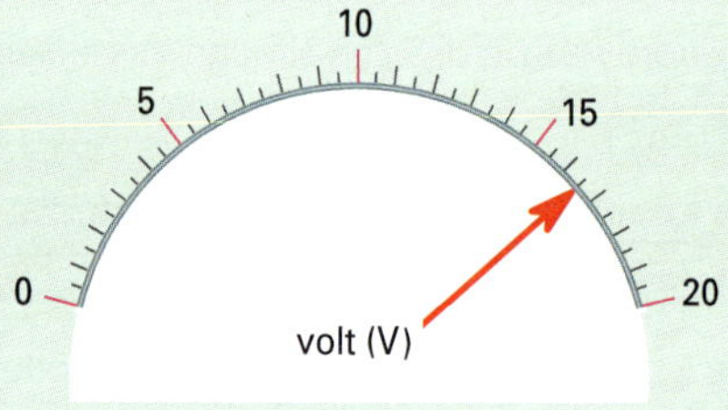

[(9,2 ± 0,8) Ω]

● **9** Date le grandezze M = (1280 ± 20) g e m = (860 ± 20) g, calcola: *a*) l'errore relativo della loro somma; *b*) l'errore relativo della loro differenza.

[0,01869; 0,09524]

● **10** Trova la misura dell'area di un trapezio, avendo a disposizione i seguenti dati: base maggiore a = (12,1 ± 0,1) cm, base minore b = (7,5 ± 0,1) cm, altezza h = (4,7 ± 0,1) cm.

Suggerimenti Ricorderai che l'area del trapezio è $S = \frac{1}{2}(a + b) \cdot h$. Prima di procedere al calcolo dell'errore relativo di S ti conviene risolvere la scrittura di $a + b$: a quel punto ti troverai di fronte a un semplice prodotto...

[(46 ± 2) cm^2]

Le forze e l'equilibrio

Competenze

Unità 3
Forze e loro misurazione
- Applicazione della legge di Hooke (formule dirette ed inverse)
- Riconoscimento di grandezze direttamente proporzionali tramite le proprietà
- Tracciamento del grafico di grandezze direttamente proporzionali
- Determinazione della pendenza nel grafico forza-allungamento
- Manipolazione di equazioni del tipo $Y = K \cdot X$

Unità 4
Vettori ed equilibrio
- Rappresentazione grafica di operazioni di somma tra vettori
- Scomposizione di un vettore
- Individuazione delle condizioni di equilibrio di un punto materiale
- Quantificazione del ruolo dell'attrito in situazioni statiche

Unità 5
Equilibrio del corpo rigido
- Studio del momento di una forza per l'individuazione delle condizioni di equilibrio di un corpo rigido
- Applicazioni concrete di leve

Unità 6
Fluidi
- Applicazione della formula della pressione e della formula della densità
- Applicazione del principio di Pascal
- Applicazione della legge di Stevino
- Applicazione della relazione che esprime la spinta di Archimede
- Riconoscimento nell'esperienza quotidiana degli effetti della pressione

Lezione multimediale

UNITÀ 3 Forze e loro misurazione

3.1 Le forze

Nel linguaggio comune il termine *forza* è associato a quello di *sforzo muscolare* e quindi di contatto. Eppure basta riflettere per accorgersi che vi sono diversi tipi di forza e che alcune di esse agiscono a distanza.

Al termine del salto la **forza elastica** richiama le due persone verso l'alto.

La **forza di gravità** della Terra attrae l'atleta durante il salto.

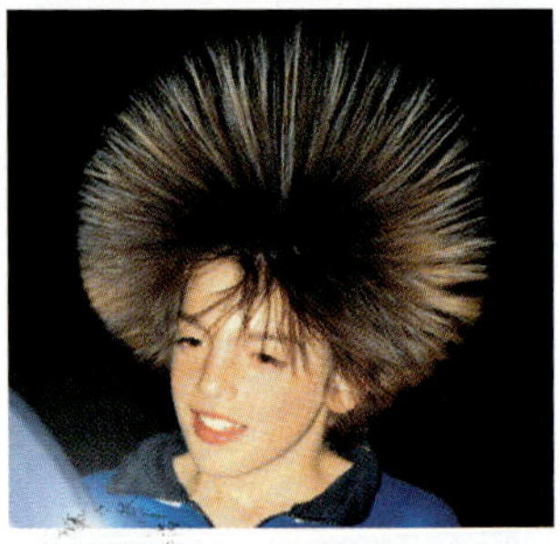

La **forza elettrica** fa sollevare i capelli in testa.

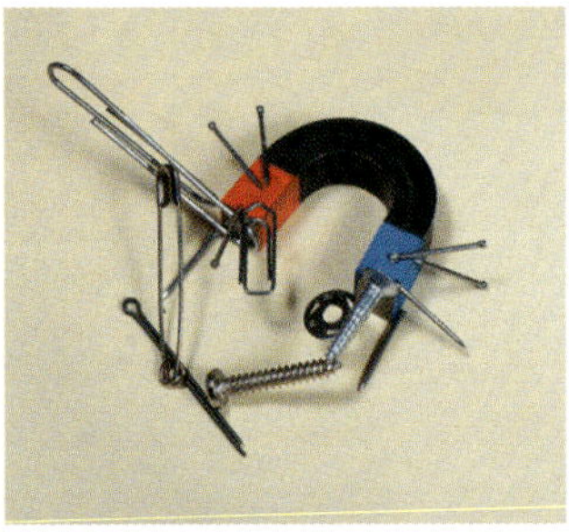

La **forza magnetica** costringe spille e chiodi ad avvicinarsi alla calamita.

Probabilmente ti sarai accorto che, pur conoscendo il significato approssimativo del termine *forza*, è difficile spiegare con chiarezza e senza vuoti giri di parole di che cosa si tratta. In realtà, le difficoltà che si incontrano nel descrivere la forza sono dovute al fatto che non è possibile darne una definizione diretta. Ricorriamo allora a una **definizione indiretta**, tentiamo cioè di descriverla dicendo, anziché che cosa la forza *è*, ciò che la forza *fa*. Sappiamo per esempio che può...

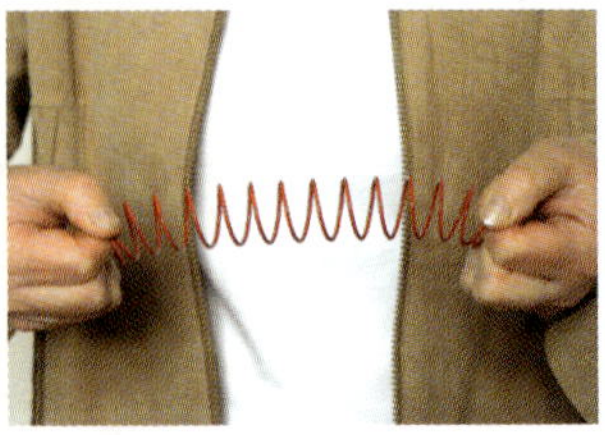

...deformare un corpo eventualmente fino a romperlo.

...provocare il movimento di un corpo che in precedenza era fermo.

...causare l'arresto di un corpo che si stava muovendo.

...cambiare le caratteristiche (velocità, direzione) del moto di un corpo in movimento.

Il primo effetto è di tipo *statico*, in quanto causa un cambiamento della forma del corpo, ma non della sua posizione. Gli altri sono invece effetti *dinamici*, poiché comportano modifiche dello stato di moto o di quiete di un corpo.
Riassumendo quanto appena detto, possiamo dire che:

forza

La **forza** è una grandezza fisica che può causare la deformazione oppure la modificazione dello stato di quiete o delle condizioni di moto di un corpo.

3.2 Definizione operativa e rappresentazione grafica delle grandezze fisiche

La caratteristica fondamentale di una grandezza fisica è il fatto di poter essere misurata. Quindi, prima ancora di esaminare il significato e le implicazioni di una grandezza, è importante darne la **definizione operativa**.

La **definizione operativa** di una *grandezza fisica* consiste nel descrivere chiaramente l'insieme di tutte quelle operazioni che devono essere eseguite per consentire la sua misurazione.

definizione operativa

Domandiamoci, perciò, senza preamboli: come si misura una forza? Ci sarà bisogno di uno strumento.
Questo strumento lo costruiremo sfruttando la deformazione di un corpo sottoposto all'azione di una forza (effetto statico).

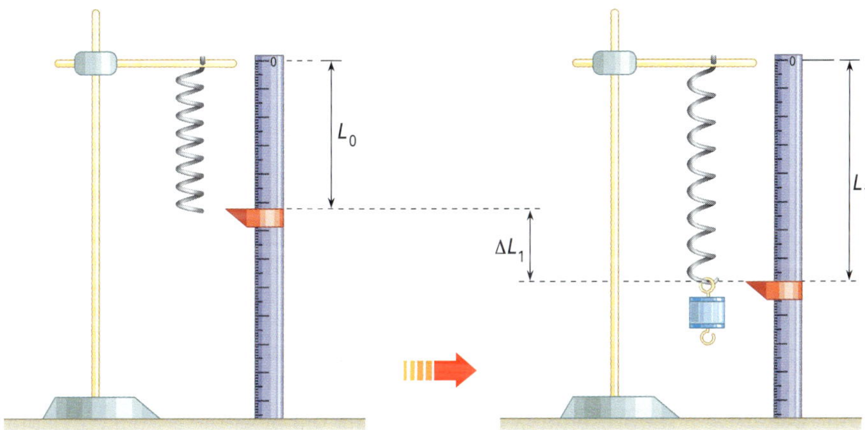

Consideriamo una molla appesa a un punto fisso (il soffitto o un'asta di supporto). Al suo fianco abbiamo disposto verticalmente un'asta millimetrata. Quando la molla è libera, senza alcun pesetto agganciato alla sua estremità inferiore, rileviamo la sua *lunghezza a riposo*, L_0.

Appendiamo quindi un pesetto e rileviamo la nuova lunghezza della molla, L_1.
L'allungamento sarà dato dalla differenza:

$$\Delta L_1 = L_1 - L_0$$

Supponiamo che valga 2 cm.

Il simbolo Δ (si legge «delta») è una lettera dell'alfabeto greco e viene generalmente utilizzato per indicare una variazione della grandezza.

Raddoppiamo i pesetti che pertanto diventano 2 e misuriamo la lunghezza finale L_2.
Il nuovo allungamento è:

$$\Delta L_2 = L_2 - L_0$$

Si trova che esso vale 4 cm. E così via. Alla fine avremo una tabella come quella a fianco.

Tabella 1

allungamenti (cm)	forza (numero pesetti)
2	1
4	2
6	3
8	4
...	...

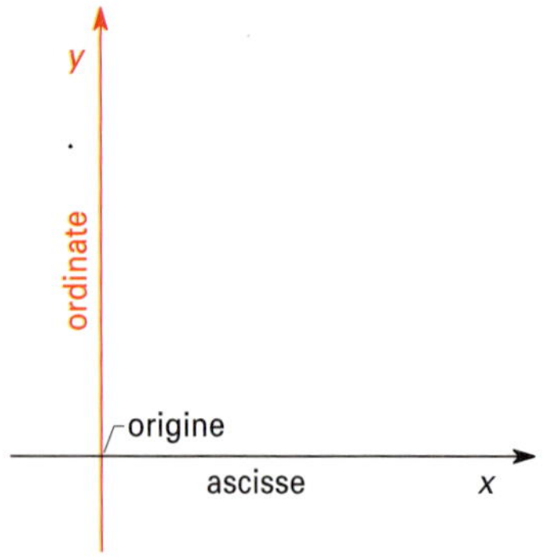

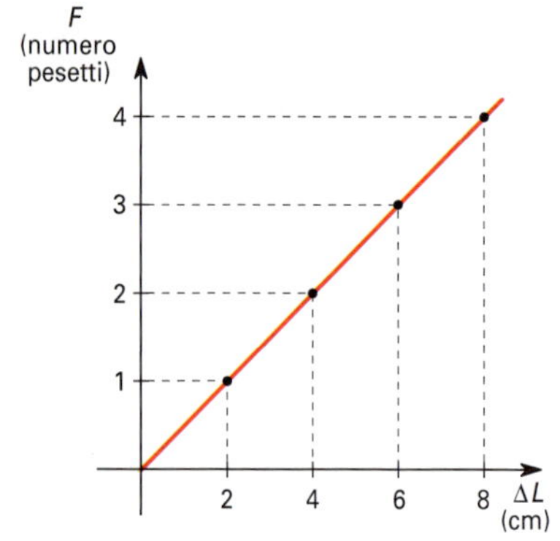

La matematica ci fornisce uno strumento efficace per rappresentare la tabella 1: il *sistema di assi cartesiani ortogonali*. Si tratta di due rette perpendicolari e orientate, il cui punto d'intersezione è detto *origine* (vedi **NonsoloMatematica**).

MATEMATICA

Sulla retta orizzontale (detta **asse delle ascisse** o delle x) vengono riportati di solito i valori di una data grandezza (variabile). Nel nostro caso è l'allungamento ΔL.
Sulla retta verticale (detta **asse delle ordinate** o delle y) vengono riportati i valori dell'altra variabile, cioè la forza F. Congiungendo i punti rappresentativi (2 cm e 1 pesetto, 4 cm e 2 pesetti e così via), si ottiene una retta. Tutte le volte che la rappresentazione grafica di due grandezze è una retta passante per l'origine, si dice che esse sono **direttamente proporzionali**.

ANIMAZIONE

3.3 La proporzionalità diretta

Consideriamo nuovamente i dati della tabella 1. Calcoliamo il quoziente, tra i termini della seconda colonna e quelli della prima. Indichiamo tali rapporti con $\frac{F}{\Delta L}$, dove F rappresenta la forza esercitata dai pesetti e ΔL è il corrispondente allungamento.

Ricorda!...

Il diagramma che rappresenta gli allungamenti di una molla in funzione delle forze a essa applicate, se la molla non è sollecitata in modo anomalo (in altre parole, non viene caricata eccessivamente), è una *retta*.

Tabella 2

X	Y	$\frac{Y}{X}$
ΔL (cm)	F (numero pesetti)	$\frac{F}{\Delta L}\left(\frac{\text{numero pesetti}}{\text{cm}}\right)$
2	1	$\frac{1}{2}=0,5$
4	2	$\frac{2}{4}=0,5$
6	3	$\frac{3}{6}=0,5$
8	4	$\frac{4}{8}=0,5$
...	...	...

Come puoi osservare, nella terza colonna si ha che:

$$\frac{F}{\Delta L} = \text{costante} = 0,5\ \frac{\text{numero pesetti}}{\text{cm}}$$

Questo vuol dire che una molla si comporta in maniera tale per cui il rapporto tra la forza e il corrispondente allungamento è costante.
In generale, quando due grandezze qualunque *X*, *Y* possiedono questa proprietà, si dice che sono **direttamente proporzionali**, quindi forza e allungamento (entro certi limiti) sono direttamente proporzionali.

grandezze direttamente proporzionali (I)

Due grandezze si dicono **direttamente proporzionali** se il loro rapporto è costante:

$$\frac{Y}{X} = \text{costante}$$

Con riguardo alla tabella 2, indichiamo la forza di un pesetto con un quadratino ❑ e l'allungamento di 1 cm con un cerchietto ❍. Possiamo schematizzare i risultati nel seguente modo:

Tabella 3

X	*Y*
Δ*L* (cm)	***F* (numero pesetti)**
2 = ❍❍	❑ = 1
4 = ❍❍❍❍	❑❑ = 2
6 = ❍❍❍❍❍❍	❑❑❑ = 3
8 = ❍❍❍❍❍❍❍❍	❑❑❑❑ = 4
...	...

▸ Osservando la tabella 3, completa tu le seguenti considerazioni:

a) se la forza raddoppia, anche l'allungamento raddoppia;

b) se la forza triplica, allora l'allungamento ....;

c) se la forza quadruplica, l'allungamento ....

Questa è una caratteristica molto importante delle grandezze direttamente proporzionali.

grandezze direttamente proporzionali (II)

Due grandezze si dicono **direttamente proporzionali** se aumentano o diminuiscono allo stesso modo, per cui raddoppiando, triplicando ecc. una grandezza, anche l'altra raddoppia, triplica ecc. E se una diventa la metà, un terzo... a sua volta l'altra diventa la metà, un terzo...

Osserva la tabella 4 e rispondi alle domande riportate di seguito.

Tabella 4

X	*Y*
0,1	12
0,2	20
0,3	24
0,4	32
...	...

▸ *X*, *Y* sono grandezze direttamente proporzionali? ....

Perché? ....

....

La risposta è negativa, in quanto non è sufficiente che entrambe le grandezze aumentino per poterle definire direttamente proporzionali.

Ricorda!...

Non è esatto (in quanto è un'affermazione incompleta) dire che due grandezze sono direttamente proporzionali se aumentando l'una anche l'altra aumenta.

ANIMAZIONE VIRTUAL LAB SCHEDA LAB

3.4 La legge di Hooke

Riprendiamo in esame la tabella 3, riportando solo ❍ e ❑.

Tabella 5

X		Y
ΔL (cm)		F (numero pesetti)
❍❍	$\xrightarrow{\Delta L \cdot 0{,}5}$	❑
❍❍❍❍	$\rightarrow$	❑❑
❍❍❍❍❍❍	$\rightarrow$	❑❑❑
❍❍❍❍❍❍❍❍	$\rightarrow$	❑❑❑❑
...		...

Non è difficile notare che, moltiplicando l'allungamento ΔL per la costante (che vale 0,5 numero pesetti/cm e che viene in genere indicata con la lettera K), si ottiene proprio il valore della forza F:

$$2 \cdot 0{,}5 = 1 \quad \Rightarrow \quad \Delta L \cdot K = F \quad \Rightarrow \quad F = K \cdot \Delta L$$

Questo è un altro modo per esprimere il legame di diretta proporzionalità che collega la forza F all'allungamento ΔL. Tale relazione si chiama **legge di Hooke**.

legge di Hooke

La **legge di Hooke** afferma che l'allungamento elastico di una molla è direttamente proporzionale alla forza che lo ha provocato:

$$F = K \cdot \Delta L$$

F è la forza applicata alla molla, ΔL è l'allungamento subìto dalla molla a causa della forza applicata, K è una costante che prende il nome di **costante elastica**.

equazione della diretta proporzionalità

In generale, tutte le volte che due grandezze X e Y sono direttamente proporzionali, fra esse intercorre una relazione matematica (detta *equazione*) del tipo:

$$Y = K \cdot X$$

dove K rappresenta una costante.

Se osservi attentamente l'equazione $Y = K \cdot X$, ti puoi accorgere che è analoga alla relazione della legge di Hooke precedentemente vista, in cui la F (forza) gioca il ruolo della Y, mentre l'allungamento prende il posto della X.

Ricorda!...

Due grandezze X e Y sono *direttamente proporzionali* se:

- la rappresentazione grafica della loro relazione è una retta passante per l'origine;
- il loro rapporto è costante: $\frac{Y}{X} = K$;
- raddoppiando, triplicando... una delle due grandezze, anche l'altra raddoppia, triplica...;
- soddisfano una relazione del tipo: $Y = K \cdot X$.

Ritorniamo all'espressione matematica della legge di Hooke: $F = K \cdot \Delta L$. Partendo da questa legge, per ottenere l'allungamento si dividono ambo i membri per K, cioè per il coefficiente di ΔL.
Pertanto si ha:

$$F = K \cdot \Delta L \quad \Rightarrow \quad \frac{F}{K} = \frac{\cancel{K} \cdot \Delta L}{\cancel{K}} \quad \Rightarrow \quad \Delta L = \frac{F}{K}$$

▶ Come procederesti per ottenere la costante K? Dividendo ambo i membri di $F = K \cdot \Delta L$ per ΔL, si trova:

$K =$ ....

Dalla legge di Hooke, è dunque possibile ricavare le formule *inverse*, che forniscono rispettivamente K e ΔL in funzione delle grandezze rimanenti. Le riassumiamo a fianco tutte insieme.

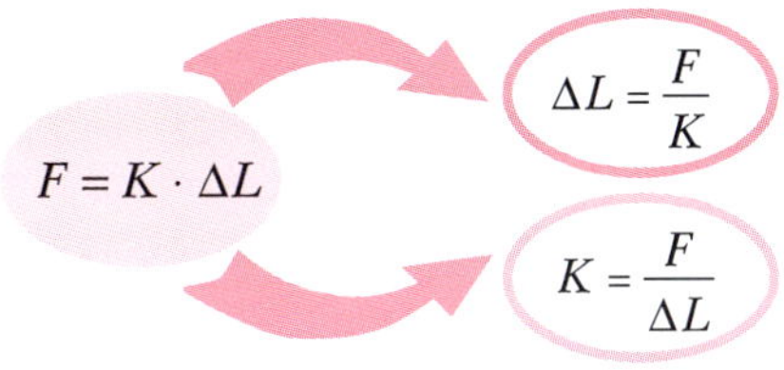

Più in generale, per grandezze direttamente proporzionali, abbiamo le formule scritte a fianco.

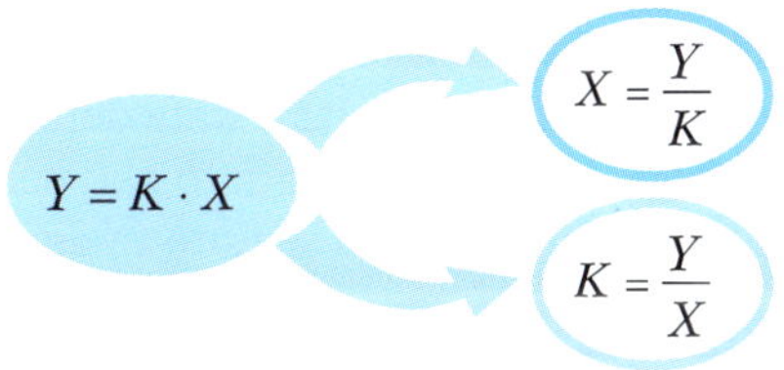

La legge di Hooke non è sempre valida. Se appendiamo a una molla numerosi pesetti, può accadere che a un certo punto essa si deformi irrimediabilmente nel senso che, anche una volta tolti i pesetti, non torna più alla lunghezza a riposo iniziale.
Inoltre, se la forza applicata è molto elevata, la molla può addirittura rompersi.

Se una molla si comporta secondo la legge di Hooke, per cui essa torna alla lunghezza iniziale quando la forza che la sollecita si annulla, allora si dice che la molla si comporta in modo **elastico**.

comportamento elastico

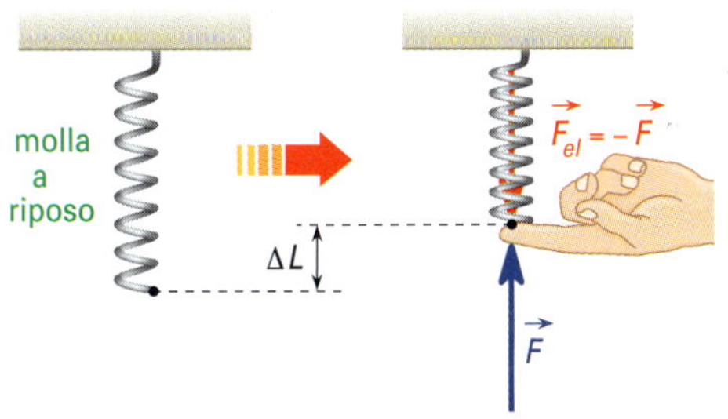

La forza con la quale la molla *risponde* alla forza che la deforma viene detta **forza elastica** ($\boldsymbol{F_{el}}$) e all'equilibrio è uguale e contraria a quella esterna, per cui si scrive:

$$F_{el} = -K \cdot \Delta L$$

Grazie al fatto che, entro certi limiti, la molla sollecitata da una forza ha un comportamento regolare (a ogni aumento costante della forza corrisponde in ogni momento lo stesso allungamento), è possibile usarla per misurare le forze.
Tale strumento si chiama **dinamometro**.

dinamometro

Il **dinamometro** è lo strumento con il quale si misurano le forze sfruttandone gli effetti statici. Alla base della sua costruzione vi è il concetto per il quale secondo la legge di Hooke una forza applicata a una molla produce, nei limiti del comportamento elastico, allungamenti regolari della molla stessa.

Per costruire il dinamometro e per tararlo, bisogna scegliere una particolare molla, individuare come unità di misura la forza che causa un ben preciso allungamento della molla scelta e fissare una scala.

Nel Sistema Internazionale l'unità di misura delle forze si chiama **newton** e si indica con **N**. Tale unità è stata definita però sulla base degli effetti dinamici prodotti dalla forza, perciò, dato che per ora abbiamo approfondito solo gli aspetti statici, illustreremo in seguito in dettaglio come è avvenuta questa scelta.

newton

Nel SI la forza si misura in **newton**, che è una unità basata sugli effetti dinamici. Il simbolo che la rappresenta è **N**.

Per avere un'idea di massima sulla forza che corrisponde a 1 newton, basta prendere in mano una mozzarella da un etto: la forza che cerca di trascinare la mano verso il basso e che bilanciamo con uno sforzo muscolare è molto prossima (sia pure non proprio uguale) a 1 newton.

ANIMAZIONE

3.5 La costante elastica

Abbiamo già notato, a proposito della tabella 2, che il rapporto tra la forza applicata e l'allungamento della molla risulta costante. Cerchiamo ora di capire quale tipo di informazione ci può comunicare la *costante elastica K*, osservando la seguente situazione.

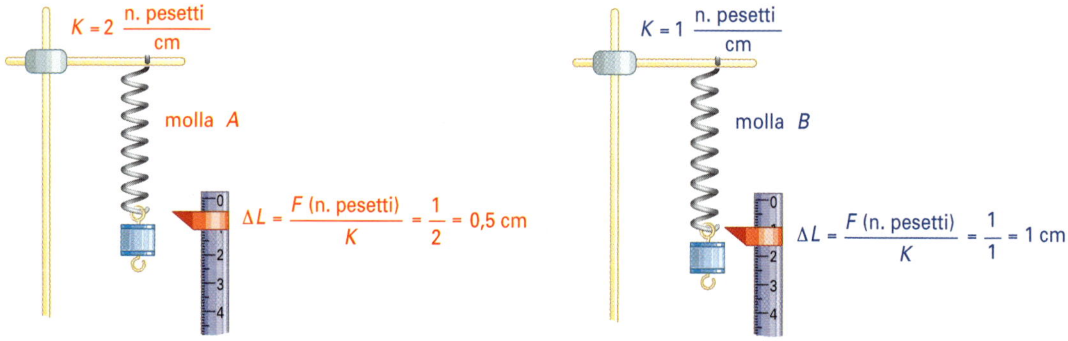

Avendo applicato a entrambe le molle un pesetto identico, vediamo che la molla *A*, avente una costante *K* maggiore rispetto alla molla *B*, subisce un allungamento minore.

A parità di pesetti applicati alle due molle, la A subirà sempre un allungamento minore rispetto a quello di B. Possiamo pertanto concludere che la K è da mettere in relazione con le particolari caratteristiche fisiche della molla che sono la causa dei differenti allungamenti.

La **costante elastica** è una *spia* del comportamento della molla, cioè ci dice quanto essa cede se viene sollecitata da una forza esterna. — informazione

La **costante elastica** viene definita come il rapporto tra la forza esterna applicata e la variazione di lunghezza che la molla subisce: — definizione

$$\text{costante elastica} = \frac{\text{forza applicata}}{\text{variazione di lunghezza}}$$

E quindi:

$$K = \frac{F}{\Delta L}$$ — formula

costante elastica

Tabella 6

F	molla A $K = 2$ (n. pesetti/cm) $\Delta L_A = \frac{F}{K}$(cm)	molla B $K = 1$ (n. pesetti/cm) $\Delta L_B = \frac{F}{K}$(cm)
1	0,5	1,0
2	1,0	2,0
3	1,5	3,0
4	2,0	4,0

Applicando prima alla molla A e poi alla molla B 1, 2, 3, 4 pesetti, otteniamo gli allungamenti della tabella 6. Riportiamo i risultati nel grafico cartesiano.

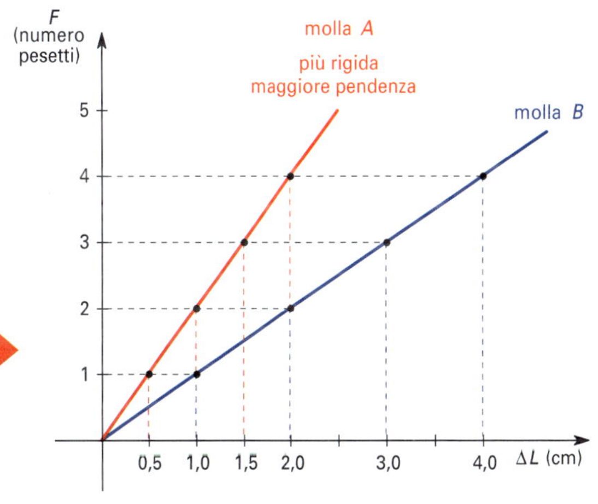

Dato che applicando un pesetto la molla A si allunga di 0,5 cm e la molla B di 1 cm, possiamo dire che A è più **rigida** di B. Questa maggiore rigidezza si riflette nella pendenza maggiore della retta relativa alla molla A rispetto a quella della molla B.

Ricorda!...

La pendenza della retta in un grafico forza-allungamento rappresenta la **rigidezza** della molla. La pendenza aumenta man mano che si utilizzano molle più **rigide**.

Se vogliamo sapere qual è l'unità di misura della costante elastica nel SI, basta partire dalla sua definizione:

$$K = \frac{F}{\Delta L} \quad \Rightarrow \quad \frac{\text{forza (misurata in newton)}}{\text{allungamento (misurato in metri)}} \quad \Rightarrow \quad \frac{\text{N}}{\text{m}}$$

L'unità di misura della costante elastica è il **N/m**. — **unità di misura di K**

Ricorda!...

Ogni molla è caratterizzata da una propria costante, detta **costante elastica**, che dipende dalle caratteristiche fisiche (dal materiale con cui è costruita) e geometriche (dalla sezione e dal modo con cui sono state strutturate le spire).

Ricorda!...

Peso e **massa** sono due grandezze fisiche fra loro diverse.

3.6 Peso e massa

Nel linguaggio comune peso e massa sono usati praticamente come sinonimi. In realtà non è così.
Cerchiamo di capire da dove deriva la necessità di tale distinzione.
L'esperienza insegna che quando ti immergi nell'acqua, ti senti più leggero. Eppure non hai subìto un improvviso dimagrimento! Possiamo dire che la sensazione di leggerezza che provi ha a che fare con il tuo peso, mentre la quantità di materia che costituisce il tuo corpo, immutata durante il bagno, ne riflette la massa.
Un altro esempio è quello degli astronauti che sulla Luna si muovono con maggiore agilità (ingombro della tuta a parte) come conseguenza del fatto che il peso di un uomo sul nostro satellite naturale è minore rispetto alla Terra. Tuttavia, gli astronauti sono fisicamente gli stessi, sia qui sia sulla Luna: il loro corpo, cioè la loro massa, non è sostanzialmente cambiato. Avendo dunque a che fare con due aspetti dei corpi che si manifestano in modo diverso, anche se fra loro strettamente correlati, nasce l'esigenza di introdurre due grandezze fisiche distinte.

peso e massa

Il **peso** sostanzialmente ci informa sull'entità della forza con la quale un corpo viene attratto verso la Terra. La **massa** ci dà un'idea, invece, della quantità di materia di cui è composto un corpo.

Una volta appurato che la massa non coincide con il peso, non è cioè una forza, per comprenderne il significato in modo esauriente ricorriamo per il momento alla sua *definizione operativa* (vedi paragrafo 3.2), descrivendo come la misuriamo.

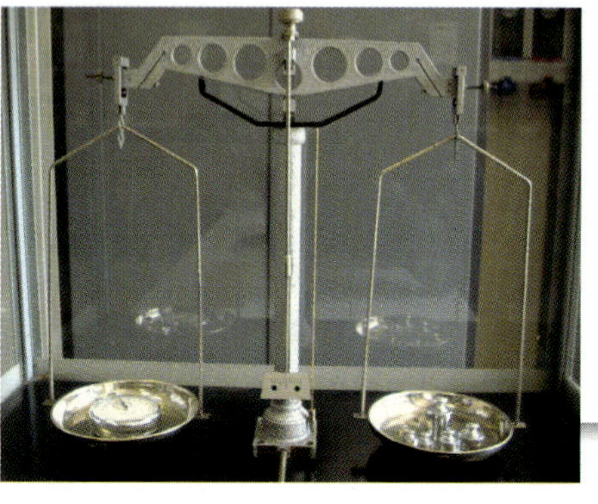

Lo strumento utilizzato per la misurazione della massa è la *bilancia a bracci uguali*. Prima di rilevare la misura, ci assicuriamo che, a piatti scarichi, l'indice della bilancia sia sullo zero.
Poniamo l'oggetto di cui si vuole misurare la massa su un piatto e sull'altro piatto gli opportuni campioni calibrati, che potranno essere sottomultipli e multipli della massa unitaria, fino a equilibrare il sistema, cioè a riportare l'indice sullo zero.

Il campione utilizzato nel SI come unità di misura della massa è, come già detto nell'*Unità 1*, un cilindro equilatero di platino-iridio il cui diametro misura 39 mm, al quale è stato convenzionalmente attribuito il valore di un kilogrammo (1 kg). La definizione operativa della massa è perciò la seguente.

massa (definizione operativa)

La **massa** è una grandezza che si misura mediante la bilancia a bracci uguali. La sua unità di misura nel SI è il **kilogrammo**.

Abbiamo più volte ribadito che massa e peso sono due grandezze fisiche differenti. Eppure, quando si dimagrisce, cioè quando si perde massa, anche il peso diminuisce! Questo accade perché vi è uno stretto legame tra le due grandezze, che viene espresso dalla relazione:

relazione peso-massa

$$P = m \cdot g$$

dove: P (misurato in N) rappresenta il peso del corpo;
m (misurata in kg) è la sua massa;
g (9,81 m/s^2) è l'accelerazione di gravità.

IN SINTESI

AUDIO

- La definizione di forza è di tipo indiretto perché si basa sugli effetti della forza stessa, anziché descrivere ciò che una forza è.
  Gli effetti possibili di una forza sono:
  - la *deformazione* di un corpo, eventualmente fino a romperlo;
  - il *movimento* di un corpo che in precedenza era fermo;
  - l'*arresto* di un corpo che si stava muovendo;
  - la *variazione* delle *caratteristiche del moto* di un corpo in movimento (variazione di velocità e/o di direzione).

  La **forza**, pertanto, è una grandezza fisica che può causare la deformazione oppure la modificazione dello stato di quiete o delle condizioni di moto di un corpo.

- In Fisica una grandezza è introdotta correttamente se si è in grado di darne una **definizione operativa**, cioè di descrivere le operazioni necessarie per consentirne la misurazione.
  Due grandezze X e Y sono **direttamente proporzionali** se:
  - il loro grafico è una retta passante per l'origine;
  - il rapporto è costante, secondo l'equazione $\frac{Y}{X} = \text{costante}$;
  - raddoppiando, triplicando ecc. l'una, anche l'altra raddoppia, triplica, ecc., cioè le due grandezze aumentano (o diminuiscono) allo stesso modo.

  L'equazione della proporzionalità diretta si può anche scrivere nella forma $Y = K \cdot X$, dove K rappresenta la costante di proporzionalità.

- Forza F e allungamento ΔL di una molla sono un esempio di grandezze direttamente proporzionali. La relazione che le lega è la **legge di Hooke**:

  $$F = K \cdot \Delta L$$

  da cui si possono ricavare le formule inverse:

  $$\Delta L = \frac{F}{K} \quad \text{e} \quad K = \frac{F}{\Delta L}$$

- Se una molla si comporta secondo la legge di Hooke, per cui essa torna alla lunghezza iniziale quando la forza che la sollecita si annulla, allora si dice che la molla si comporta in modo **elastico**.

- La forza si può misurare basandosi sugli effetti statici tramite uno strumento chiamato **dinamometro**. Alla base della sua costruzione vi è il concetto per cui, secondo la legge di Hooke, una forza applicata a una molla produce (nei limiti del comportamento elastico) allungamenti regolari della molla stessa.

- L'unità di misura della forza nel SI è il **newton** (N), che si basa sugli effetti dinamici della forza.

- Alla maggiore pendenza della retta in un grafico forza-allungamento corrisponde una molla più rigida.

- La costante di proporzionalità K nell'equazione della legge di Hooke è detta **costante elastica**; essa ci informa sul comportamento della molla e ci dice quanto essa cede se viene sollecitata da una forza esterna. La sua unità di misura nel SI è il N/m.

- Secondo la sua definizione operativa, la **massa** è una grandezza che si misura mediante la bilancia a bracci uguali. La massa è una grandezza fondamentale del SI e la sua unità di misura è il kilogrammo.

- La **differenza tra massa e peso** consiste nel fatto che mentre il peso è una forza, la massa è una caratteristica intrinseca del corpo, legata alla quantità di materia di cui esso è composto. Le due grandezze sono correlate dalla relazione peso-massa: $P = m \cdot g$, dove P (misurato in N) rappresenta il peso del corpo; m (misurata in kg) è la sua massa; g (9,81 m/s^2) è una costante detta *accelerazione di gravità*. Il peso, quindi, ci informa sull'entità della forza con la quale un corpo di massa m viene attratto verso la Terra per effetto della gravità.

STRUMENTI DI CONSOLIDAMENTO E VERIFICA

VERIFICHE

Vero-falso

1 La forza in Fisica è sinonimo di sforzo muscolare. V F

2 La forza viene definita descrivendo *che cosa è* in termini rigorosi. V F

3 Una definizione operativa è basata sulla misurazione. V F

4 Se due grandezze aumentano contemporaneamente, possiamo dire che sono direttamente proporzionali. V F

5 Numero di libri uguali acquistati e cifra totale pagata sono grandezze direttamente proporzionali. V F

6 Se il rapporto tra due grandezze dà sempre lo stesso numero, esse sono direttamente proporzionali. V F

7 La legge di Hooke afferma che se raddoppia la forza applicata raddoppia la lunghezza della molla. V F

8 La legge di Hooke è sempre valida. V F

9 Il dinamometro serve a misurare le masse. V F

10 Se una molla ha una costante elastica maggiore di un'altra, significa che è più rigida. V F

Test a scelta multipla

1 Due grandezze fisiche A e B sono fra loro direttamente proporzionali se:

A $A \cdot B =$ costante

B $A + B =$ costante

C $A / B =$ costante

D $A \cdot B = 1$

2 Due grandezze fisiche A e B sono fra loro direttamente proporzionali se al crescere di A:

A B rimane approssimativamente costante

B B diminuisce in proporzione (se A raddoppia, B diventa la metà)

C B cresce con la stessa legge (se A raddoppia, anche B raddoppia)

D B varia secondo una propria legge (se A raddoppia, B per esempio triplica)

3 Osserva la seguente relazione: $\frac{A+B}{C} = D$ (con D costante). Allora possiamo dire che:

A non è rintracciabile alcuna relazione di proporzionalità diretta

B A e C sono direttamente proporzionali

C C e D sono direttamente proporzionali

D la somma $A + B$ e C sono direttamente proporzionali

4 La legge di Hooke può essere formulata in uno dei modi seguenti:

A l'allungamento della molla e la forza applicata sono direttamente proporzionali

B la lunghezza finale della molla e la forza applicata sono direttamente proporzionali

C la somma fra l'allungamento e una costante che dipende dalla molla sono proporzionali alla forza applicata

D il rapporto tra la forza applicata e l'allungamento della molla non è costante

5 Una deformazione si chiama *elastica* quando:

A il corpo deformato al cessare della sollecitazione non torna più alla lunghezza iniziale

B il corpo si deforma in modo tale che l'allungamento varia secondo il quadrato della forza che lo sollecita

C il corpo si deforma in modo tale che l'allungamento varia in modo inversamente proporzionale rispetto alla forza che lo sollecita

D il corpo deformato al cessare della sollecitazione riacquista la lunghezza iniziale

6 L'unità di misura della forza nel SI è:

A il kilogrammo

B il newton

C il grammo

D la libbra

7 Qual è lo strumento utilizzato per la misurazione della forza?

A La bilancia a bracci uguali

B Il calibro

C Il dinamometro

D Non esistono strumenti tarati per la misurazione della forza

8 Che cos'è la costante elastica di una molla?

A Una variabile proporzionale all'allungamento che una molla subisce quando è sollecitata

B Una costante che ci informa sulla cedevolezza o rigidezza di una molla

C Una forza campione utilizzata per valutare il comportamento delle molle

D Una grandezza che si misura in newton e che dipende dalla forza applicata alla molla

9 Qual è la differenza tra massa e peso?

A La massa resta invariata mentre il peso può cambiare (spostandosi per esempio dalla Terra alla Luna)

B Non c'è alcuna differenza: massa e peso sono sinonimi utilizzati per la medesima grandezza fisica

C Il peso resta invariato mentre la massa può cambiare (spostandosi per esempio dalla Terra alla Luna)

D Non c'è alcuna differenza, se non per il fatto che l'unità di misura della massa è un sottomultiplo dell'unità di misura del peso

10 Qual è lo strumento utilizzato per la misurazione della massa?

A La bilancia a bracci uguali

B Il calibro

C Il dinamometro

D Non esistono strumenti tarati per la misurazione della massa

Applichiamo le conoscenze

Esercizi

3.3 La proporzionalità diretta

1 Ogni CD costa 15 €.

a) Quanto spende Lorenzo per acquistare 4, 12, 18, 25 CD?

b) Rappresenta in una tabella numero di CD acquistati-spesa.

c) Che tipo di relazione matematica intercorre tra numero di CD e spesa?

d) Dato che abitualmente si indica con *Y* la variabile che dipende dall'altra detta *X* (variabile indipendente), in questo caso sceglieresti come *X* la spesa totale o il numero di CD acquistati?

e) Individua il valore numerico della costante nella relazione $\frac{Y}{X}$ = costante.

[*a*) 60 €, 180 €...; *e*) 15]

2 Una palestra propone la seguente offerta.

mesi	1	3	6	12
costo	45 €	130 €	250 €	480 €

a) Il costo totale è direttamente proporzionale al numero dei mesi della frequenza?

b) È possibile dire in base alla tabella qual è la spesa per 9 mesi di frequenza? Se la risposta è affermativa, determinala.

c) Come variabile indipendente (*X*) sceglieresti il numero di mesi o il costo totale?

3 Disegna quattro quadrati *A*, *B*, *C*, *D*, rispettivamente di lato 0,5 cm, 1 cm, 2 cm, 4 cm.

a) Completa la tabella inserendo nella terza riga i valori dei perimetri e nella quarta le aree.

quadrato	*A*	*B*	*C*	*D*
lato (cm)	0,5	1	2	4
perimetro (cm)	...	...	...	...
area (cm^2)	...	...	...	...

b) Lati dei quadrati (*X*) e perimetri (*Y*) sono grandezze direttamente proporzionali? In caso di risposta affermativa individua la costante nella relazione *Y*/*X* = costante.

c) Lati dei quadrati (*X*) e aree (*Y*) sono grandezze direttamente proporzionali? In caso di risposta affermativa individua la costante nella relazione *Y*/*X* = costante.

[*b*) 4]

4 Osserva il seguente grafico.

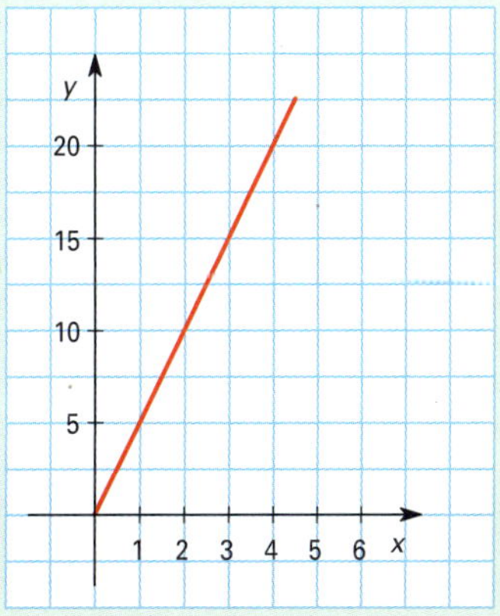

a) Le grandezze rappresentate nel grafico sono direttamente proporzionali?

b) In corrispondenza di *X* = 1 qual è il valore di *Y*?

c) Ricordando che $\frac{Y}{X} = K$, determina *K*.

d) È possibile determinare il corrispondente di *X* = 5? Se la risposta è affermativa, trovalo.

5 Riconosci tra le seguenti tabelle quale rappresenta grandezze direttamente proporzionali e quale no.

Tabella *A*

X	4	8	12	16	...
Y	1	2	4	8	...

Tabella *B*

X	10	15	20	30	...
Y	2,5	3,75	5,0	7,5	...

[*A*: no; *B*: sì]

Per lo svolgimento dell'esercizio, completa il percorso guidato, inserendo gli elementi mancanti dove compaiono i puntini.

- *Tabella A*

1 Verifica se la *X* raddoppia, triplica, ... regolarmente in tutta la tabella. Risposta: ....

2 Verifica se la *Y* fa la stessa cosa in tutta la tabella. Risposta: ....

3 Se le due risposte precedenti sono entrambe positive, allora le grandezze sono direttamente proporzionali; se una è positiva e l'altra no, allora non lo sono. Nel nostro caso *X* e *Y*: ....

- *Tabella B*

Seguiamo un metodo diverso rispetto al precedente.

1 Calcola il rapporto in tutti i casi: $\frac{Y}{X}$ = ...;

$\frac{Y}{X}$ = ...; $\frac{Y}{X}$ = ...; $\frac{Y}{X}$ = ...

2 Se il rapporto dà sempre lo stesso valore, cioè è costante, allora *X* e *Y* sono direttamente proporzionali; se il rapporto cambia, allora *X* e *Y* non sono direttamente proporzionali. Nel nostro caso: ....

6 Completa le seguenti tabelle in modo che *X* e *Y* risultino grandezze direttamente proporzionali.

Tabella *A*

X	0,5	...	...	2	...
Y	30	...	...	...	...

Tabella *B*

X	3	...	...	...	...
Y	1/5	...	...	4/5	...

Tabella *C*

X	0,4	...	...	...	...
Y	0,8	...	...	3,2	...

Tabella *D*

X	150	...	...	...	30
Y	...	...	18	...	...

7 Riconosci quali delle seguenti tabelle rappresentano grandezze direttamente proporzionali e quali no.

Tabella *A*

X	2	4	6	8	...
Y	1/2	1	3/2	2	...

Tabella *B*

X	2	4	8	16	...
Y	3	6	9	12	...

Tabella *C*

X	0,1	0,2	0,3	0,4	...
Y	1/3	2/3	1	4/3	...

Tabella *D*

X	4	8	10	12	...
Y	6	12	18	24	...

Tabella *E*

X	15	30	45	60	...
Y	10	20	30	40	...

Tabella *F*

X	0,2	0,4	0,8	1,2	...
Y	0,5	1,0	1,2	2,0	...

[*A*: sì; *B*: no; *C*: sì; ...]

8 ***ENGLISH*** A baker uses 2,400 grams of flour to make 4 loaves of bread.

a) How much flour will he need to use if he wants to make 2, 16, 20, 40 loaves?

b) If *X* = loaves of bread, *Y* = flour, what kind of formula will represent the relationship between *X* and *Y*? Determine the value of the constant *K* in such an equation.

c) Use the data to plot a graph showing the increase in the amount of flour required as the number of loaves varies.

3.4 La legge di Hooke

9 Una molla si allunga secondo la relazione $F = 100 \cdot \Delta L$.

a) Utilizzando la relazione data, completa la seguente tabella.

F **(N)**	100	...	...	...
ΔL (m)	1	2	3	4

b) Qual è l'unità di misura della costante elastica?

10 Una molla si allunga secondo la relazione $F = 500 \cdot \Delta L$.

a) Utilizzando la relazione, completa la seguente tabella:

F(N)	5	...	...	20	40
ΔL (m)	0,01	0,02	0,03	...	...

b) Rappresenta la relazione in un sistema di riferimento cartesiano, riportando sull'asse *x* gli allungamenti della molla e sull'asse *y* le forze applicate.

11 Considera la seguente tabella:

forza applicata Y(N)	50	100	150	200
allungamento X (m)	0,1	...	...	...

a) Completa la tabella nell'ipotesi che forze e allungamenti soddisfino la legge di Hooke.

b) Rappresenta la relazione in un sistema di riferimento cartesiano, riportando sull'asse *x* gli allungamenti e sull'asse *y* le forze applicate.

c) Individua il valore numerico della costante elastica.

d) Scrivi tutte le proprietà di cui godono forze applicate e allungamenti in quanto grandezze direttamente proporzionali.

12 Una molla, disposta verticalmente, è caratterizzata da una costante elastica di 80 N/m. Determina quale forza verticale si deve applicare per ottenere un allungamento di 20 cm.

[16 N]

Per lo svolgimento dell'esercizio, completa il percorso guidato, inserendo gli elementi mancanti dove compaiono i puntini.

1 I dati sono: ....

2 Le unità di misura sono coerenti con quelle del SI?

....

3 In caso di risposta negativa, esegui le equivalenze necessarie: ....

4 La formula da usare, dato che ti viene richiesta la forza, è:

$F =$ ....

5 Sostituisci nella formula i dati, trovando perciò:

$F =$ .... $=$ ....

13 Una molla, disposta verticalmente, è caratterizzata da una costante elastica di 120 N/m e una lunghezza a riposo di 45 cm. Dopo che le si applica una forza verticale, la sua lunghezza totale diventa di 60 cm. Calcola l'intensità della forza applicata.

Suggerimenti Ricordati di trasformare, se necessario, le unità di misura delle grandezze in quelle del SI. Non confondere, poi, lunghezza con allungamento...

[18 N]

14 Una molla ha una costante elastica pari a 25 N/m. La sua lunghezza a riposo è di 18 cm. Se la lunghezza finale della molla è di 22,5 cm, qual è la forza che la sollecita?

[1,125 N]

15 Una molla, disposta verticalmente, ha una lunghezza a riposo di 20 cm. Dopo che le si applica una forza verticale pari a 2,50 N, la sua lunghezza totale diventa di 22 cm. Calcola la costante elastica della molla, esprimendola nell'unità di misura del Sistema Internazionale.

Suggerimenti Ricordati di trasformare, se necessario, le unità di misura delle grandezze in quelle del SI. Dalla legge di Hooke $F = K \cdot \Delta L$ puoi ricavare la formula inversa $K =$ ... Non confondere la lunghezza della molla con l'allungamento...

[125 N/m]

16 Una molla, disposta verticalmente, ha una lunghezza a riposo di 24 cm. Dopo che le si applica una forza verticale pari a 12 N, la sua lunghezza totale diventa di 27 cm. Calcola la costante elastica della molla, esprimendola nell'unità di misura del Sistema Internazionale.

[400 N/m]

17 Una molla è caratterizzata da una costante elastica pari a 120 N/m. Se le viene applicata una forza pari a 30 N secondo la direzione dell'asse della molla, qual è l'allungamento subìto dalla molla?

Suggerimenti Devi applicare una formula inversa, ricavabile dalla definizione della costante elastica. Se $K = \frac{F}{\Delta L}$, allora puoi scrivere per l'allungamento: $\Delta L = \frac{F}{...}$

[25 cm]

18 Una molla è caratterizzata da una costante elastica pari a 50 N/m. La sua lunghezza a riposo è di 15 cm. Se le viene applicata una forza pari a 1,75 N secondo la direzione dell'asse della molla, qual è la sua lunghezza finale?

[18,5 cm]

19 Una molla è caratterizzata da una costante elastica pari a 60 N/m. Se le viene applicata una forza pari a 3 N secondo la direzione dell'asse della molla la sua lunghezza finale è di 42 cm. Calcola la sua lunghezza a riposo.

[37 cm]

20 ***ENGLISH*** A spring stretches according to the equation: $F = 400 \cdot \Delta L$.

a) Use the equation to complete the following table.

F (N)	2	...	...	...
ΔL (m)	0.005	0.010	0.020	0.040

b) Plot the applied force *F* on *x*-axis, against the stretches ΔL of the string on *y*-axis.

3.5 La costante elastica

21 Una molla ha una costante elastica di 150 N/cm.

a) Se alla molla viene applicata una forza di 150 N, quanto si allunga?

b) Se la costante elastica aumentasse, la molla, a parità di forza applicata, si allungherebbe di più o di meno?

c) Completa la seguente tabella.

F(N)	300	...	...	...
ΔL (cm)	2	3	4	5

[*a*) 1 cm; ...]

22 Una molla ha una costante elastica di 250 N/m.

a) Se alla molla è applicata una forza di 250 N, di quanto si allunga? E se la forza è di 500 N, come cambia l'allungamento?

b) Se la costante elastica diminuisse, la molla, a parità di forza applicata, si allungherebbe di più o di meno?

c) Completa la seguente tabella.

F(N)	50	100	150	200
ΔL (m)	...	...	...	...

[*a*) 1 m; ...]

23 È dato il seguente grafico.

a) Determina la costante elastica della molla (ricordati che nel SI l'allungamento deve essere in...).

b) Forza e allungamento sono grandezze tra loro ....

Elenca tutte le proprietà che ne conseguono.

c) Aggiungi nel grafico la rappresentazione relativa a una molla meno rigida. Che cosa deve cambiare? ....

d) Determina la costante elastica della molla da te rappresentata.

[*a*) $K = 600$ N/m]

24 Data la tabella forza-allungamento riportata qui sotto, traccia il grafico corrispondente e ricava il valore della costante elastica della molla.

F(N)	0,60	1,20	1,80	2,40
ΔL (m)	0,012	0,024	0,036	0,048

Suggerimenti Se hai dei dubbi, vedi il paragrafo 3.5...

[50 N/m]

25 Dato il grafico forza-allungamento riportato qui sotto, completa la tabella corrispondente e calcola la costante elastica della molla.

F(N)	1,0	1,5	2,0	2,5
ΔL (m)	...	...	...	...

[33,3 N/m]

26 Esaminato il grafico forza-allungamento riportato di seguito, ragionando sulle rette (senza effettuare calcoli...) e motivando la risposta, individua quale delle due rette è relativa alla molla meno rigida. Quindi, calcola le costanti elastiche delle due molle.

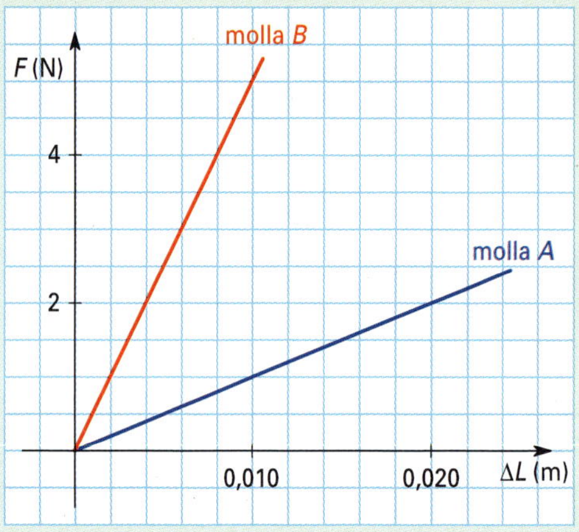

Suggerimenti Per calcolare le costanti elastiche, basta che, scelto un punto sulla retta, vada a leggere i corrispondenti valori di *F* e di Δ*L*, e poi...

[100 N/m; 500 N/m]

27 ***ENGLISH*** When a force of 120 N is applied on the top of a vertical spring, the spring compresses 20 cm. Find the spring constant *K*. By how much would the spring stretch, if the constant *K* were 400 N/m?

[$K = 600$ N/m; 30 cm]

28 ***ENGLISH*** To compress spring *A* by 0.20 m requires a force of 150 N. Stretching spring *B* by 0.30 m requires 210 N of work. Which spring is stiffer?

[spring *A*]

29 ***ENGLISH*** A spring stretches 1.2 dm when a force of 30 N is applied. Determine the spring constant.

[250 N/m]

3.6 Peso e massa

30 In un giornale appare la seguente frase: «In seguito a una dieta dimagrante un uomo è passato dal peso di 82 kg a quello di 70 kg».

a) In Fisica la frase è da considerare esatta o sbagliata? Motiva la risposta. ....

....

b) Nel caso la reputi errata, riformula la frase in modo corretto.

....

31 Osserva la seguente tabella relativa a oggetti sulla Terra.

massa (kg)	1	2	3	4
peso (N)	9,8	19,6	29,4	39,2

a) Possiamo affermare che massa e peso sono grandezze direttamente proporzionali? ....

b) Qual è la variabile indipendente? ....

c) Riformula la tabella nell'ipotesi che gli oggetti vengano trasferiti sulla Luna dove $g = 1{,}6\ m/s^2$.

32 Un tuo amico ti comunica che durante una dieta il suo peso è diminuito di 5 kg. La frase in Fisica è sbagliata. Di quanto è effettivamente diminuito il suo peso?

33 Una bilancia ha fornito il seguente valore per la massa di un uomo di media statura: 750 hg (ettogrammi). Calcola il suo peso nell'unità di misura del Sistema Internazionale.
[736 N]

34 Un neonato, posto su una bilancia molto sensibile, risulta essere passato da 3,650 kilogrammi a 3,810 kilogrammi dopo un'abbondante poppata. Calcola il peso di latte preso dal neonato.
[1,57 N]

35 Il peso di un corpo è pari a 1,18 N. Si vuole sapere a quanto equivale in grammi la sua massa.

Suggerimenti Devi utilizzare la formula inversa, dividendo ambo i membri per g. Quindi: $m = \ldots$

[120 g]

36 Trova la massa di un corpo, sapendo che il suo peso è di 490,5 N.
[50 kg]

37 ***ENGLISH*** What is the weight of a 40 kg object?
[392.4 N]

Problemi — PER COSTRUIRE LE COMPETENZE

La risoluzione dei problemi richiede la conoscenza degli argomenti trasversali a più paragrafi. Con il pallino sono contrassegnati i problemi che presentano una maggiore complessità.

1 A una molla vengono applicate verticalmente e nello stesso verso le forze $F_1 = 1{,}5$ N ed $F_2 = 0{,}5$ N, prima separatamente e poi congiuntamente. La costante elastica della molla è pari a 20 N/m. Verifica che l'allungamento della molla sottoposta alla forza $F = F_1 + F_2$ è uguale alla somma degli allungamenti provocati dalle singole forze.

Suggerimenti Devi trovare i tre allungamenti ΔL_1, ΔL_2 e ΔL e poi verificare che $\Delta L = \ldots$

[0,10 m]

• **2** Due molle di peso trascurabile hanno costante elastica rispettivamente pari a $K_1 = 100$ N/m e $K_2 = 200$ N/m. Esse sono agganciate verticalmente l'una all'altra, in modo tale che l'estremità superiore della prima è fissa, mentre all'estremità libera della seconda viene applicato un peso di 2,5 N.
Determina l'allungamento complessivo delle due molle. Sapresti trovare, quindi, la costante elastica K di una molla che, sottoposta sempre a una forza di 2,5 N, presenti lo stesso allungamento complessivo? Quale relazione si può ipotizzare fra K, K_1 e K_2?

Suggerimenti Devi, come nel precedente problema, trovare i tre allungamenti ΔL_1, ΔL_2 e ΔL, dopodiché calcolare K e poi verificare, per esempio, se $K = K_1 + K_2$ oppure se $\frac{1}{K} = \frac{1}{K_1} + \ldots$

[3,75 cm; 67 N/m]

3 Una molla ha una lunghezza a riposo che è stata misurata e per la quale si è ottenuto il seguente risultato: 16,5 cm. Appendendole una massa di 865 g, la molla si allunga raggiungendo la lunghezza finale di 19,7 cm. Calcola la costante elastica della molla.
[265 N/m]

4 Due molle elastiche identiche sono collegate come in figura. Alle due molle è applicata una forza di 12 N. Se la costante elastica di ciascuna delle due molle è 60 N/m, qual è l'allungamento subìto da ciascuna di esse?

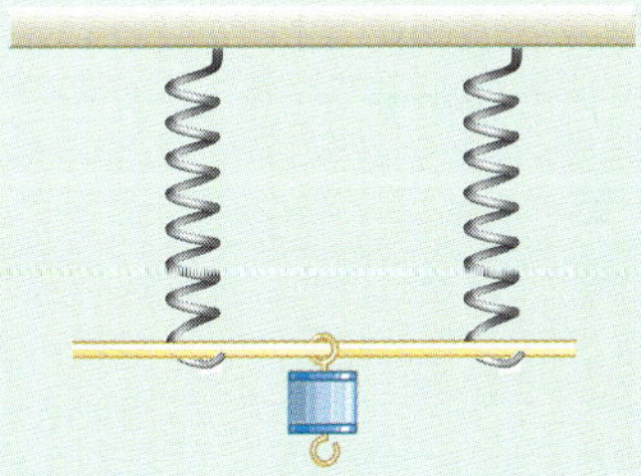

Suggerimenti Quando le molle sono posizionate come in figura (in parallelo) le costanti elastiche si sommano...

[0,1 m]

• **5** Sapendo che la massa di un corpo è pari a 30 kg e che è stata misurata con una bilancia il cui errore di sensibilità è 0,2 kg, determina la misura del peso corrispondente. Per l'accelerazione di gravità assumi $g = (9{,}81 \pm 0{,}01)\ m/s^2$.
[(294 ± 3) N]

6 ***ENGLISH*** A mass of 12.5 kg is placed on top of a vertical spring with a constant of 245 N/m. Calculate the spring stretch.

Hint The force applied on the spring is the weight of the object…

[$\Delta L = 0.5$ m]

UNITÀ 4

Vettori ed equilibrio

Lezione multimediale

4.1 I vettori

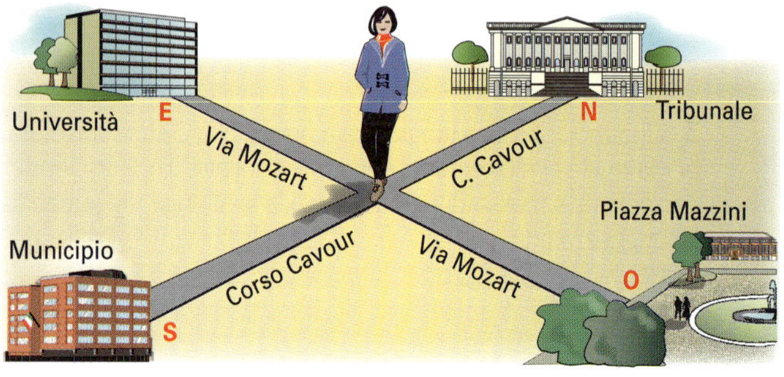

Anna, la ragazza della figura, si trova al centro di un incrocio, alla stessa distanza dall'Università, dal Municipio, da piazza Mazzini e dal Tribunale, e deve recarsi a una sola di queste possibili destinazioni. Sapere che per arrivare alla propria meta percorrerà 2 km, non ci aiuta a conoscere la sua meta.

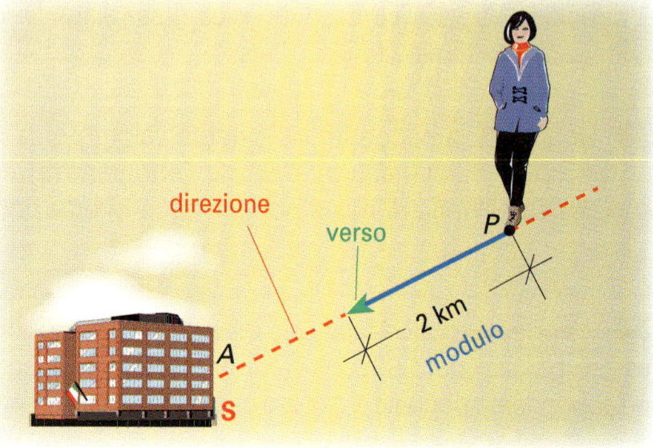

Per avere un'informazione più completa su certe grandezze, come per esempio lo spostamento, occorre conoscere:

a) il **modulo** o **intensità**, cioè il valore che la grandezza assume in una determinata unità di misura;

b) la **direzione**, individuata dalla retta *PA* lungo cui avviene lo spostamento;

c) il **verso**, che permette di scegliere fra i due possibili sensi di percorrenza, cioè da *P* verso *A* o da *A* verso *P*.

Non sempre è così: quando chiedi la durata di una canzone, non ti poni il problema della direzione in senso spaziale del... tempo. Quindi, esistono delle grandezze, dette **grandezze scalari**, che possono essere rappresentate semplicemente da un valore; mentre altre, come lo spostamento, dette **grandezze vettoriali**, o più brevemente **vettori**, per essere correttamente individuate richiedono ulteriori elementi oltre al valore numerico. Riassumendo:

vettori

I **vettori** sono quelle grandezze caratterizzate da:
- **modulo** o **intensità**;
- **direzione**;
- **verso**.

In tabella 1 riportiamo alcune grandezze fisiche di tipo scalare e alcune di tipo vettoriale, di cui possiedi un'idea per lo meno intuitiva.

Tabella 1

grandezze scalari	grandezze vettoriali
intervallo di tempo	spostamento
massa	velocità
densità	accelerazione
temperatura	forza (peso)

Come vengono rappresentate le grandezze vettoriali? È molto semplice: si sceglie l'unità di misura, che qui indichiamo genericamente con u, e poi si disegna il vettore in modo tale che:

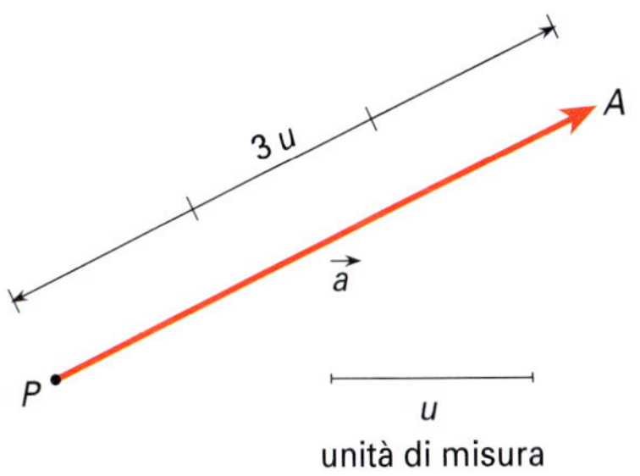

- la direzione della retta su cui giace il vettore coincida con la direzione lungo la quale agisce il vettore stesso (retta *PA* nel nostro caso);
- il verso sia stabilito dalla freccia posta a una estremità del vettore (il punto *A*);
- la lunghezza del segmento riproduca il modulo della grandezza in relazione all'unità di misura u (tre volte u).

Per indicare simbolicamente un vettore, si traccia una freccetta sopra la lettera: $\vec{a}$, che si legge «vettore a». Quando si fa riferimento al modulo del vettore, allora si può scrivere $|\vec{a}|$ oppure semplicemente a. Nel caso in figura: $a = 3\,u$. Il punto a partire dal quale è riportato il vettore (nel caso in figura: il punto P) si chiama **punto di applicazione**.

Ricorda!...
Mentre il *peso*, essendo una forza, è una *grandezza vettoriale*, la *massa* è una *grandezza scalare*: per identificare quest'ultima non abbiamo bisogno né di direzione né di verso, ma soltanto del modulo.

Riprendendo la questione della differenza tra massa e peso, oltre a quelle già viste nell'Unità 3, ora possiamo aggiungere un'altra considerazione: il peso è un vettore, la massa no.

4.2 Le operazioni con i vettori

ANIMAZIONE VIRTUAL LAB

Dato che le forze sono un esempio di grandezze vettoriali, le utilizzeremo per capire come si svolgono le operazioni tra vettori.

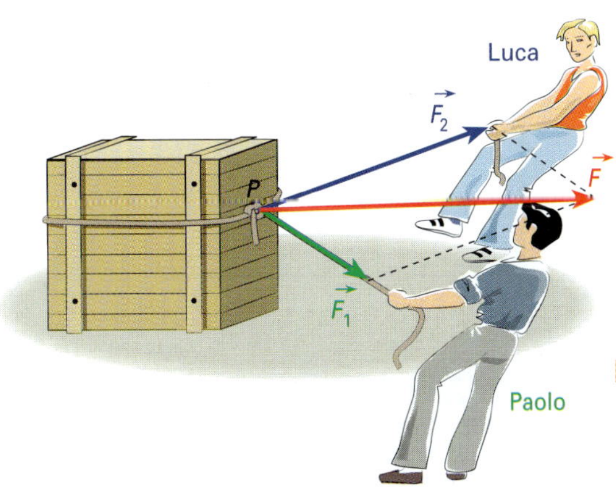

Se Paolo e Luca tirano la cassa con due corde secondo direzioni diverse, essa si muove come se in P fosse applicata una sola forza $\vec{F}$ avente come direzione la diagonale del parallelogramma che ha per lati le forze $\vec{F}_1$ ed $\vec{F}_2$.

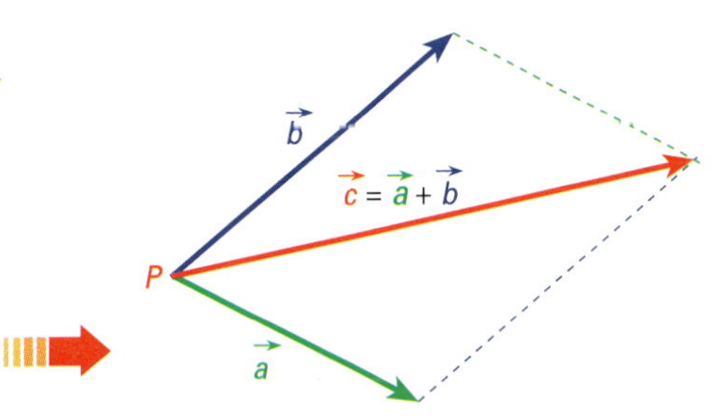

Questo risultato viene sintetizzato come *regola del parallelogramma*, che possiamo generalizzare per qualunque vettore.

regola del parallelogramma

Secondo la **regola del parallelogramma**, la somma di due vettori $\vec{a}$ e $\vec{b}$ non paralleli applicati nello stesso punto P è un vettore $\vec{c}$, chiamato **vettore risultante**, che ha:

- *modulo* uguale alla lunghezza della diagonale del parallelogramma avente come lati $\vec{a}$ e $\vec{b}$;
- *direzione* individuata dalla diagonale del parallelogramma;
- *verso* che va dal punto comune di applicazione P all'altro estremo della diagonale del parallelogramma.

SCHEDA LAB

Possiamo in generale determinare il modulo del vettore somma $\vec{c} = \vec{a} + \vec{b}$ solo per via grafica, misurando cioè la lunghezza della diagonale, in quanto a questo punto del tuo percorso scolastico non conosci ancora gli strumenti matematici necessari per individuare, noti i lati e l'angolo tra di essi, la lunghezza della diagonale di un parallelogramma.
Esiste, però, un caso particolare in cui puoi determinare il modulo anche numericamente.

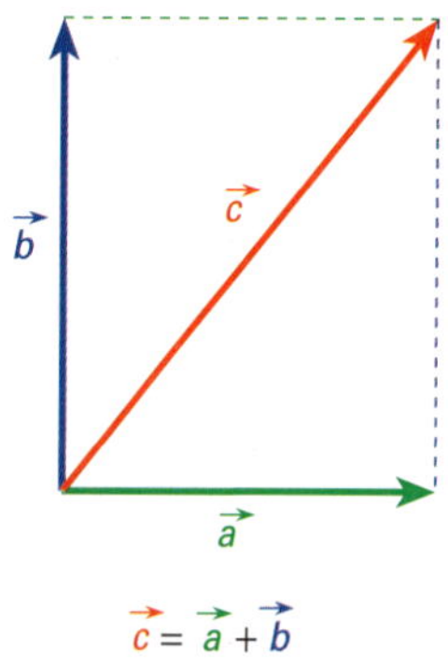

Prova ad applicare la regola del parallelogramma quando $\vec{a}$ e $\vec{b}$ sono perpendicolari; il parallelogramma diventa un rettangolo, per cui il modulo c del vettore $\vec{c}$ non è altro che:

$$c = \sqrt{a^2 + b^2}$$

dove a e b sono rispettivamente i moduli dei vettori $\vec{a}$ e $\vec{b}$.

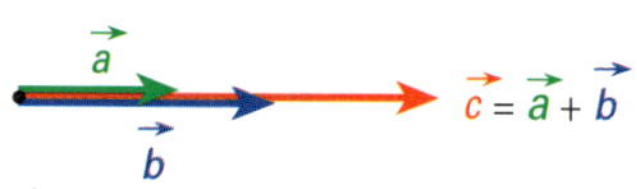

somma tra vettori paralleli concordi

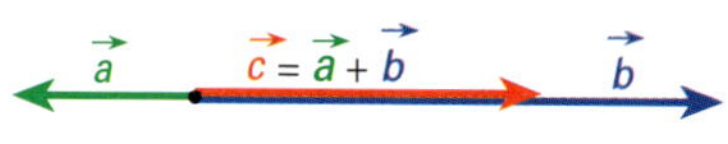

somma tra vettori paralleli discordi

Vi sono altri casi di somma tra vettori i cui risultati sono di immediata comprensibilità.

esempio

Consideriamo due forze $\vec{F}_1$ ed $\vec{F}_2$ i cui moduli siano $F_1 = 20$ N ed $F_2 = 50$ N.
Vogliamo calcolarne la somma nei quattro casi riportati qui sotto.

a)

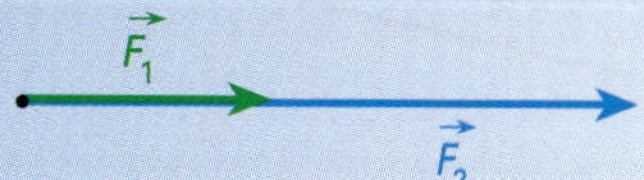

$\vec{F}_1$ ed $\vec{F}_2$ sono parallele concordi:

$$F = F_1 + F_2 = 20 + 50 = 70 \text{ N}$$

b)

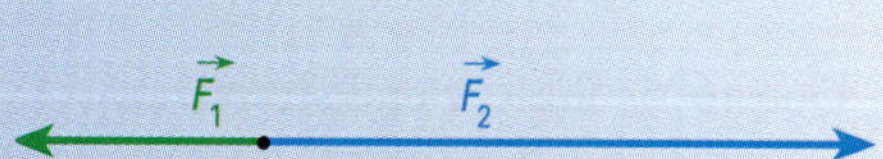

$\vec{F}_1$ ed $\vec{F}_2$ sono parallele discordi:

$$F = F_2 - F_1 = 50 - 20 = 30 \text{ N}$$

c)

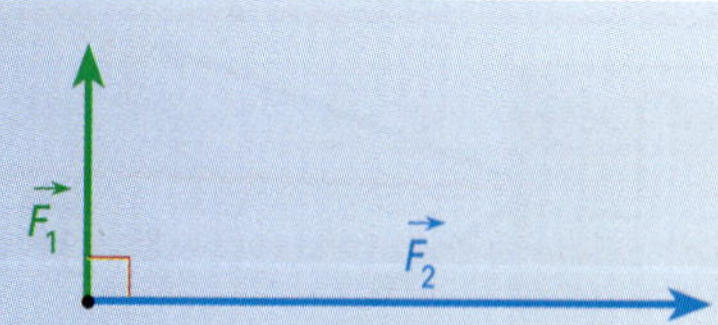

$\vec{F}_1$ ed $\vec{F}_2$ formano un angolo di 90°:

$$F = \sqrt{F_1^2 + F_2^2} = \sqrt{20^2 + 50^2} = \sqrt{2900} \cong 54 \text{ N}$$

d)

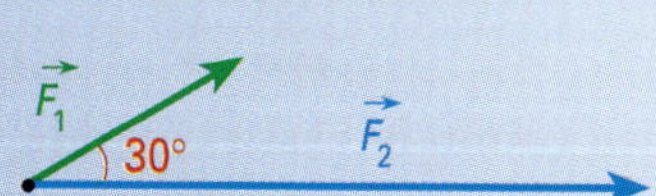

$\vec{F}_1$ ed $\vec{F}_2$ formano un angolo di 30°:

$F \cong 68$ N (per via grafica)

Ricorda!...

Non confondere i vettori con le forze. La forza è un esempio di grandezza fisica che ha la caratteristica di appartenere alla categoria dei vettori.

4.3 La scomposizione di vettori

Quando Paolo e Luca tirano la cassa potrebbe capitare di conoscere la forza $\vec{F}$ frutto del loro sforzo complessivo, ma non sapere qual è il contributo $\vec{F}_1$ di Paolo e quello $\vec{F}_2$ di Luca. In altri termini, dato un vettore $\vec{c}$, si tratta di determinare i due vettori componenti $\vec{a}$ e $\vec{b}$ secondo due direzioni scelte arbitrariamente in modo che $\vec{c} = \vec{a} + \vec{b}$.

ANIMAZIONE

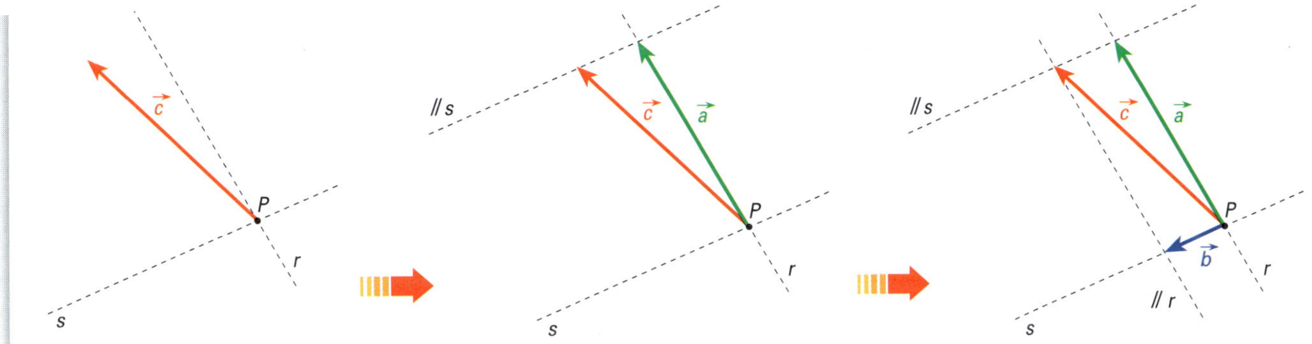

Noto il vettore $\vec{c}$, scegli arbitrariamente due direzioni r ed s.

Dal secondo estremo di $\vec{c}$, mandi la parallela alla retta s fino a intersecare la retta r. Ottieni il vettore $\vec{a}$.

Dal secondo estremo di $\vec{c}$, mandi la parallela alla retta r fino a intersecare la retta s. Ottieni il vettore $\vec{b}$.

In questo modo abbiamo individuato i due vettori componenti $\vec{a}$ e $\vec{b}$ tali che $\vec{c} = \vec{a} + \vec{b}$.
La costruzione può essere ripetuta cambiando arbitrariamente le direzioni delle rette r ed s.

4.4 L'equilibrio del punto materiale

Hai mai provato ad appoggiare tanti libri uno sopra l'altro?
Inizialmente si riesce a organizzare una pila senza problemi. Se si continua, però, prima o poi arriva inesorabile il momento del crollo. Eppure, sino al penultimo libro tutto era immobile...
È bastata l'aggiunta dell'ultimo elemento per modificare le condizioni necessarie perché la pila di libri rimanesse ferma, cioè *in equilibrio*, e farla così cadere.

Un corpo è in **equilibrio** se è fermo e persevera nel suo stato di quiete al trascorrere del tempo.

equilibrio

Che cosa è successo realmente alla pila di libri? È importante capire quali sono le condizioni affinché i corpi rimangano in equilibrio.

Se provi a pensare agli edifici nei quali abitiamo, lavoriamo, studiamo, ci divertiamo, oppure a costruzioni come i ponti o le dighe, non potrai che essere d'accordo sul fatto che l'equilibrio dei corpi è fondamentale per la nostra vita, perché quando viene a cessare, come nel caso di un terremoto, le conseguenze possono essere disastrose: non a caso la branca della Fisica che se ne occupa, cioè la **statica**, si è sviluppata sin dall'antichità.

Per capire quali sono le condizioni che consentono l'equilibrio dei corpi, riveste molta importanza il concetto di **modello**.

modello

Un **modello** è la semplificazione di una situazione reale, utile per concentrare lo studio di alcuni aspetti di un fenomeno, ignorandone altri.

Per esempio, le molecole di una sostanza come l'ossigeno o l'acqua possono essere paragonate a sferette rigide e soggette a urti elastici; oppure, la luce può essere studiata considerandola analoga alle onde del mare.
Prova a pensare a un sasso fermo su un tavolo: per quale motivo sta fermo? Se ne prendessimo in esame ogni elemento (forma, volume, composizione ecc.), ci disperderemmo in troppi dettagli, non riusciremmo a centrare l'aspetto essenziale del problema. Infatti, ai fini dell'equilibrio, la sua composizione, per esempio, non è rilevante. Allora, per semplificare l'approccio, possiamo pensare al sasso come a un **punto materiale**, vale a dire un punto in cui supponiamo concentrata tutta la massa che forma il sasso, trascurando ogni altro aspetto.

punto materiale

Il **punto materiale** è una semplificazione di un corpo reale, in cui si immagina concentrata tutta la materia presente nel corpo.

Tale punto, che non corrisponde ad alcunché di reale, ma è un'invenzione della mente umana, costituisce un esempio di modello. La scelta del modello a sua volta non è casuale, ma dipende da molti fattori. Il modello del punto materiale, per esempio, è efficace se il corpo studiato è piccolo rispetto al contesto in cui si trova e se tutte le forze possono essere considerate applicate nel punto stesso.

Dall'alto di un aereo, un'automobile può essere assimilata a un punto materiale in movimento sulla strada.

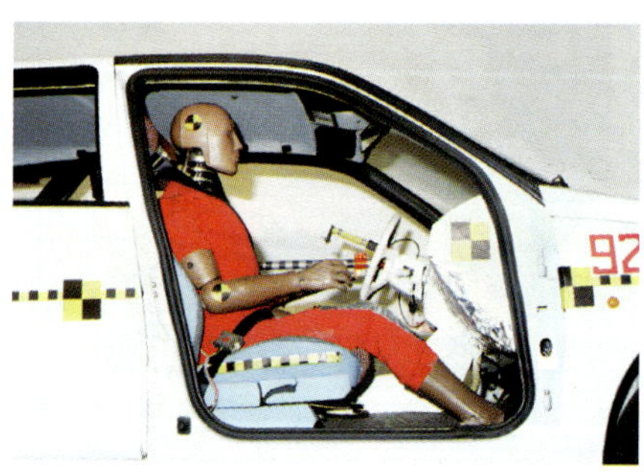

Se vogliamo capire gli effetti dell'accelerazione sul conducente, non possiamo più studiare il nostro oggetto come se fosse un punto.

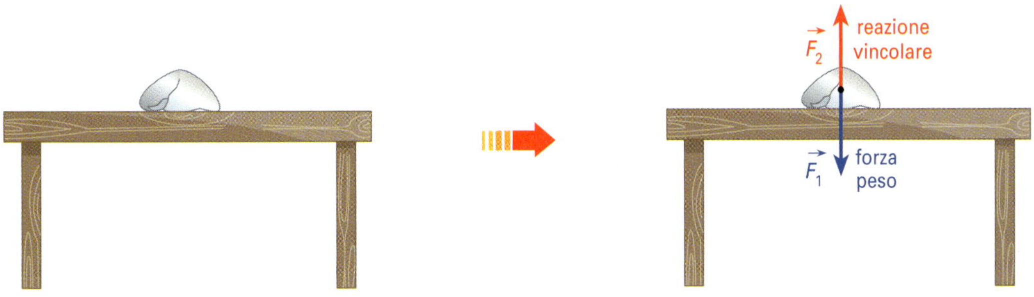

Tornando al sasso sul tavolo, pensiamolo come punto materiale e analizziamo le forze che agiscono su di esso. Dato che in presenza di una forza si ha una deformazione (effetto statico) o un cambiamento nello stato di quiete o di moto (effetto dinamico) del corpo, il sasso è fermo in quanto: o sul sasso non agisce alcuna forza, oppure le forze che agiscono sul sasso sono tali che la loro somma vettoriale è nulla.

La prima ipotesi è da escludersi, in quanto il sasso ha un peso e il peso è una forza che, in assenza del tavolo, farebbe cadere il corpo a terra. Qual è allora la forza che annulla il peso? La risposta la troviamo proprio nel tavolo che, subendo il peso del sasso, ha una deformazione elastica non visibile ai nostri occhi. In questa ottica particolare, il tavolo è detto **vincolo** e la forza da esso esercitata sui corpi appoggiati sul suo piano è detta **reazione vincolare**.

vincolo e reazione vincolare

Il **vincolo** è un impedimento che impedisce parzialmente o totalmente a un corpo di muoversi liberamente, mentre la **reazione vincolare** è la forza che il vincolo esercita su tale corpo.

La forza elastica esercitata dal tavolo sul sasso è diretta dal basso verso l'alto ed equilibra esattamente il peso del sasso (analogamente a quanto accade a una molla verticale alla quale viene agganciato un pesetto), per cui la somma vettoriale è: $\vec{F}_{TOT} = \vec{F}_1 + \vec{F}_2 = 0$.

Il caso del sasso fermo sul tavolo rappresenta un esempio in cui si verifica la **condizione di equilibrio del punto materiale**.

condizione di equilibrio del punto materiale

Un punto materiale è in equilibrio se è nulla la **somma vettoriale** $\vec{F}_{TOT}$ (detta anche **forza risultante**) di tutte le forze che sono applicate su di esso:

$$\vec{F}_{TOT} = 0$$

4.5 L'equilibrio sul piano inclinato

ANIMAZIONE VIRTUAL LAB

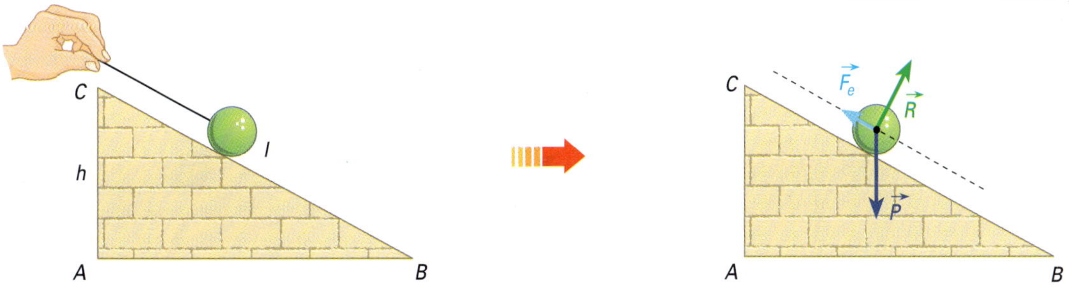

Se una sferetta (assimilabile a un punto materiale) scende lungo un piano inclinato di lunghezza l e altezza h, quale forza equilibrante $\vec{F}_e$ occorre esercitare per tenerla ferma? Dato che la condizione di equilibrio di un punto materiale è $\vec{F}_{TOT} = 0$ bisogna esaminare quali sono le forze che agiscono sulla sferetta.

La forza peso $\vec{P}$ agisce sulla sfera cercando di trascinarla verso il basso. Il piano inclinato impedisce alla sfera di cadere verticalmente, ma esercita su di essa una forza, la reazione vincolare $\vec{R}$ perpendicolare al piano stesso. La forza equilibrante $\vec{F}_e$ impedisce alla sferetta di scivolare lungo il piano.

Per capire come si sommano vettorialmente le tre forze $\vec{P}$, $\vec{R}$ ed $\vec{F}_e$ procediamo come riportato qui di seguito.

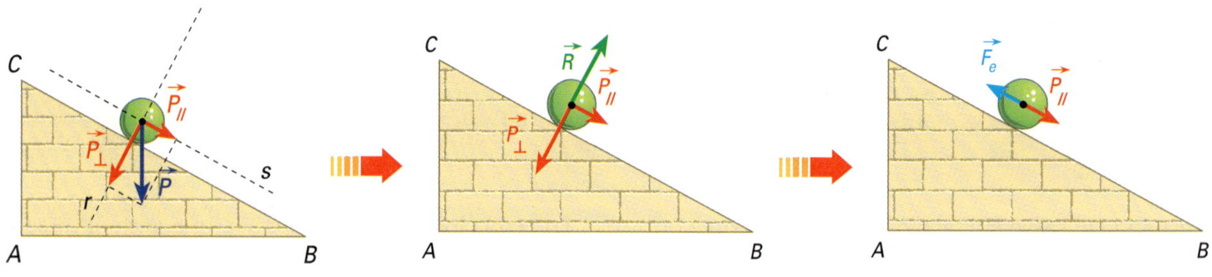

Scomponiamo la forza peso $\vec{P}$ secondo le direzioni r perpendicolare al piano ed s parallela al piano. Otteniamo le componenti $\vec{P}_\perp$ e $\vec{P}_{//}$.

La componente $\vec{P}_\perp$ viene annullata dalla reazione vincolare $\vec{R}$.

Per mantenere ferma la sferetta basta che la forza equilibrante $\vec{F}_e$ equilibri la $\vec{P}_{//}$ che è detta **componente attiva** della forza peso: $\vec{F}_e = -\vec{P}_{//}$.

condizione di equilibrio su un piano inclinato

La relazione che intercorre tra il peso e la forza equilibrante è data da:

$$F_e = P \cdot \frac{h}{l}$$

ESPANSIONI **Dimostrazione geometrica della formula del piano inclinato**

dove P è il peso del corpo appoggiato, l la lunghezza del piano inclinato e h la sua altezza.
Da questa relazione si può notare come $\vec{F}_e$ dipende da $\frac{h}{l}$.

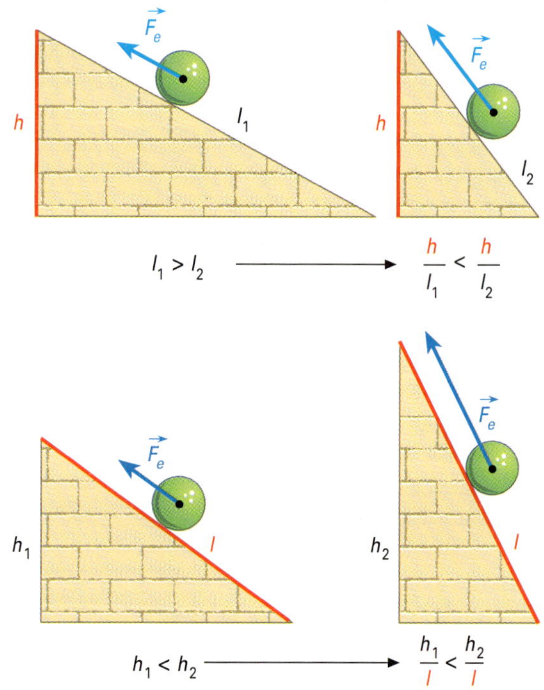

Se il rapporto $\frac{h}{l}$ aumenta, cresce anche la forza equilibrante.

4.6 Le forze di attrito

VIRTUAL LAB

Con il termine **forza di attrito** si intende, a livello generale, quella forza che si manifesta ogni volta che due materiali solidi sono a contatto tra loro e che si oppone al moto. Nel caso in cui si abbia l'accoppiata solido-liquido e solido-gas questo tipo di forza prende il nome di **resistenza del mezzo**.
Le forze d'attrito sono causate da complessi fenomeni di natura elettromagnetica che si verificano fra gli atomi di superficie.

FLASH

Il suono dell'attrito

Perché il gesso, quando si scrive sulla lavagna, talvolta stride?

Una superficie che a livello macroscopico ci appare liscia è a livello microscopico caratterizzata da un alternarsi di picchi e avvallamenti.

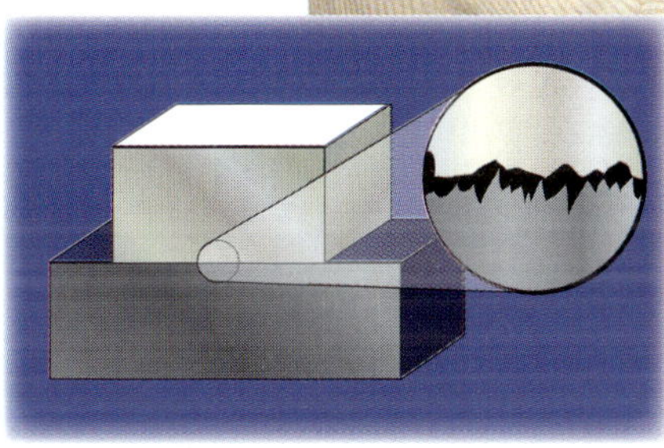

Per questo motivo quando si scrive alla lavagna con il gesso, una piccola percentuale degli atomi delle due superfici è sufficientemente vicina a livello microscopico in modo da poter realizzare delle microsaldature, grazie a interazioni di tipo elettromagnetico. Strisciando il gesso si esercita una forza che causa lo stiramento e la rottura di queste microsaldature, a cui seguono, in rapida successione, la formazione e poi la rottura di nuove microsaldature.
L'effetto complessivo è il noto e fastidioso cigolio!

Attrito statico

SCHEDA LAB

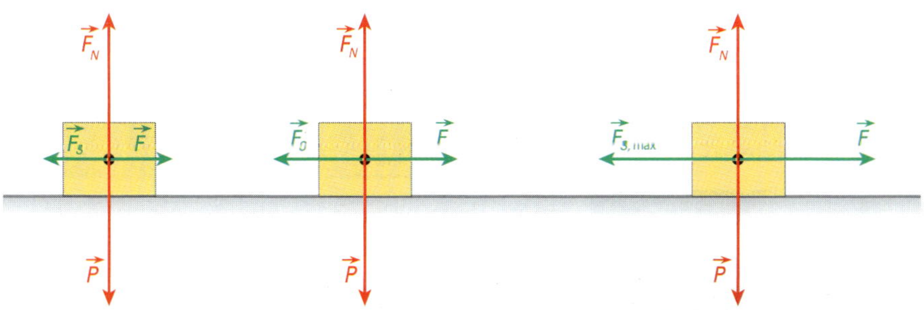

Una scatola è ferma su un tavolo. La forza peso $\vec{P}$ è equilibrata dalla forza normale $\vec{F}_N$ dovuta alla reazione vincolare.
Cominciamo a esercitare una forza $\vec{F}$ parallela al tavolo per cercare di mettere le scatole in movimento. Nella fase iniziale, man mano che aumenta la forza $\vec{F}$, si ha una forza d'attrito statica $\vec{F}_s$ crescente che ha in ogni istante la stessa direzione e lo stesso modulo di $\vec{F}$, ma verso opposto, per cui le due forze si equilibrano e la scatola rimane ferma. Tuttavia, quando la forza d'attrito statico supera un valore massimo $\vec{F}_{s,max}$, a questo punto basta aumentare ulteriormente $\vec{F}$ e la scatola si mette in movimento.

Ricorda!...

Quando due superfici a contatto sono ferme una rispetto all'altra la **forza di attrito** è definita **statica** e tende a impedire il movimento relativo di una superficie rispetto all'altra.

Su base sperimentale è possibile rilevare che il modulo della forza massima di attrito statico $\vec{F}_{s,max}$:

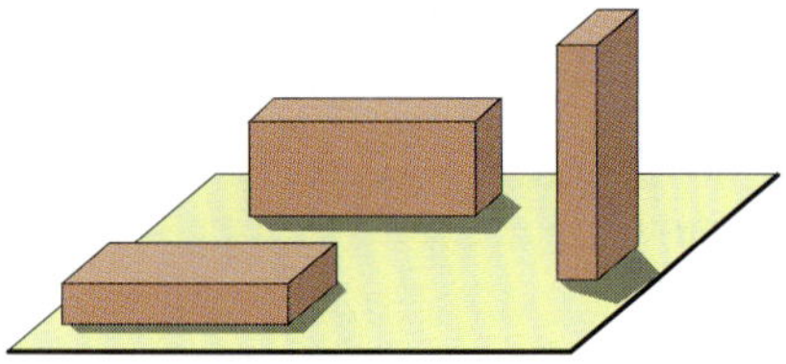

non dipende dall'estensione della superficie di contatto

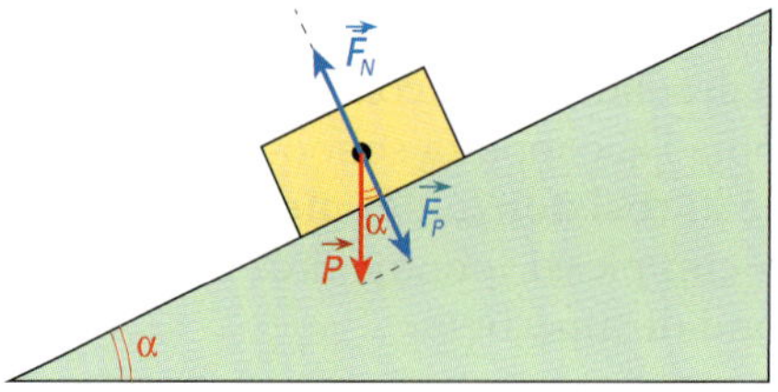

dipende dalla componente della forza perpendicolare alla superficie di contatto (forza premente $\vec{F}_p$ che ha lo stesso modulo di $\vec{F}_N$)

dipende dalle caratteristiche delle due superfici a contatto

Complessivamente possiamo dire che:

forza di attrito statico

Il modulo della forza di attrito statico assume, al variare della forza applicata, valori che variano da 0 fino al valore massimo:

$$F_{s,max} = K_s \cdot F_p$$

dove K_s rappresenta il coefficiente di attrito statico, che dipende dalle caratteristiche delle superfici a contatto, ed F_p individua la componente della forza premente che agisce perpendicolarmente alla superficie di contatto.
La *direzione* del vettore è parallela alla superficie di contatto.
Il *verso* è opposto a quello del moto che avrebbe l'oggetto in assenza di attrito.

ESPANSIONI **Attrito dinamico e attrito volvente**

FLASH

Camminare grazie all'attrito

Abbiamo detto che la forza di attrito si oppone al movimento. In automobile circa il 20% del carburante viene utilizzato per contrastare gli attriti. Tuttavia la forza di attrito è indispensabile per muoversi. Infatti, quando appoggiamo un piede a terra mentre l'altro viene sollevato, la forza di attrito è diretta nello stesso verso del moto della persona, in quanto si oppone al moto del piede di appoggio che altrimenti scivolerebbe indietro. Per convincersi del ruolo fondamentale svolto dall'attrito, basta pensare alla difficoltà che incontriamo quando tentiamo di muoverci sul ghiaccio.

Quando una persona riesce a stare in equilibrio su una roccia in verticale significa che le forze esercitate con le mani e i piedi perpendicolarmente alla roccia determinano una forza d'attrito statico rivolta verso l'alto sufficiente per equilibrare la forza peso.

IN SINTESI

AUDIO

- Un vettore è una grandezza individuata dalle seguenti informazioni:
  - **modulo** o **intensità**, cioè il valore che la grandezza assume in una determinata unità di misura;
  - **direzione**, individuata dalla retta lungo la quale è posto il vettore;
  - **verso**, che permette di scegliere tra i due possibili sensi lungo la retta.

  Il punto a partire dal quale viene riportato il vettore si chiama **punto di applicazione**.

- Esistono **grandezze vettoriali** (per esempio la forza peso o lo spostamento) e **grandezze scalari** (per esempio la massa o la temperatura). Queste ultime sono rappresentate semplicemente dal loro valore numerico.

- In generale, la somma tra due grandezze vettoriali viene effettuata secondo la **regola del parallelogramma**: a partire dai due vettori applicati nello stesso punto, si costruisce un parallelogramma e quindi si traccia la diagonale dal punto di applicazione. Il vettore così ottenuto è detto **vettore risultante**.

- Un vettore può essere scomposto in due direzioni scelte arbitrariamente, ottenendo i **vettori componenti**.

- Il **punto materiale** è una semplificazione di un corpo reale, in cui si immagina concentrata tutta la materia presente nel corpo.
  Un punto materiale è in *equilibrio* se è nulla la **somma vettoriale** (detta anche **forza risultante**) di tutte le forze che sono applicate su di esso:

  $$\vec{F}_{TOT} = 0$$

- Il **vincolo** è un impedimento che limita parzialmente o totalmente il movimento di un corpo (per esempio, un oggetto appoggiato su un tavolo o un piano inclinato). La **reazione vincolare** è la forza che il vincolo esercita su tale corpo.

- La condizione di equilibrio di un punto materiale su un piano inclinato è:

  $$F_e = P \cdot \frac{h}{l}$$

  dove F_e è detta **forza equilibrante**, P è il peso del corpo appoggiato, l è la lunghezza del piano inclinato e h è la sua altezza.
  La relazione mostra che F_e è tanto più grande quanto maggiore è il rapporto tra l'altezza del piano inclinato e la sua lunghezza.

- La **forza di attrito** è quella forza che si manifesta ogni volta che due materiali solidi sono a contatto tra loro e che si oppone al moto.

- Il modulo della **forza di attrito statico** assume, al variare della forza applicata, valori che variano da zero fino al valore massimo:

  $$F_{s,\,max} = K_s \cdot F_p$$

  dove K_s è il **coefficiente di attrito statico** (adimensionale) ed F_p è il modulo della forza premente.

STRUMENTI DI CONSOLIDAMENTO E VERIFICA

VERIFICHE

Vero-falso

1 I vettori sono delle forze. V F

2 La massa è una grandezza vettoriale. V F

3 Per sommare due vettori occorre sempre sommare i loro moduli. V F

4 Se $\vec{a}$ e $\vec{b}$ sono due vettori paralleli e discordi con $a = b$, si ha che il modulo del vettore somma è nullo. V F

5 Nella scomposizione di un vettore $\vec{c}$ secondo due vettori componenti $\vec{a}$ e $\vec{b}$ si ha sempre che $a > c$ e $b > c$. V F

6 Il punto materiale è un esempio di modello. V F

7 Se su un punto materiale agiscono due forze aventi lo stesso modulo e la stessa direzione, ma versi opposti, allora il corpo materiale è in equilibrio. V F

8 In un piano inclinato la forza equilibrante è sempre maggiore della forza peso. V F

9 Una passerella collega due punti con un dislivello di 2 m. Se il dislivello aumenta, la forza equilibrante cresce. V F

10 La ruota di un'automobile in movimento (non in fase di frenata) è soggetta alla forza d'attrito radente. V F

Test a scelta multipla

1 Che cosa differenzia una grandezza scalare da una grandezza vettoriale?

A La grandezza vettoriale non ha unità di misura

B La grandezza scalare viene denotata da una freccetta sopra il suo simbolo letterale

C La grandezza vettoriale, oltre al modulo, possiede anche direzione e verso

D La grandezza scalare, oltre al modulo, possiede anche direzione e verso

2 Quale fra i seguenti gruppi di grandezze fisiche è interamente costituita da vettori?

A Densità, volume, velocità, forza

B Spostamento, velocità, accelerazione, peso

C Momento, massa, temperatura, tempo

D Forza, peso, massa, velocità

3 La somma fra due grandezze vettoriali parallele e concordi ha come modulo:

A il modulo del vettore ottenuto con la regola del parallelogramma

B il modulo ottenuto dalla somma dei moduli delle due grandezze

C il modulo del vettore ottenuto con la regola del cavatappi

D il modulo ottenuto dalla differenza dei moduli delle due grandezze

4 La somma fra due grandezze vettoriali formanti un angolo di 45° ha come modulo:

A il modulo ottenuto dalla differenza dei moduli delle due grandezze

B il modulo ottenuto dalla somma dei moduli delle due grandezze

C il modulo del vettore ottenuto con la regola del parallelogramma

D il modulo del vettore ottenuto con la regola del cavatappi

5 Due vettori, di moduli 6 u e 8 u, sono perpendicolari. Il vettore somma ha come modulo:

A 10 u

B 48 u

C 2 u

D 14 u

6 Un vettore $\vec{c}$ è stato scomposto secondo due vettori componenti $\vec{a}$ e $\vec{b}$. Quale delle seguenti affermazioni è errata?

A a può essere maggiore di c

B a può essere maggiore di b

C b è sempre minore di c

D $\vec{a}$ può essere perpendicolare a $\vec{b}$

7 La reazione vincolare è:

A un impedimento totale al movimento di un corpo per cui esso rimane fermo

B una forza che ha sempre la stessa direzione e modulo della forza peso, ma verso contrario

C un impedimento parziale al movimento del corpo

D la forza che il vincolo esercita su un corpo

8 La condizione di equilibrio di un punto materiale su un piano inclinato è:

A $F_e = P \cdot \frac{h}{l}$

B $P = F_e \cdot \frac{h}{l}$

C $P = F_e$

D $F_e = P \cdot \frac{l}{h}$

9 **In un piano inclinato è corretto affermare che per un dato punto materiale la forza equilibrante:**

- **A** è sempre maggiore della forza peso
- **B** dipende solo dall'altezza h del piano inclinato
- **C** diminuisce se aumenta il rapporto h/l
- **D** aumenta se diminuisce il rapporto l/h

10 **La forza d'attrito radente e la forza premente perpendicolare alle due superfici a contatto sono fra loro:**

- **A** inversamente proporzionali
- **B** tali che il loro rapporto aumenta con la velocità del corpo
- **C** direttamente proporzionali
- **D** tali che la loro somma è costante

Applichiamo le conoscenze

Esercizi

4.2 Le operazioni con i vettori

1 Osserva il seguente vettore.

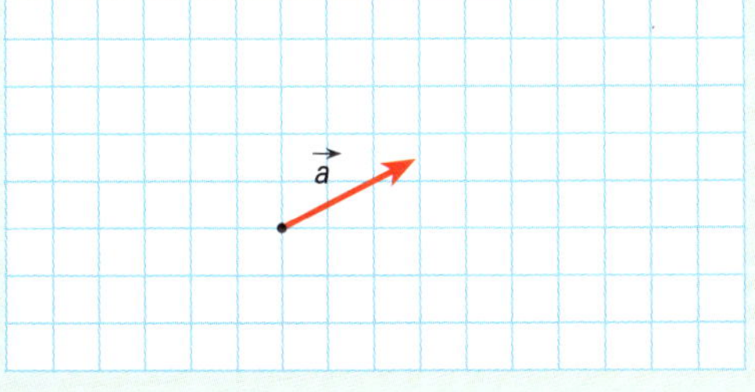

a) Disegna un vettore $\vec{b}$ che abbia la stessa direzione, verso opposto e modulo doppio.

b) Disegna un vettore $\vec{c}$ che abbia la stessa direzione, lo stesso verso e modulo triplo.

2 Osserva il seguente vettore.

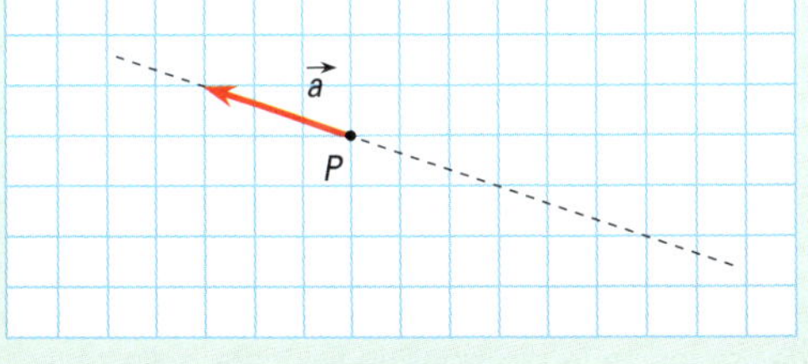

a) Disegna un vettore $\vec{b}$ che abbia la stessa direzione, verso opposto e modulo triplo con punto di applicazione in P.

b) Disegna il vettore $\vec{a} + \vec{b}$ e calcola il suo modulo.

3 Un equilibrista percorre su un filo 10 metri da A a B e poi torna indietro, percorrendo 7 metri.

a) Rappresenta mediante due vettori gli spostamenti dell'equilibrista.

b) Calcola il modulo del vettore somma.

4 Due ragazzi, Sergio e Gianluca, giocano al tiro alla fune. Sergio esercita una forza di 400 N, Gianluca di 320 N.

a) Rappresenta mediante due vettori la situazione.

b) Disegna il vettore somma.

5 Disegna, nel caso illustrato in figura, la somma $\vec{c}$ dei vettori $\vec{a}$ e $\vec{b}$.

Per lo svolgimento dell'esercizio, completa il percorso guidato.

1 A partire dall'estremo con la freccia del vettore $\vec{a}$ traccia la parallela al vettore $\vec{b}$.

2 A partire dall'estremo con la freccia del vettore $\vec{b}$ traccia la parallela al vettore $\vec{a}$.

3 A partire dal comune punto di applicazione di $\vec{a}$ e $\vec{b}$ fino all'intersezione delle due rette disegnate prima, traccia il vettore $\vec{c}$ mettendo la freccia in modo opportuno.

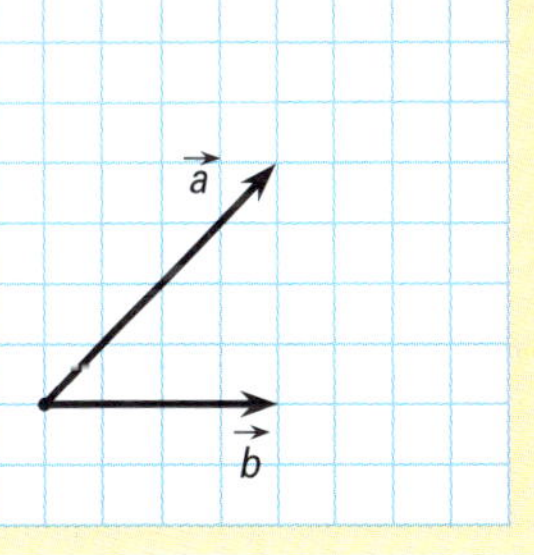

6 Supponiamo che il rettangolo rappresenti in scala la stanza di un appartamento. Marco si sposta di 3 m da A verso B e Luigi contemporaneamente si sposta di 2 m da A verso D.

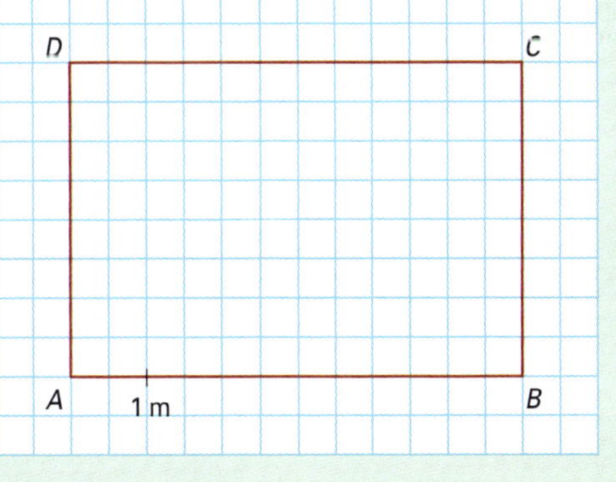

a) Rappresenta mediante i vettori $\vec{a}$ e $\vec{b}$ gli spostamenti di Marco e Luigi.

b) Il vettore somma $\vec{a} + \vec{b}$ ha modulo 5 m? Motiva la risposta.

c) Disegna il vettore somma.

7 Disegna, nei casi illustrati nelle tre figure seguenti, la somma $\vec{c}$ dei vettori $\vec{a}$ e $\vec{b}$.

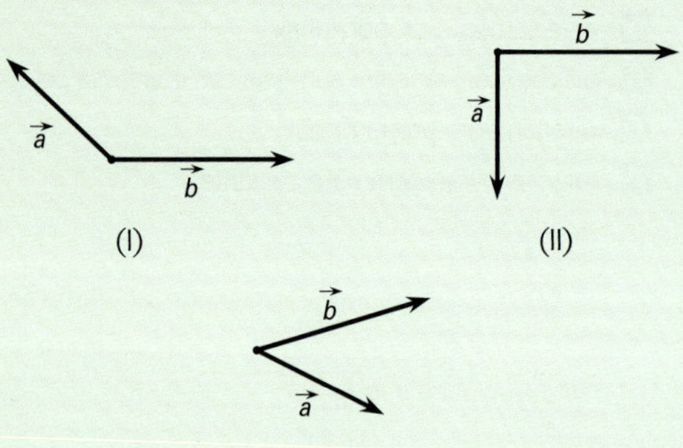

8 Dati due vettori $\vec{a}$ e $\vec{b}$ modifichiamo l'angolo tra di essi. Osserva i tre disegni.

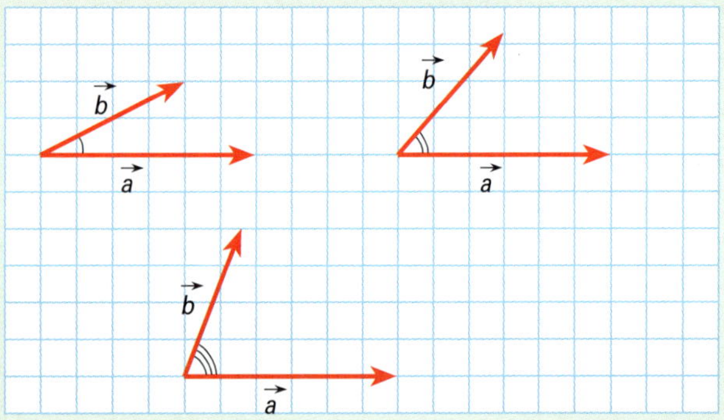

a) Disegna in ciascuno dei tre casi il vettore somma $\vec{a} + \vec{b}$.

b) Che cosa noti sul vettore risultante al crescere dell'angolo?

c) Secondo te quale dovrebbe essere l'angolo tra $\vec{a}$ e $\vec{b}$ affinché il modulo del vettore somma sia massimo?

9 Due forze, una pari a 40 N e l'altra pari a 30 N, agiscono perpendicolarmente fra loro su un punto materiale. Traccia un disegno che illustri la situazione e calcola il valore del modulo della somma delle due forze.
[50 N]

10 Determina la somma delle tre forze rappresentate in figura, sapendo che ogni quadretto vale 1 N.

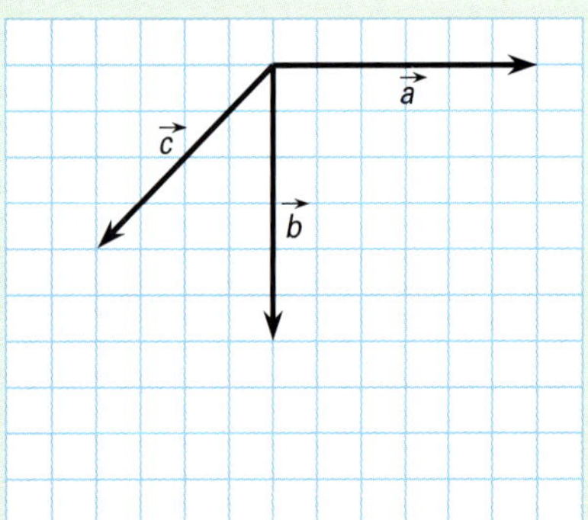

Suggerimenti Esegui la somma dei primi due vettori $\vec{a}$ e $\vec{b}$; il vettore che ottieni lo sommi quindi al vettore $\vec{c}$.

[10,2 N]

11 ***ENGLISH*** Look carefully at the following vector.

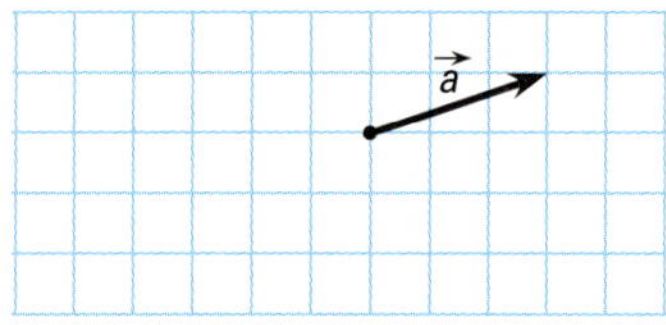

a) Draw a vector $\vec{b}$ with the application point of $\vec{a}$, in the opposite direction and double the magnitude.

b) Draw the vector $\vec{a} + \vec{b}$ and calculate its magnitude.

12 ***ENGLISH*** A plane flies from South towards North for 500 km, then from West towards East for 1200 km.

a) Describe the motion of the plane by means of two vectors $\vec{a}$ and $\vec{b}$.

b) Draw the vector $\vec{c} = \vec{a} + \vec{b}$ and calculate its magnitude.
[1,300]

4.3 La scomposizione di vettori

13 Osserva il seguente vettore.

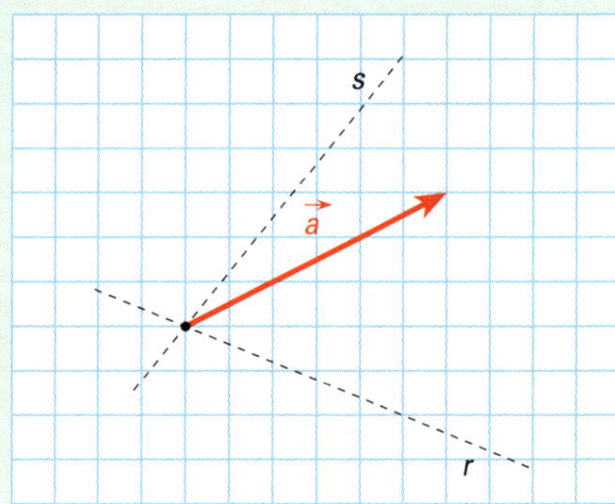

Disegna, secondo la direzione individuata dalle rette *r* ed *s*, i due vettori componenti $\vec{b}$ e $\vec{c}$ tali che $\vec{a} = \vec{b} + \vec{c}$.

14 Osserva il seguente vettore.

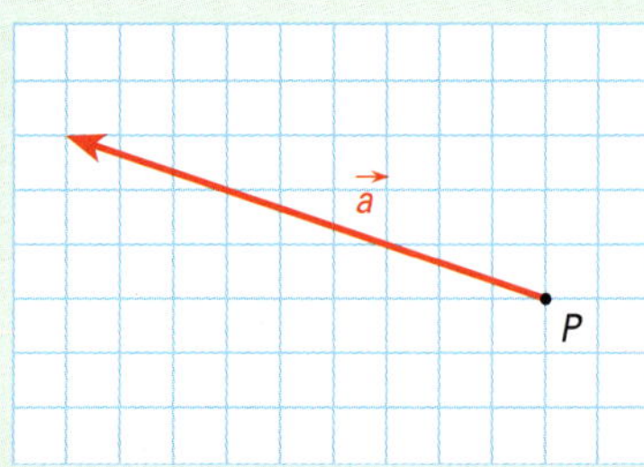

Dopo aver scelto arbitrariamente due rette passanti per *P*, individua su di esse i due vettori componenti e tali che $\vec{a} = \vec{b} + \vec{c}$.

15 Dato il vettore illustrato nelle figure che seguono, costruisci, rappresentando situazioni diverse, due vettori la cui somma dia come risultato il vettore $\vec{c}$.

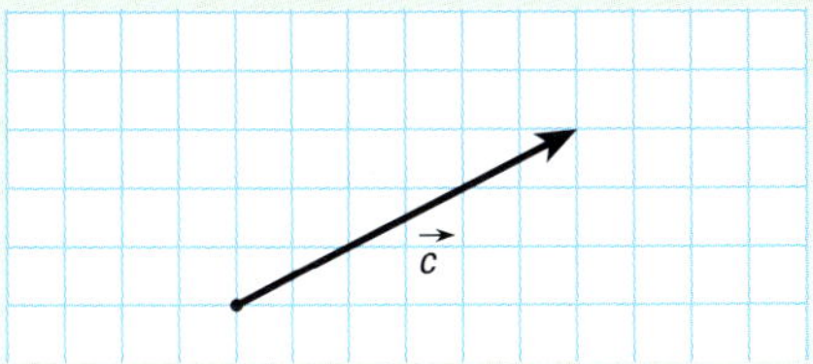

(I)

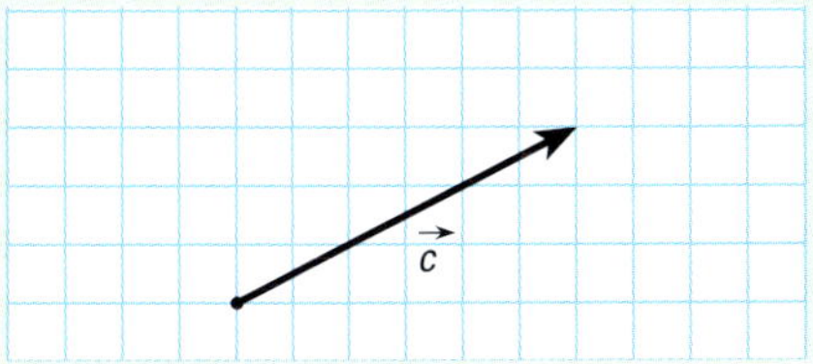

(II)

16

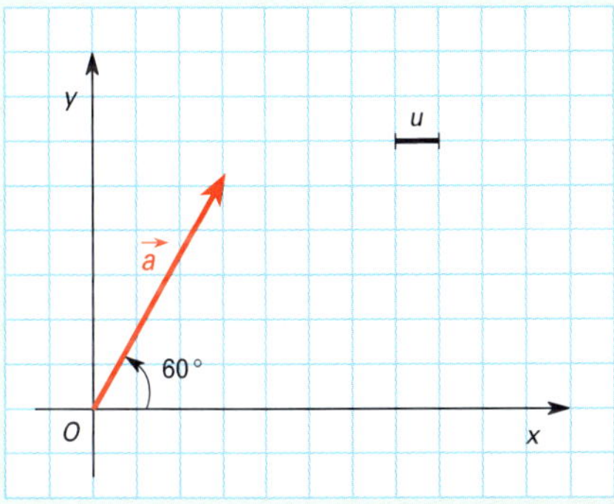

a) Disegna le componenti del vettore $\vec{a}$ secondo le direzioni individuate dall'asse *x* e dall'asse *y*.

b) Sapendo che $a = 6$ u, dopo aver denominato $\vec{a}_x$ e $\vec{a}_y$ i due vettori componenti, determina il modulo di tali vettori.

c) Traccia una coppia qualsiasi di rette *r* ed *s* passanti per *O* e disegna i vettori componenti di $\vec{a}$ secondo le direzioni individuate da *r* ed *s*. [*b*) 3 u; 5,2 u]

17

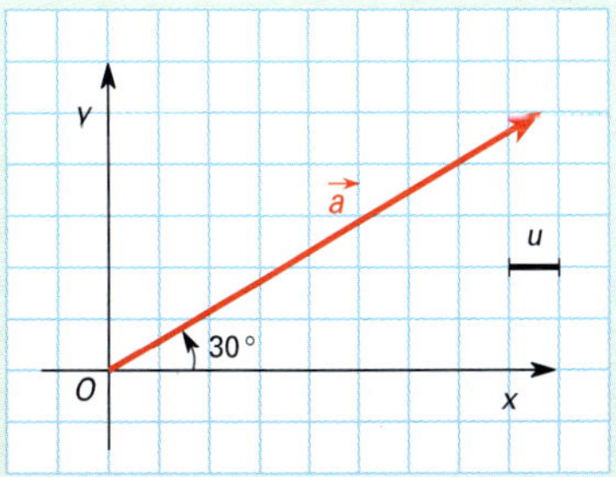

a) Disegna le componenti del vettore $\vec{a}$ secondo le direzioni individuate dall'asse *x* e dall'asse *y*.

b) Sapendo che $a = 10$ u, dopo aver denominato $\vec{a}_x$ e $\vec{a}_y$ i due vettori componenti, determina il modulo di tali vettori.

c) Nell'ipotesi che il vettore $\vec{a}$ formi un angolo di 45° con la direzione positiva dell'asse delle *x*, determina il modulo dei vettori componenti $\vec{a}_x$ e $\vec{a}_y$.

[*b*) 8,7 u; 5 u; *c*) 7,1 u; 7,1 u]

18 ***ENGLISH*** Look carefully at the following diagram. Resolve the vector $\vec{a}$ into its components $\vec{a}_x$ and $\vec{a}_y$. Determine graphically the magnitude of the two vectors.

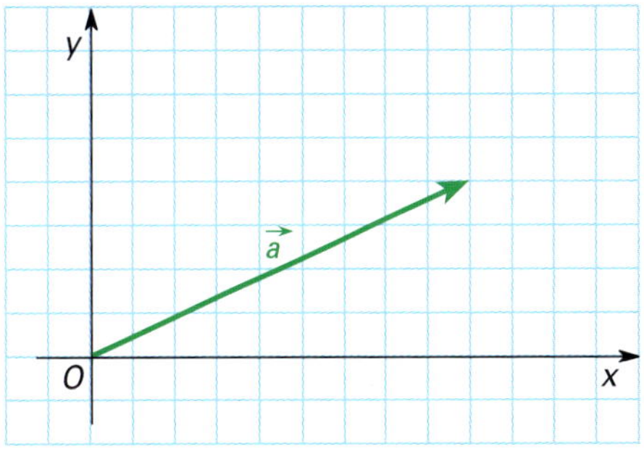

19 ***ENGLISH*** The vector $\vec{a}$ forms an angle $\alpha = 45°$ with the *x*-axis.

The magnitude of both its components, $\vec{a}_x$ and $\vec{a}_y$, is 6. Calculate the magnitude of $\vec{a}$.

Hint Since $\vec{a}_x$ and $\vec{a}_y$ have the same magnitude and $\alpha = 45°$, $\vec{a}$ is the diagonal of a square.

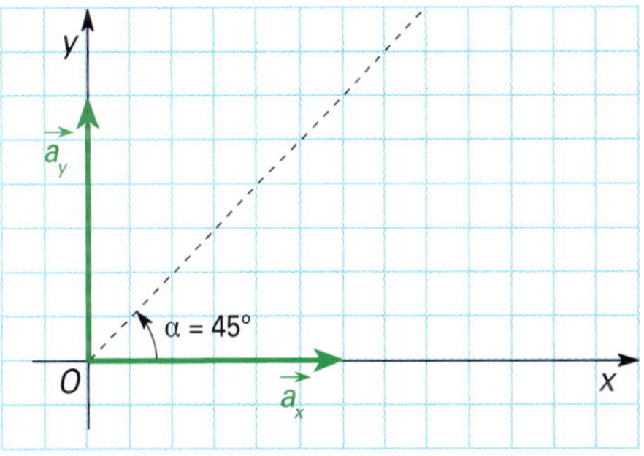

[8.5 u]

4.4 L'equilibrio del punto materiale

20 Due ragazzi, Roberto e Nicolò, si contendono un pallone tirandolo nella stessa direzione, ma da parti opposte, rispettivamente con forze di 250 N e 180 N.

a) Rappresenta graficamente la situazione.

b) La palla è in equilibrio?

c) Se la risposta è negativa, disegna il vettore rappresentativo della forza di un terzo ragazzo che equilibri la situazione.

21 Sul punto *P* agiscono due forze $\vec{F}_1$ ed $\vec{F}_2$ di modulo 6 N e 8 N fra loro perpendicolari.

a) Rappresenta graficamente la situazione.

b) Calcola il modulo del vettore somma e disegnalo.

c) Disegna il vettore $\vec{F}_1$ rappresentativo della forza che occorre applicare in *P* affinché vi sia equilibrio.

22 Stabilisci, nel caso riportato in figura sotto, se il punto materiale si trova in equilibrio. [sì]

Per lo svolgimento dell'esercizio, completa il percorso guidato, inserendo gli elementi mancanti dove compaiono i puntini.

1 Applicando la regola del parallelogramma, trova il vettore risultante $\vec{F}_{TOT}$ delle forze $\vec{F}_1$ ed $\vec{F}_2$.

2 Effettua la somma vettoriale fra $\vec{F}_{TOT}$ e la forza $\vec{F}_3$.

3 Se quest'ultimo risultato è nullo, allora il corpo è ....

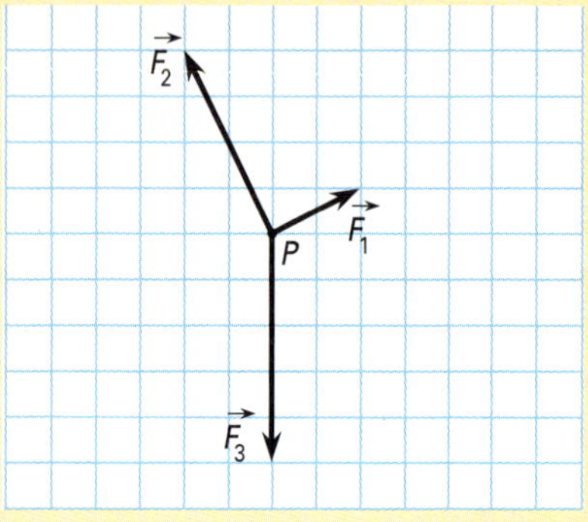

23 Stabilisci, nel caso illustrato in figura, se il punto materiale si trova in equilibrio. [no]

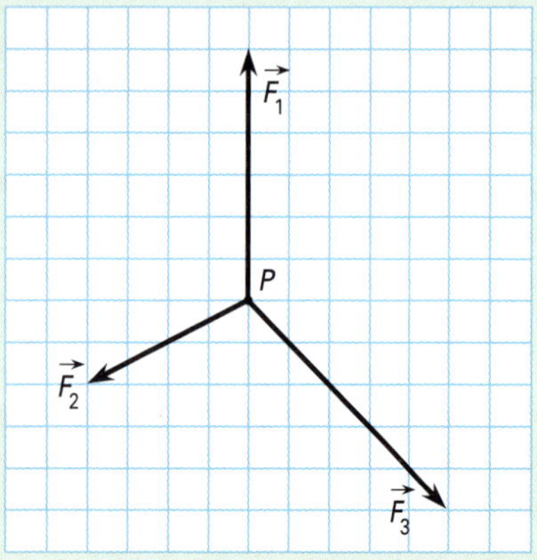

24 Osserva la situazione della figura, che rappresenta le forze agenti su *P*.

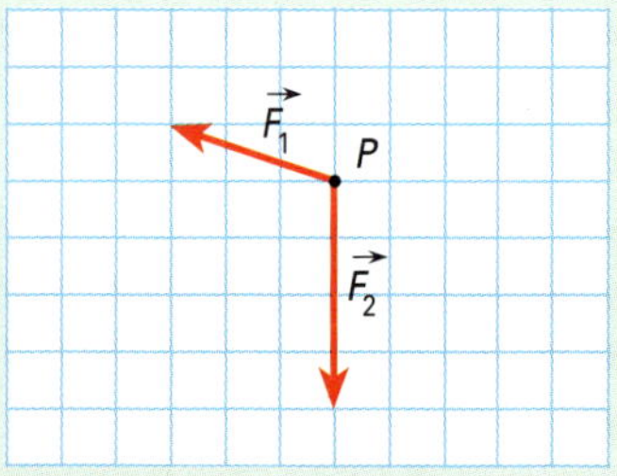

a) Il punto *P* è in equilibrio? Motiva la risposta.

b) Se la risposta è negativa, disegna il vettore rappresentativo di una forza che equilibri la situazione.

Suggerimenti **Sommate vettorialmente le due forze, devi applicare sul punto materiale un'ulteriore forza che abbia stessa direzione e stesso modulo, ma...**

25 Disegna, nel caso illustrato in figura, una forza in modo tale che il punto materiale, sul quale già agiscono le forze indicate, sia in equilibrio.

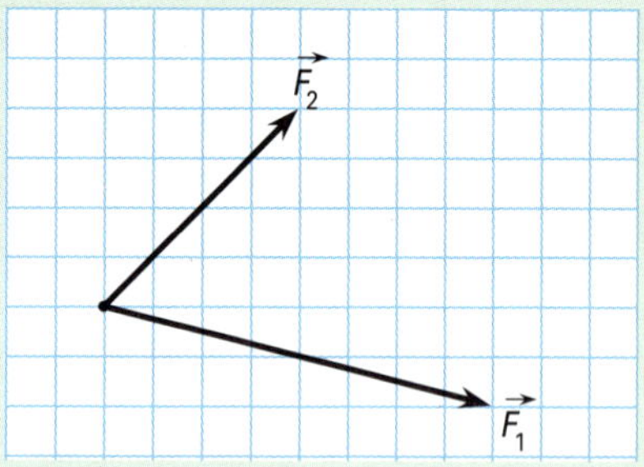

26 ***ENGLISH*** Three forces, $\vec{F}_1$, $\vec{F}_2$ and $\vec{F}_3$ are applied on *P* as shown in this diagram.
Determine whether the point *P* is in equilibrium, or not.

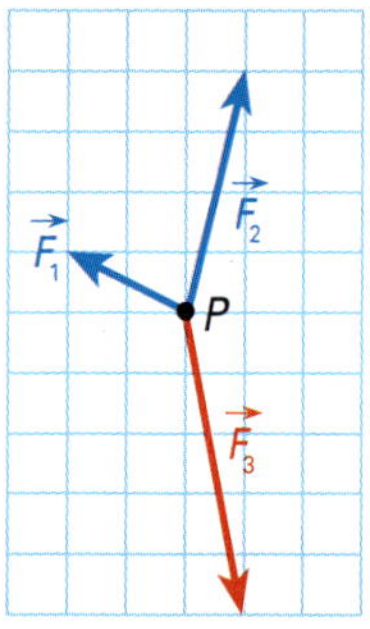

[yes]

27 ***ENGLISH*** Two forces $\vec{F}_1$ and $\vec{F}_2$ are applied on the point *P*, as shown in this diagram.
Draw a third force $\vec{F}_3$ acting on the same point, so that *P* is in equilibrium.

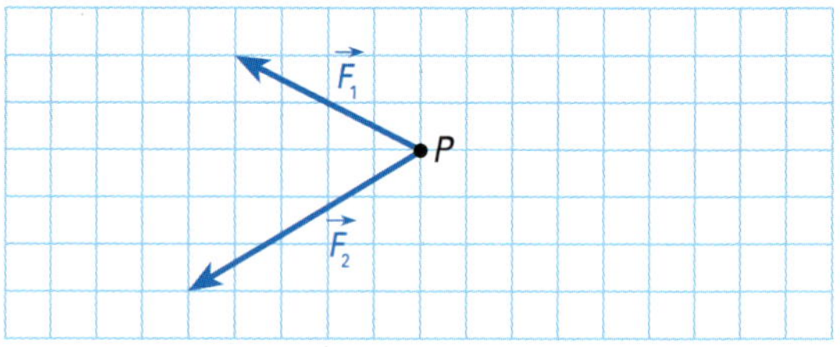

4.5 L'equilibrio sul piano inclinato

I seguenti esercizi vanno svolti nell'ipotesi che non vi sia attrito.

28 Osserva la seguente figura.

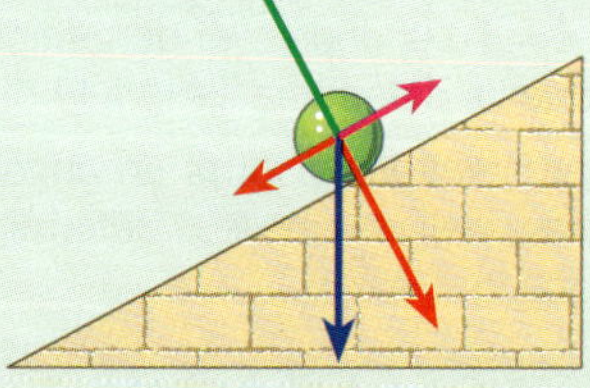

a) Precisa quali sono i vettori $\vec{P}_{//}$ (componente attiva), $\vec{P}_{\perp}$ (componente perpendicolare), $\vec{R}$ (reazione vincolare), $\vec{F}_e$ (forza equilibrante).

b) Può risultare $\vec{P}_{//}$ maggiore di P? Motiva la risposta.

c) Il modulo di $P_{\perp}$ deve essere uguale al modulo di ....

d) Affinché vi sia equilibrio occorre che il modulo di $\vec{P}_{//}$ sia uguale al modulo di ....

29 Una sfera di 100 N è in equilibrio su un piano inclinato lungo 5 m e alto 3 m. Calcola la forza equilibrante.
[60 N]

Per lo svolgimento dell'esercizio, completa il percorso guidato, inserendo gli elementi mancanti dove compaiono i puntini.

1 I dati sono: ....

2 La formula da usare, dato che ti viene chiesta la forza equilibrante, è F_e = ...

3 Sostituendo nella formula i dati si ha: F_e = ...

30 Un carrello di 1200 N viene tenuto in equilibrio lungo una discesa di 6 m la cui sommità è sollevata di 2 m rispetto al punto finale.

a) Determina la forza equilibrante.

b) Trova la componente attiva della forza peso.
[*a*) 400 N; *b*) ...]

31 Osserva la seguente figura.

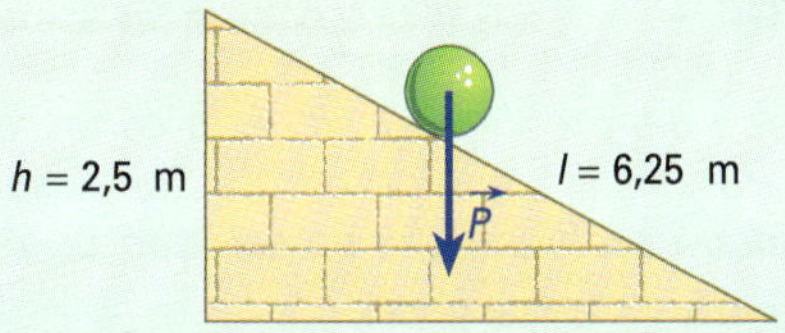

a) Scomponi graficamente il vettore peso nelle sue componenti $\vec{P}_{//}$ (componente attiva) e $\vec{P}_{\perp}$ (componente perpendicolare).

b) Quali sono i due vettori la cui somma è sempre nulla?

c) Disegna il vettore forza equilibrante affinché la sferetta sia in equilibrio.

d) Utilizzando le informazioni in figura e sapendo che $P = 800$ N, calcola la forza equilibrante.
[*d*) 320 N]

32 Un masso si trova in equilibrio lungo un pendio assimilabile a un piano inclinato di lunghezza 48 m, la cui sommità rispetto al fondo si trova a 8 m di altezza. Se la forza equilibrante che agisce sul masso è 64 N, qual è il suo peso?

Suggerimenti **Per trovare il peso *P* devi moltiplicare ambo i membri della formula nota per *l/h*...**

[384 N]

33 Osserva la seguente figura che rappresenta una sferetta in equilibrio grazie all'azione della forza equilibrante.

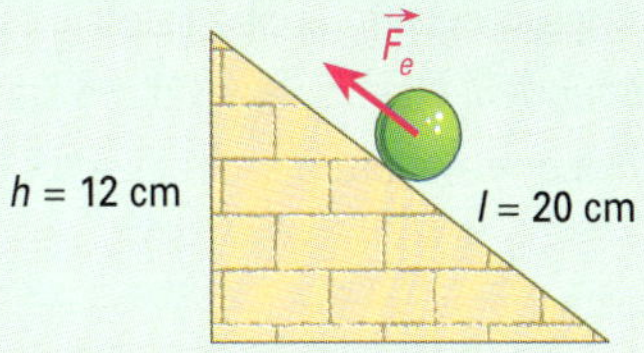

a) Disegna il vettore $\vec{P}_{//}$ (componente attiva).

b) Quale relazione intercorre tra il modulo della forza equilibrante e quello della componente attiva del peso?

c) Disegna i vettori $\vec{P}$ (peso), $\vec{P}_{\perp}$ (componente perpendicolare) ed $\vec{R}$ (reazione vincolare).

d) Utilizzando le informazioni in figura e sapendo che $\vec{P}_{//} = 1{,}50$ N, determina P.

Suggerimenti $P_{//} = F_e$...

[*d*) 2,50 N]

34 Una palla è tenuta in equilibrio su un piano inclinato lungo 60 cm e alto 15 cm da una forza di 0,625 N. Determinane il peso.
[2,5 N]

35 Uno slittino con sopra un bambino ha un peso complessivo di 250 N e viene trattenuto in equilibrio dal padre che esercita una forza equilibrante di 100 N. Sapendo che la pista è lunga 30 m, qual è il dislivello fra il punto di partenza e quello d'arrivo?

Suggerimenti **Per trovare la formula inversa necessaria devi procedere come nell'esercizio 32, però il termine per il quale devi moltiplicare ambo i membri della formula è *l*/...**

[12 m]

36 Un ciclista che ha un peso (compresa la bici) di 720 N, agendo sui pedali esercita una forza equilibrante di 90 N riuscendo a mantenersi in equilibrio lungo una salita di 200 m per aspettare dei compagni in ritardo. Determina il dislivello fra punto iniziale e finale della salita.
[25 m]

37 In un piano inclinato alto 40 cm una biglia di 0,20 N di peso si mantiene in equilibrio grazie a una forza di 0,05 N. Determina la lunghezza del piano.
[1,6 m]

38 In un laboratorio di Fisica, nella fase iniziale di un esperimento, un ragazzo esercita una forza di 0,12 N per trattenere una sferetta di 32 g posizionata all'inizio di una guidovia inclinata e di altezza 15 cm. Determina la lunghezza della guidovia.

Suggerimenti **Per determinare il peso della sferetta basta utilizzare *P* = ...**

[39,2 cm]

39 ***ENGLISH*** A 1.2 m long board has one end raised to a height of 40 cm to form an inclined plane. Calculate the force (parallel to the inclined plane surface) required to ensure that a mass of 4.0 kg remains stationary, without sliding down the plane.
[13 N]

4.6 Le forze di attrito

40 Prendi in esame un oggetto appoggiato sul tuo banco.

a) Da che cosa dipende il coefficiente d'attrito statico?

b) Descrivi che cosa potresti fare per diminuirlo.

41 Uno sciatore di massa 75 kg è fermo sulla neve fresca. Determina la forza d'attrito statico (coefficiente d'attrito statico 0,04).

[29,43 N]

Per lo svolgimento dell'esercizio, completa il percorso guidato, inserendo gli elementi mancanti dove compaiono i puntini.

1 I dati sono: ....

2 La formula della forza d'attrito statico è:

$F_{s,\,max}$ = ...

3 Per determinare la forza premente F, che rappresenta la forza peso dell'uomo, occorre utilizzare: F = ...

4 Sostituendo nella formula i valori, trovi infine:

$F_{s,\,max}$ = ...

42 È data la seguente tabella di coefficienti d'attrito statico:

superfici a contatto	gomma-asfalto asciutto	gomma-asfalto bagnato
coefficiente d'attrito statico	0,8	0,5

a) Per un'automobile la forza d'attrito statico è maggiore sull'asfalto asciutto o su quello bagnato?

b) Se l'automobile pesa 12 000 N, determina la forza d'attrito statico nel caso venga trainata con le ruote bloccate prima sull'asfalto asciutto e poi su quello bagnato.

[*b*) 9600 N; 6000 N]

43 Un parallelepipedo di legno di 2 kg è appoggiato sul banco (coefficiente di attrito statico 0,4).

a) Se lo spingi in orizzontale applicando una forza di 5 N, il parallelepipedo comincia a muoversi strisciando sul banco?

b) Per quale valore della forza esso comincia a muoversi?

[*b*) 7,85 N]

44 Hai a disposizione dei cubi di legno uguali la cui massa è 0,4 kg e che si trovano su un piano d'acciaio.

a) Sapendo che il coefficiente d'attrito statico è 0,5, qual è la forza necessaria da applicare in orizzontale affinché uno dei cubi cominci a muoversi strisciando?

b) Qual è la forza necessaria per spostare due cubi posti uno sull'altro (in verticale)?

[*a*) 1,96 N; *b*) 3,92 N]

45 Calcola il coefficiente d'attrito statico, sapendo che per spostare un parallelepipedo di legno che pesa 29,0 N sopra una superficie anch'essa di legno, è necessaria una forza orizzontale pari a 7,25 N.

[0,25]

Per lo svolgimento dell'esercizio, completa il percorso guidato, inserendo gli elementi mancanti dove compaiono i puntini.

1 I dati sono: ....

2 Scrivendo la formula del coefficiente cercato, hai:

K_s = ...

3 Sostituendo i valori delle forze, trovi infine:

K_s = ...

46 Per spostare un corpo su una superficie orizzontale con strisciamento, gli si applica da fermo una forza parallela alla superficie pari a 1,75 N. Calcola il coefficiente d'attrito statico, nel caso in cui la forza peso che agisce sul corpo equivalga a 35 N.

[0,05]

47 Un corpo, la cui forza peso è di 9,4 N, striscia su una superficie orizzontale. Il coefficiente d'attrito statico vale 0,12. Trova la forza minima necessaria per mettere in movimento il corpo.

[1,13 N]

48 Un corpo fermo, su cui agisce una forza peso di 18,0 N, può strisciare su una superficie orizzontale. Il coefficiente d'attrito statico vale 0,15. Stabilisci, motivando la risposta, per quale delle due forze applicate orizzontalmente il corpo è in movimento: F_1 = 2,0 N, F_2 = 2,5 N. Se a parità di forza peso si ha che, con una forza orizzontale pari a soli 1,8 N, il corpo inizia a muoversi, che cosa è cambiato?

[Nessuna delle due; vale 0,1 ...]

Problemi

PER COSTRUIRE LE COMPETENZE

La risoluzione dei problemi richiede la conoscenza degli argomenti trasversali a più paragrafi. Con il pallino sono contrassegnati i problemi che presentano una maggiore complessità.

1 Nella figura che segue sono rappresentate tre forze in equilibrio. Sapendo che F_1 = 50 N, determina l'intensità di $\vec{F}_2$ ed $\vec{F}_3$.

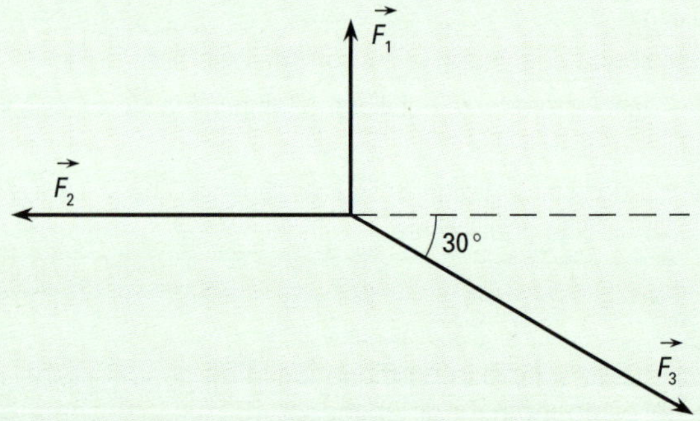

Suggerimenti La condizione di equilibrio è $\vec{F}_1+\vec{F}_2+\vec{F}_3=0 \rightarrow \vec{F}_2+\vec{F}_3=-\vec{F}_1$. Applica la regola del parallelogramma ai vettori $\vec{F}_1$ ed $\vec{F}_2$. Affinché vi sia equilibrio, la diagonale del parallelogramma deve avere la stessa direzione e modulo di $\vec{F}_3$, ma verso opposto. In definitiva le componenti di $\vec{F}_3$ non sono altro che...

[F_2 = 86,6 N; F_3 = 100 N]

2 Una molla è disposta orizzontalmente su una superficie. Un suo estremo è fisso, mentre all'altro estremo è fissato un corpo, su cui agisce una forza verticale di 60 N, che può strisciare sulla superficie. Il coefficiente d'attrito statico vale 0,085. Se la molla risulta allungata di 6,0 cm, quanto deve valere la sua costante elastica, affinché la forza di richiamo che essa esercita sia in grado di far muovere il corpo?

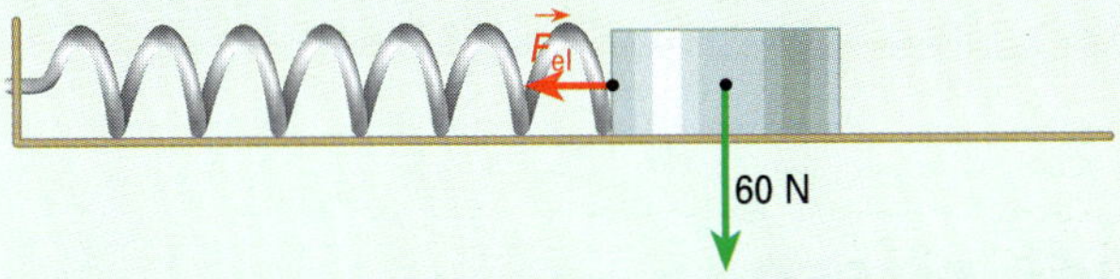

Suggerimenti La forza esercitata dalla molla deve essere uguale alla forza d'attrito statico radente, quindi...

[85 N/m]

3 In assenza di attrito, su un piano inclinato, lungo 2,4 m, una cassa di massa 50 kg viene trattenuta grazie a una forza equilibrante parallela al piano di 196 N.

a) Determina il dislivello tra le due estremità.

b) Se la lunghezza del piano si dimezza, qual è la forza necessaria per l'equilibrio?

[*a*) 0,96 m; *b*) 392 N]

• **4** La cassa *A* di 110 kg è tenuta in equilibrio, su un piano inclinato lungo 8 m e avente un'inclinazione di 30° rispetto all'orizzontale, da una cassa *B*.

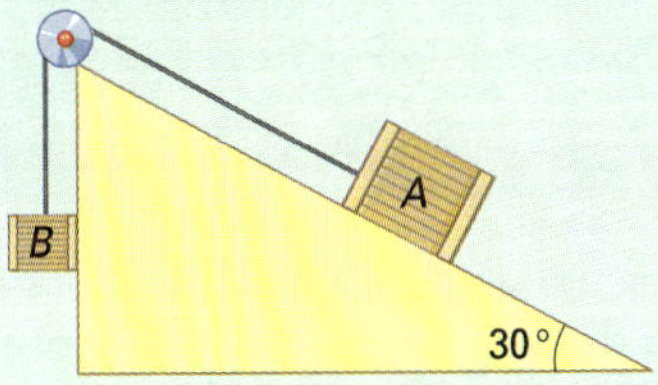

a) Determina, in assenza di attrito, qual è il peso della cassa *B*.

b) Quale sarebbe la forza equilibrante, se fra la cassa *A* e il piano inclinato vi fosse un coefficiente di attrito statico di 0,3?

Suggerimenti La forza d'attrito è data da $F_{s,max} = K_s \cdot \vec{P}_\perp$ ed è tale che in sua presenza la forza equilibrante diminuisce.

[*a*) 540 N; *b*) 259 N]

• **5** Un cubo di marmo di peso 4000 N è in equilibrio su un piano orizzontale.

a) Determina la reazione vincolare.

b) Calcola la forza minima necessaria affinché il cubo cominci a muoversi, nel caso in cui il coefficiente di attrito statico fra il marmo e la superficie di appoggio è 0,15.

c) Se sul cubo agisce anche una forza $\vec{F}$ di intensità 800 N, diretta come in figura, quale intensità dovrebbe avere una forza orizzontale F_0 affinché il cubo inizi a muoversi?

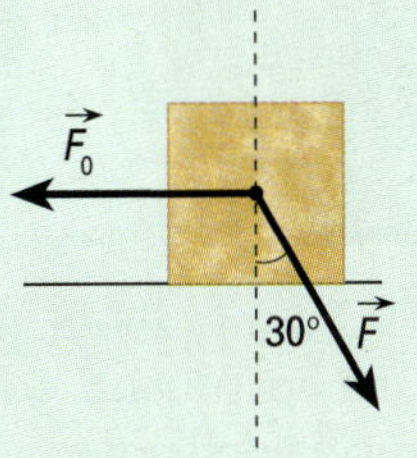

Suggerimenti Scomponi la forza $\vec{F}$ in due direzioni, una perpendicolare al piano di appoggio del cubo (per cui ha la stessa direzione e lo stesso verso della forza peso) e l'altra parallela al piano d'appoggio...

[*a*) ...; *b*) 600 N; *c*) 704 N]

• **6** A una molla elastica di costante K_s = 120 N/m viene appesa una sferetta di massa 750 g. Di quanto si allunga la molla per mantenere la sfera in equilibrio?

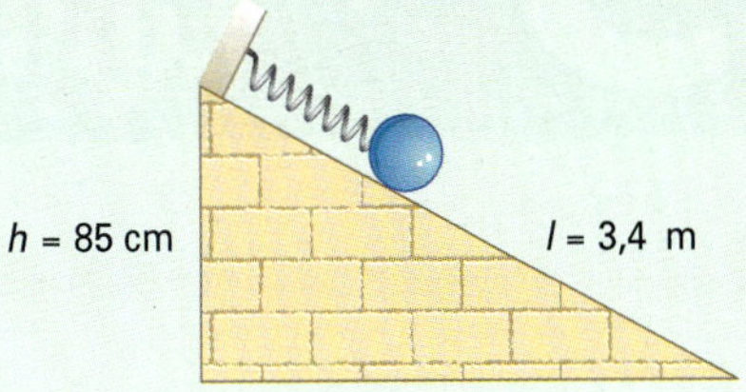

[1,5 cm]

• **7** Un baule di 70 kg è fermo su un piano inclinato di altezza 1,20 m e lunghezza 3,60 m.

a) Determina la forza d'attrito statico, sapendo che il coefficiente d'attrito statico fra il baule e il piano è 0,7.

b) Dopo che il piano inclinato è stato pulito e lucidato, per mantenere in equilibrio il baule è sufficiente una forza equilibrante di 35 N. Qual è il nuovo coefficiente d'attrito statico?

[*a*) 453 N; *b*) 0,3]

8 La molla in figura si trova in equilibrio, essendo sottoposta alle due forze rappresentate, entrambe di modulo pari a 16,9 N. La lunghezza attuale della molla è di 32 cm. Calcola la lunghezza a riposo, vale a dire a molla scarica, sapendo che la sua costante elastica vale 400 N/m.

[26 cm]

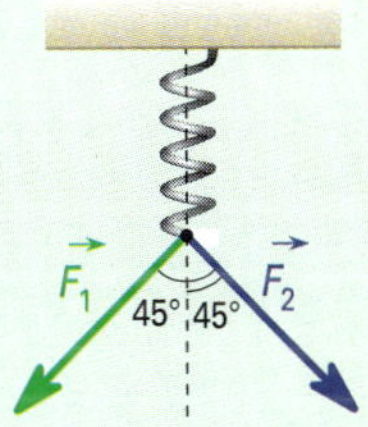

9 La lunghezza di un piano inclinato vale (84,5 ± 0,5) cm, mentre la sua altezza è (25,0 ± 0,1) cm. Sapendo che il peso di un corpo appoggiato senza attrito è pari a (160 ± 2) N, trova la misura del modulo della componente attiva della forza peso che agisce parallelamente al piano stesso.

[(47 ± 1) N]

10 ***ENGLISH*** In George's bedroom, a picture with weight of 100 N hangs on a wall; two wires are used to support the picture, so that each wire must support one half of the picture's weight. The angle that the wires make with the horizontal is 45°, as shown in the diagram. Calculate the tension in each wire. What happens to the tension if the angle is varied?

[$T_1 = T_2$ = 70.7 N; as the angle with the horizontal increases, the amount of tensional force required to hold the picture at equilibrium decreases]

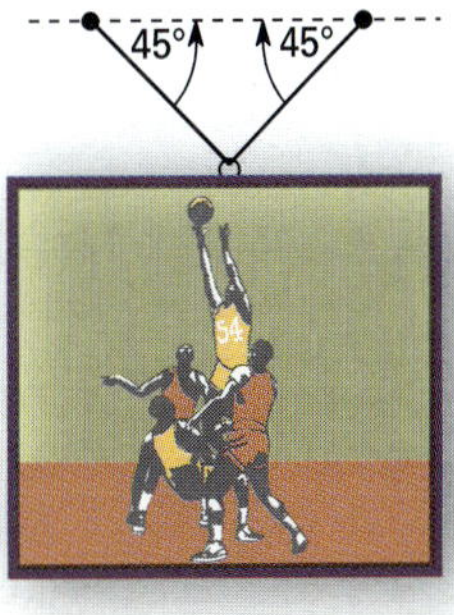

UNITÀ 5

Lezione multimediale

Equilibrio del corpo rigido

5.1 Il corpo rigido esteso

Come già detto in precedenza, il punto materiale è una semplificazione della realtà, ma non sempre questo modello è sufficiente a descrivere determinate situazioni.

Quando da un elicottero guardi una persona camminare o correre per la strada, puoi considerarla alla stregua di un punto, senza però poter capire in che modo si muova.

Se con un potente binocolo fai uno zoom, puoi vedere il corpo nella sua estensione, individuarne le parti costituenti e renderti conto del movimento che impegna le gambe e le braccia dell'uomo.

Tuttavia, è problematico studiare l'equilibrio di un oggetto alquanto articolato quale può essere il corpo umano. Allora, il passo successivo verso un modello più complesso rispetto a quello del punto materiale, che comunque consenta di allargare l'analisi dell'equilibrio, è quello che porta al cosiddetto **corpo rigido esteso**.

Il **corpo rigido esteso** è il modello di un corpo reale dotato di estensione e che non è possibile ridurre a punto materiale. Sottoposto all'azione delle forze, il corpo rigido esteso non subisce deformazioni apprezzabili.

corpo rigido esteso

Il *corpo rigido*, che chiameremo così per brevità, è per definizione *esteso* e perciò può accadere che le forze a cui è soggetto siano applicate in punti diversi, anziché in un unico punto come accadeva per il punto materiale. Le conseguenze di ciò sono significative e le tratteremo in seguito.

5.2 Somma di forze su un corpo rigido

ANIMAZIONE

In quali modi due amici, Paolo e Luca, con l'aiuto di due corde possono tentare di spostare un'enorme cassa (ipotizzando che non possa ruotare)?

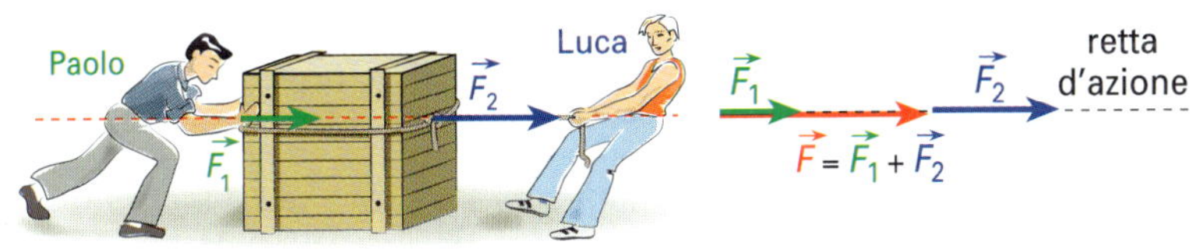

Forze che hanno la stessa retta d'azione: si sommano vettorialmente

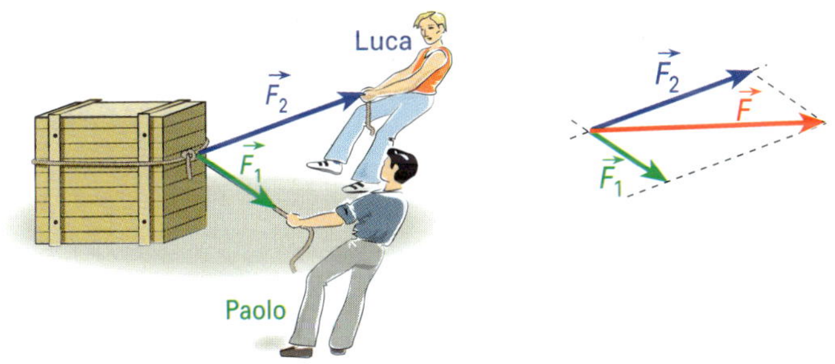

Forze concorrenti, cioè le rette d'azione si intersecano: si applica la regola del parallelogramma

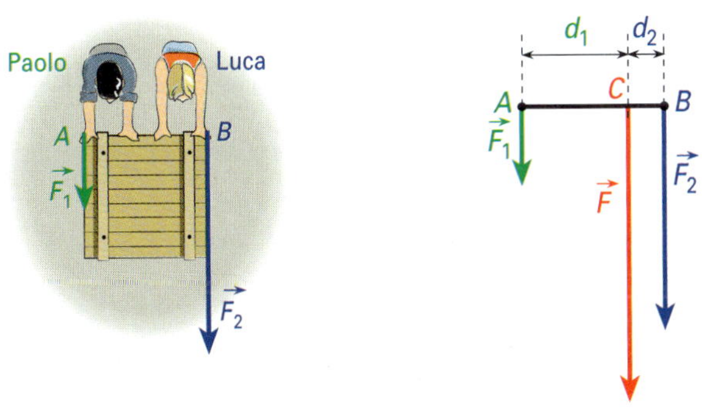

Forze parallele e concordi

$\vec{F}$
- modulo: $F = F_1 + F_2$
- direzione: la stessa di $\vec{F}_1$ ed $\vec{F}_2$
- verso: lo stesso di $\vec{F}_1$ ed $\vec{F}_2$

Il punto di applicazione C è tale che

$F_1 : F_2 = d_2 : d_1$

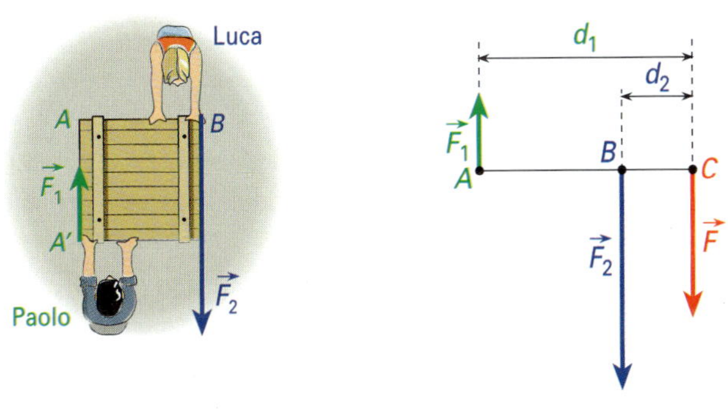

Forze parallele e discordi

$\vec{F}$
- modulo: $F = F_2 - F_1$
- direzione: la stessa di $\vec{F}_1$ ed $\vec{F}_2$
- verso: concorde con quello della forza di modulo maggiore ($\vec{F}_2$)

Il punto di applicazione C (esterno ad AB) è tale che

$F_1 : F_2 = d_2 : d_1$

5.3 Momento di una forza rispetto a un punto

Cerchiamo di capire come una forza può provocare la rotazione del corpo rigido. Partiamo da una situazione semplice.

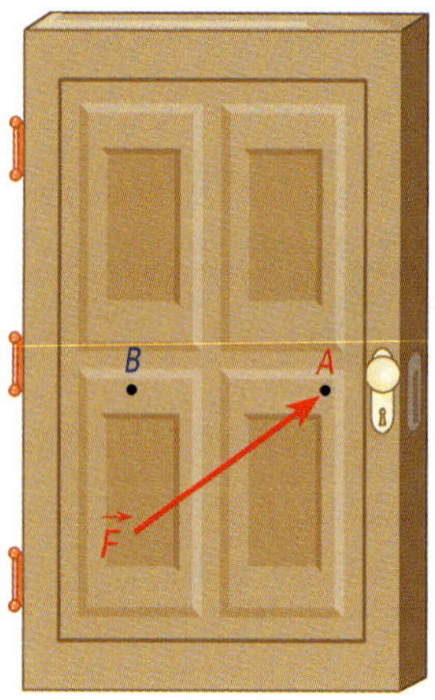

Per aprire un portone devi spingerlo: l'azione della forza da te applicata provoca la sua rotazione attorno ai cardini (i vincoli) ai quali è fissato.

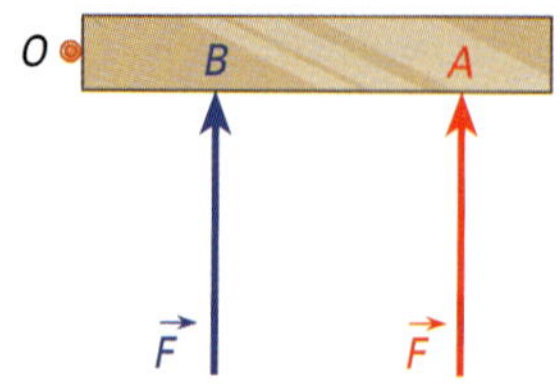

Osservando la figura che riproduce il portone visto dall'alto, secondo te occorre una forza maggiore quando si spinge in A o in B? Oppure non c'è alcuna differenza?
Se provi con una qualunque porta di casa, puoi verificare che applicando la forza vicino allo stipite, la fatica aumenta: quindi gli effetti dipendono non solo dall'intensità della forza $\vec{F}$, ma anche dalla distanza della retta d'azione della forza dai cardini, cioè dai punti attorno ai quali la porta è costretta a ruotare. Tale distanza b si chiama **braccio**.

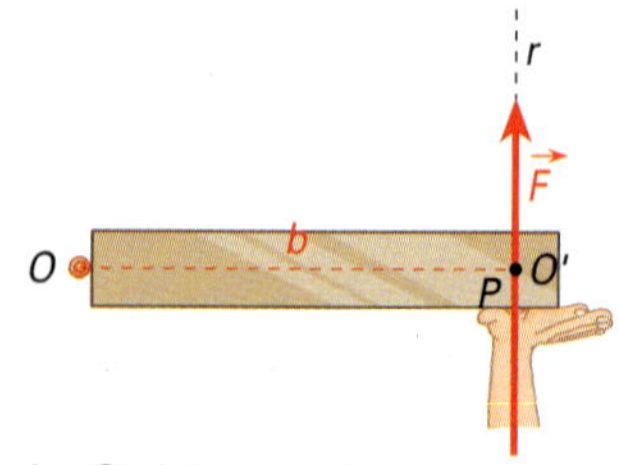

- da O si traccia la perpendicolare alla retta di azione r della forza $\vec{F}$, trovando O'
- OO' è il braccio b di $\vec{F}$ rispetto a O

Per tenere conto che la rotazione dipende sia dalla forza $\vec{F}$ sia dal braccio b occorre introdurre una nuova grandezza fisica: il **momento** di una forza.

momento

informazione Il **momento** di una forza è un vettore che tiene conto della presenza di un movimento di rotazione del corpo rigido.

definizione Il modulo del **momento** di una forza è definito come il prodotto del **modulo della forza** per il suo **braccio**, cioè la distanza tra il centro di rotazione e la retta lungo la quale agisce la forza:

momento = forza · braccio

Usando i simboli, il modulo del momento diventa:

formula $M = F \cdot b$

L'unità di misura del momento di una forza è **N · m**.

Ricorda!...

Essendo il momento una grandezza vettoriale, oltre al modulo, possiede una direzione e un verso, per cui deve essere indicato con il simbolo $\vec{M}$:

- la direzione di $\vec{M}$ indica l'asse attorno al quale ruota il corpo rigido (nel nostro esempio si tratta della retta perpendicolare al pavimento passante per i cardini della porta);
- il verso di $\vec{M}$ dà informazioni sul senso in cui avviene la rotazione.

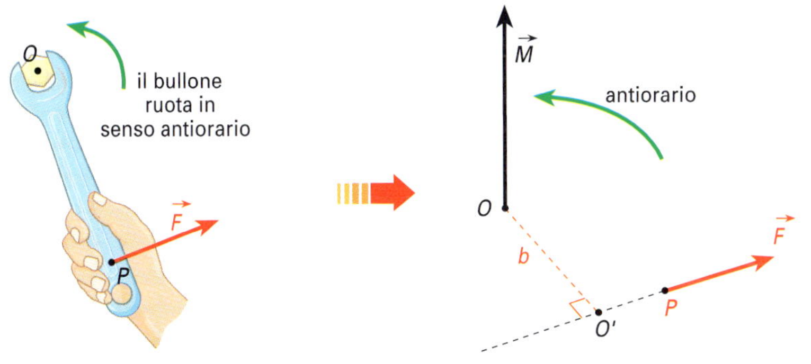

Un operaio svita un bullone applicando il momento $\vec{M}$ della forza rispetto al punto O. Il bullone si svita ruotandolo in senso antiorario.

Se la rotazione avviene in senso antiorario, allora $\vec{M}$ ha segno positivo ed è diretto verso l'alto. Nel caso contrario, $\vec{M}$ ha segno negativo ed è diretto verso il basso.

Ricorda!...
La rotazione in senso *orario* è quella individuata dal movimento delle lancette dell'orologio; in caso contrario, si parla di senso *antiorario*.

ESPANSIONI **Coppia di forze**

ESPANSIONI **Momento di una coppia di forze**

In base a quanto abbiamo fin qui detto, deduciamo che un corpo rigido soggetto a un momento diverso da zero, pur essendo la risultante delle forze nulla, non sta fermo, bensì presenta un movimento di rotazione. In definitiva: non è in equilibrio. Quand'è allora che un corpo rigido effettivamente non si muove? Quando, oltre a verificarsi la condizione $\vec{F}_{TOT} = 0$, si ha anche che la somma dei momenti, indicata con $\vec{M}_R$ (**momento risultante**), è nulla: $\vec{M}_R = 0$.

condizioni di equilibrio del corpo rigido

Le **condizioni di equilibrio del corpo rigido** sono perciò:
- la somma vettoriale di tutte le forze applicate al corpo rigido deve essere nulla: $\vec{F}_{TOT} = 0$;
- la somma vettoriale di tutti i momenti delle forze applicate al corpo rigido rispetto al centro O deve essere nulla: $\vec{M}_R = 0$.

5.4 Il centro di gravità

Corpo appoggiato

VIRTUAL LAB

Hai mai provato, stando eretto a piedi uniti, a inclinare progressivamente il tuo corpo in avanti o indietro in modo tale che il busto resti allineato con gli arti ben tesi? Di solito il tentativo si conclude rapidamente! Per istinto, non appena ti accorgi di stare per cadere, sposti un piede in avanti o all'indietro e ristabilisci l'equilibrio. Ma perché questo movimento impedisce la caduta?

Il fatto è che i corpi rigidi estesi si comportano come se la forza peso che agisce su di essi fosse applicata in un punto particolare detto **centro di gravità** o **baricentro**.

centro di gravità o baricentro

Il **centro di gravità** o **baricentro** (G) di un corpo rigido esteso è quel punto in cui possiamo pensare applicata la forza peso dell'intero corpo.

Si può verificare facilmente che un corpo appoggiato resta in equilibrio e non si rovescia fin tanto che la retta tracciata perpendicolarmente dal centro di gravità verso il suolo cade all'interno della base di appoggio.

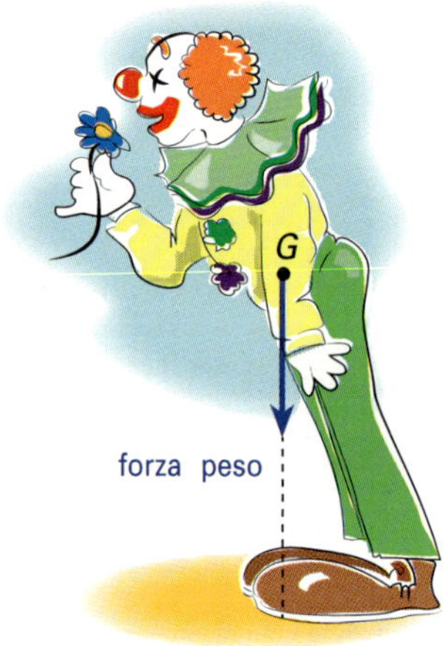

Il clown non cade in avanti perché il suo baricentro cade ancora nell'area di appoggio: le scarpe sono molto lunghe.

Con un parallelepipedo articolato si può vedere che si ha l'equilibrio fintanto che la verticale passante per il baricentro (filo collegato al pesetto) cade nella base di appoggio.

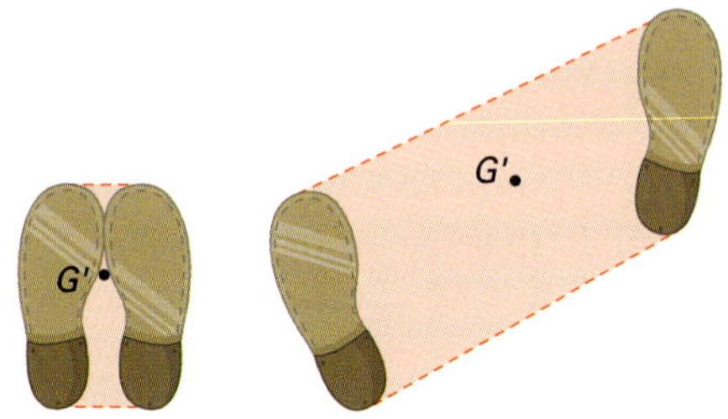

Nel caso di un uomo fermo e in piedi, il baricentro si trova all'interno del corpo all'altezza dell'addome e normalmente la verticale passante per tale punto G rientra nell'area delimitata dai piedi. Tuttavia, al crescere dell'inclinazione, questo non si verifica più e si ha la caduta. Lo spostamento in avanti del piede fa sì che aumenti l'area di appoggio.

Ricorda!...

Un corpo rigido appoggiato è in equilibrio se la perpendicolare mandata dal centro di gravità o baricentro cade all'interno della base di appoggio.

Corpo appeso

Collegata al baricentro è anche la posizione assunta da un quadro appeso a una parete: se lo spostiamo significativamente di lato, ritorna spontaneamente nella posizione originale. In effetti, un corpo appeso tende a posizionarsi in modo che il suo baricentro assuma la posizione più bassa, sempre che i vincoli glielo consentano.

Ricorda!...

Un corpo rigido sospeso è in equilibrio se il baricentro si trova nella posizione più vicina possibile a terra, compatibilmente con i vincoli.

Esistono tre tipi di equilibrio:

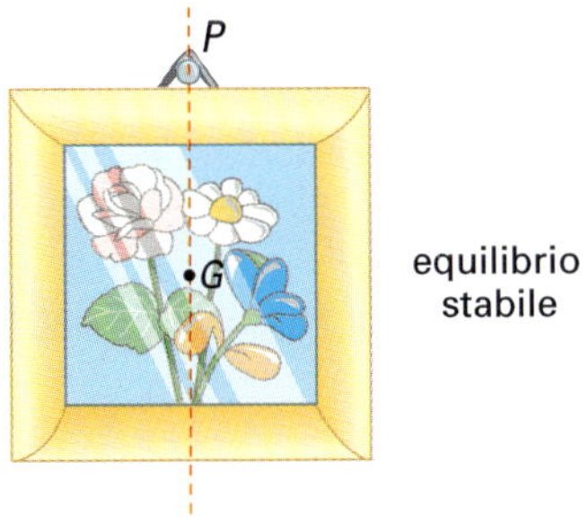

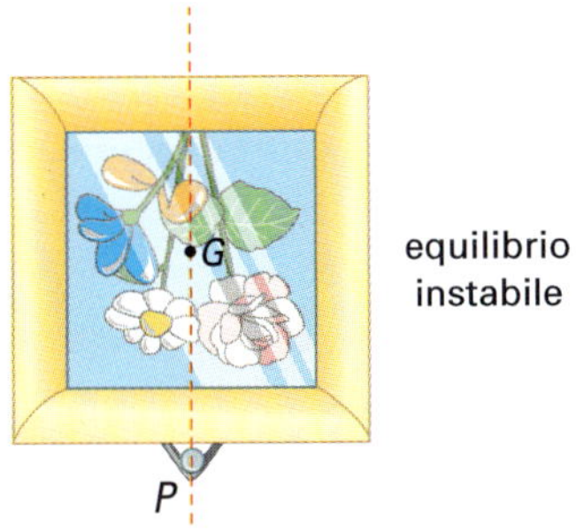

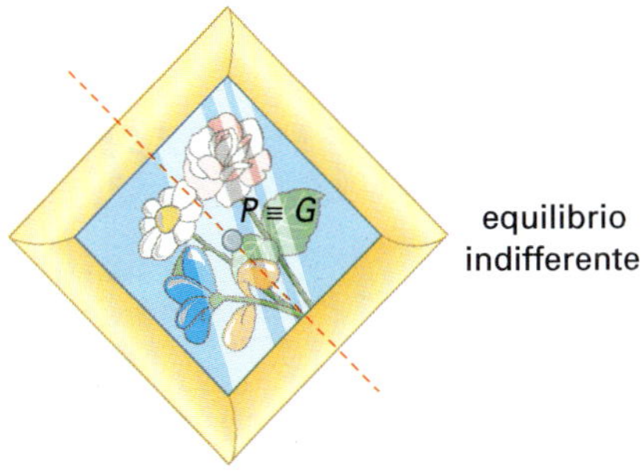

- *stabile*: il quadro allontanato di poco dalla posizione di equilibrio tende a ritornarci; il baricentro G si posiziona lungo la verticale che parte dal punto di sospensione P e al di sotto di quest'ultimo;
- *instabile*: il quadro spostato dalla posizione di equilibrio se ne allontana senza tornare alla situazione iniziale; il baricentro G si trova lungo la verticale che passa da P, ma al di sopra del punto di sospensione;
- *indifferente*: il quadro ogni volta che viene spostato dalla posizione di equilibrio rimane in equilibrio anche nella nuova posizione assunta; il baricentro G coincide con il punto di sospensione.

5.5 Le leve

VIRTUAL LAB SCHEDA LAB

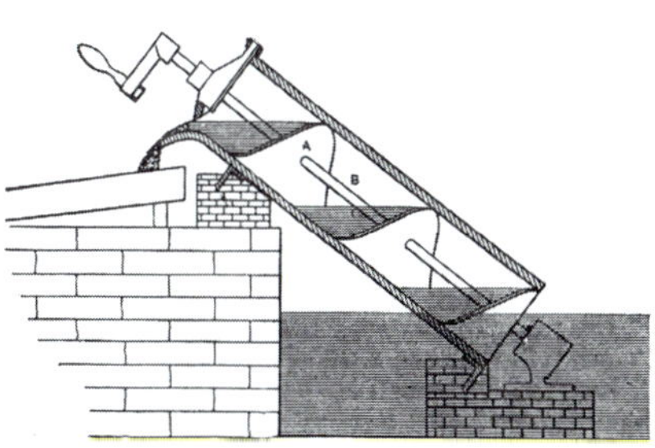

Sin dall'antichità Archimede (287-212 a.C.), un famoso matematico greco vissuto a Siracusa, aveva intuito che si potevano sfruttare a vantaggio dell'uomo le condizioni di equilibrio di un corpo rigido, tramite delle *macchine*, intendendo con questo termine qualsiasi dispositivo che permetta di agire su una forza utilizzando un'altra forza.

Detto così, le macchine sembrano qualcosa di misterioso. In realtà, anche tu le usi spesso: un esempio immediato è lo schiaccianoci. Se tenti di spaccare il guscio di una noce stringendolo fra le mani, difficilmente raggiungi lo scopo. La forza (che chiamiamo **forza motrice**) da te esercitata non è sufficiente a vincere la durezza (che indichiamo come **resistenza**) del guscio. Se invece usi lo schiaccianoci, riesci tranquillamente a romperla. Evidentemente, questo semplice oggetto ti fornisce un vantaggio, rendendo in qualche modo la tua forza più efficace.

Una **macchina semplice** è un dispositivo che permette di equilibrare una forza detta **resistenza** con un'altra forza detta **motrice**.

macchina semplice

Altri esempi di macchine semplici possono essere le altalene a bilico dei parchi, le pinze del pasticciere, le carrucole o il piano inclinato. Noi ora ci occuperemo di un particolare tipo di macchine semplici: le **leve**.

La **leva** è una macchina semplice costituita da un **asse** fisso e rigido, libero di ruotare attorno a un punto fisso detto **fulcro**.

leva

Classificazione delle leve

A seconda della posizione del fulcro, le leve possono essere di tre tipi.

- **Leve di primo genere**: il fulcro è posizionato tra forza motrice e resistenza.

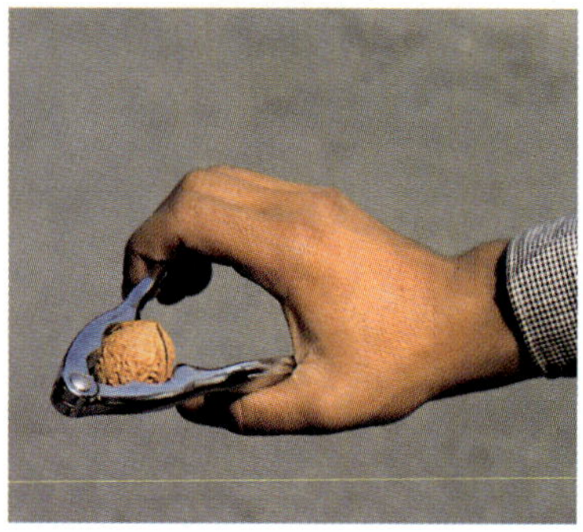

- **Leve di secondo genere**: la resistenza è posizionata tra fulcro e forza motrice.

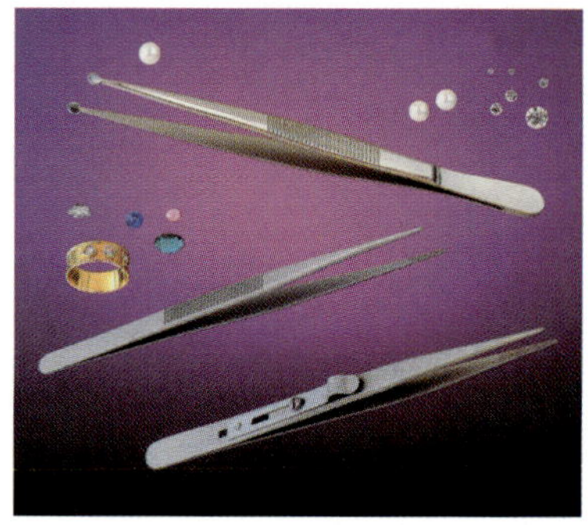

- **Leve di terzo genere**: la forza motrice è posizionata tra fulcro e resistenza.

Per ottenere l'equilibrio delle leve, occorre che siano soddisfatte entrambe le condizioni per il corpo rigido:

- *somma vettoriale di tutte le forze uguale a zero* ($\vec{F}_{TOT} = 0$): è sempre soddisfatta, perché le forze in gioco sono controbilanciate dalle reazioni vincolari, per cui la somma vettoriale delle forze applicate è nulla;
- *somma vettoriale dei momenti uguale a zero* ($\vec{M}_R = 0$): questa è la condizione che dobbiamo fare in modo che si realizzi.

condizione di equilibrio di una leva

La **condizione di equilibrio di una leva** si verifica quando il momento della forza motrice e il momento della resistenza sono uguali.

ANIMAZIONE

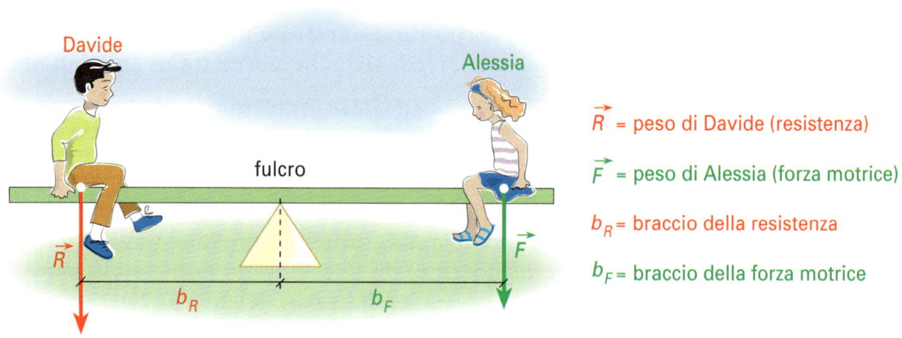

Consideriamo l'altalena a bilico, che è una *leva di primo genere*.
Per la seconda condizione di equilibrio ($\vec{M}_R = 0$) dovrà verificarsi che il modulo del momento della forza $\vec{R}$ deve essere uguale al modulo del momento dell'altra forza $\vec{F}$:

$$R \cdot b_R = F \cdot b_F$$

Se per ipotesi è $R > F$ allora, affinché si raggiunga l'equilibrio, deve essere $b_R < b_F$: Davide che è più pesante dovrà risultare più vicino al fulcro affinché la compagna più leggera riesca a equilibrarlo.

Nel caso particolare in cui i due amici abbiano lo stesso peso ($F = R$), l'equilibrio si avrà se $b_R = b_F$ e la leva si definisce *indifferente*.

Le leve sono **indifferenti** quando la forza motrice F è uguale alla resistenza R. **leve indifferenti**

Osserva adesso uno schiaccianoci, *leva di secondo genere*, e la sua schematizzazione.

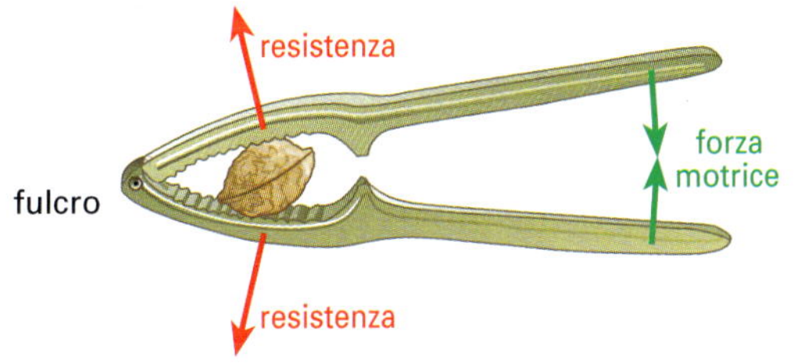

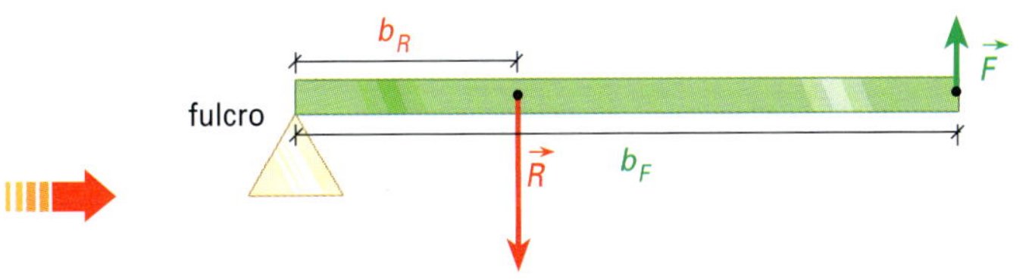

Sfruttando le caratteristiche di uno schiaccianoci, si può ottenere l'effetto di rompere il duro guscio delle noci con una forza minima applicata alle estremità delle impugnature.

Dato che il braccio della resistenza è minore del braccio della forza motrice, per ottenere l'equilibrio si dovrà avere una resistenza che sia maggiore della forza motrice $b_R < b_F \rightarrow R > F$. In altri termini, la forza motrice F equilibra una forza resistente R a essa superiore, per cui si parla di leva *vantaggiosa*.

Le leve sono **vantaggiose** quando la forza motrice F è sempre minore della resistenza R. **leve vantaggiose**

Discorso esattamente opposto vale per le pinzette, che sono una *leva di terzo genere*.

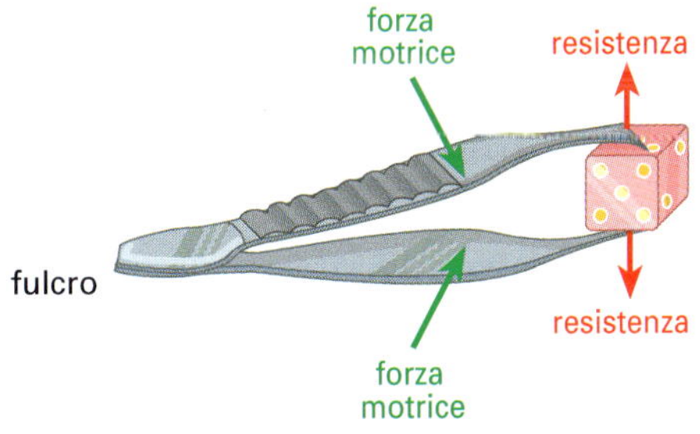

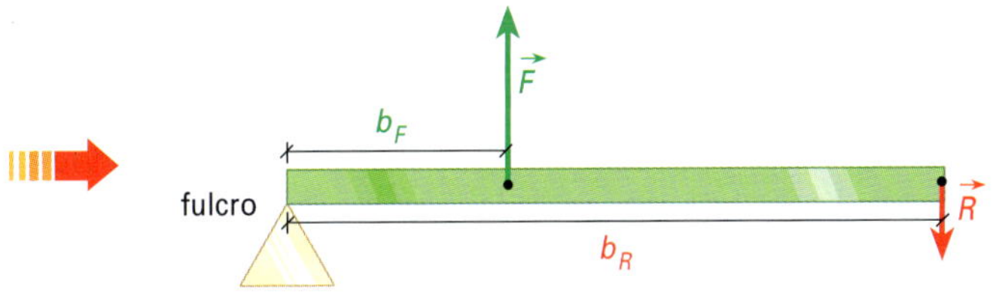

La pinzetta: una leva di terzo genere.

Il braccio della forza motrice è minore di quello della resistenza, cioè $b_F < b_R$: all'equilibrio si ha $F > R$. La pinzetta è una leva *svantaggiosa*.

Le leve sono **svantaggiose** quando la forza motrice F è sempre maggiore della resistenza R. **leve svantaggiose**

Ricorda!...

La leva di secondo genere è sempre vantaggiosa e quella di terzo genere è sempre svantaggiosa. La leva di primo genere, invece, può essere:

- *vantaggiosa*: forza motrice < resistenza (fulcro più vicino alla resistenza);
- *svantaggiosa*: forza motrice > resistenza (fulcro più vicino alla forza motrice);
- *indifferente*: forza motrice = resistenza (fulcro equidistante dalla forza motrice e dalla resistenza).

ESPANSIONI **Le carrucole**

IN SINTESI

AUDIO

- Un **corpo rigido esteso** è il modello di un corpo reale dotato di estensione e che, sottoposto all'azione di forze, non subisce deformazioni apprezzabili.

- La **somma di due forze parallele e concordi** $\vec{F}_1$ ed $\vec{F}_2$ che agiscono secondo differenti rette d'azione su un corpo rigido è una forza $\vec{F}$ che ha:
  - modulo $F = F_1 + F_2$;
  - direzione: la stessa di $\vec{F}_1$ ed $\vec{F}_2$;
  - verso: lo stesso di $\vec{F}_1$ ed $\vec{F}_2$;
  - punto di applicazione: sul segmento congiungente i punti di applicazione di $\vec{F}_1$ ed $\vec{F}_2$ tale che $F_1 : F_2 = d_2 : d_1$.

- La **somma di due forze parallele e discordi** $\vec{F}_1$ ed $\vec{F}_2$ che agiscono secondo differenti rette d'azione su un corpo rigido è una forza $\vec{F}$ che ha:
  - modulo $F = F_2 + F_1$;
  - direzione: la stessa di $\vec{F}_1$ ed $\vec{F}_2$;
  - verso: concorde con quello della forza di modulo maggiore ($\vec{F}_2$);
  - punto di applicazione: all'esterno del segmento congiungente i punti di applicazione di $\vec{F}_1$ ed $\vec{F}_2$ e tale che $F_1 : F_2 = d_2 : d_1$.

- Il **momento di una forza** è una grandezza vettoriale che ha:
  - modulo $M = F \cdot b$, dove b (braccio) è la distanza tra il centro di rotazione e la retta d'azione della forza;
  - direzione: corrisponde all'asse attorno al quale ruota il corpo rigido;
  - verso: positivo (cioè verso l'alto), se la rotazione avviene in senso antiorario; negativo (verso il basso) se la rotazione avviene in senso orario.

- Un corpo rigido esteso è in *equilibrio* se:
  - la somma vettoriale di tutte le forze applicate al corpo rigido è nulla: $\vec{F}_{TOT} = 0$;
  - la somma vettoriale di tutti i momenti delle forze applicate al corpo rigido rispetto al centro O (*momento risultante*, $\vec{M}_R$) è nulla: $\vec{M}_R = 0$.

- Il **baricentro** (o **centro di gravità**) G di un corpo rigido esteso è quel punto in cui possiamo pensare applicata la forza peso dell'intero corpo.
  - Un corpo *appoggiato* è in equilibrio se la perpendicolare mandata dal baricentro cade all'interno della base d'appoggio.
  - Un *corpo appeso* può essere in equilibrio stabile, instabile o indifferente.

- Le **macchine semplici** sono dispositivi che permettono di equilibrare una forza detta *resistenza* con un'altra forza detta *motrice*.

- Le **leve** sono macchine semplici costituite da un asse rigido, libero di ruotare attorno a un punto fisso detto *fulcro*. La loro condizione di equilibrio si verifica quando il momento della forza motrice e il momento della resistenza sono uguali. Le leve possono essere di:
  - primo genere (*vantaggiose*, *svantaggiose* o *indifferenti*): il fulcro è posizionato tra forza motrice e resistenza (es.: altalena a bilico);
  - secondo genere (*vantaggiose*): la resistenza è posizionata tra fulcro e forza motrice (es.: schiaccianoci);
  - terzo genere (*svantaggiose*): la forza motrice è posizionata tra fulcro e resistenza (es.: pinzette).

STRUMENTI DI CONSOLIDAMENTO E VERIFICA

VERIFICHE

Vero-falso

1 Le forze parallele non si possono sommare. V F

2 Le forze parallele si sommano con la regola del parallelogramma. V F

3 La forza risultante di due forze parallele e discordi è nulla. V F

4 La forza risultante di due forze parallele e discordi è maggiore di ciascuna delle due. V F

5 Il corpo rigido esteso è un esempio di modello. V F

6 Il momento di una forza rispetto a un punto è un vettore. V F

7 Se in un corpo appeso il baricentro è sopra il vincolo allora non può esservi mai equilibrio. V F

8 Una sfera d'acciaio sospesa al soffitto tramite un filo e in quiete è un esempio di equilibrio stabile. V F

9 Una leva è un esempio di macchina semplice. V F

10 Le leve di primo genere sono sempre vantaggiose. V F

Test a scelta multipla

1 Due forze parallele, concordi e diverse in modulo sono applicate alle estremità di un righello e perpendicolarmente a esso. Quale delle seguenti affermazioni è esatta?

A La forza risultante è applicata al centro del righello

B Il modulo della forza risultante è dato dalla somma dei moduli delle due forze

C Il modulo della forza risultante è dato dalla differenza dei moduli delle due forze

D Le due forze non si possono sommare perché sono parallele

2 Due forze parallele, discordi e diverse in modulo sono applicate alle estremità di un righello e perpendicolarmente a esso. Quale delle seguenti affermazioni è errata?

A Il punto di applicazione della forza risultante è più vicino a quello della forza maggiore

B Il modulo della forza risultante è dato dalla differenza dei moduli delle due forze

C Il verso della forza risultante è lo stesso verso della maggiore tra le due forze applicate

D Le due forze si possono sommare con la regola del parallelogramma

3 Due forze parallele discordi e di modulo diverso sono applicate a un corpo rigido. L'intensità della risultante è sempre:

A uguale alla differenza tra i moduli delle due forze

B nulla

C uguale alla somma dei moduli delle due forze

D uguale al modulo della maggiore tra le due forze

4 Qual è la definizione corretta del modulo del momento di una forza?

A È il rapporto tra il modulo della forza e il braccio

B È la somma tra il modulo della forza e il braccio

C È il prodotto tra il modulo della forza e il braccio

D È la distanza tra il centro di rotazione e la retta d'azione della forza

5 Per raddoppiare il modulo del momento di una forza $\vec{F}$ rispetto a un punto O si può:

A raddoppiare sia il braccio sia il modulo della forza

B dimezzare sia il braccio sia il modulo della forza

C raddoppiare o il braccio o il modulo della forza

D dimezzare il modulo della forza e contemporaneamente raddoppiare il braccio

6 Quali sono le condizioni di equilibrio di un corpo rigido?

A La forza risultante e il momento risultante devono essere uguali a zero

B La forza risultante e il momento risultante devono essere paralleli

C La forza risultante deve essere uguale a zero

D Il momento risultante deve essere uguale a zero

7 Se un corpo, allontanato dalla posizione di equilibrio, tende a tornarvi possiamo dire che il suo equilibrio:

A è instabile

B dipende dall'altezza dal suolo

C è indifferente

D è stabile

8 Qual è la condizione di equilibrio di una leva?

A Dipende dal genere di leva

B Occorre che il braccio della forza sia uguale al braccio della resistenza

C Occorre che la forza motrice sia uguale alla resistenza

D Occorre che il momento della forza motrice sia uguale al momento della resistenza

9 Quale delle seguenti affermazioni è esatta?

A Una leva di primo genere è vantaggiosa se il fulcro è più vicino alla forza motrice rispetto alla resistenza

B Una leva di terzo genere è sempre vantaggiosa

C Una leva di secondo genere può essere vantaggiosa o svantaggiosa

D Tutte le leve sono indifferenti se la forza motrice F è uguale alla resistenza R

10 Lo schiaccianoci è un tipo di leva:

A vantaggioso

B indifferente

C vantaggioso, svantaggioso o indifferente a seconda del valore della forza motrice

D svantaggioso

Applichiamo le conoscenze

Esercizi

5.2 Somma di forze su un corpo rigido

1 Su un corpo rigido agiscono due forze $\vec{F}_1$ ed $\vec{F}_2$.

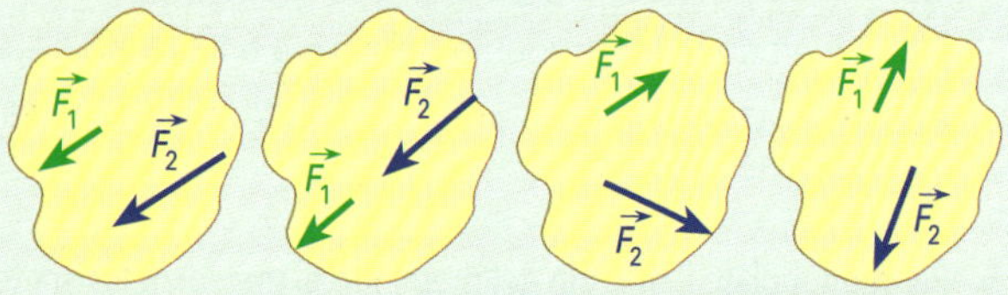

Abbina a ogni disegno la rispettiva descrizione delle forze.

forze...	disegno
... che agiscono sulla stessa retta d'azione	
... concorrenti	
... parallele e concordi	
... parallele e discordi	

2 In un campeggio Stefano e Valeria devono spostare insieme la roulotte schematizzata nella figura e dotata di 4 maniglie.

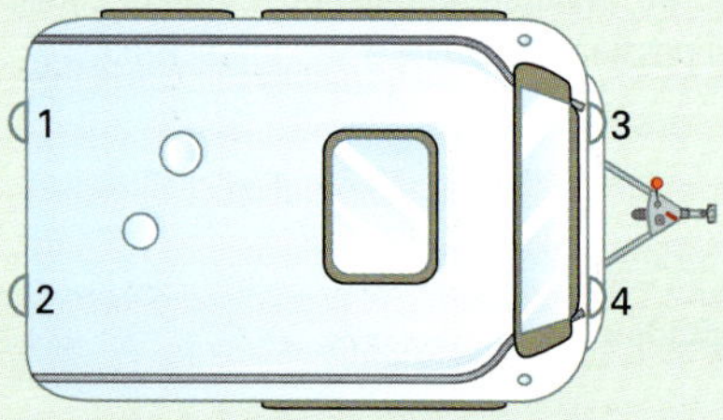

Individua per ogni situazione descritta a quale dei casi studiati corrispondono le forze applicate (perpendicolarmente alla parete della roulotte) da Stefano e Valeria.

a) Stefano spinge in 1 e Valeria spinge in 2

b) Stefano spinge in 1 e Valeria tira in 3

c) Stefano e Valeria spingono in 1

d) Stefano spinge in 2 e Valeria tira in 3

3 Sugli estremi di un'asta lunga 2 m agiscono (perpendicolarmente a essa) due forze $\vec{F}_1$ ed $\vec{F}_2$ parallele e concordi rispettivamente di intensità 25 N e 100 N. Determina modulo e punto di applicazione della forza risultante $\vec{F}$.

[125 N; 1,6 m; ...]

Per lo svolgimento dell'esercizio, completa il percorso guidato, inserendo gli elementi mancanti dove compaiono i puntini.

1 In questo tipo di esercizio può essere utile una rappresentazione grafica:

2 I dati sono: ....

3 Le due forze sono tra loro: ....

4 Dal punto 3 deduci che per ottenere il modulo di $\vec{F}$ è sufficiente .... i moduli di $\vec{F}_1$ ed $\vec{F}_2$:

$F =$ ....

5 Dal punto 3 deduci anche la regola da applicare per trovare il punto di applicazione, che è:

$F_1 : F_2 =$ ....

6 Essendo nota la lunghezza di $AB = 2$ m, puoi porre: $d_1 = x$ e $d_2 = 2 - x$.

7 Sostituendo i dati, la proporzione diventa: $25 : 100 = (2 - x) : x$.

8 Utilizzando la proprietà fondamentale delle proporzioni si ha: $25 \cdot x = 100 \cdot (2 - x)$.

9 Risolvendo l'equazione, ottieni: $x =$ .... m (cioè d_1).

E quindi: $d_2 = 2 -$ .... m.

4 Uno studente applica agli estremi di un righello lungo 30 cm (perpendicolarmente a esso) due forze $\vec{F}_1$ ed $\vec{F}_2$ parallele e discordi rispettivamente di intensità 5 N e 25 N.
Determina modulo e punto di applicazione della forza risultante $\vec{F}$.

[20 N; $d_1 = 37,5$ cm]

5 Federico e Laura stanno spingendo agli estremi un tavolo lungo 2,4 m con forze parallele e concordi di moduli rispettivamente di 250 N e 150 N.

a) Determina il modulo della forza risultante $\vec{F}$, sapendo che Federico e Laura applicano due forze perpendicolari al lato del tavolo.

b) A quale distanza da Laura si trova il punto di applicazione della forza risultante?

[*a*) 400 N; *b*) 1,5 m]

6 Due forze $\vec{F_1}$ ed $\vec{F_2}$ parallele e concordi sono applicate a un'asta rigida in *A* e in *B* (perpendicolarmente all'asta stessa) e hanno come risultante una forza $\vec{F}$ di modulo 22,5 N.

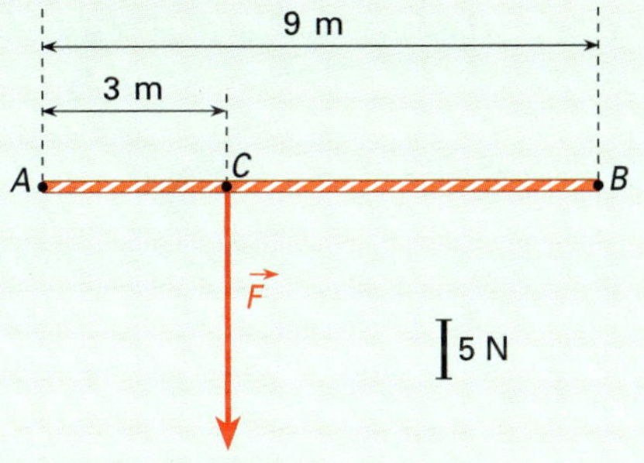

Sapendo che il modulo di $\vec{F_1}$ è il doppio di quello di $\vec{F_2}$, determina il modulo delle due forze e poi rappresentale graficamente rispettando l'unità di misura indicata.

[15 N; 7,5 N]

7 Due forze $\vec{F_1}$ ed $\vec{F_2}$ parallele e discordi sono applicate a un'asta rigida in *A* e in *B* (perpendicolarmente a essa) e hanno come risultante una forza $\vec{F}$ di modulo 45 N.

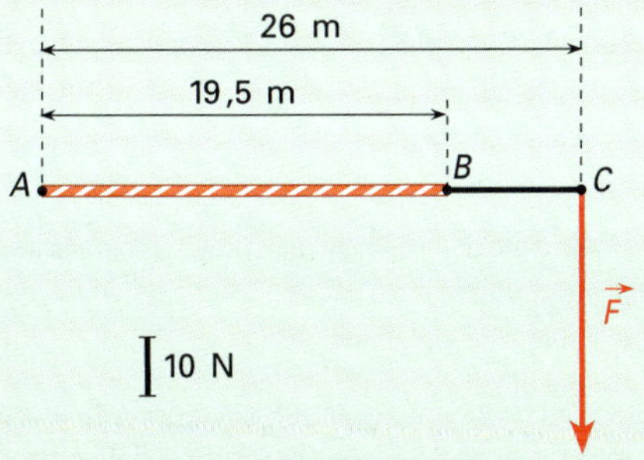

Sapendo che il modulo di $\vec{F_1}$ è il quadruplo di quello di $\vec{F_2}$, determina il modulo delle due forze e poi rappresentale graficamente rispettando l'unità di misura indicata.

[15 N; 60 N]

8 Monica e Flavia sollevano una panca lunga 1,80 m, disposta orizzontalmente, su cui si trova seduto un bambino di 30 kg a 60 cm da Monica.

a) Quale delle due ragazze deve esercitare una forza maggiore?

b) Quali sono le intensità delle due forze?

Suggerimenti Applicando alla relazione $F_1 : F_2 = d_2 : d_1$ la proprietà del comporre, si ha: $F_1 : (F_1 + F_2) = d_2 : (d_1 + d_2)$.

[*b*) 196,2 N; 98,1 N]

9 Osserva la figura. In *A* e *B* sono applicate rispettivamente le due forze $\vec{F_1}$ ed $\vec{F_2}$ parallele e discordi, perpendicolari ad *AB*. $\vec{F_2}$ ha modulo pari a 600 N, mentre la risultante $\vec{F}$ è applicata nel punto *C*.

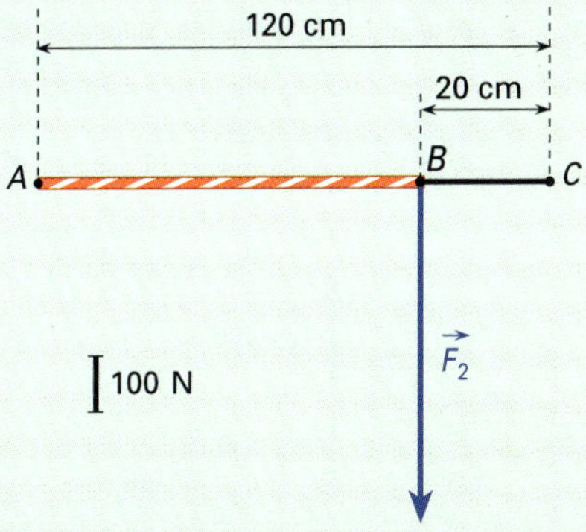

a) Determina il modulo di $\vec{F_1}$ e della risultante $\vec{F}$.

b) Disegna, rispettando l'unità di misura riportata nella figura, $\vec{F_1}$ ed $\vec{F}$.

[100 N; 500 N]

10 Daniele e suo figlio Lorenzo devono spostare un pianoforte da una parete a un'altra di una stanza. Per ottenere lo scopo applicano in *A* e in *B* due forze parallele e concordi di moduli rispettivamente 135 N e 225 N. Determina a piacere, ma coerentemente con le relazioni studiate, due forze parallele e concordi applicate tra *A'* e *B'* in modo tale da equilibrare le forze $\vec{F_1}$ ed $\vec{F_2}$ indicate, individuandone moduli e posizione.

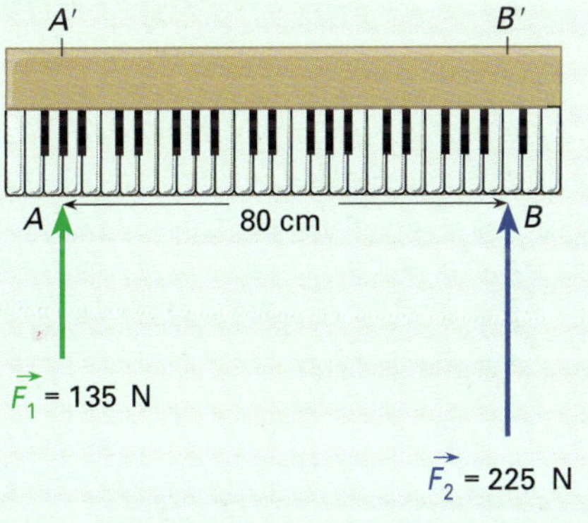

Suggerimenti Una volta trovata la risultante di $\vec{F_1}$ ed $\vec{F_2}$ con il suo punto di applicazione, ti basta disegnare dalla parte opposta del pianoforte la forza che equilibra la risultante e, come fatto nell'Esercizio 9, ...

11 ***ENGLISH*** Two unlike parallel forces are acting on a rigid body and they are applied at point *A* and point *B*, respectively. If $\vec{F_1} = 15$ N and $\vec{F_2} = 10$ N, determine the resultant *R* and the point *C* at which it is acting.

Hint Remember that the resultant of two unlike parallel forces lies outside the line joining the points of action of the two forces and on the same side as the larger force…

[5 N; *BC* = 40 cm]

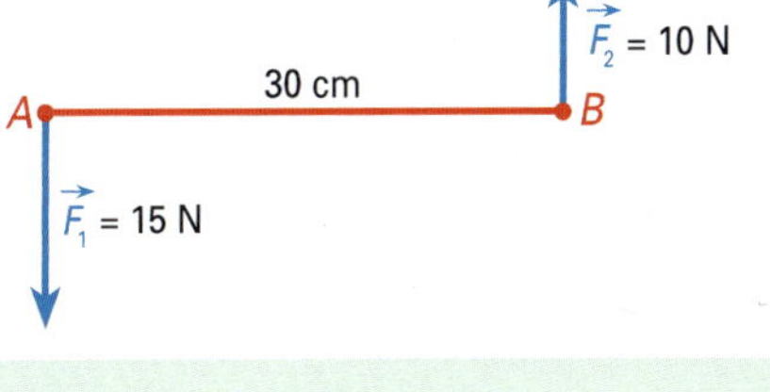

12 ***ENGLISH*** Three like parallel forces with magnitudes 100 N, 200 N and 300 N, are acting at points *A*, *B* and *C* respectively on a straight line *ABC*, as shown in the diagram. The distances are *AB* = 30 cm and *BC* = 40 cm. Determine the resultant *R* and find its distance from point *A* on *ABC*.

[600 N; 45 cm]

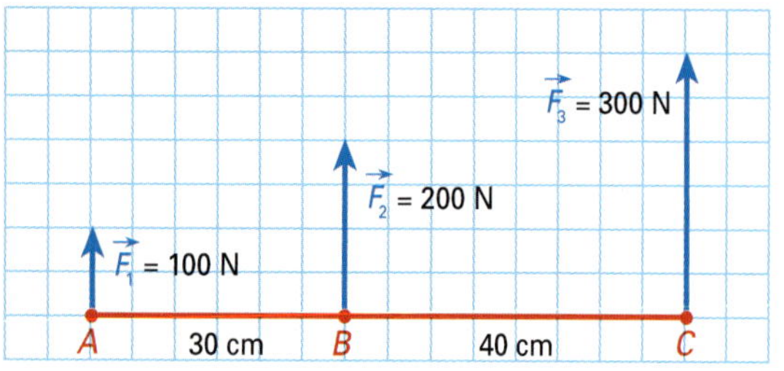

5.3 Momento di una forza rispetto a un punto

13 Osserva la seguente figura.

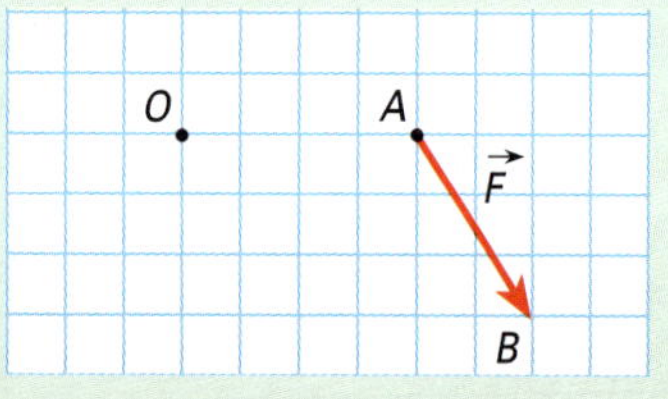

a) Il braccio della forza $\vec{F}$ rispetto al punto *O* è *OA*?

b) Se la risposta è negativa, traccia il braccio della forza.

c) È possibile, spostando il vettore $\vec{F}$, fare in modo che il braccio della forza sia nullo?

14 Osserva la seguente figura.

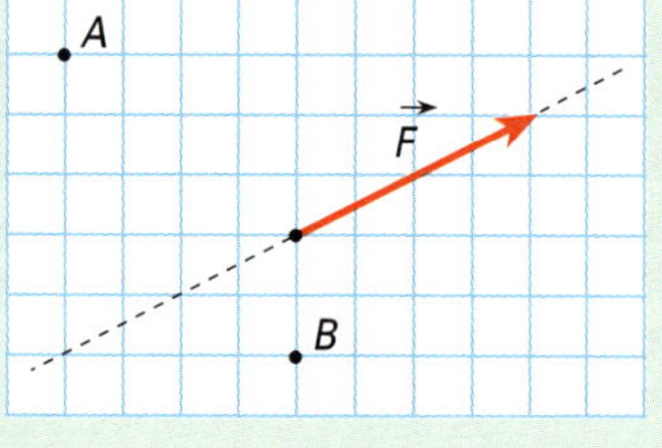

a) Disegna il braccio della forza rispetto al punto *A* e poi rispetto al punto *B*.

b) Il momento della forza è maggiore rispetto ad *A* o rispetto a *B*?

15 Calcola il modulo del momento di una forza di 25 N applicata in un punto di un corpo rigido, sapendo che la retta d'azione di tale forza ha una distanza di 70 cm dal centro di rotazione del corpo stesso.

[17,5 N · m]

Per lo svolgimento dell'esercizio, completa il percorso guidato, inserendo gli elementi mancanti dove compaiono i puntini.

1 I dati sono: ....

2 Le unità di misura sono coerenti con quelle del SI? ....

3 In caso di risposta negativa, esegui le equivalenze necessarie: ....

4 La formula che dà il momento di una forza, noto il braccio, è: *M* = ...

5 Sostituendo i valori, ottieni infine: *M* = ...

16 La retta d'azione di una forza dista 24 dm dal centro di rotazione di un corpo rigido esteso. Calcola il modulo del momento di una forza di 150 N applicata in un punto *P* di tale corpo rigido rispetto al centro di rotazione.

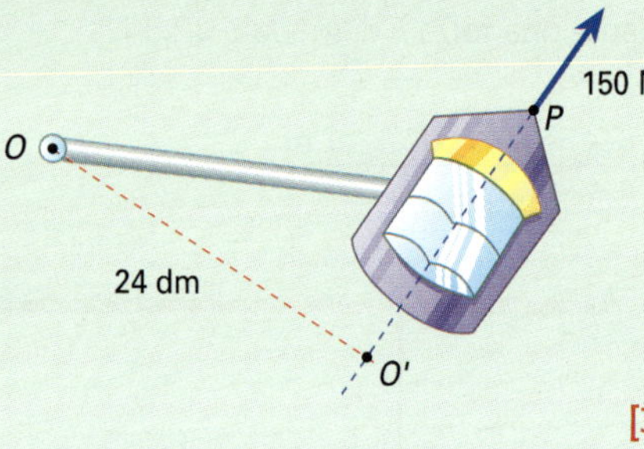

[360 N · m]

17 Un operaio agisce con una forza $\vec{F}$ di 40 N su un bullone mediante una chiave inglese come mostrato in figura.

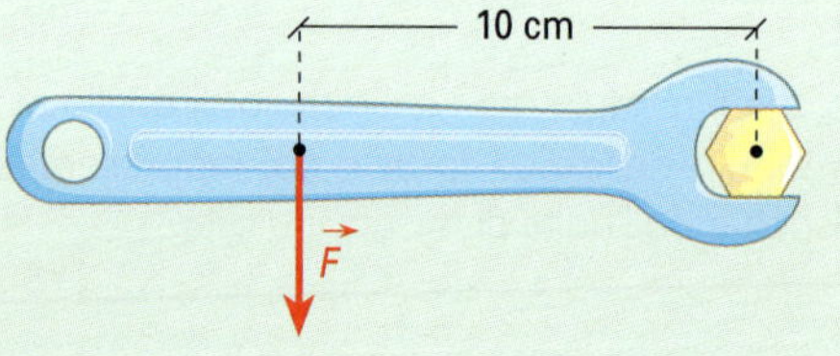

a) Calcola il momento della forza.

b) Se non riesce a svitare il bullone, quale soluzione si può adottare, nell'ipotesi che non sia possibile esercitare una forza maggiore?

[*a*) 4 N · m]

18 Il modulo del momento di una forza, applicata a un corpo rigido in un punto distante *b* dal suo centro di rotazione, vale 20 N · m. Se la forza applicata è pari a 60 N, quanto vale il braccio *b*?

Suggerimenti **Dalla definizione di momento, ricava la formula inversa per trovare il braccio...**

[33,3 cm]

19 Il modulo del momento di una forza, applicata a un corpo rigido in un punto distante 120 cm (braccio *b*) dal centro di rotazione del corpo, vale 32 N · m. Trova il valore della forza applicata.

[26,7 N]

20 ***ENGLISH*** Calculate the magnitude of the moment of a force applied to a rigid body at a point *A*, assuming that the magnitude of the force is 35 N and the distance between its line of action and the point *O* (see diagram) is 60 cm.

[21 N · m]

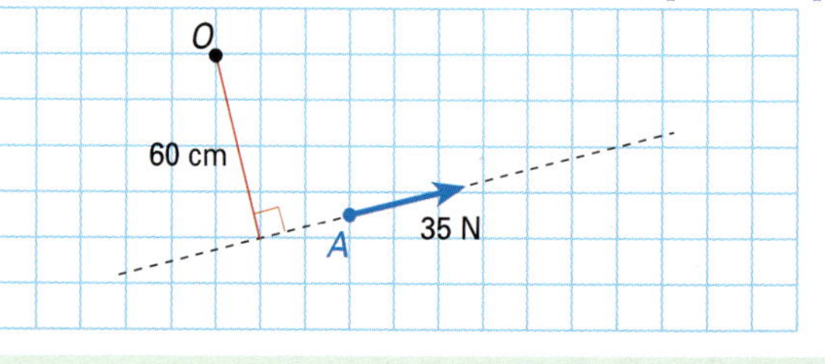

21 ***ENGLISH*** A force is applied to a rigid body at point A; the distance between its application line and the rotation centre Q is 240 cm and the moment about Q has magnitude M = 400 N · m. Calculate the magnitude of the applied force. **[166.7 N]**

5.5 Le leve

22 Hai a tua disposizione una leva di primo genere e dei pesetti uguali. Nel punto A che si trova a 5 cm dal fulcro sono posizionati due di questi pesetti.

a) A quale distanza dal fulcro posizioneresti un pesetto per raggiungere l'equilibrio?

b) E se in A venisse aggiunto un terzo pesetto, a quale distanza dal fulcro posizioneresti il tuo pesetto per raggiungere l'equilibrio?

c) È possibile equilibrare i tre pesetti di A usando sei pesetti? Se la risposta è affermativa, precisa a quale distanza dal fulcro vanno posizionati i sei pesetti.

[*a*) 10 cm; *b*) 15 cm; *c*) 2,5 cm]

23 In una leva di primo genere, la resistenza di 40 N si trova a 65 cm dal fulcro. Qual è il valore della forza motrice che equilibra la leva, se quest'ultima dista dal fulcro 104 cm? (Resistenza e forza motrice sono perpendicolari alla leva). **[25 N]**

Per lo svolgimento dell'esercizio, completa il percorso guidato, inserendo gli elementi mancanti dove compaiono i puntini.

1 I dati sono: ....

2 Uguagliando i momenti della forza motrice e della resistenza, trovi: $F \cdot b_F =$ ....

3 Ricavi la forza motrice, dividendo ambo i membri per il suo braccio: $F =$ ....

4 Sostituendo i valori, ottieni infine: $F =$ ....

5 Perché in questo caso non è necessario riportare le lunghezze in metri? ....

24 Due bambini giocano su un'altalena a bilico la cui lunghezza misura 2,50 m.
Il fulcro è posizionato al centro dell'asse. Se il bambino di 20 kg si pone a una delle estremità dell'asse, a quale distanza dal fulcro si deve mettere il secondo bambino di 25 kg, affinché si verifichino le condizioni di equilibrio?

Suggerimenti Se vuoi trovare la forza peso in N corrispondente a una certa massa in kg, devi moltiplicare il suo valore per 9,81 (m/s²)...

[1 m]

25 Un ragazzo solleva una cassa che pesa 750 N utilizzando come leva (primo genere) un'asta di ferro lunga 1,0 m.

a) Disegna una schematizzazione della leva.

b) Per avere una leva vantaggiosa, il fulcro deve essere più vicino al ragazzo o alla cassa?

c) Se il fulcro si trova a 25 cm dalla cassa, quale forza deve impiegare il ragazzo per sollevarla? **[250 N]**

26 Esaminata la figura qui sotto, individua di quale tipo di leva si tratta, se è vantaggiosa o svantaggiosa, e calcola il valore della forza motrice.

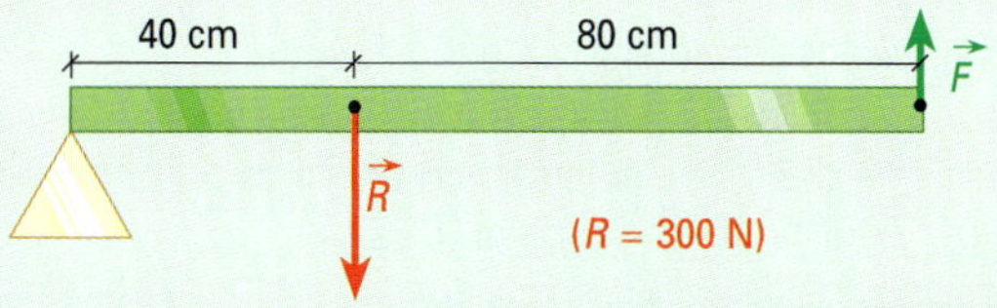

[100 N]

27 Esaminata la figura qui sotto, individua di quale tipo di leva si tratta, se è vantaggiosa o svantaggiosa, e trova la distanza a cui deve essere applicata la resistenza R affinché si abbia l'equilibrio.

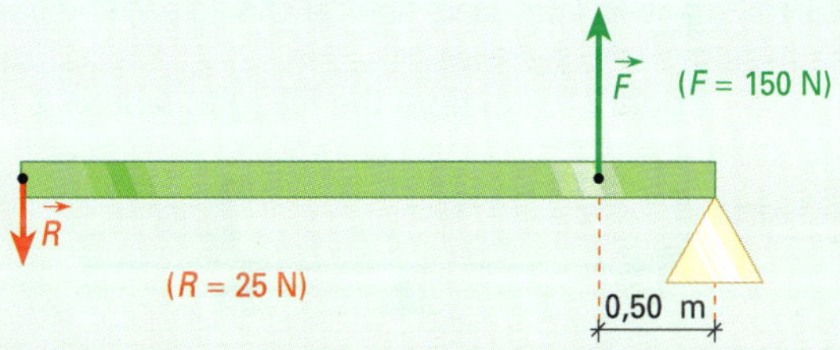

[3 m]

28 Una leva di primo genere si trova nella situazione illustrata nella figura sotto. Stabilisci, motivando la risposta, se si trova nella condizione di equilibrio alla rotazione attorno al fulcro.

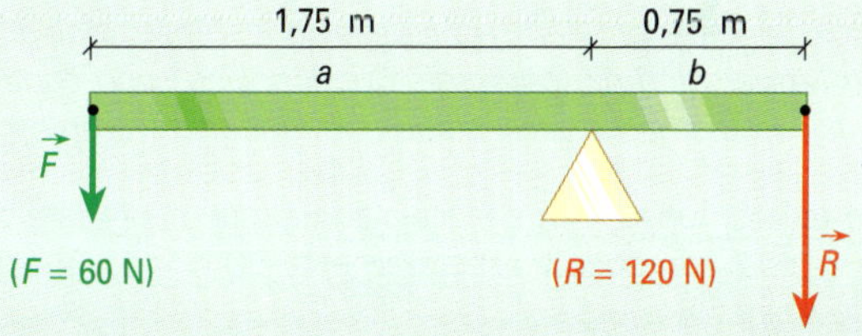

[no]

29 In una carriola un operaio ha caricato 30 kg di piastrelle.

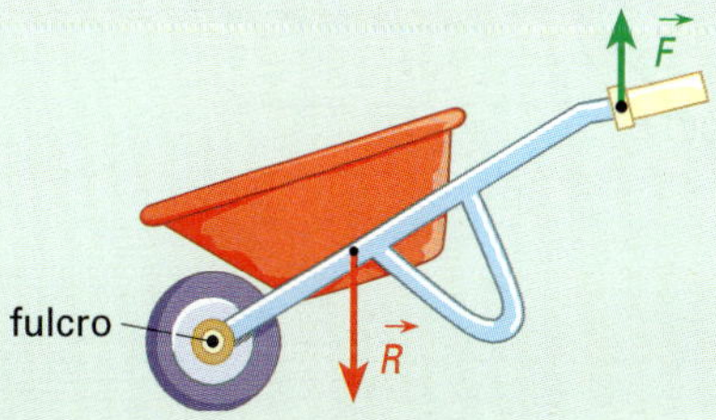

a) Di quale genere di leva si tratta?

b) È vantaggiosa, svantaggiosa o indifferente?

c) Se il braccio della resistenza è di 40 cm e quello della forza motrice di 120 cm, determina quale forza deve esercitare l'operaio per equilibrare il peso delle piastrelle.

Suggerimenti Se vuoi trovare la forza peso in N corrispondente a una certa massa in kg, devi moltiplicare il suo valore per .... (m/s²).

[98,1 N]

30 La canna da pesca è una leva.

a) Di quale genere di leva si tratta?
b) È vantaggiosa, svantaggiosa o indifferente?
c) Se il braccio della resistenza è di 3 m e quello della forza motrice è di 30 cm, determina quale forza occorre esercitare per equilibrare un pesce di 0,4 kg.

Suggerimenti **Leggi la nota dell'esercizio 29.**

[39,24 N]

31 ***ENGLISH*** John and Jane have masses of 60 kg and 40 kg, respectively. They are both sitting on a seesaw. If John is seated 2 m away from Jane, how far should each be from the fulcrum of the seesaw?

[John: 0.8 m from the fulcrum; Jane: 1.2 m]

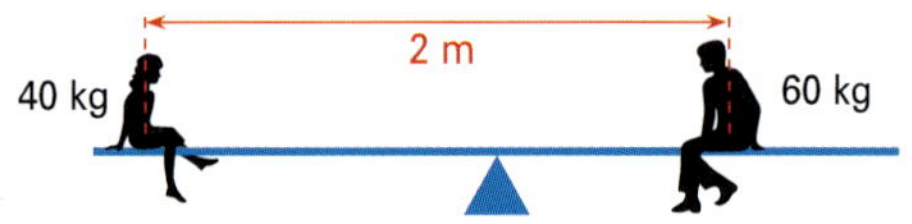

Problemi

PER COSTRUIRE LE COMPETENZE

La risoluzione dei problemi richiede la conoscenza degli argomenti trasversali a più paragrafi. Con il pallino sono contrassegnati i problemi che presentano una maggiore complessità.

1 Su un'asta lunga 4 m e vincolata in *O* sono applicate due forze $\vec{F}_A$ ed $\vec{F}_B$ di modulo rispettivamente 50 N e 57 N come rappresentato in figura.

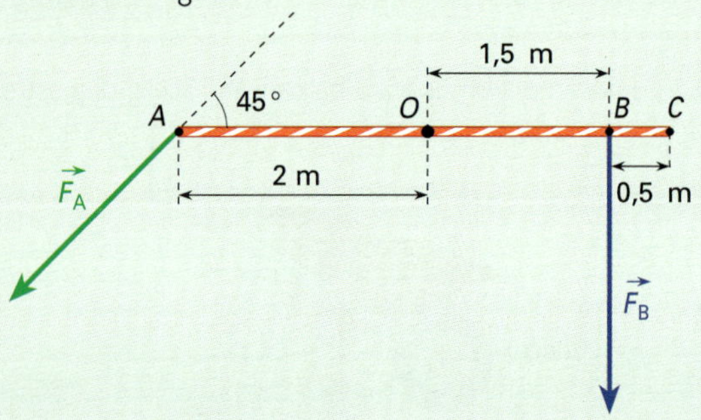

a) Determina il momento di $\vec{F}_A$ rispetto al punto *O*.
b) Affinché sia in equilibrio l'asta, quale forza occorre applicare perpendicolarmente all'asta in *C*? Quale verso deve avere tale forza?

Suggerimenti **Se la forza provoca una rotazione in senso orario il momento ha segno negativo, altrimenti è positivo, per cui il momento di $\vec{F}_A$ rispetto a *O* è negativo mentre il momento di $\vec{F}_B$ rispetto a *O* è...**

[*a*) 71 N · m; *b*) 7,25 N diretta verso l'alto]

2 Un asse rigido, che può ruotare attorno al proprio centro, è collegato ai suoi due estremi con due molle uguali che agiscono in verso opposto l'una rispetto all'altra. La loro costante elastica è pari a 45 N/m. L'asse ha una lunghezza di 40 cm e viene ruotato in modo tale che le molle si allunghino entrambe di 3 cm, risultando parallele tra loro e perpendicolari all'asse. Calcola la coppia che agisce su di esso a causa dell'azione della forza di richiamo delle molle.

[0,54 N · m]

• **3** Una leva di terzo genere, orizzontale, lunga 80 cm è collegata all'estremo libero (cioè quello senza fulcro) con una molla, che tira l'estremo verso il basso verticalmente, con una costante elastica di 175 N/m. A una distanza di 50 cm dal fulcro agisce una forza motrice verticale diretta verso l'alto pari a 70 N. Di quanto si allunga all'equilibrio la molla?

[25 cm]

• **4** Una leva di primo genere lunga 3,20 m ha il fulcro nel punto medio. Da una stessa parte rispetto a esso sono applicate le forze di 20 N, 70 N, 100 N con braccio, rispettivamente, di 30 cm, 60 cm, 120 cm. Quale forza occorre applicare con braccio di 1,40 m, ma disposta dalla parte opposta rispetto alle precedenti, per equilibrare la leva?

Suggerimenti **La condizione di equilibrio di una leva, che è basata sull'uguaglianza dei momenti rispetto al punto fisso detto fulcro, può essere generalizzata...**

[120 N]

• **5** Una leva di secondo genere lunga 1,60 m è collegata all'estremo libero (cioè quello senza fulcro) con una molla che solleva l'estremo verso l'alto allungandosi di 17,5 cm. A distanza di 60 cm dal fulcro agisce una resistenza di 420 N diretta verso il basso e a distanza di 1,40 m dal fulcro agisce una forza motrice di 80 N diretta verso l'alto. Sapendo che tutte le forze sono perpendicolari rispetto alla leva, determina la costante elastica della molla all'equilibrio.

Suggerimenti **La condizione di equilibrio di una leva, che è basata sull'uguaglianza dei momenti rispetto al fulcro, può essere generalizzata. In particolare il momento della resistenza uguaglia la somma dei momenti della forza motrice e della forza che allunga la molla...**

[500 N/m]

6 Si hanno due forze $\vec{F}_1$ ed $\vec{F}_2$ che, in relazione allo stesso centro di rotazione *O*, hanno bracci rispettivamente b_1 e b_2. Si sa che i moduli delle due forze e i bracci sono i seguenti:

$F_1 = (15,6 \pm 0,2)$ N $\qquad b_1 = (4,5 \pm 0,1)$ cm
$F_2 = (9,8 \pm 0,1)$ N $\qquad b_2 = (6,3 \pm 0,1)$ cm

Scrivi il risultato del modulo del momento risultante, dato da $M = M_1 + M_2$, essendo M_1 ed M_2 i moduli dei momenti delle due forze.

[(1,32 ± 0,05) N · m]

• **7** Su un'altalena a bilico orizzontale due bambini si trovano a distanza di (1,30 ± 0,05) m e (0,95 ± 0,05) m rispettivamente dal fulcro. Sapendo che la massa del primo bambino è pari a (28,8 ± 0,2) kg, trova il peso del secondo bambino, giungendo alla scrittura completa del risultato.

Suggerimenti **Ti serve, per trovare il peso del primo bambino, il valore della costante *g*; esso è (..... ± 0,01) m/s²...**

[(390 ± 40) N]

UNITÀ 6

Fluidi

Lezione multimediale

6.1 La pressione

Vi sono molte situazioni in cui, per valutare e sfruttare al meglio le conseguenze dell'applicazione di una forza, occorre tenere presente l'estensione della superficie su cui essa agisce.

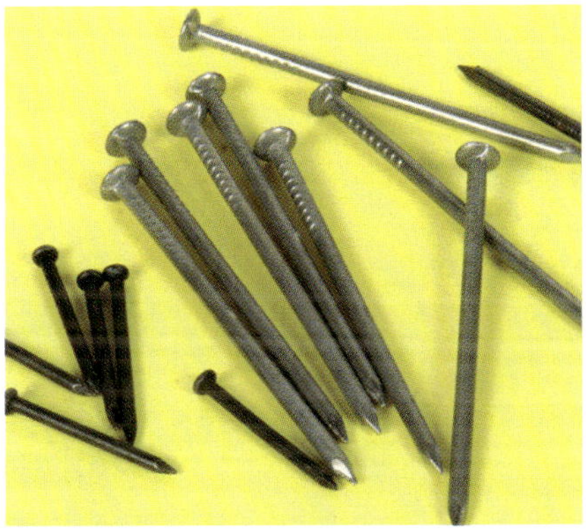

Ti sei mai chiesto perché i chiodi hanno un'estremità appuntita?

O per quale ragione un coltello affilato taglia facilmente il salame che a mano nuda, usando la stessa forza, è impossibile invece affettare?

Dato che la conoscenza della sola forza non è sufficiente a descrivere situazioni di questo genere, nasce l'esigenza di introdurre una nuova grandezza, che prende il nome di **pressione**.

pressione

La **pressione** ci informa sulla concentrazione della forza, ci dice cioè su quanta superficie essa si distribuisce. — informazione

Dunque, possiamo definire questa nuova grandezza così:

La **pressione** è il rapporto tra la forza applicata in direzione perpendicolare su una superficie e l'area di tale superficie: — definizione

$$\text{pressione} = \frac{\text{forza applicata}}{\text{superficie su cui la forza agisce}}$$

Traducendo quanto detto in termini matematici, possiamo scrivere:

$$p = \frac{F}{S}$$ — formula

Bisogna adesso determinarne l'unità di misura. Ricorrendo alla sua definizione abbiamo:

$$p = \frac{F}{S} \quad \Rightarrow \quad \frac{\text{forza (misurata in newton)}}{\text{superficie (misurata in metri quadrati)}} \quad \Rightarrow \quad \frac{\text{N}}{\text{m}^2}$$

per cui l'unità di misura sarà $\frac{\text{N}}{\text{m}^2}$ (si legge «newton al metro quadrato»), che prende il nome di **pascal** (dal nome del celebre studioso Blaise Pascal vissuto in Francia dal 1623 al 1662), il cui simbolo è **Pa**:

pascal

$$1\,\text{Pa} = 1\,\frac{\text{N}}{\text{m}^2}$$

Si ha la pressione di 1 pascal quando una forza pari a 1 newton agisce perpendicolarmente su una superficie di 1 m^2.

Gli strumenti con i quali si misura la pressione sono detti **manometri**. Ne esistono di moltissimi tipi. Per esempio, rileviamo con questo strumento la pressione delle gomme delle automobili o dei motori.
Se in casa hai una caldaia, prova a individuare il manometro che rileva la pressione dell'acqua.

SCHEDA LAB

6.2 La densità

Il concetto di pressione risulta particolarmente utile per descrivere il comportamento delle sostanze liquide o aeriformi (gas e vapori), che nel loro insieme si chiamano **fluidi**. I fluidi sono costituiti da particelle (non visibili a occhio nudo) dette *molecole*.
Mentre nei solidi le particelle sono costrette a mantenere la stessa posizione, per cui essi possiedono forma e volume propri, nei fluidi possono muoversi e spostarsi con relativa libertà.
In particolare, nei liquidi possono scorrere le une sulle altre e negli aeriformi hanno la possibilità di muoversi liberamente.

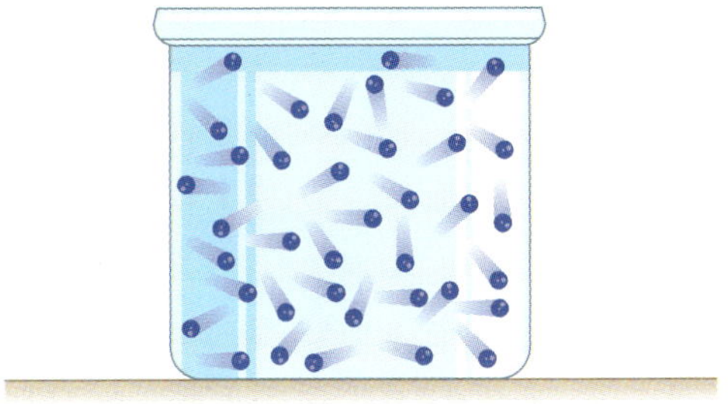

modello di gas

Un gas, per esempio, può essere pensato (modello) come un insieme di numerose sferette, piccolissime e leggerissime (le molecole), libere di muoversi le une rispetto alle altre.

Ricorda!...

La **molecola** è la più piccola parte di una sostanza che può esistere conservando tutte le caratteristiche e le proprietà chimiche della sostanza stessa.

Da tali caratteristiche derivano importanti conseguenze a livello delle proprietà visibili a occhio nudo (che diciamo perciò «macroscopiche»).

I **solidi** hanno forma e volume propri.

solidi

I **liquidi** non hanno una forma propria, ma hanno un volume proprio e sono perciò **incomprimibili** (difficilmente si può ridurre il loro volume con un semplice aumento della pressione).

liquidi

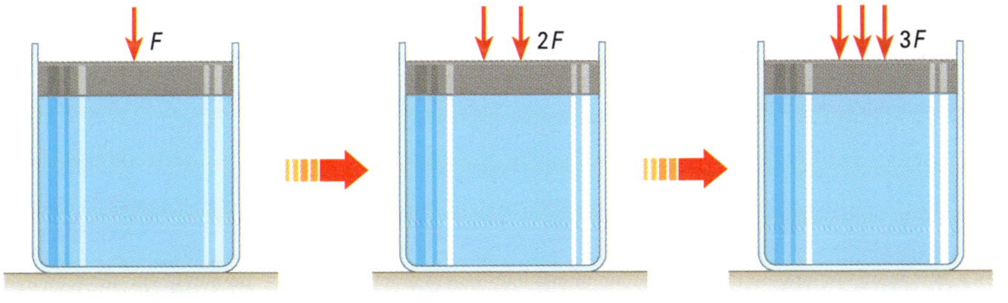

Se 1 dm^3 (cioè 1 litro) d'acqua viene versato in un cilindro, assumerà la forma del recipiente che lo contiene, in quanto il liquido non possiede forma propria; tuttavia, se tentiamo di diminuirne il volume spingendo su un pistone, non otterremo risultati significativi nella diminuzione del suo volume, perché il liquido ha un volume proprio che è praticamente impossibile ridurre.

Gli **aeriformi** sono per loro natura **comprimibili**, poiché non hanno né forma né volume proprio.

aeriformi

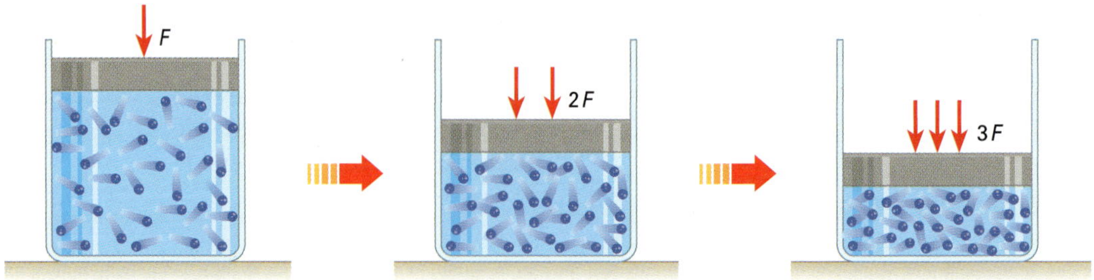

Un aeriforme tende a espandersi, occupando tutto lo spazio del contenitore in cui si trova e adattandosi sia al suo volume sia alla sua forma. Pertanto, la stessa quantità di un gas può occupare, a seconda del contenitore, sia un volume di 1 dm^3 sia un volume di 1 m^3. Se interveniamo con un pistone in un cilindro contenente del gas, è facile ottenere una diminuzione del volume.

Vediamo ora di riflettere su una particolare caratteristica che riguarda tutte le sostanze, indipendentemente dal loro stato solido, liquido o aeriforme.

Le due bottigliette hanno la stessa capienza, ma sono riempite con sostanze diverse: l'una con sabbia, l'altra con alcol.
La sensazione che ne ricavi prendendo in mano prima una e poi l'altra è assai diversa. Lo sforzo che devi fare per sorreggere la bottiglietta è assai maggiore nel caso della sabbia.
Evidentemente queste sostanze, visto che occupano volumi fra loro uguali, sono caratterizzate da una diversa *consistenza*: la sabbia risulta più *consistente* dell'alcol. Per tenere conto di questa proprietà si introduce il concetto di **densità**.

densità

informazione La **densità** ci dà informazioni sulla quantità di materia di una determinata sostanza che occupa una ben precisa regione di spazio.

Le grandezze messe in gioco sono la massa e il volume.

definizione La **densità** è il rapporto tra la massa di una sostanza e il volume che tale massa occupa:

$$\text{densità} = \frac{\text{massa}}{\text{volume}}$$

Sintetizzando in una formula quanto appena scritto, abbiamo:

formula $\rho = \frac{m}{V}$ (la lettera greca ρ si legge «ro»)

Come sempre, per completare l'introduzione di questa grandezza, occorre determinarne l'unità di misura. Dato che la densità è:

$$\rho = \frac{m}{V} \quad \Rightarrow \quad \frac{\text{massa (misurata in kg)}}{\text{volume (misurato in m}^3\text{)}} \quad \Rightarrow \quad \frac{\text{kg}}{\text{m}^3}$$

l'unità di misura sarà:

$\frac{\text{kg}}{\text{m}^3}$ (che si legge «kilogrammi *al* metro cubo»)

unità di misura di ρ

Una sostanza ha una densità di 1 kg/m^3 se una massa pari a 1 kg della sostanza occupa un volume di 1 m^3.

Ricorda!...

1 m^3 di acqua ha una massa di 1000 kg (una tonnellata!), ovvero 1 dm^3 di acqua (cioè 1 litro) ha una massa pari a 1 kg.

Tabella 1

sostanza	densità (kg/m^3)	sostanza	densità (kg/m^3)
biossido di carbonio	1,977	acqua di mare	$1{,}03 \cdot 10^3$
aria	1,293	benzina	$0{,}70 \cdot 10^3$
azoto	1,251	mercurio	$13{,}6 \cdot 10^3$
elio	0,178	ebano	$1{,}26 \cdot 10^3$
idrogeno	0,090	marmo di Carrara	$2{,}72 \cdot 10^3$
ossigeno	1,429	ferro	$7{,}88 \cdot 10^3$
acqua distillata	$1{,}00 \cdot 10^3$	oro	$19{,}25 \cdot 10^3$

6.3 Le grandezze inversamente proporzionali

Per una data massa di sostanza, per esempio 1 kg, si ha che a densità maggiore corrisponde un volume minore, ma il prodotto $\rho \cdot V$ resta comunque costante e pari alla massa. Si dice in questo caso che le due grandezze (ρ e V) sono **inversamente proporzionali**.
Generalizziamo questo tipo di relazione per due grandezze X e Y qualsiasi.

Due grandezze X e Y si dicono inversamente proporzionali fra loro se il loro prodotto è una costante (K):

$$X \cdot Y = K$$

grandezze inversamente proporzionali

Le formule inverse della relazione di proporzionalità inversa sono:

$$X \cdot Y = K \quad \Rightarrow \quad Y = \frac{K}{X}$$

$$X \cdot Y = K \quad \Rightarrow \quad X = \frac{K}{Y}$$

Evidenziamo ora un altro aspetto delle grandezze inversamente proporzionali.

Tabella 2

X	Y
❑	❍❍❍❍❍❍❍❍❍❍❍❍
❑❑	❍❍❍❍❍❍
❑❑❑	❍❍❍❍
❑❑❑❑	❍❍❍
...	...

Consideriamo il caso in cui $K = 12$, per cui $X \cdot Y = 12$. Poniamo come unità di riferimento per la X il simbolo ❑ e per la Y il simbolo ❍. Ovviamente, quando X vale 1 ❑, la Y deve valere 12 ❍, in modo tale che il loro prodotto sia $1 \cdot 12 = 12$. Quando la X è 2 ❑, la Y diventa allora 6 ❍, perché $2 \cdot 6 = 12$. E così via... Si vede che se la X raddoppia, triplica, quadruplica ecc., allora la Y diventa la metà, un terzo, un quarto ecc. È una tipica proprietà delle grandezze inversamente proporzionali.

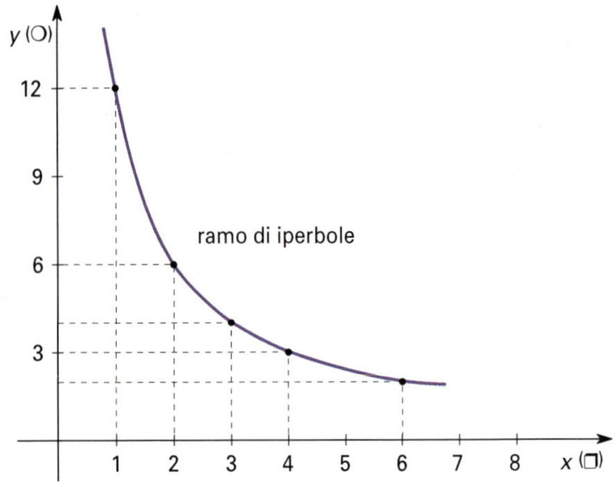

Rappresentando graficamente la tabella 2, si ottiene il ramo di una particolare curva che in matematica viene detta **iperbole**.

Ricorda!...

Due grandezze X e Y sono inversamente proporzionali se:
- il loro prodotto è costante ($X \cdot Y = K$);
- soddisfano la relazione $Y = K/X$;
- al raddoppiare, triplicare... dell'una, l'altra diventa un mezzo, un terzo...
- il grafico cartesiano dà luogo a un ramo di iperbole.

6.4 Il principio di Pascal

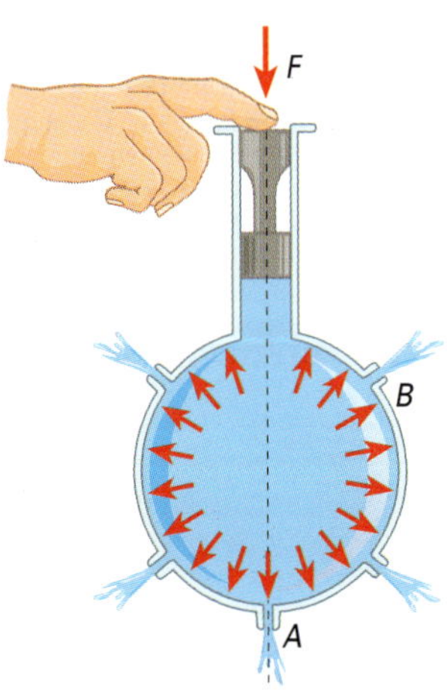

L'acqua si trova in una sfera di vetro, che presenta dei fori dello stesso diametro posizionati in vari punti e sufficientemente piccoli (per cui l'acqua non fuoriesce). Quando premiamo il pistone in alto, esercitando in questo modo una pressione sul liquido, osserviamo che l'acqua zampilla da ogni foro nello stesso modo, uscendo dalla sfera perpendicolarmente alla sua superficie.
In particolare il foro A, che è posizionato lungo la retta d'azione della forza premente, e il foro B presentano zampilli della medesima intensità. Questo significa che la pressione da noi esercitata tramite il pistone, grazie all'azione del liquido, si trasmette nello stesso modo in tutte le direzioni. Tale fenomeno è sintetizzato dal **principio di Pascal**.

principio di Pascal

La pressione esercitata in un punto qualsiasi di un fluido si trasmette in ogni altro punto del fluido con la stessa intensità, indipendentemente dalla direzione.

Torchio idraulico

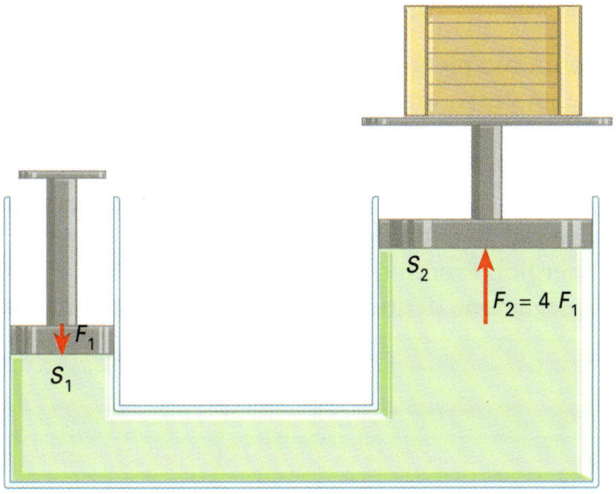

Un'utile conseguenza di tale principio è costituita dal *torchio idraulico*, nel quale si sfrutta la relazione:

$$\frac{F_1}{S_1} = \frac{F_2}{S_2}$$

Da questa proporzione si vede che, se S_2 è più grande di S_1, allora applicando una forza F_1 si ottiene una forza F_2 maggiore di F_1.
Se vogliamo per esempio quadruplicare la F_1, è sufficiente che l'area di S_2 sia il quadruplo di quella di S_1.
Nelle applicazioni pratiche, il principio viene sfruttato, oltre che nelle presse idrauliche, anche nei freni a disco delle automobili e delle motociclette, in cui il fluido usato è l'olio.

esempio

Calcoliamo il valore della forza F_2 che riusciamo a trasmettere, applicando una forza F_1 pari a 20 N, con S_1 ed S_2 rispettivamente di diametro $d_1 = 2{,}5$ cm e $d_2 = 15{,}0$ cm.

Risoluzione

- Utilizziamo le conseguenze del principio di Pascal:

$$\frac{F_1}{S_1} = \frac{F_2}{S_2}$$

- Ricaviamo la grandezza che ci interessa, cioè F_2:

$$S_2 \cdot \frac{F_1}{S_1} = \frac{F_2}{\cancel{S_2}} \cdot \cancel{S_2} \quad \Rightarrow \quad F_2 = \frac{S_2}{S_1} \cdot F_1$$

- Calcoliamo le aree delle due superfici:

$$a)\ S_1 = \frac{\pi}{4} \cdot d_1^2 = \frac{\pi}{4} \cdot (2{,}5)^2 = 4{,}9\ \text{cm}^2 = 4{,}9 \cdot 10^{-4}\ \text{m}^2 \qquad b)\ S_2 = \frac{\pi}{4} \cdot d_2^2 = \frac{\pi}{4} \cdot (15{,}0)^2 = 176{,}7\ \text{cm}^2 = 176{,}7 \cdot 10^{-4}\ \text{m}^2$$

Come puoi notare è stata usata la *notazione esponenziale*; per un chiarimento su tale notazione vedi **NonsoloMatematica**.

- Determiniamo, infine, la forza cercata:

$$F_2 = \frac{176{,}7 \cdot 10^{-4}}{4{,}9 \cdot 10^{-4}} \cdot 20 \cong 36 \cdot 20 = 720\ \text{N}$$

La forza trasmessa sulla superficie S_2 è 36 volte quella applicata sulla superficie S_1!

MATEMATICA

ANIMAZIONE

VIRTUAL LAB

6.5 La legge di Stevino e i vasi comunicanti

In un recipiente colmo di liquido sono stati effettuati dei fori dello stesso diametro a diverse altezze. L'acqua uscente dal foro in alto *A* arriva meno lontano rispetto a quella proveniente dal foro più in basso *B* che, a sua volta, cade più vicino rispetto al getto uscente da *C*: scendendo in profondità a partire dal livello superficiale del liquido i getti diventano più energici. Prendi qualche minuto di tempo e prova a dare una spiegazione di questo fenomeno, scrivendola qui sotto.

....

....

Sulla superficie del liquido è presente la pressione dell'aria sovrastante, detta **pressione atmosferica**. Se l'unica causa degli zampilli fosse tale pressione, le distanze di caduta dovrebbero essere uguali. Ma così non è.

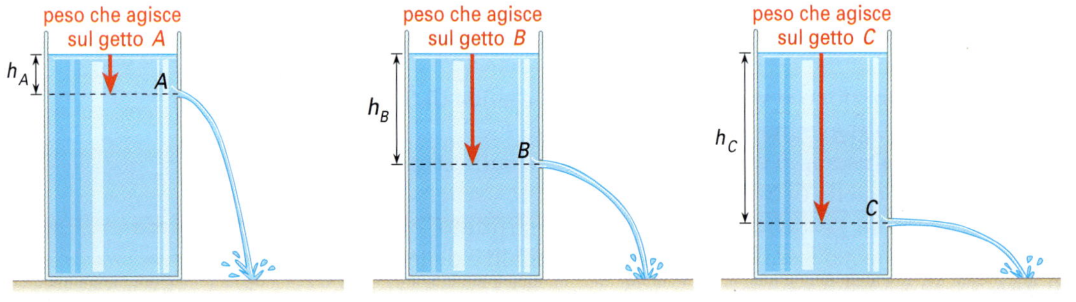

L'unica cosa che cambia andando da un foro all'altro è la diversa altezza dello strato di liquido rispetto ai fori. Man mano che si scende nel recipiente, l'altezza di fluido aumenta e con essa il peso che preme sulle parti sottostanti, determinando perciò all'interno del fluido pressioni via via crescenti. Di conseguenza, le distanze di caduta dei getti d'acqua uscenti dai fori posti più in basso sono maggiori.

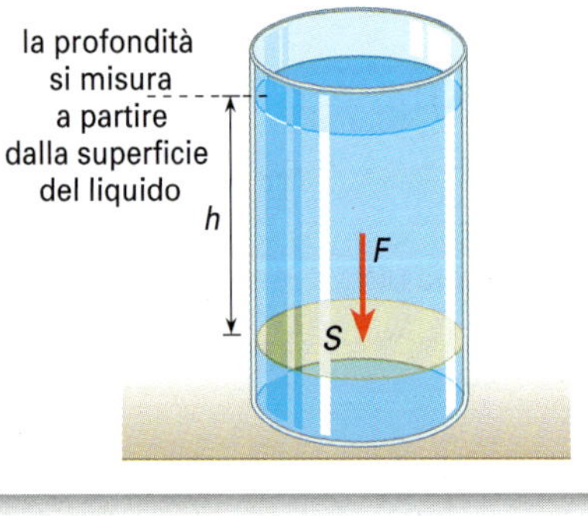

La relazione tra la pressione in un liquido e la profondità h è data dalla **legge di Stevino**.

legge di Stevino

$$p = \rho \cdot g \cdot h$$

dove p è la pressione esercitata dal fluido, ρ è la sua densità, g è una costante numericamente pari a 9,81 m/s^2 (detta *accelerazione di gravità*, introdotta nell'Unità 3) e h è la profondità misurata verso il basso a partire dalla superficie esterna.

Ricorda!...

Osservando la legge di Stevino, possiamo concludere che la pressione in un fluido è direttamente proporzionale:

- alla **densità del fluido** (più è denso il fluido, tanto maggiore sarà la pressione);
- all'**accelerazione di gravità** (in un pianeta nel quale la g è più elevata, come Giove, a parità di fluido e di profondità si ha una pressione maggiore);
- alla **profondità** (all'aumentare della profondità un sommozzatore deve sopportare una pressione crescente).

Vasi comunicanti

Esaminiamo una conseguenza della legge di Stevino.

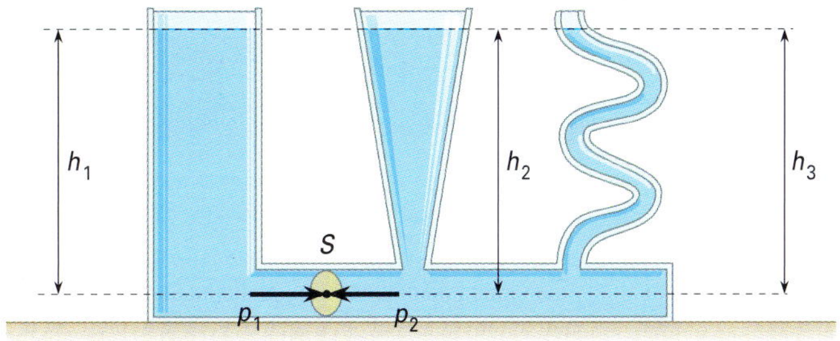

In tutti i vasi messi in comunicazione il liquido raggiunge la stessa altezza. Concentriamo l'attenzione sui primi due. Dato che il liquido è fermo, la pressione p_1 esercitata nel primo vaso sulla sezione S deve essere uguale alla pressione p_2 nel secondo vaso esercitata sulla stessa sezione.
Per il principio di Pascal si avrà:

$$p_1 = p_2$$

applicando la legge di Stevino, poiché risulta $p_1 = \rho \cdot g \cdot h_1$ e $p_2 = \rho \cdot g \cdot h_2$, possiamo scrivere

$$\rho \cdot g \cdot h_1 = \rho \cdot g \cdot h_2$$

dividendo ambo i membri per $\rho \cdot g$ (la densità è la stessa perché il fluido non cambia e l'accelerazione di gravità è costante), si ricava

$$\frac{\rho \cdot g \cdot h_1}{\rho \cdot g} = \frac{\rho \cdot g \cdot h_2}{\rho \cdot g}$$

e semplificando

$$h_1 = h_2$$

In questo modo si giustifica il fatto che in tutti i vasi l'acqua salga comunque, indipendentemente dalla loro forma, allo stesso livello. Per cui possiamo esprimere il **principio dei vasi comunicanti**.

Nei vasi comunicanti il livello raggiunto dal fluido in essi contenuto è lo stesso.

principio dei vasi comunicanti

6.6 Il principio di Archimede

ANIMAZIONE

VIRTUAL LAB

SCHEDA LAB

Probabilmente ti è capitato di provare una sensazione di *leggerezza* quando sei in acqua, tanto da riuscire con poco sforzo a restare a galla: l'acqua, pur così facilmente penetrabile, ti garantisce un sufficiente sostegno mentre nuoti. Per quale motivo?
Una domanda simile se l'era già posta Archimede. Dal momento che dove c'è un effetto ci deve essere una causa che lo ha provocato, allora possiamo affermare che l'acqua riesce in qualche modo a spingerti verso l'alto, esercitando su di te una forza.

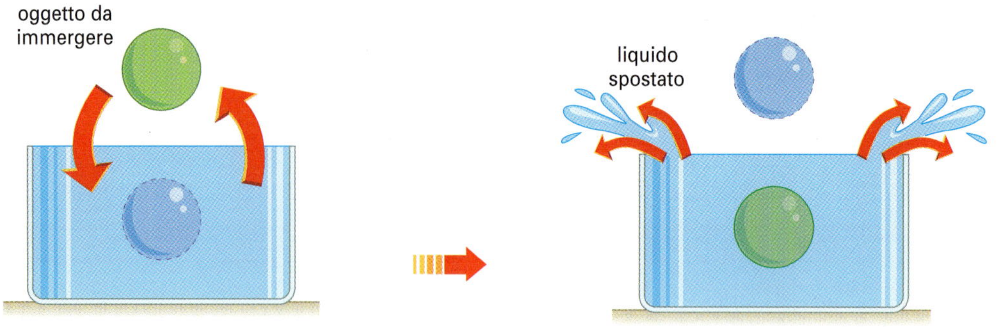

Se immergi totalmente una palla di plastica in una vasca piena d'acqua fino all'orlo, avverti una certa resistenza (tanto maggiore quanto più grande è la palla).

Se vuoi mantenere la palla sott'acqua, devi continuare a spingere. La quantità di liquido caduta sul pavimento durante l'immersione avrà un volume ovviamente pari a quello dell'oggetto che hai immerso.

Possiamo allora dire che la resistenza che ostacola l'immersione è dovuta al fatto che il liquido non vuole «intrusi» e cerca di rioccupare costantemente ogni spazio al suo interno, contrapponendosi, tramite una spinta verso l'alto, all'affondamento del corpo.

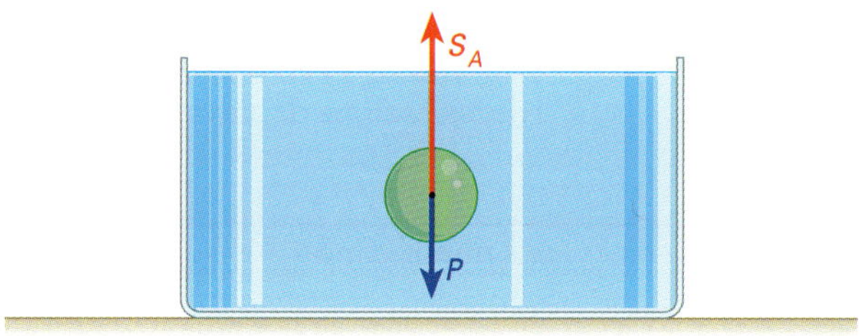

Quindi su un corpo immerso in un fluido agiscono due forze: il peso e una forza dovuta al fluido stesso diretta verso l'alto e chiamata spinta di Archimede.

Archimede scoprì che tale spinta era esattamente uguale al peso del liquido spostato (nel nostro caso, al peso dell'acqua fatta traboccare). Questa conclusione è il famoso **principio di Archimede**.

principio di Archimede

Un corpo immerso in un fluido riceve una spinta diretta verso l'alto uguale al peso del volume di fluido spostato.

In forma matematica, il principio di Archimede si può esprimere come:

$$S_A = P_{fluido}$$

dove S_A è la spinta e P_{fluido} il peso del fluido generico.
Da questa formula si ricava che la **spinta di Archimede** S_A è data da:

spinta di Archimede

$$S_A = \rho_{fluido} \cdot V \cdot g$$

ρ_{fluido} è la densità del fluido (acqua nel nostro esempio), V il volume del fluido spostato (il volume di acqua spostata dalla palla, vale a dire il volume della palla stessa) e g l'accelerazione di gravità.

Il galleggiamento dei corpi

Adesso siamo in grado di capire qual è la situazione che si deve verificare affinché un corpo galleggi.

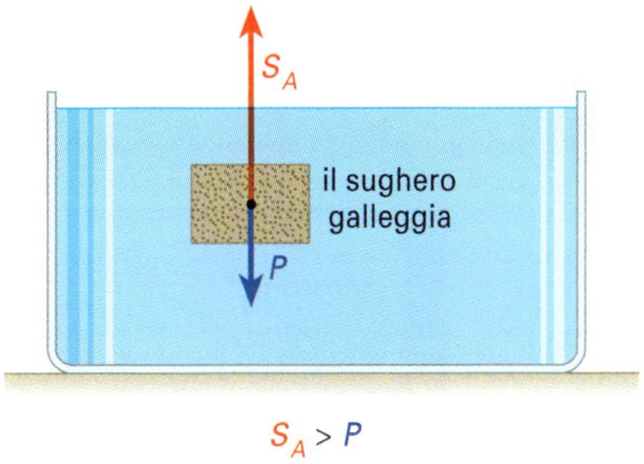

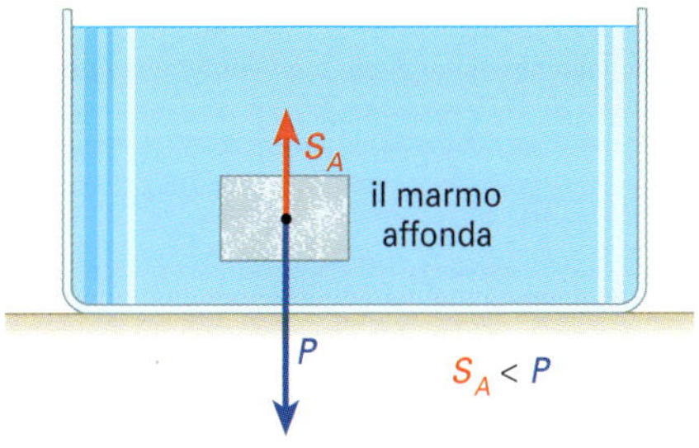

Su un corpo immerso in un fluido agiscono due forze: la forza peso (diretta verso il basso) e la spinta di Archimede (diretta verso l'alto). La condizione perché il corpo resti a galla è che la spinta d'Archimede S_A sia maggiore o uguale al peso P del corpo, cioè:

$$S_A \geq P_{corpo}$$

da cui segue che deve essere $\rho_{fluido} \geq \rho_{corpo}$.

La **condizione di galleggiamento** di un corpo in un fluido è che la densità del fluido sia maggiore o uguale rispetto a quella del corpo:

$$\rho_{fluido} \geq \rho_{corpo}$$

condizione di galleggiamento

Le grandi navi, pur essendo costruite con materiali *pesanti* come il ferro o l'acciaio, che hanno una densità (dell'ordine di $7{,}9 \cdot 10^3$ kg/m^3) assai maggiore dell'acqua, riescono a galleggiare ugualmente perché, grazie alle parti vuote che si trovano all'interno, la densità *media* alla fine è minore di quella dell'acqua: il volume d'acqua spostato è sufficiente a bilanciare il peso complessivo dell'imbarcazione.

6.7 La pressione atmosferica

L'aria, alla stregua dei liquidi ai quali abbiamo fin qui fatto riferimento, è un fluido e pertanto esercita una pressione su qualunque superficie al suo interno. Evangelista Torricelli (1608-1647), un fisico italiano di fama mondiale, in proposito scrisse: «Viviamo sommersi sul fondo di un oceano costituito di aria». Nel 1644 egli eseguì un esperimento che possiamo sintetizzare come segue.

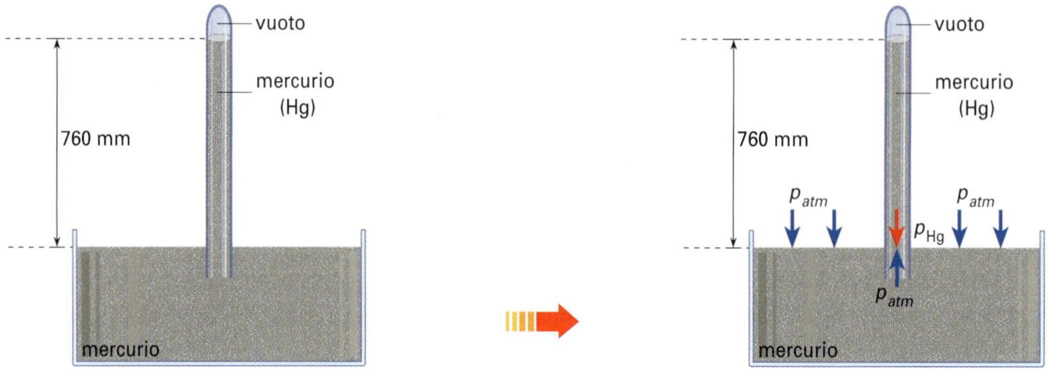

Riempito di mercurio un tubo di vetro alto un metro (di diametro qualsiasi), lo si rovescia, immergendolo in una bacinella contenente mercurio. Si constata, ripetendo varie volte la prova, che nel tubo il mercurio scende sempre sino all'altezza di 760 mm, lasciando vuota la parte superiore.

Quindi l'aria che sovrasta il mercurio della vaschetta esercita una pressione p_{atm} sulla superficie del liquido. D'altra parte i 760 mm di mercurio del tubo esercitano a loro volta una certa pressione, che chiamiamo p_{Hg}. Essendo il liquido in equilibrio, per il principio di Pascal le due pressioni devono essere uguali.

Con semplici calcoli si ottiene così il valore della p_{atm} cioè della **pressione atmosferica** al livello del mare:

pressione atmosferica

$$p_{atm} = 1{,}013 \cdot 10^5 \text{ Pa}$$

Per quale ragione, ti chiederai, non avvertiamo tale pressione, ovvero la forza con cui l'aria comprime il nostro corpo? Il fatto è che il corpo umano possiede una pressione interna che, opponendosi alla pressione atmosferica esterna, ne equilibra gli effetti. Se in montagna compiamo una rapida ascensione con una funivia, possiamo sentire una sensazione fastidiosa proprio perché la pressione esterna diminuisce bruscamente e quindi su due lati del timpano si esercitano pressioni diverse.

barometro

Lo strumento per misurare la pressione atmosferica, che si ispira all'esperienza di Torricelli, è detto **barometro**.

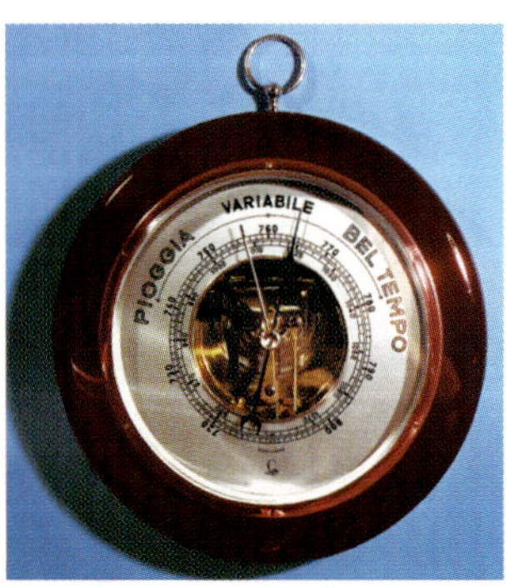

Nella tabella che segue riassumiamo le principali unità di misura della pressione (tra cui l'ettopascal usato in meteorologia), riferite al pascal.

Esempi: 1 bar = 10^5 Pa   1 atm = 1,013 bar

Tabella 3

unità di misura	conversione in pascal (Pa)
bar	10^5
millibar (mbar)/ettopascal (hPa)	10^2
atmosfera (atm)	$1{,}013 \cdot 10^5$
760 mm di mercurio (mm_{Hg})	$1{,}013 \cdot 10^5$

IN SINTESI

AUDIO

- La **pressione** è definita come il rapporto tra la forza applicata in direzione perpendicolare su una superficie e l'area di tale superficie; in formula, scriviamo:

$$p = \frac{F}{S}$$

- La pressione si misura con strumenti detti *manometri*. L'unità di misura SI della pressione è il **pascal** (simbolo: Pa; $1\,\text{Pa} = 1\,\frac{\text{N}}{\text{m}^2}$).
- Il termine **fluido** indica sia le sostanze liquide sia quelle aeriformi (gas e vapori).
- I **solidi** hanno forma e volume propri; i **liquidi** non hanno una forma propria, ma hanno volume proprio perciò sono *incomprimibili*; gli **aeriformi** non hanno né forma né volume proprio perciò sono *comprimibili*.
- La **densità** è definita come ρ (rho) $= \frac{m}{V}$.
- Due grandezze X e Y sono **inversamente proporzionali** quando:
  - il loro prodotto è costante (K);
  - la loro relazione è del tipo $Y = \frac{K}{X}$;
  - raddoppiando, triplicando ecc. l'una, l'altra diventa un mezzo, un terzo ecc.;
  - il loro grafico è un ramo di iperbole.
- Il **principio di Pascal** afferma che la pressione esercitata in un punto qualsiasi di un fluido si trasmette in ogni altro punto del fluido con la stessa intensità, indipendentemente dalla direzione.
  Un'applicazione del principio di Pascal è costituita dal torchio idraulico, per il quale vale la relazione:

$$\frac{F_1}{S_1} = \frac{F_2}{S_2}$$

- La **legge di Stevino**:

$$p = \rho \cdot g \cdot h$$

  stabilisce che la pressione è direttamente proporzionale:
  - alla densità ρ del fluido;
  - all'accelerazione di gravità g;
  - alla profondità h.
- Secondo il **principio dei vasi comunicanti** accade che il livello raggiunto dal fluido in essi contenuto è lo stesso, indipendentemente dalla loro forma.
- Il **principio di Archimede** afferma che un corpo immerso in un fluido riceve una spinta (S_A) diretta verso l'alto uguale al peso del volume di liquido spostato. In formula, la *spinta di Archimede* è:

$$S_A = P_{fluido} = \rho_{fluido} \cdot V \cdot g$$

  Un corpo *galleggia* se la sua densità media è minore o uguale rispetto a quella del fluido in cui è immerso:

$$\rho_{corpo} \leq \rho_{fluido}$$

- La **pressione atmosferica**, determinata tramite l'esperienza di Evangelista Torricelli, è al livello del mare pari alla pressione esercitata da una colonna di mercurio di altezza 760 mm, corrispondente a $1{,}013 \cdot 10^5$ Pa. Lo strumento per misurare la pressione atmosferica si chiama *barometro*.
  In meteorologia, per misurare la pressione si usa solitamente come unità di misura il millibar (mbar, o ettopascal, hPa), che è pari a 10^2 Pa.

STRUMENTI DI CONSOLIDAMENTO E VERIFICA

VERIFICHE

Vero-falso

1 Una ballerina classica esercita sul pavimento una pressione maggiore quando balla sulle punte rispetto a quando appoggia tutto il piede. V F

2 Due amici, Davide di massa 60 kg e Roberto di 70 kg, indossano sci identici. La pressione esercitata da Roberto è maggiore di quella esercitata da Davide. V F

3 Se due liquidi hanno la stessa massa, ma il primo ha un volume maggiore del secondo, è possibile dedurre che il primo è più denso del secondo. V F

4 Il principio dei vasi comunicanti è una conseguenza del principio di Pascal. V F

5 La pressione che un liquido esercita sul fondo del contenitore dipende dalla sua densità. V F

6 Se portassi un bicchiere colmo di acqua su Giove, aumenterebbe la pressione esercitata dall'acqua sul fondo del bicchiere stesso. V F

7 La spinta di Archimede è pari al peso del corpo immerso. V F

8 A parità di condizioni, la spinta di Archimede sulla Luna risulterebbe maggiore che sulla Terra. V F

9 Una mongolfiera resta sospesa in aria grazie alla spinta di Archimede. V F

10 Due grandezze sono inversamente proporzionali se il loro rapporto è costante. V F

Test a scelta multipla

1 L'unità di misura della pressione nel SI, il pascal, è definita come:

A N/cm^3
B kg/km
C kg/dm^2
D N/m^2

2 Indica la definizione corretta di densità:

A è il prodotto tra la forza peso del corpo e il suo volume
B è il rapporto tra la massa del corpo e il suo volume
C è il rapporto tra la pressione agente sul corpo e la costante *g* per la profondità
D è il prodotto tra la pressione atmosferica e la superficie esterna del corpo su cui essa agisce

3 Individua tra i seguenti enunciati quello relativo al principio di Pascal:

A La pressione su una superficie all'interno di un fluido è massima quando la superficie è orizzontale
B La spinta che un corpo immerso in un fluido riceve verso l'alto dipende in modo direttamente proporzionale dalla profondità
C La pressione all'interno di un fluido è direttamente proporzionale alla densità del fluido stesso
D La pressione entro un fluido si trasmette invariata in tutte le direzioni

4 La legge di Stevino mette in relazione:

A la pressione con la densità del fluido e la profondità
B la densità con la massa e il volume del fluido
C la forza con la profondità e la superficie unitaria
D la costante elastica di una molla con il peso applicato

5 Nei vasi comunicanti è uguale:

A il volume di fluido contenuto in ogni vaso
B il volume dei vasi, indipendentemente dal livello raggiunto dal fluido nei vasi stessi
C il livello raggiunto dai fluidi, ma solo se forma e dimensioni dei vasi sono le stesse
D il livello raggiunto dai fluidi, qualunque sia la forma dei vasi

6 Quale fra i seguenti enunciati è falso?

A La pressione entro un fluido si trasmette invariata in tutte le direzioni
B La pressione entro un fluido aumenta all'aumentare della densità
C La spinta di Archimede è diretta verso l'alto
D La pressione entro un fluido dipende unicamente dalla profondità

7 Se un corpo viene immerso in un liquido che ha una densità minore della sua, si ha che:

A il corpo galleggia perché la spinta di Archimede è superiore al peso del corpo
B il corpo rimane in equilibrio in una qualunque posizione entro il fluido in quanto il rapporto tra le densità del corpo e del fluido non influenza il galleggiamento
C il corpo affonda perché la spinta di Archimede è inferiore al peso del corpo
D il corpo può galleggiare solo se il rapporto tra la profondità a cui viene posto e l'altezza del liquido non supera il rapporto tra la densità del fluido e quella del corpo

8 Il torchio idraulico è un dispositivo che sfrutta:

A la legge di Stevino
B il principio di Pascal
C la spinta di Archimede
D la differenza di pressione

9 Qual è lo strumento che misura la pressione atmosferica?

A Barometro
B Termometro
C Sfigmomanometro
D Altimetro

10 Quale relazione fra le seguenti unità di misura di Pa è corretta?

A $1\ \text{Pa} = 1{,}013 \cdot 10^5\ \text{atm}$
B $1\ \text{atm} = 10^5\ \text{Pa}$
C $1\ \text{atm} = 1{,}013\ \text{bar}$
D $1\ \text{bar} = 10^{-5}\ \text{Pa}$

Applichiamo le conoscenze

Esercizi

6.1 La pressione

Nei prossimi esercizi, quando non specificato, si sottintende che l'accelerazione di gravità g sia quella terrestre, cioè 9,81 m/s².

1 Perpendicolarmente a una sezione circolare di area pari a 25 cm² agisce una forza di 5 N. Calcola la pressione che si ha sulla superficie. [2000 Pa]

Per lo svolgimento dell'esercizio, completa il percorso guidato, inserendo gli elementi mancanti dove compaiono i puntini.

1 I dati sono: ....

2 Le unità di misura sono coerenti con quelle del SI?

....

3 In caso di risposta negativa, esegui le equivalenze necessarie: ....

....

4 La formula da usare, dato che ti viene richiesta la pressione, è: p = ...

5 Sostituisci nella formula i dati, trovando perciò:

p = ... = ...

2 Hai due parallelepipedi uguali di massa 3 kg, ma posti in posizione diversa.

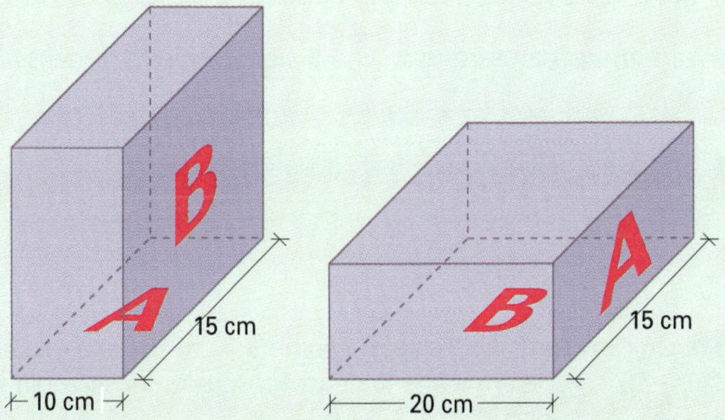

a) Esercita una pressione maggiore il parallelepipedo appoggiato sulla faccia *A* o quello sulla faccia *B*?
Calcola la pressione esercitata dal parallelepipedo appoggiato sulla faccia *A*.

b) Se sovrapponi a tale parallelepipedo il secondo in modo che la faccia appoggiata sia sempre *A*, come varia la pressione?

c) Esiste un modo per far sì che la pressione esercitata dai due parallelepipedi sovrapposti sia uguale a quella esercitata da un solo parallelepipedo appoggiato sulla faccia *A*?

Suggerimenti Se conosci la massa, per calcolare il peso devi utilizzare la formula $P = m \cdot g$...

[*a*) 1962 Pa; *b*) 3924 Pa; *c*) Sì, basta...]

3 Completa la seguente tabella.

forza (N)	10	20	...	80
superficie (m²)	1	5	4	...
pressione (Pa)	10	...	50	5

Suggerimenti Per le formule inverse vedi **NonsoloMatematica**. MATEMATICA

4 Sono dati 3 volumi di un'enciclopedia uguali tra loro, ciascuno dei quali con massa di 2 kg.

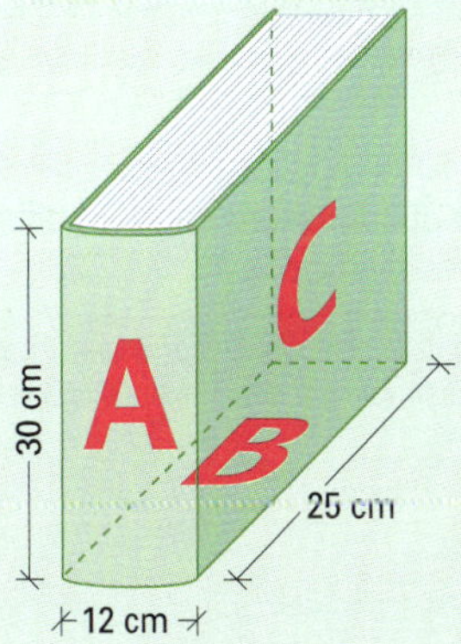

a) Calcola la pressione quando un volume è appoggiato sulla faccia *A*.

b) Calcola la pressione quando un volume è appoggiato sulla faccia *B*.

c) Calcola la pressione quando un volume è appoggiato sulla faccia *C*.

d) Supponendo di dover sovrapporre i tre volumi appoggiandoli su un tavolo su una faccia a tuo piacere, determina la pressione massima e minima che essi possono esercitare.

Suggerimenti Se conosci la massa, per calcolare il peso devi utilizzare la formula $P = m \cdot g$...

[*a*) 545 Pa; *b*) 654 Pa; *c*) 261,6 Pa]

5 Una donna di massa 63 kg indossa un paio di scarpe sportive di estensione complessiva pari a 360 cm^2.

a) Quale pressione esercita sul terreno?

b) Se indossa scarpe con tacco a spillo la pressione aumenta o diminuisce?

[$17{,}2 \cdot 10^3$ Pa]

6 Un laghetto ghiacciato può sopportare al massimo una pressione di 2,1 N/cm^2. Marco di 75 kg vorrebbe attraversarlo tenendo sulle spalle suo figlio Luigi di 22 kg.

a) Perché se l'area d'appoggio dei piedi di Marco è 420 cm^2 sprofonda? Motiva la risposta.

b) Quale dovrebbe essere l'area d'appoggio dei suoi piedi per riuscirci?

Suggerimenti A partire dalla definizione di pressione, ricava la formula inversa necessaria...

[453 cm^2]

7 Su una superficie circolare con diametro di 740 mm agisce, in direzione perpendicolare, una forza di 250 N. Calcola la pressione. Supponendo che la forza sia distribuita uniformemente sulla superficie, che cosa succede alla pressione se il diametro diventa la metà?

Suggerimenti Ricordati che l'area del cerchio è data da πr^2.

[581 Pa]

8 Su una superficie rettangolare con base *b* di 20 cm e altezza *h* di 12 cm si ha una pressione pari a 0,045 bar. Calcola la forza che agisce perpendicolarmente sulla superficie.

[108 N]

9 Su una superficie circolare di diametro 30 cm si ha una pressione pari a 180 Pa. Calcola la forza che agisce perpendicolarmente sulla superficie.

[12,7 N]

10 Una forza di 40 N, applicata perpendicolarmente su una superficie di forma quadrata, provoca una pressione di 500 Pa. Calcola il lato della superficie.

Suggerimenti A partire dalla definizione di pressione, ricava la formula inversa necessaria. Stesso discorso vale per determinare il lato del quadrato, una volta nota la sua area...

[28,3 cm]

11 ***ENGLISH*** A girl of mass 55 kg stands on one stiletto heel of area $0.25 \cdot 10^{-4}$ m^2, and an elephant of mass 4,800 kg stands on one foot of area $2.5 \cdot 10^{-2}$ m^2. Calculate the pressure that each exerts on the ground.

[Girl: $21 \cdot 10^6$ Pa; elephant: $1.9 \cdot 10^6$ Pa; the pressure exerted by the girl is more than 10 times of that exerted by the elephant!]

12 ***ENGLISH*** When a force of 1,000 N is applied in a perpendicular direction to a rectangular surface, the exerted pressure is $2.5 \cdot 10^4$ Pa. If the width of the rectangle is 25 cm, calculate its height.

[16 cm]

6.2 La densità

13 Sono date due sfere *A* e *B* di ferro. La sfera *A* ha raggio *r*, la *B* raggio 2*r*. Individua la sfera avente:

a) massa maggiore;

b) volume maggiore;

c) densità maggiore.

14 Nei contenitori *A* e *B* di volume uguale si trovano due liquidi diversi. La massa del liquido contenuto in *A* è maggiore della massa di quello contenuto in *B*.

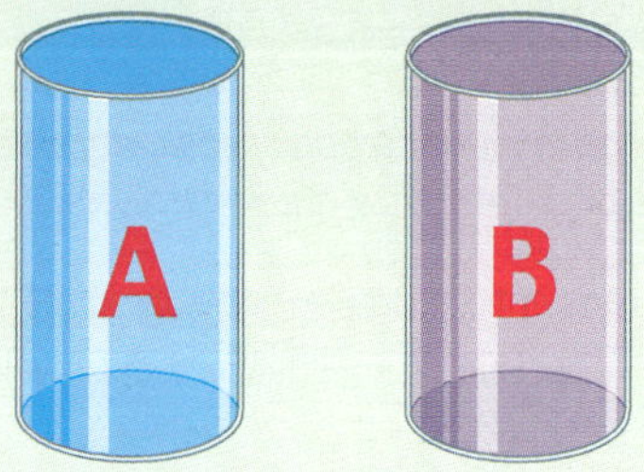

a) Quale dei due liquidi ha la densità maggiore?

b) Spiega che cosa significa che un liquido è più denso di un altro.

15 Calcola la densità di un corpo la cui massa, contenuta in un volume di $5 \cdot 10^{-2}$ m^3, ammonta a 135 kg. La sua densità è maggiore o minore di quella dell'acqua?

[2700 kg/m^3]

Per lo svolgimento dell'esercizio, completa il percorso guidato, inserendo gli elementi mancanti dove compaiono i puntini.

1 I dati sono: ....

2 Le unità di misura sono coerenti con quelle del SI?

....

3 In caso di risposta negativa, esegui le equivalenze necessarie: ....

4 La formula da usare, dato che ti viene richiesta la densità, è: ρ = ...

5 Sostituisci nella formula i dati, trovando perciò:

ρ= .... = ...

16 Un campione di sangue di volume 3,5 cm^3 ha una massa pari a 3,71 g. Determinane la densità. A quale densità nota il suo valore è molto vicino?

Suggerimenti Ricordati di trasformare, se necessario, le unità di misura delle grandezze in quelle del SI...

[1060 kg/m^3]

17 Completa la seguente tabella.

massa (kg)	10	150	...	...	120	200
volume (m^3)	1	0,01	0,02	0,5	...	...
densità (kg/m^3)	...	...	10^4	2	30	50

a) Quale relazione di proporzionalità vi è tra massa e densità, a parità di volume?

b) Quale relazione di proporzionalità vi è tra volume e densità, a parità di massa?

18 Osserva la seguente figura.

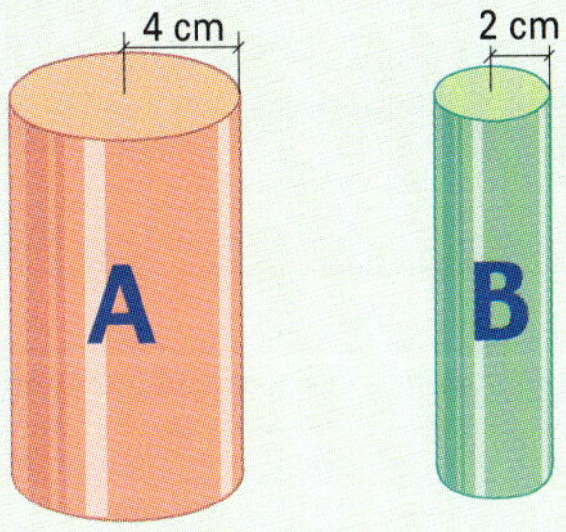

I due solidi sono della stessa altezza e hanno entrambi massa 5 kg.

a) Quale dei due ha maggior densità?

b) Quale massa dovrebbe avere il secondo, affinché i due solidi abbiano la stessa densità?

Suggerimenti **L'altezza dei cilindretti non è data, per cui puoi attribuirle tu un valore arbitrario a piacere... Come mai?**

[1,25 kg/m^3]

19 In una bombola vi sono 10 l di un gas di massa $5 \cdot 10^{-3}$ kg ($5 \cdot 10^{-3}$ significa $5/1000 = 0,005$).

a) Qual è la densità del gas?

b) Se la massa del gas raddoppiasse a parità di volume, la sua densità aumenterebbe o diminuirebbe?

Suggerimenti **1 l individua un volume di 1 dm^3.**

[*a*) 0,5 kg/m^3]

20 Un gas è contenuto in un cilindro a pistone mobile. Il cilindro ha un diametro di 24 cm e un'altezza di 32 cm. La massa del gas contenuto è 2 g.

a) Qual è la densità del gas?

b) Se il pistone si alzasse di 8 cm, quale diventerebbe la densità del gas?

c) Di quanto si dovrebbe alzare il pistone affinché la densità iniziale si dimezzi?

[*a*) 0,14 kg/m^3; *b*) 0,11 kg/m^3; *c*) 64 cm]

21 Sapendo che la densità di un corpo ha il valore di $0,58 \cdot 10^3$ kg/m^3 (legno di abete) e che la sua massa è pari a 113,68 kg, determinane il volume in dm^3.

Suggerimenti **A partire dalla definizione di densità, ricava la formula inversa necessaria...**

[196 dm^3]

22 Sapendo che la densità di un corpo ha il valore di $0,27 \cdot 10^3$ kg/m^3 (alluminio) e che la sua massa è pari a 66,15 kg, determinane il volume in dm^3.

[245 dm^3]

23 Un cilindro omogeneo di gesso (densità $2,32 \cdot 10^3$ kg/m^3) ha un diametro di 5 cm e un'altezza di 12 cm. Calcola la sua massa.

Suggerimenti **A partire dalla definizione di densità, trova la formula inversa necessaria, nella quale l'incognita geometrica residua è ricavabile dai dati...**

[0,55 kg]

24 Un cono omogeneo di ghiaccio (densità $9,17 \cdot 10^2$ kg/m^3) ha un diametro di 8 cm e un'altezza di 15 cm. Calcola la sua massa.

Suggerimenti **Ricorda la formula del volume del cono $V = \frac{\pi r^2 \cdot h}{3}$ ...**

[230 g]

25 ***ENGLISH*** Calculate the mass of ocean water (density = $1.030 \cdot 10^3$ kg/m^3) contained in a cylinder, with height = 1.2 m and base radius = 40 cm.

[621 kg]

26 ***ENGLISH*** Given that the air in a building has a density of $1.18 \cdot 10^{-3}$ kg/m^3, how much does the air weigh in a room measuring 3.5 m wide by 4.0 m long by 2.8 m high?

[0.45 N]

6.3 Le grandezze inversamente proporzionali

27 In una ditta un qualsiasi piastrellista è in grado di montare in 30 minuti 1 m^2 di un determinato tipo di pavimento. Occorre piastrellare il pavimento di un salone di 240 m^2.

a) Se la ditta impiega 1 piastrellista, quanto tempo occorre per finire il pavimento?

b) Se la ditta impiega 2 piastrellisti, quanto tempo occorre per finire il pavimento?

c) Completa la seguente tabella.

n. piastrellisti	1	2	3	4	5	6
tempo impiegato (h)	120	...	...	...	...	...

d) Che relazione intercorre tra il numero dei piastrellisti e il tempo impiegato?

[*a*) 120 h; *b*) 60 h]

28 È data la relazione $X \cdot Y = 20$.

a) In quali altri modi può essere scritta la relazione?

b) È corretto affermare che aumentando X diminuisce Y? Motiva la risposta.

c) Completa la seguente tabella.

X	1	2	...	...	10	20
Y	...	...	5	4	...	...

29 È data la relazione $Y = 50/X$.

a) Scrivi la relazione in altri due modi.

b) Completa la seguente tabella.

X	2	5	...	...	50
Y	...	...	5	2	...

c) Rappresentala graficamente.

30 Osserva il seguente grafico.

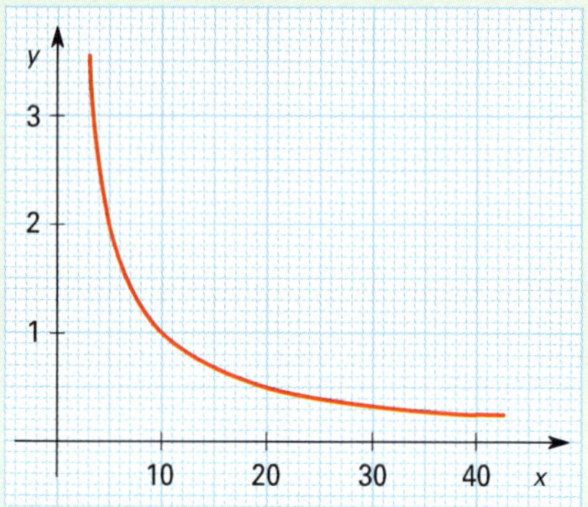

a) Utilizzando le informazioni ricavabili dal grafico, completa la seguente tabella:

X	10	20	...	...
Y	...	...	0,50	0,25

b) Di che tipo di proporzionalità si tratta?

c) Completa l'equazione $Y = .../X$ inserendo il dato numerico mancante.

31 Riconosci quali delle seguenti tabelle rappresentano grandezze inversamente proporzionali e quali no.

Tabella *A*

X	4	8	12	16	...
Y	1/2	1	3/2	2	...

Tabella *B*

X	5	10	15	20	...
Y	1,2	0,6	0,4	0,3	...

Tabella *C*

X	0,1	0,2	0,3	0,4	...
Y	1/3	1/6	1/9	1/12	...

[*A*: no; *B*: sì; *C*: sì]

32 Completa le seguenti tabelle in modo che *X*, *Y* risultino grandezze inversamente proporzionali:

Tabella *A*

X	0,5	...	...	2	...
Y	30	...	...	...	...

Tabella *B*

X	5	...	...	...	...
Y	4/5	...	...	1/5	...

Tabella *C*

X	0,6	...	...	...	...
Y	3,6	...	...	0,9	...

33 ***ENGLISH*** It takes 48 hours for 6 strawberry pickers to clear a field. How many hours will be required for 12 pickers to complete the same job? Write the equation linking the number of pickers to the required number of hours. Complete the table below and plot the data. What kind of graph do you obtain?

pickers	3	6	12	...
hours	...	48	...	12

6.4 Il principio di Pascal

34 In un torchio idraulico due pistoni separati da un fluido hanno diametro rispettivamente di 25 cm e 7,5 cm. Se sul primo viene applicata una forza di 50 N, trova quale forza si trasmette al secondo pistone. Quanto vale la pressione che sollecita i pistoni? [4,5 N; 1019 Pa]

Per lo svolgimento dell'esercizio, completa il percorso guidato, inserendo gli elementi mancanti dove compaiono i puntini.

1 I dati sono: ....

2 La formula da usare, dato che ti viene richiesta la forza che agisce sul pistone più piccolo, è: $F_2 =$ ....

3 Calcola l'area delle due superfici:
$S_1 =$ ...., $S_2 =$ ....

4 Sostituisci nella formula i dati, trovando perciò:
$F_2 =$ .... = ...

35 Dimensiona un cilindro di un torchio idraulico, cioè stabilisci quale deve essere il diametro, in modo tale che, se su un pistone di superficie pari a 0,025 m^2 viene applicata una forza di 500 N, esso possa trasmettere una forza di 9500 N.

Suggerimenti A partire dalla relazione che lega forze e superfici secondo il principio di Pascal, ricava da essa la grandezza necessaria. Il diametro lo ottieni poi applicando la formula inversa relativa all'area del cerchio...

[77,8 cm]

36 Con un torchio idraulico vogliamo quadruplicare una forza di 125 N. Sapendo che il diametro del pistone a cui si applica la forza è di 10 cm, stabilisci quale deve essere il diametro del secondo pistone.

[20 cm]

37 Osserva il seguente torchio idraulico.

L'area del pistone *A* sia 1/4 di quella del pistone *B*.

a) Se si esercita sul pistone *A* una forza di 800 N, quale forza si trasmette al pistone *B*?

b) Quale forza occorre esercitare su *A* affinché su *B* si trasmetta una forza di 6000 N?

[*a*) 3200 N; *b*) 1500 N]

38 Osserva il torchio idraulico rappresentato nell'esercizio precedente. Supponiamo che le aree dei pistoni *A* e *B* risultino rispettivamente di 150 cm^2 e di 450 cm^2.

a) Se si esercita sul pistone *A* una forza di 200 N, quale forza si trasmette al pistone *B*?

b) Se la forza che si esercita sul pistone *B* è 300 N, quale deve essere l'area del pistone *A* per ottenere di dimezzare tale forza?

[*a*) 600 N; *b*) 225 cm^2]

39 ***ENGLISH*** In an hydraulic press, the diameter of the smaller piston is 6 cm and that of the larger piston is 30 cm. What force on the smaller causes the larger piston to exert a compressive force of 600 N?

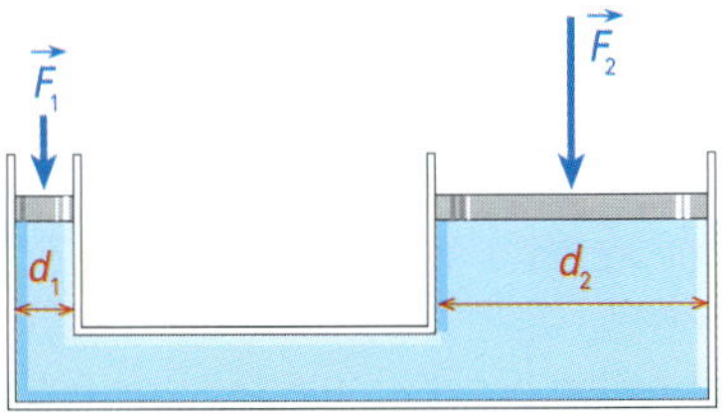

[24 N]

6.5 La legge di Stevino e i vasi comunicanti

40 Calcola, riportando la pressione in bar, la pressione a una profondità di 120 cm in un fluido che ha una densità di $0{,}80 \cdot 10^3$ kg/m^3.

[0,094 bar]

Per lo svolgimento dell'esercizio, completa il percorso guidato, inserendo gli elementi mancanti dove compaiono i puntini.

1 I dati sono: ....

2 Le unità di misura sono coerenti con quelle del SI?

....

3 In caso di risposta negativa, esegui le equivalenze necessarie: ....

4 La formula da usare, ricorrendo alla legge di Stevino, è:

p = ...

5 Sostituisci nella formula i dati, trovando perciò:

p = ... = ...

41 In un grosso contenitore di olio (densità uguale a $0{,}92 \cdot 10^3$ kg/m^3) alto 3 m, calcola la pressione a 1 m dal fondo e sul fondo stesso.

[18 050 Pa; 27 076 Pa]

42 Hai un recipiente cilindrico alto 1 m contenente acqua. Completa la seguente tabella dove l'altezza è quella della colonna d'acqua calcolata a partire dalla superficie libera e non dal fondo del recipiente.

altezza (cm)	10	30	40	80
pressione (Pa)	...	...	...	...

a) Nell'ultimo caso della tabella, a quale distanza si è dal fondo del recipiente?

b) Qual è la pressione esercitata dall'acqua sul fondo del recipiente?

c) Quale tipo di proporzionalità intercorre tra altezza e pressione?

[*b*) 9810 Pa]

43 Osserva la seguente ampolla colma di olio di oliva ($\rho = 0{,}92 \cdot 10^3$ kg/m^3).

a) Qual è la pressione esercitata dall'olio sul tappo?

b) Qual è la pressione esercitata dall'olio sul fondo dell'ampolla?

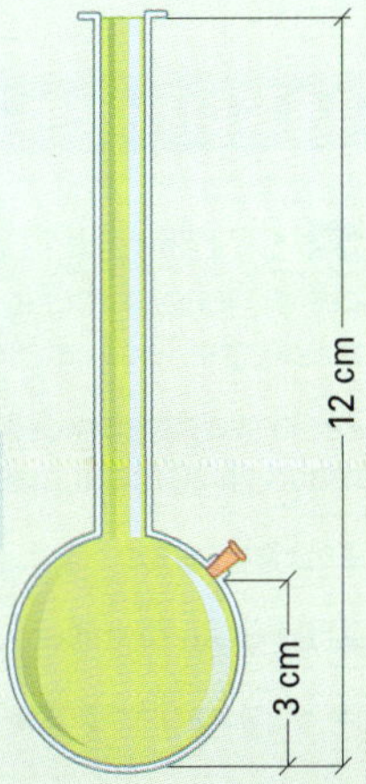

Suggerimenti Ricordati che l'altezza del fluido va considerata a partire dalla...

[*a*) 812 Pa; *b*) 1083 Pa]

44 Si progetta per un acquario un'enorme vasca d'acqua con una parete trasparente.

a) La sezione del vetro è di spessore crescente. Spiega il motivo.

b) Per il calcolo dello spessore del vetro occorre tenere conto dell'ampiezza della vasca?

c) Se l'altezza della vasca deve essere di 8 m, qual è la massima pressione a cui il vetro sarà sottoposto?

[78 480 Pa]

45 Il fondo di un'ampolla può sopportare al massimo una pressione di 10 000 Pa. Quale altezza massima può raggiungere nell'ampolla una colonnina di mercurio senza che essa esploda?
[7,5 cm]

46 Calcola a quale profondità si deve scendere entro un fluido la cui densità è di $1{,}49 \cdot 10^3$ kg/m^3, affinché si abbia una pressione di $2 \cdot 10^4$ Pa.

Suggerimenti A partire dalla legge di Stevino, ricava la formula inversa necessaria...

[1,37 m]

47 Determina a quale profondità si deve scendere nell'oceano (densità pari a $1{,}030 \cdot 10^3$ kg/m^3) affinché si sia soggetti a una pressione di $5{,}05 \cdot 10^5$ Pa.
[50 m]

48 Nel Sole alla profondità di 50 m dalla superficie si registra una pressione di $1{,}92888 \cdot 10^7$ Pa; calcola la densità media di questa stella, sapendo che l'accelerazione di gravità è 273,6 m/s^2.
[1410 kg/m^3]

49 Individua la densità di una sostanza, sapendo che in un contenitore alla profondità di 5 cm vi è una pressione di 6671 Pa.
[$13{,}6 \cdot 10^3$ kg/m^3]

50 ***ENGLISH*** Calculate the depth below the surface of ocean water where the total pressure is $1.105 \cdot 10^8$ Pa. Density of ocean water is 1.025 g/cm^3.
[11.0 km]

51 ***ENGLISH*** A bottle is filled with glycerine (density $\rho = 1.261$ kg/m^3). Its height is 30 cm. Calculate the pressure exerted by glycerine on the bottom of the bottle.
[$3.7 \cdot 10^3$ Pa]

6.6 Il principio di Archimede

52 Un corpo che ha un volume di un milione di centimetri cubici viene immerso nell'acqua. Quanto vale la spinta di Archimede che l'acqua esercita su di esso?
[9810 N]

Per lo svolgimento dell'esercizio, completa il percorso guidato, inserendo gli elementi mancanti dove compaiono i puntini.

1 I dati sono: ....

2 Le unità di misura sono coerenti con quelle del SI? ....

3 In caso di risposta negativa, esegui le equivalenze necessarie: ....

4 La densità dell'acqua è un dato implicito (vedi tabella 1 di questa Unità):

ρ_{acqua} = ...

5 La formula da usare, ricorrendo al principio di Archimede, è S_A = ...

6 Sostituisci nella formula i dati, trovando perciò:

S_A = ... = ...

53 Una palla con raggio di 4 cm viene immersa prima nell'acqua, poi nell'olio (densità $0{,}92 \cdot 10^3$ kg/m^3) e infine nel mercurio (densità $1{,}360 \cdot 10^4$ kg/m^3). Quanto valgono le spinte di Archimede che i rispettivi fluidi esercitano su di essa?

Suggerimenti Ricordati la formula del volume della sfera: $V = \frac{4}{3}\pi r^3$. Per il resto procedi come nel caso dell'Esercizio 52...

[2,6 N; 2,4 N; 35,8 N]

54 Sono date due sfere *A* e *B* entrambe di volume 1 m^3. La sfera *A* è di ferro, *B* è d'oro.

a) Se vengono immerse in acqua ricevono la stessa spinta? Motiva la risposta.

b) Se *A* viene immersa nella benzina, riceve la stessa spinta che riceveva in acqua?

c) Calcola la spinta che riceve *A* prima in acqua e poi nella benzina.

[9810 N; 6867 N]

55 Abbiamo alcuni cubi di ferro con lato crescente (vedi tabella).

a) Determina al variare del lato la spinta che essi ricevono in acqua.

lato (cm)	1	2	4	8
spinta (N)	...	...	...	...

b) Se i cubi fossero stati di marmo, che cosa sarebbe cambiato nella spinta? Motiva la risposta.

56 È data una sfera di legno di raggio 10 cm.

a) Calcola la spinta che riceve immersa in acqua, olio, mercurio.

b) Se il raggio della sfera aumenta, la spinta cambia? Motiva la risposta.

[41 N; 38 N; 560 N]

57 Sono dati un tappo di sughero dal volume di 1 cm^3 e un sasso dal volume di 10 cm^3.

a) Se li immergi entrambi nell'acqua chi riceve una spinta maggiore?

b) Chi dei due galleggia? Motiva la risposta.

58 A una fiera un bambino ha comprato un palloncino di raggio 15 cm gonfiato con idrogeno e lo trattiene legato mediante una cordicella.

a) Riesci a spiegare perché il palloncino vola via se non è opportunamente trattenuto?

b) Perché questo non accade quando gonfi un palloncino utilizzando la stessa aria che respiri?

c) Quale spinta riceve il palloncino quando si trova in aria? (Considera il palloncino come se fosse una sfera).

d) Utilizzando la tabella 1, relativa alla densità, elenca tutti i gas con cui potrebbe essere gonfiato per ottenere un effetto analogo a quello ottenuto con l'idrogeno.

[*c*) 0,18 N]

59 Calcola la densità di un fluido, sapendo che immergendo in esso un corpo di volume pari a 64 cm^3, quest'ultimo subisce una spinta verso l'alto di 0,70 N.

Suggerimenti A partire dalla formula che esprime il principio di Archimede, scrivi la formula inversa per trovare...

[1115 kg/m^3]

60 Immergiamo un lingottino d'oro (densità uguale a 1,93 · 10^4 kg/m^3) di massa 243,6 g in un fluido. Calcola la densità del fluido, sapendo che il lingottino subisce una spinta verso l'alto di 0,13 N.

Suggerimenti A partire dalla definizione di densità, trova il dato del lingottino necessario per utilizzare poi il principio di Archimede...

[1050 kg/m^3]

61 Un corpo immerso nell'olio (densità 0,92 · 10^3 kg/m^3) subisce una spinta verso l'alto di 2254 N. Determina il volume del corpo immerso in dm^3.

[250 dm^3]

62 Un cubo immerso nel mercurio (densità uguale a 13,6 · 10^3 kg/m^3) subisce una spinta verso l'alto di 1067 N. Determina il lato del cubo.

[2 dm]

63 Abbiamo misurato che una sfera, il cui raggio è di 3 cm, riceve, se immersa in acqua, una spinta verso l'alto di 0,183 N. Stabilisci, motivando la risposta, se ci troviamo sulla superficie della Terra oppure su una base posta sulla Luna.

Suggerimenti Tieni presente che la Luna ha una massa più piccola di quella terrestre e che perciò su di essa l'accelerazione di gravità è minore (un po' meno di $\frac{1}{6}$ di quella terrestre)...

[g = 1,62 m/s^2, quindi...]

64 Si vuole che un corpo immerso nell'acqua subisca una spinta di Archimede in modo tale che il suo peso diminuisca di un ventesimo. Sapendo che il suo peso reale (vale a dire in aria) è di 500 N, quale deve essere allora il suo volume?

[2,55 dm^3]

65 ***ENGLISH*** An object weighs 200 N in the air, but when it is completely immersed in water, its weight is only 110 N. Calculate its volume.

Hint The buoyancy is the difference between the weight of the body in the air and its weight in water. After calculating the buoyancy, apply the reverse formula to calculate the volume V from Archimedes' principle;

[$V = 9.2 \cdot 10^{-3}$ m^3]

66 ***ENGLISH*** A cubic object has an edge length of 20 cm. If it is placed in an unknown fluid, the buoyancy is 99 N. Calculate the density of the unknown fluid.

[1.261 g/cm^3 – it's glycerine]

Problemi

PER COSTRUIRE LE COMPETENZE

La risoluzione dei problemi richiede la conoscenza degli argomenti trasversali a più paragrafi. Con il pallino sono contrassegnati i problemi che presentano una maggiore complessità.

1 Calcola la pressione entro un fluido a una profondità di 1,991 km, sapendo che una massa di tale fluido di 5120 kg occupa un volume di 5 m^3.

[200 bar]

• **2** In un fluido si registra a una profondità di 15 m una pressione di 1,23 atm. Di quanti metri bisogna risalire affinché la pressione divenga di 0,85 atm?

Suggerimenti Una via alternativa alla risoluzione del problema consiste nel ragionare sulla legge di Stevino e riflettere sulla diretta proporzionalità fra la pressione e...

[4,6 m]

• **3** I due vasi comunicanti rappresentati in figura sono occupati in parte da acqua e in parte da mercurio. Sapendo che la densità del mercurio è di 13 600 kg/m^3 e che la sua altezza rispetto alla membrana scorrevole di separazione T è di 25 cm, determina l'altezza della colonna d'acqua necessaria per equilibrare quella di mercurio.
Se le due superfici S_1 ed S_2, anziché uguali, fossero state l'una il doppio dell'altra, in quale modo sarebbe cambiato il risultato?

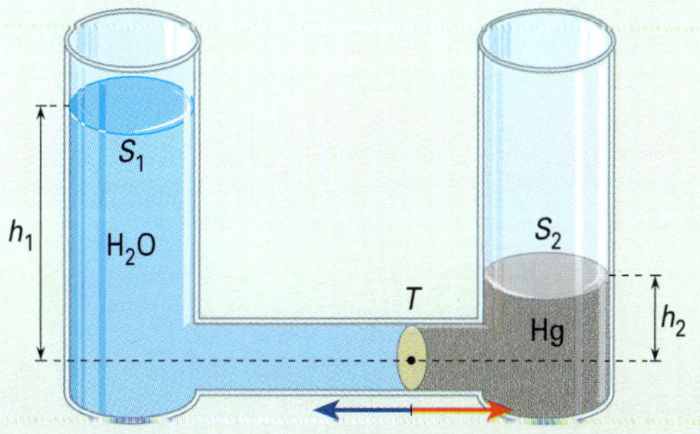

Suggerimenti Devi partire dalla legge di Stevino, applicandola sia all'acqua sia al mercurio. Quindi, ricorrendo a un'altra legge, ti accorgerai che resta una sola incognita, cioè proprio quella che stai cercando...

[3,40 m]

• **4** È stata eseguita la seguente prova sperimentale. Una sfera di ottone di diametro pari a 6 cm è stata immersa in un fluido di natura non nota. Tramite un dinamometro, hai rilevato che il peso della sfera è di 9,40 N. Dopo averla immersa nel fluido trovi che, invece, il suo peso apparente ammonta a 8,00 N.
Determina la densità del fluido incognito.

[1,26 · 10^3 kg/m^3]

5 Una massa di fluido pari a 190 kg occupa un volume di 0,25 m^3. La pressione che esso esercita sul fondo del contenitore cilindrico è di 9500 Pa.
Trova la superficie del fondo.

Suggerimenti Puoi trovare una via rapida alla soluzione ricorrendo direttamente alla definizione di pressione...

[0,20 m^2]

• **6** Siamo atterrati su un pianeta sconosciuto. La temperatura è ragionevole (25 °C), ma la pressione al suolo è dieci volte quella terrestre.
Vogliamo studiare un lago formato da uno strano liquido sul quale raccogliamo i seguenti dati:

- un volume di 0,50 dm^3 di fluido contiene una massa di 301 g;
- a un metro e mezzo di profondità nel lago su un disco di ferro (densità uguale a $7{,}88 \cdot 10^3$ kg/m^3) di area 0,25 dm^2 si esercita una forza di 58,72 N.

Vogliamo trovare l'accelerazione di gravità g del pianeta.

Suggerimenti Non farti confondere dai dati sovrabbondanti...

[26 m/s^2]

7 Una sfera d'acciaio (densità dell'acciaio $7{,}8 \cdot 10^3$ kg/m^3) è stata immersa in un fluido (densità $1{,}26 \cdot 10^3$ kg/m^3) e il suo peso apparente è risultato essere di 2,8 N. Considerato che la massa della sfera è pari a 856 g, stabilisci se la sfera è cava oppure no.

[$\rho_{sfera} = 1{,}89 \cdot 10^3$ kg/m^3...]

8 Un tubo molto lungo, chiuso alle due estremità, nel quale è stato fatto il vuoto, viene posto verticalmente con un'estremità immersa entro un contenitore al cui interno si trova dell'acqua. Determina fino a quale altezza, rispetto al livello del liquido nel contenitore, sale l'acqua nel tubo quando viene aperta l'estremità immersa.

Suggerimenti Responsabile del fenomeno è sempre la pressione atmosferica che agisce sulla superficie libera di acqua nel contenitore...

[10,33 m]

9 Il pistone 1 ha un diametro di 5 cm, mentre il pistone 2 ha un diametro di 11,3 cm.
Sapendo che la molla ha una costante elastica di 1200 N/m, determina la massa che si deve disporre sul pistone 1 per fare in modo che la molla risulti allungata di 8 cm rispetto alla sua lunghezza a riposo.

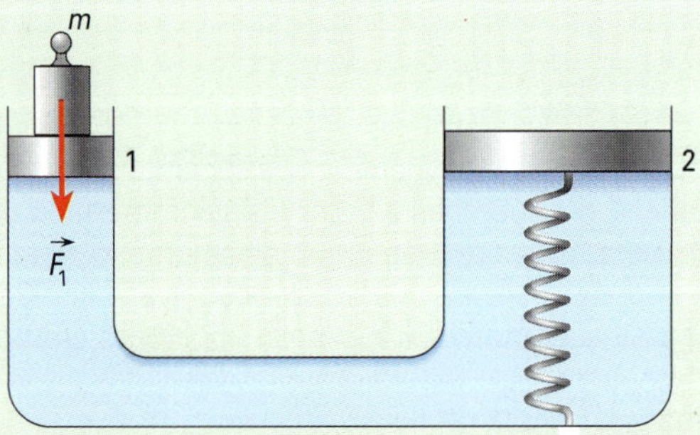

[1,92 kg]

• **10** Una sfera di acciaio (densità $7{,}8 \cdot 10^3$ kg/m^3), agganciata a una molla con costante elastica 40 N/m, si trova immersa in un fluido la cui massa di 725 g occupa un volume di 500 ml (detersivo liquido). La sfera ha a sua volta una massa di 110 g. Trova l'allungamento della molla.

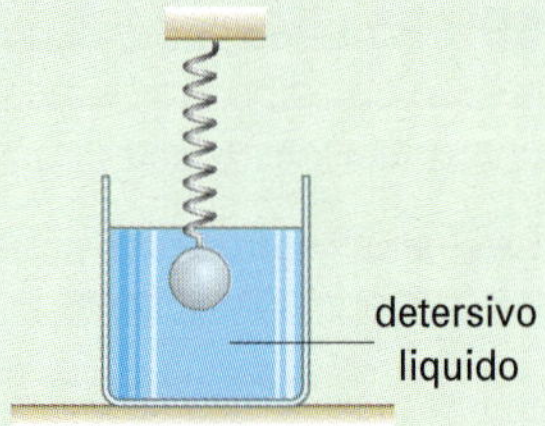

[2,2 cm]

11 Una mongolfiera di 8 m di raggio (da immaginare di forma perfettamente sferica) ha un carico complessivo, esclusa l'aria al suo interno, di 715 kg. Sapendo che l'aria esterna ha una densità di 1,293 kg/m^3, per far sì che la mongolfiera possa sollevarsi dal suolo è sufficiente riscaldare l'aria interna in modo tale che la sua densità divenga di 0,850 kg/m^3?

[spinta di Archimede: 27 200 N; peso complessivo: 24 900 N...]

12 Pervieni alla scrittura della misura della pressione dovuta a una forza di (160 ± 5) N, la quale agisce perpendicolarmente su una superficie la cui area vale (5,6 ± 0,2) cm^2.

[(2,9 ± 0,2) dm^3]

• **13** Calcola il volume e la sua incertezza, scrivendo la misura con i corretti arrotondamenti, relativamene a un solido, sapendo che il suo peso in aria, misurato con il dinamometro, è (45,0 ± 0,1) N, mentre nell'acqua diventa (38,5 ± 0,1) N. La densità dell'acqua è (1000 ± 1) kg/m^3 e il valore della costante g è invece (9,81 ± 0,01) m/s^2.

[(0,66 ± 0,03) dm^3]

14 ***ENGLISH*** A man, with a mass of 80 kg, is standing on the snow. Calculate the pressure exerted by him:

a) when he's wearing shoes, each one having an area of 1.8 dm^2;

b) when he's wearing snow rackets, each one having an area of 6.5 dm^2.

[*a*) $2.2 \cdot 10^4$ Pa; *b*) $0.6 \cdot 10^4$ Pa]

15 ***ENGLISH*** A student measures the density of an object; he repeats the measurement 4 times and obtains the following results (expressed in g/cm^3): 2.7; 3.0; 3.3; 3.1.

a) Calculate the average density.

b) If the object has a mass of 90 g, what is its volume?

c) Calculate the buoyancy of that object when it is immersed in olive oil (density 0.92 g/cm^3).

[*a*) 3.03 g/cm^3; *b*) 30 cm^3; *c*) 0.27 N]

Le forze e il moto

Competenze

Unità 7
Moto rettilineo uniforme
- Applicazione della legge oraria del moto uniforme
- Tracciamento del grafico spazio-tempo a partire dalla legge oraria del moto
- Valutazione delle conseguenze della proporzionalità diretta
- Determinazione della pendenza della retta nel grafico spazio-tempo
- Trasformazione in km/h della velocità espressa in m/s e viceversa

Unità 8
Moto rettilineo uniformemente accelerato
- Applicazione delle leggi del moto uniformemente accelerato
- Tracciamento del grafico di grandezze legate alla proporzionalità quadratica
- Determinazione della pendenza della retta nel grafico velocità-tempo
- Tracciamento del grafico spazio-tempo

Unità 9
Moti non rettilinei
- Applicazione delle leggi del moto circolare uniforme
- Tracciamento del grafico di grandezze inversamente proporzionali
- Valutazione delle conseguenze della proporzionalità inversa
- Applicazione delle leggi del pendolo

Unità 10
Principi della dinamica
- Valutazione della relazione reciproca tra forza, massa e accelerazione
- Interpretazione del grafico forza-accelerazione e di quello massa-accelerazione
- Utilizzo del secondo e del terzo principio per risolvere situazioni problematiche

Unità 11
Forze applicate al movimento
- Applicazione delle leggi del moto rettilineo uniformemente accelerato al caso della caduta libera e del piano inclinato
- Determinazione del peso di un corpo
- Valutazione della forza centripeta

Unità 12
La gravitazione universale
- Calcolo della forza di attrazione gravitazionale
- Uso delle leggi fisiche per lo studio delle caratteristiche del sistema solare

Lezione multimediale

UNITÀ 7 Moto rettilineo uniforme

VIDEO LAB

7.1 La velocità

Qual è il significato della parola «movimento»? La risposta non è semplice come potrebbe sembrare. In una situazione come quella della figura, per esempio, Elisa è ferma dal punto di vista di Davide, ma si muove dal punto di vista di Andrea.

Ogni volta che vogliamo rispondere alla domanda se un corpo si stia muovendo oppure no, bisogna precisare... *rispetto a che cosa*. Nel linguaggio comune, quando si parla di **movimento**, ci si riferisce alla Terra che costituisce, quindi, il **sistema di riferimento** abituale.
Ma si possono ovviamente scegliere sistemi di riferimento diversi.

movimento

Essere in **movimento** significa cambiare la propria posizione nel tempo rispetto a un determinato **sistema di riferimento**.

Un sistema di riferimento usato abitualmente è costituito da tre assi tra loro disposti perpendicolarmente, chiamati **assi cartesiani**, che si intersecano in un punto comune O, detto **origine**.

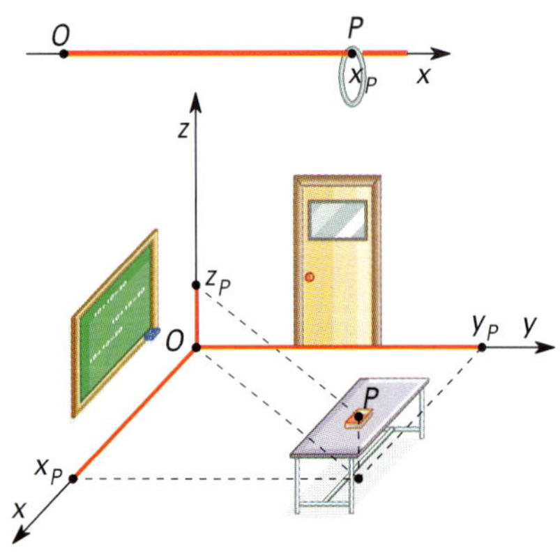

Nel caso in cui un oggetto possa occupare posizioni diverse soltanto su una retta (per esempio, un anello infilato in un'asticella), per sapere dove si trova basta, come sistema di riferimento, un asse sul quale viene fissata un'origine.

La posizione di un oggetto all'interno di una stanza, invece, viene individuata senza equivoci dando le distanze da tre pareti scelte a piacere, le cui intersezioni (gli spigoli) sono assunte appunto come assi cartesiani di un sistema di riferimento tridimensionale.

Immagina di progettare un viaggio da Milano a Parigi. Osservando la cartina, constati che per andare da A a B vi sono diverse possibilità.
In che cosa differiscono fra loro i percorsi?
Il primo e il terzo seguono una linea spezzata, il secondo una retta. In definitiva, è diversa la **traiettoria**: è questo il primo elemento che dobbiamo prendere in considerazione nello studio del moto.

La **traiettoria** è la successione delle posizioni occupate dal corpo durante il suo moto.

traiettoria

La traiettoria è sufficiente per descrivere un viaggio?

Se i tuoi genitori sanno soltanto che vai, per esempio, da Bologna ad Ancona, non possono sapere *quando* arrivi a destinazione. Quale altro dato è necessario fornire per avere un'informazione più completa?

La risposta naturale è che occorrono i tempi di percorrenza. Del resto, se ci pensi, quando scegli di prendere un Intercity anziché un treno Regionale, valuti che, pur restando la lunghezza del tragitto sempre la stessa, il primo impiega un tempo minore.
Quindi, metti intuitivamente in relazione la strada da fare con il tempo impiegato a percorrerla.

La grandezza fisica che ci dice quanto spazio un corpo percorre in un certo intervallo di tempo si chiama **velocità**.

informazione

La **velocità** è il rapporto fra lo spazio percorso e il tempo impiegato a percorrere quello spazio:

$$\text{velocità} = \frac{\text{spazio percorso}}{\text{tempo impiegato a percorrerlo}}$$

definizione

velocità

In termini matematici possiamo scrivere:

$$v = \frac{s}{t}$$

formula

Ricorda!...

Il termine *spazio* viene usato in questo contesto con il significato di *distanza*.

Supponi adesso di trovati sull'Intercity Bologna-Ancona e di chiedere al controllore, per curiosità, quale sia la velocità del treno. Egli ti risponde che di solito la velocità è pari a «cento kilometri all'ora», vale a dire 100 km/h (che si scriva così di certo lo sai dall'osservazione del tachimetro di un'auto o di un motorino).
La risposta del controllore, dal punto di vista dell'unità di misura è corretta, in quanto:

$$v = \frac{s}{t} \quad \Rightarrow \quad \frac{\text{spazio (misurato in kilometri)}}{\text{tempo (misurato in ore)}} \quad \Rightarrow \quad \frac{\text{km}}{\text{h}}$$

Utilizzando le unità di misura del SI, abbiamo invece:

$$v = \frac{s}{t} \quad \Rightarrow \quad \frac{\text{spazio (misurato in metri)}}{\text{tempo (misurato in secondi)}} \quad \Rightarrow \quad \frac{\text{m}}{\text{s}}$$

che si legge «metri *al* secondo».

unità di misura di *v*

Nel SI l'unità di misura della velocità è il $\frac{\mathbf{m}}{\mathbf{s}}$, vale a dire il *metro al secondo*.

Diremo allora che un corpo ha una velocità di 1 metro al secondo quando in 1 secondo esso percorre uno spazio pari a 1 metro.
Per iniziare a studiare i moti è necessario esaminare situazioni semplici. Il caso più elementare è quello di un movimento in cui la traiettoria sia una linea retta e la velocità sia costante, rimanga cioè sempre la stessa. Si parla in tal caso di **moto rettilineo uniforme**.

moto rettilineo uniforme

Un moto è **rettilineo uniforme** se il corpo percorre una traiettoria che giace su una retta (*rettilineo*) e se la velocità è costante (*uniforme*).

esempio

Vogliamo trasformare la velocità 100 km/h in m/s e, viceversa, la velocità 50 m/s nei corrispondenti km/h.

I passaggi sono i seguenti:

$$v = 100\,\frac{\text{km}}{\text{h}}$$

tenendo conto che 1 km = 1000 m e che 1 h = 3600 s, possiamo scrivere

$$v = 100 \cdot \frac{1000}{3600}\,\frac{\text{m}}{\text{s}}$$

e considerato che $\frac{1000}{3600} = \frac{1}{3,6}$

$$v = 100 \cdot \frac{1}{3,6}\,\frac{\text{m}}{\text{s}}$$

da cui, infine

$$v = \frac{100}{3,6} \cong 27,8\,\frac{\text{m}}{\text{s}}$$

Perciò, tenendo conto dell'approssimazione, si ha che 100 km/h equivalgono a 27,8 m/s.
Per la seconda richiesta, puoi procedere in modo del tutto analogo, trovando:

$$v = 50 \cdot \frac{3600}{1000} = 50 \cdot 3,6 = 180\,\frac{\text{km}}{\text{h}}$$

Riassumendo si ha:

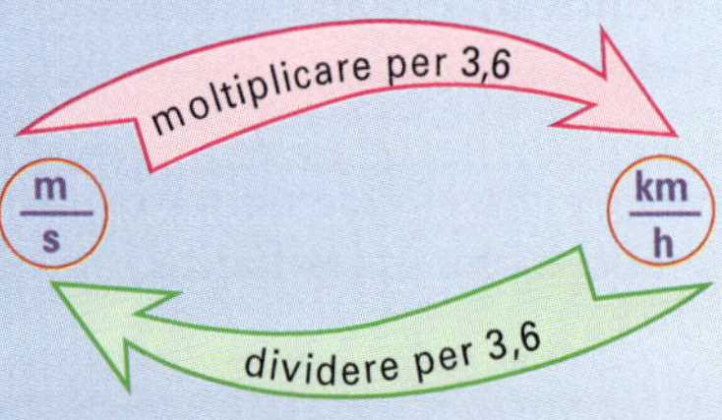

FLASH

I record di velocità

Qual è il record di velocità per...

... gli uomini
37,578 km/h (2009)

... gli animali
120,5 km/h

... le auto
1227,98 km/h (1997)

... veicoli con equipaggio umano (Apollo 10 in fase di rientro)
39 885 km/h (1969)

7.2 Il grafico del moto rettilineo uniforme

ANIMAZIONE VIRTUAL LAB

Nella realtà è difficile avere a che fare con moti davvero rettilinei e uniformi, che avvengono davvero su una linea retta e con velocità immutata. Tuttavia, dato che stiamo semplicemente immaginando un viaggio in treno, nessuno ci proibisce di pensare che il treno non si fermi mai e che la velocità non subisca cambiamenti né in modulo né in direzione. Vediamo quali sono le conseguenze – e non sono poche – del fatto che la velocità resti invariata durante il moto.

Tabella 1

tempo dalla partenza (h)	distanza da Bologna (km)
$\frac{1}{4}$	25
$\frac{1}{2}$	50
$\frac{3}{4}$	75
1	100
...	...

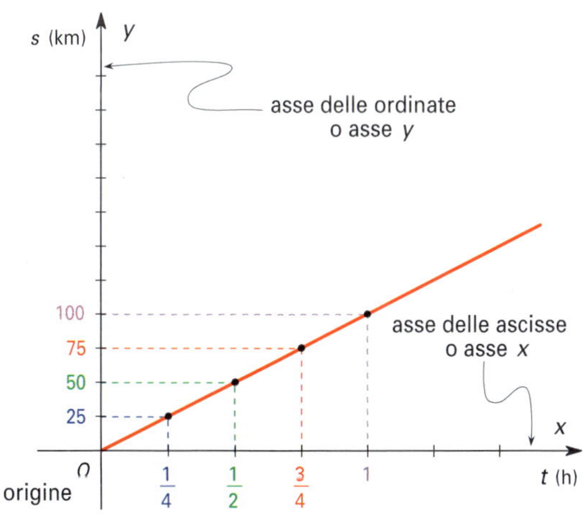

Con l'aiuto di una cartina, supponiamo di aver elaborato la tabella di marcia relativa all'Intercity Bologna-Ancona, in cui con il trascorrere del tempo, misurato in ore, abbiamo indicato le distanze percorse in kilometri. Riportiamo tali misure in un **sistema di assi cartesiani ortogonali** (vedi **NonsoloMatematica**).

MATEMATICA

Sull'asse delle x riportiamo i valori del tempo, trattandosi di una variabile che non dipende da nessun'altra grandezza (detta perciò variabile **indipendente**), mentre sull'asse delle y riportiamo i valori dello spazio (variabile **dipendente**) i cui valori, viceversa, cambiano al cambiare della prima. Congiungendo i punti rappresentativi di ogni coppia di valori del tempo e dello spazio $\left(\frac{1}{4}\text{ h e 25 km, }\frac{1}{2}\text{ h e 50 km ecc.}\right)$, si ottiene una retta.

Il diagramma spazio-tempo di un moto rettilineo uniforme è una **retta**.

diagramma spazio-tempo

Quindi, quando ci troviamo in presenza di un diagramma spazio-tempo nel quale è riportata una retta, sappiamo di avere a che fare con un moto uniforme.

Ricorda!...

Da un grafico spazio-tempo non è possibile ricavare informazioni sulla traiettoria. La retta disegnata **non** è infatti la traiettoria, ma semplicemente una particolare *rappresentazione* del moto.

7.3 La diretta proporzionalità tra spazio e tempo

Tabella 2

X	*Y*	*Y/X*
t (h)	s (km)	$\frac{s}{t}\left(\frac{\text{km}}{\text{h}}\right)$
$\frac{1}{4}$	25	100
$\frac{1}{2}$	50	100
$\frac{3}{4}$	75	100
1	100	100
...	...	...

Consideriamo nuovamente i dati della tabella 1 ed elaboriamoli, effettuando per ogni coppia di valori il rapporto fra spazio e tempo: dividendo 25 km per $\frac{1}{4}$ h (cioè 0,25 h), ottieni facilmente 100 km/h.

Come puoi constatare osservando la terza colonna della tabella 2, il rapporto fra spazio e tempo è sempre costante:

$$\frac{s}{t} = \text{costante} = 100\ \frac{\text{km}}{\text{h}}$$

Il valore della costante è proprio quello della velocità, cioè 100 km/h. Si tratta di una proprietà tipica delle grandezze direttamente proporzionali (vedi paragrafo 3.3).

Di conseguenza possiamo dedurre che:

conseguenze della diretta proporzionalità

In un moto rettilineo uniforme il rapporto tra lo spazio percorso e il tempo impiegato a percorrerlo è costante e tale costante è la velocità.

Ciò equivale anche a dire che:

In un moto rettilineo uniforme, in tempi uguali, vengono percorsi spazi uguali.

In effetti, nella terza frazione di tempo, che è come le altre di un quarto d'ora $\left(\frac{1}{4}\text{ h}\right)$, il treno ha percorso 75 – 50 = 25 km, esattamente come nella prima frazione.

SCHEDA LAB

7.4 La legge oraria del moto rettilineo uniforme

Riesaminiamo i dati della tabella 2. Se poniamo, per visualizzare meglio la situazione, $\frac{1}{4}$ h = ❑ e 25 km = ❍, avremo:

Tabella 3

X	*Y*
t (h)	s (km)
$\frac{1}{4}$ = ❑	❍ = 25
$\frac{1}{2}$ = ❑❑	❍❍ = 50
$\frac{3}{4}$ = ❑❑❑	❍❍❍ = 75
1 = ❑❑❑❑	❍❍❍❍ = 100
...	...

(• 2, • 3, • 4)

In un moto rettilineo uniforme, se raddoppia il tempo (t) anche lo spazio (s) raddoppia; se, invece, il tempo diventa la metà, allora lo spazio diventa la metà e così via.
Questa è un'altra caratteristica delle grandezze direttamente proporzionali (vedi **NonsoloMatematica**).
Moltiplicando il tempo t per la velocità v si ottiene ogni volta lo spazio percorso:

$$t \cdot v = s$$

$$\frac{1}{4} \cdot 100 = 25 \text{ km}$$

$$\frac{1}{2} \cdot 100 = 50 \text{ km}$$

Quindi possiamo scrivere:

spazio = **v**elocità · **t**empo

Questa è un'altra maniera per esprimere il legame fra il tempo e lo spazio in un moto uniforme e prende il nome di **legge oraria** del moto. Usando i simboli letterali delle grandezze implicate, abbiamo quanto segue.

$$s = v \cdot t$$

legge oraria

La legge oraria del moto ci consente di conoscere, per qualunque valore di t, la posizione del corpo, cioè s, a patto di conoscerne la velocità. Ma quella appena vista è una legge generica.

Se devi coprire una distanza di 150 km con un'auto alla velocità costante di 50 km/h, sapresti dire quanto tempo impieghi?
La risposta è 3 ore, perché dividendo lo spazio per la velocità, si ha:

$$\frac{150 \text{ km}}{50 \text{ km/h}} = 3 \text{ h}$$

Riconsidera la legge oraria del moto rettilineo uniforme: $s = v \cdot t$.
Come procederesti da questa per ottenere il tempo?

$$s = v \cdot t$$

dividendo ambo i membri per v, che è il termine che moltiplica t, si ottiene

$$\frac{s}{v} = \frac{\not{v} \cdot t}{\not{v}}$$

e semplificando

$$t = \frac{s}{v}$$

▶ E per ottenere la velocità? Dividendo ambo i membri di $s = v \cdot t$ per il coefficiente di v, che è ...., si trova: $v =$ ....

Dalla legge oraria del moto rettilineo uniforme è dunque possibile ricavare le *formule inverse*, che forniscono rispettivamente t e v in funzione delle grandezze rimanenti, come rappresentato a fianco.

Ricorda!...
Non è sufficiente dire che due grandezze sono direttamente proporzionali quando, all'aumentare dell'una, anche l'altra aumenta. Bisogna precisare che le due grandezze cambiano allo stesso modo, seguendo cioè la stessa legge.

Ricorda!...
Nel caso in cui, per esempio, un oggetto si muova alla velocità costante di 5 m/s, la sua legge oraria diventa:

$$s = 5 \cdot t$$

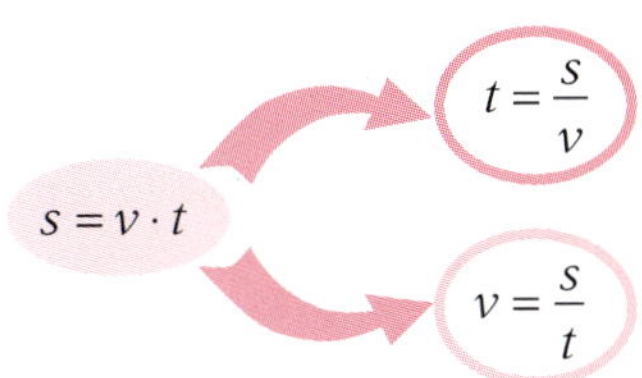

7.5 La pendenza della retta

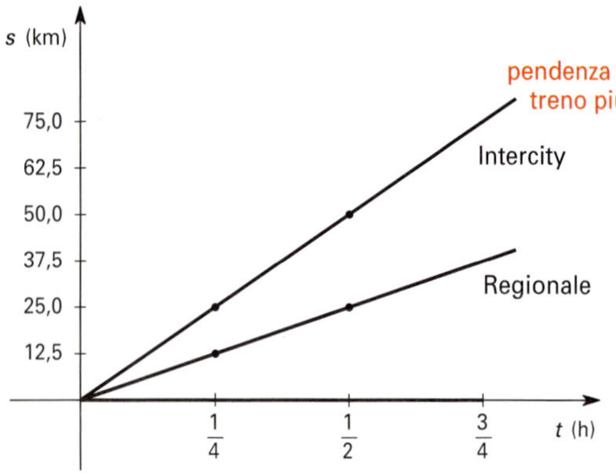

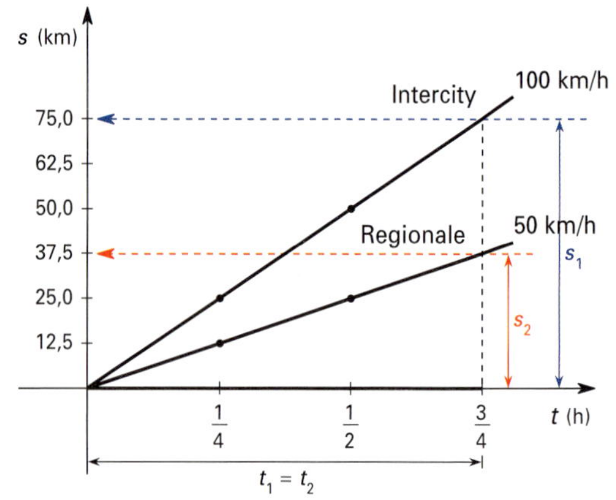

Nel grafico spazio-tempo relativo a un Intercity che va da Bologna ad Ancona aggiungiamo il diagramma del treno Regionale che percorre il medesimo tratto.
Osserva le due rette. Quella che rappresenta il moto dell'Intercity, cioè il treno più veloce, ha una maggiore pendenza, è più inclinata dell'altra rispetto all'asse orizzontale.

Desumiamo dal grafico le due velocità.

Per $t = \frac{3}{4}$ h, avremo:

- Intercity: $v_1 = \frac{s_1}{t_1} = \frac{75}{\frac{3}{4}} = 100\ \frac{\text{km}}{\text{h}}$
- Regionale: $v_2 = \frac{s_2}{t_2} = \frac{37{,}5}{\frac{3}{4}} = 50\ \frac{\text{km}}{\text{h}}$

È facile concludere che nel moto rettilineo uniforme la pendenza della retta in un grafico spazio-tempo riflette la velocità: a maggiore pendenza corrisponde una maggiore velocità, e viceversa.

▸ Che cosa rappresenta, allora, secondo te, una retta parallela all'asse x?

Un corpo con velocità ....

▸ E se la retta fosse verticale? ....

....

....

7.6 La legge oraria nel caso generale

ANIMAZIONE

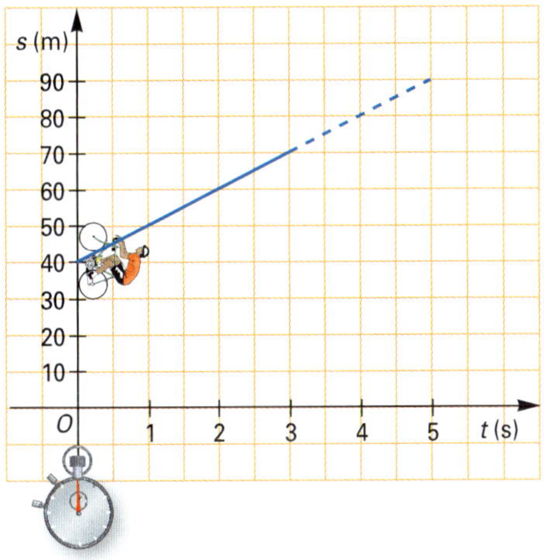

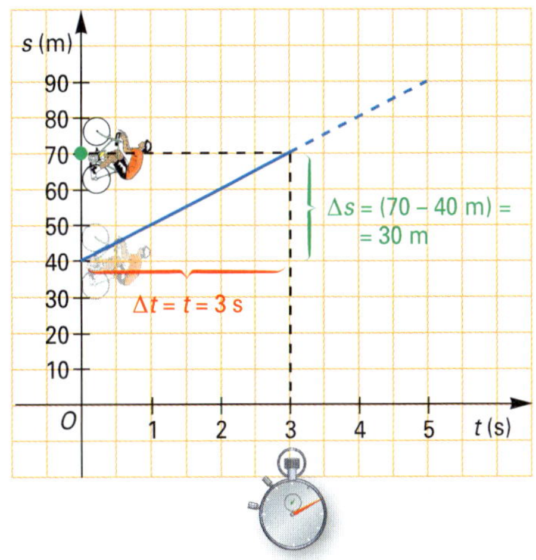

Il grafico rappresenta il moto di un ciclista lungo una pista rettilinea con velocità costante. Il cronometro è stato messo in funzione alcuni secondi dopo la partenza.

▸ A quale distanza dall'inizio della pista si trovava il ciclista quando è scattato il cronometro?
La risposta si ottiene osservando che per $t_0 = 0$ s sul grafico si ha $s =$ ....

▸ A quale distanza dall'inizio della pista si trova dopo 3 secondi? La risposta si ottiene trovando che in corrispondenza di $t =$ .... si ha: $s =$ ....

▸ Qual è il tratto di pista percorso in 3 secondi?
Per determinare la distanza effettivamente percorsa nell'intervallo di tempo $\Delta t = t_3 - t_0 = (3 - 0)$ s $= 3$ s occorre calcolare:

$$\Delta s = s_3 - s_0 = (70 - 40) \text{ m} = \text{................ m}$$

Nei casi trattati nei paragrafi precedenti il cronometro scattava nello stesso istante in cui il mezzo si metteva in movimento, per cui si aveva $s_0 = 0$.
Il caso generale, invece, si ha quando per $t_0 = 0$ s l'intervallo di spazio percorso, cioè s_0, è diverso da 0.
La definizione di **velocità** pertanto nel caso generale diventa:

$$v = \frac{\Delta s}{\Delta t}$$

velocità (caso generale)

È possibile leggere direttamente questa velocità sul grafico?
Il metodo non cambia, rispetto a quello utilizzato per calcolare la pendenza nel caso della retta passante per l'origine. Puoi verificare agevolmente che:

$$v = \frac{\Delta s}{\Delta t} = \frac{s_3 - s_0}{t_3 - t_0} = \frac{\dots}{\dots} = 10 \text{ m/s}$$

Rimane da generalizzare la legge oraria $s = v \cdot t$, valida solo se $s_0 = 0$, a questo caso generale.

▸ Prova a formulare una tua ipotesi su come si modifica la legge per tenere conto che per $t_0 = 0$ s lo spazio percorso è diverso da 0: ....
....
....
....

Confronta la tua formula con la **legge oraria del moto rettilineo uniforme nel caso generale**.

$$s = v \cdot t + s_0$$

legge oraria (caso generale)

Pertanto, nel caso specifico del moto del ciclista rappresentato nella figura, la sua legge oraria risulterà:

$$s = 10 \cdot t + 40$$

riferita alle unità di misura del SI.

7.7 Spostamento e velocità come vettori

Per quanto riguarda lo spostamento, abbiamo già evidenziato nell'Unità 4 che, se pure indichiamo il punto da cui partiamo e quanta strada percorriamo, così facendo non diamo nessuna informazione sul luogo nel quale arriviamo: è necessario quindi fornire anche la direzione e, su questa, il verso nel quale ci muoviamo. In termini vettoriali lo spostamento è rappresentato con $\Delta\vec{s}$.

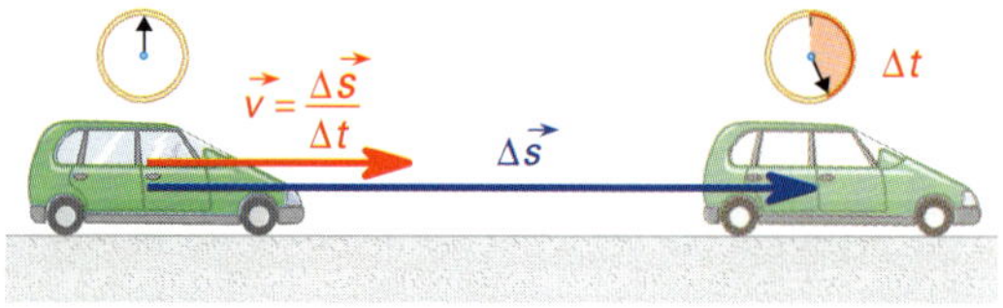

Oltre allo spostamento, anche la velocità è una grandezza vettoriale, caratterizzata cioè da *modulo* (o *intensità*), *direzione* e *verso*.

L'ipotesi fatta in questa Unità (così come nella prossima) che la traiettoria del moto sia sempre rettilinea, fa sì che della velocità si debba precisare unicamente se è costante oppure no.
Nell'esperienza quotidiana situazioni di questo tipo si verificano raramente o comunque per tratti più o meno lunghi.
Allarghiamo allora le possibilità.

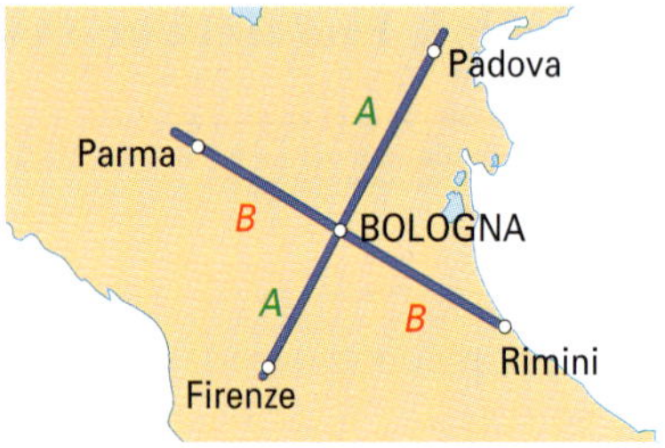

Se decidi di raccontare ai tuoi amici di essere partito in automobile da Bologna alla velocità costante di 60 km/h, che cosa possono sapere realmente del tuo tragitto? Prima di tutto non è chiaro quale strada hai scelto; inoltre, anche precisando di avere scelto la strada *A*, ciò non fa capire se ti sei diretto verso Padova o verso Firenze.
Per fornire un'informazione completa occorre, quindi, specificare la direzione, cioè la retta lungo la quale ti sei mosso, e anche il verso (per esempio, da Bologna a Firenze).

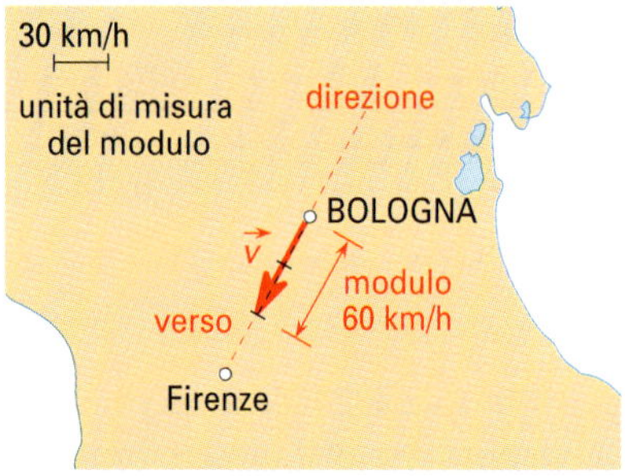

In altri termini, la **velocità** $\vec{v}$ è una **grandezza vettoriale** perché occorrono tre elementi per poterla individuare in modo completo:

- *modulo* o *intensità* (indicato con v): è il valore numerico espresso in una prestabilita unità di misura (m/s nel SI) che nel nostro caso è 60 km/h;
- *direzione*: la retta in cui giace il vettore, che per noi è la retta Bologna-Firenze;
- *verso*: uno dei due sensi possibili sulla retta orientata, che in figura è individuato dalla freccia all'estremità del segmento.

Il **vettore velocità** sarà pertanto definito come segue:

vettore velocità

$$\vec{v} = \frac{\Delta\vec{s}}{\Delta t}$$

La sua direzione e il suo verso coincidono con quelli del vettore spostamento $\Delta\vec{s}$.

IN SINTESI

AUDIO

- *Essere in movimento* significa cambiare la propria posizione nel tempo rispetto a un determinato sistema di riferimento. Il **sistema di riferimento** è costituito abitualmente da tre assi tra loro disposti perpendicolarmente e detti *assi cartesiani* (sistema di riferimento tridimensionale). Nel caso in cui un oggetto possa occupare posizioni diverse solo su una retta, come sistema di riferimento basta un asse sul quale sia fissata un'origine.

- La **traiettoria** è la successione delle posizioni occupate dal corpo durante il proprio moto.

- La **velocità** è definita come il rapporto tra lo spazio percorso da un corpo e il tempo impiegato a percorrere quello spazio. In formula:

  $$v = \frac{s}{t}$$

  Nel SI la velocità si misura in m/s (si legge «metri al secondo»).

- Un **moto** è **rettilineo** se il corpo percorre una traiettoria che giace su una retta, ed è **uniforme** se la sua velocità è costante. Quindi, in un moto rettilineo uniforme il rapporto tra lo spazio percorso e il tempo impiegato a percorrerlo è costante e tale costante è la velocità.

- Tempo e spazio in un moto uniforme sono grandezze *direttamente proporzionali*. Pertanto, il diagramma spazio-tempo di un moto rettilineo uniforme è una retta, in cui il tempo costituisce la *variabile indipendente* (x) e lo spazio la *variabile dipendente* (y).
  Alla maggiore pendenza della retta in un grafico spazio-tempo corrisponde una velocità più grande. Se il grafico è una retta parallela all'asse x, il corpo è fermo.

- La **legge oraria del moto uniforme** è:

  $$s = v \cdot t$$

  Dalla legge oraria del moto uniforme possiamo ricavare le formule inverse:

  $$t = \frac{s}{v} \quad \text{e} \quad v = \frac{s}{t}$$

- L'equazione oraria del moto uniforme nel caso generale è:

  $$s = v \cdot t + s_0$$

  dove s_0 è la distanza percorsa al tempo $t_0 = 0$ (l'equazione si riduce a $s = v \cdot t$ se $s_0 = 0$). Nell'intervallo di tempo Δt viene percorsa la distanza Δs e quindi nel caso generale la velocità è:

  $$v = \frac{\Delta s}{\Delta t}$$

- La velocità è una grandezza di tipo *vettoriale*; si indica con il simbolo v e per individuarla occorrono:
  – *modulo* o *intensità* (v);
  – *direzione*, cioè la retta su cui giace il vettore;
  – *verso* (uno dei due versi possibili sulla retta orientata).

- Il **vettore velocità** è pertanto definito come:

  $$\vec{v} = \frac{\Delta \vec{s}}{\Delta t}$$

  La sua direzione e il suo verso coincidono con quelli dello spostamento Δs.

STRUMENTI DI CONSOLIDAMENTO E VERIFICA

VERIFICHE

Vero-falso

1 «La Terra si muove» è un'affermazione fisicamente corretta. V F

2 Gianni è più veloce di Matteo se percorre lo stesso spazio in più tempo. V F

3 18 m/s è una velocità superiore a 18 km/h. V F

4 In un grafico spazio-tempo la retta rappresenta la traiettoria del moto. V F

5 Numero di maglioni uguali acquistati e cifra totale pagata sono grandezze direttamente proporzionali. V F

6 Se la legge oraria di un moto è $s = 3\,t$ significa che lo spazio è maggiore del tempo. V F

In relazione al grafico, rispondi ai quesiti 7, 8, 9 e 10.

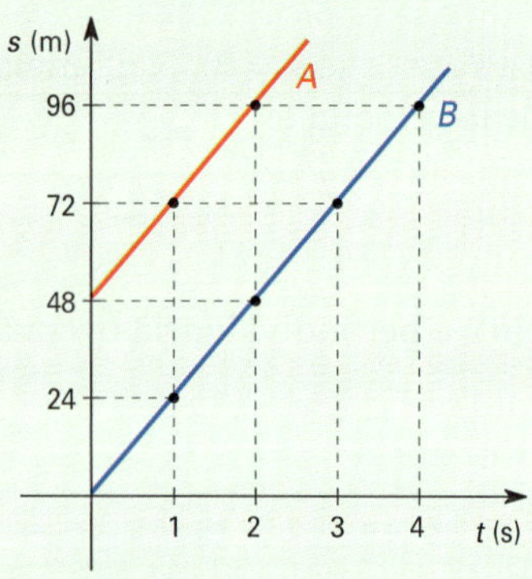

7 Si può leggere la velocità di *B* ma non quella di *A*. V F

8 *B* è più veloce di *A*. V F

9 *A* è più veloce di *B*. V F

10 La legge oraria del moto di *B* è $s = 24 \cdot t + 48$. V F

Test a scelta multipla

1 Se in una stazione sei fermo rispetto alla Terra e stai salutando un'amica seduta nello scompartimento di un treno in movimento rispetto alla Terra, quale delle seguenti affermazioni è esatta?

A La tua amica è in moto

B La tua amica è ferma

C Tu sei fermo

D Tu sei in moto rispetto al treno

2 Se *A* viaggia a 36 km/h e *B* a 12 m/s, possiamo dire che:

A *A* è più veloce di *B*

B *B* è più veloce di *A*

C *A* e *B* possiedono la stessa velocità

D la velocità di *A* non è confrontabile con quella di *B*

3 Con riferimento al grafico qui sotto, quale delle seguenti deduzioni è errata?

A Il corpo è fermo

B La velocità è costante

C Il tempo *t* e lo spazio *s* sono direttamente proporzionali

D Il rapporto s/t è costante

4 Per trasformare i m/s in km/h bisogna:

A moltiplicare per 1000

B dividere per 3600

C moltiplicare per 3,6

D dividere per 10

5 **Un pedone percorre 50 m in 20 s. La sua velocità vale:**

A $v = 50 \cdot 20 = 1000$ km/h

B $v = 50/20 = 2{,}5$ m/s

C $v = 50 + 20 = 70$ m/s

D $v = 20/50 = 0{,}4$ s/m

6 **È data la formula $Z = M \cdot N$ con M costante. Quale delle seguenti affermazioni è falsa?**

A Z ed N sono direttamente proporzionali

B Il rapporto tra Z ed N è costante

C Il rapporto tra N e Z è costante

D Z ed N sono inversamente proporzionali

7 **Da quale delle seguenti affermazioni non è possibile dedurre che X e Y sono grandezze direttamente proporzionali?**

A Il grafico in un sistema di assi cartesiani è una retta passante per l'origine

B Il rapporto Y/X è costante

C Se X quadruplica, anche Y quadruplica

D All'aumentare della variabile X, aumenta anche la variabile Y

8 **In relazione al grafico spazio-tempo di un moto rettilineo uniforme non è corretto affermare che:**

A si può ricavare la velocità

B si può dedurre la direzione della traiettoria

C per un determinato valore t del tempo si può trovare il corrispondente valore s dello spazio

D si può individuare la posizione iniziale

9 **Dopo aver esaminato il grafico spazio-tempo rappresentato sotto, è possibile affermare che:**

A il corpo è fermo

B il corpo si sta allontanando dall'origine

C la velocità non è costante

D la traiettoria è una curva

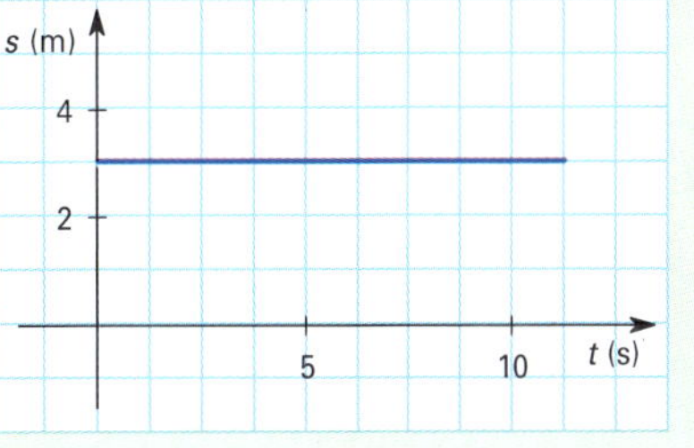

10 **Dal grafico spazio-tempo rappresentato sotto, quale fra le seguenti deduzioni è errata?**

A Nel tratto OA la velocità è di 3 m/s

B La velocità è la stessa mentre il corpo percorre i tratti OA e BC

C Durante tutto il moto la velocità è costante

D Nell'intervallo di tempo da $t = 1$ s a $t = 4$ s il corpo è fermo

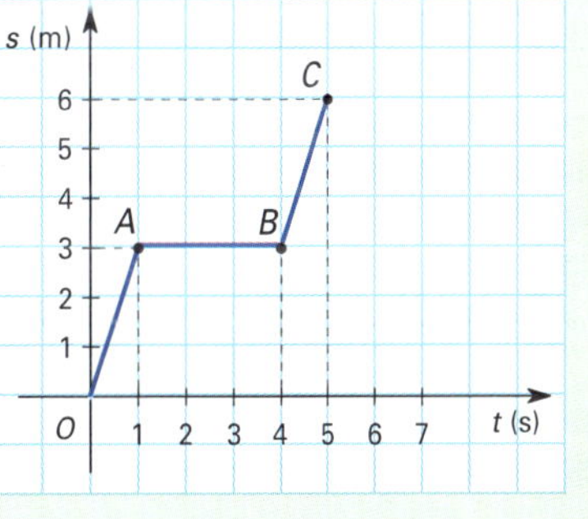

Applichiamo le conoscenze

Esercizi

7.1 La velocità

1 In una piscina Marco sta nuotando, il suo amico Luca si limita a galleggiare e l'allenatore corre lungo il bordo.

a) Marco e Luca sono fermi rispetto al pavimento della piscina?

b) L'allenatore è fermo o in movimento rispetto a Marco?

c) Descrivi la situazione in un sistema di riferimento solidale con Luca e poi ripeti la descrizione in un sistema di riferimento solidale con Marco.

2 In una metropolitana un nastro trasportatore si muove con velocità di 2 m/s rispetto al suolo. Sara è ferma sul tappeto mobile, mentre la sua amica Lucia, che non è voluta salire sul tappeto, cammina sul pavimento accanto a lei con velocità di 2 m/s rispetto al suolo.
Un poliziotto, fermo nella sua postazione, osserva da lontano la scena.

a) Sara e Lucia sono ferme rispetto al suolo?

b) Sara e Lucia sono ferme rispetto al nastro trasportatore?

c) Il poliziotto è in movimento rispetto a Sara?

d) Lucia è ferma o è in movimento rispetto a Sara?

3 Individua esempi di moto la cui traiettoria sia:

a) una circonferenza ....

b) una spezzata ....

c) una curva qualsiasi ....

d) una retta ....

4 Andrea percorre la distanza casa-scuola (3 km) nello stesso tempo in cui suo padre raggiunge l'ufficio (2400 m).

a) Hanno la stessa velocità?

b) Per fare in modo che abbiano la stessa velocità, chi dovrebbe ridurre il tempo di percorrenza?

5 La tabella che segue rappresenta il moto di un'automobile.

***t* (min)**	5	15	30	45	60
***s* (km)**	7,5	22,5	45	...	...

a) La velocità è costante?

b) Se la risposta è affermativa completa la tabella.

c) È corretto affermare che la traiettoria dell'automobile è certamente una retta?

6 Un'auto percorre con moto uniforme un tratto di strada rettilinea di 5 km impiegando 10 min.
Determina la sua velocità in m/s.

[8,3 m/s]

Per lo svolgimento dell'esercizio, completa il percorso guidato, inserendo gli elementi mancanti dove compaiono i puntini.

1 I dati sono: ....

2 Trasforma lo spazio in m e il tempo in s: ....

....

3 La formula da usare, dato che è richiesta la velocità, è:

v = ...

4 Sostituisci nella formula i dati, trovando perciò:

v = ... = ...

7 Trasforma in m/s le seguenti velocità:

a) 108 km/h = ...

b) 27 km/h = ...

c) 65 km/h = ...

Suggerimenti Puoi riguardare l'Esempio svolto all'interno dell'Unità.

[30 m/s; ...]

8 Trasforma in km/h le seguenti velocità:

a) 40 m/s = ...

b) 76,5 m/s = ...

c) 15 m/s = ...

[144 km/h; ...]

9 Un atleta percorre 10 km in 35 min. Supponendo costante la velocità durante la corsa, calcolane il valore.

[4,8 m/s]

10 ***ENGLISH*** While on vacation, Mary and John travelled a total distance of 570 km; their trip took 6 hours.
What was their average speed? Express the result both in km/h and in m/s.

[95 km/h; 26.4 m/s]

7.2 Il grafico del moto rettilineo uniforme

11 Osserva il seguente grafico.

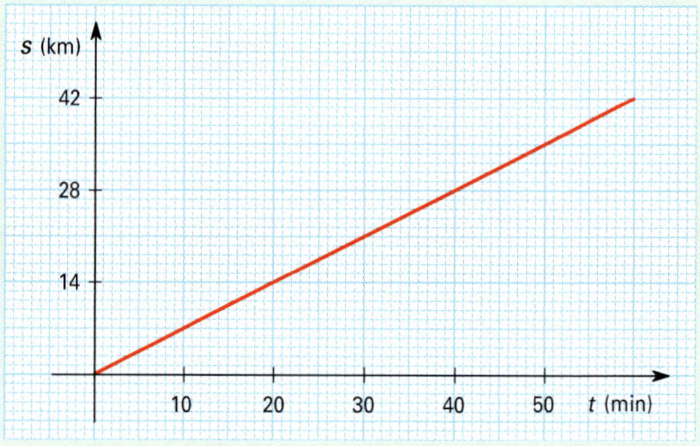

Individua le affermazioni esatte.

a) In 30 minuti sono stati percorsi 42 km.

b) La traiettoria è sicuramente una retta.

c) Viene raggiunta la distanza di 35 km in 50 minuti.

d) In 15 minuti si sono percorsi 21 km.

12 Ricava dalla tabella il relativo diagramma cartesiano.

X	2	4	6	8	...
Y	25	50	75	100	...

Per lo svolgimento dell'esercizio, completa il percorso guidato.

1 Traccia due assi perpendicolari, chiamando *x* l'asse orizzontale e *y* quello verticale.

2 Riporta sui due assi le corrispondenti scale. (Per esempio, puoi scegliere pari a 1 l'unità del quadretto sulle *x* e pari a 5 o a 10 l'unità del quadretto sulle *y*.)

3 Riporta sul piano cartesiano i punti corrispondenti alle quattro coppie indicate: (2, 25), (4, 50) ecc.

4 Collega i punti con una linea retta.

13 Ricava dalla tabella il relativo diagramma cartesiano.

X	0,1	0,2	0,5	1	1,2
Y	3	6	15	30	36

14 Ricava dalla tabella il relativo diagramma cartesiano.

X	5	10	20	40	...
Y	0,5	1	2	4	...

15 In base al grafico, completa le caselle vuote della tabella a esso corrispondente.

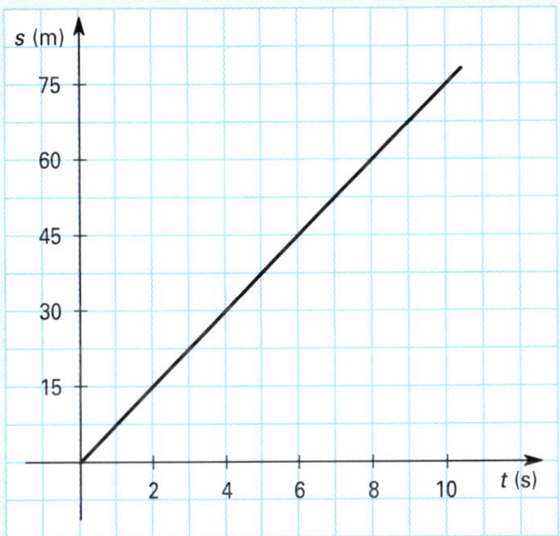

t (s)	2	6	...	...
s (m)	...	...	60	75

Suggerimenti Individua sulla retta il punto relativo a una determinata coordinata, mandando la parallela a seconda dei casi a uno dei due assi, e quindi trova l'altra coordinata di quello stesso punto...

16 In base al grafico, completa le caselle vuote della tabella a esso corrispondente.

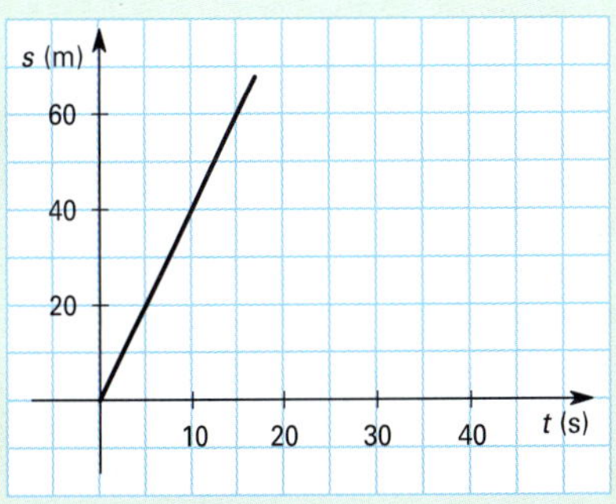

t (s)	5	...	...	15
s (m)	...	30	40	...

17 In base al grafico, completa le caselle vuote della tabella a esso corrispondente.

t (s)	1	2	...
s (m)	...	...	7,5

18 ***ENGLISH*** An object is moving at a constant speed. Complete the following table, and then plot a graph of the covered distance against time.

time (s)	distance (m)
0	0
2	...
4	20
...	30
...	40

7.4 La legge oraria del moto rettilineo uniforme

19 Rappresenta graficamente un moto rettilineo uniforme sapendo che, utilizzando il SI, la sua legge oraria è $s = 3\ t$ e spiega che cosa rappresenta 3.

20 La legge oraria di un moto rettilineo uniforme è $s = 4{,}5\ t$ (s in metri, t in secondi).

a) Rappresentala graficamente.
b) Qual è la velocità del corpo?
c) Qual è lo spazio percorso al tempo $t_0 = 0$ s?
d) Qual è lo spazio percorso al tempo $t = 5$ s?
e) Dopo quanto tempo avrà percorso 27 m?

21 Un ciclista si muove alla velocità di 12 m/s.

a) Scrivi la sua legge oraria.
b) Qual è lo spazio percorso al tempo $t = 9$ s?
c) Quanto tempo è necessario per percorrere 144 m?

[*b*) 108 m; *c*) 12 s]

22 Un'automobile si muove a 80 km/h.

a) Scrivi la sua legge oraria.
b) Rappresentala graficamente.
c) Qual è lo spazio percorso al tempo $t = 30$ min?
d) Dopo quanto tempo avrà percorso 240 km?

[*c*) 40 km; *d*) 3 h]

23 Dopo aver riconosciuto quale fra le due tabelle rappresenta l'andamento di grandezze direttamente proporzionali, scrivine la relativa equazione.

Tabella *A*

s (m)	1	4	9	16	...
t (s)	1	2	3	4	...

Tabella *B*

s (m)	25	50	75	100	...
t (s)	2	4	6	8	...

[$s = 12{,}5 \cdot t$]

Per lo svolgimento dell'esercizio, completa il percorso guidato, inserendo gli elementi mancanti dove compaiono i puntini.

1. Verifica in quale tabella al raddoppiare, triplicare e quadruplicare di *t*, fa la stessa cosa *s*: tabella ....
2. Rileva un valore di *t* e quello corrispondente di *s*: *t* = ...; *s* = ...
3. Calcola la velocità *v* con la nota formula: *v* = ...
4. Sostituisci nella formula i dati, trovando perciò: *v* = ... = ...
5. Scrivi la legge oraria del moto rettilineo uniforme, riportando in luogo di *v* il suo valore e lasciando indicate le altre due grandezze: *s* = ... · *t*

24 Scrivi la legge oraria del moto rettilineo uniforme relativamente alla tabella qui riportata.

s (m)	2	4	6	8	...
t (s)	5	10	15	20	...

[$s = 0{,}4 \cdot t$]

25 Scrivi la legge oraria del moto rettilineo uniforme relativamente alla tabella qui riportata.

s (m)	3	6	9	12	...
t (s)	150	300	450	600	...

[$s = 0{,}02 \cdot t$]

26 Scrivi la legge oraria del moto rettilineo uniforme relativamente alla tabella qui riportata.

s (m)	15	60	135	240	...
t (s)	3	12	27	48	...

[$s = 5 \cdot t$]

27 Un treno si muove alla velocità costante di 72 km/h. Quanti metri percorre in 16 minuti? [$19{,}2 \cdot 10^3$ m]

Per lo svolgimento dell'esercizio, completa il percorso guidato, inserendo gli elementi mancanti dove compaiono i puntini.

1. I dati sono: ....
2. Le unità di misura sono coerenti con quelle del SI? ....
3. In caso di risposta negativa, esegui le equivalenze necessarie: ....
4. La formula da usare, dato che ti viene richiesto lo spazio percorso in un moto uniforme, è: *s* = ...
5. Sostituisci nella formula i dati, trovando perciò: *s* = ... = ...

28 Un atleta si muove alla velocità di 8,1 m/s. Quale tratto di pista percorre in 6 minuti? [2916 m]

29 Un'automobile percorre 144 km in 1 h e 20 minuti. Determina la velocità in km/h e m/s.

Suggerimenti Ti conviene trasformare dapprima il tempo in secondi e, quindi, risalire dalla *v* espressa in m/s al suo valore in km/h...

[30 m/s; 108 km/h]

30 Nel percorso da casa a scuola, che è di 5 km, Luca impiega con il motorino 9 minuti e 22 secondi. Calcola la sua velocità, immaginando che resti costante nel tragitto. [32 km/h]

31 Un ciclista percorre la distanza di 50 km fra Brescia e Bergamo alla velocità costante di 6,25 m/s. Trova il tempo impiegato dal ciclista per andare da una città all'altra.

Suggerimenti Devi utilizzare la formula inversa per trovare...

[2 h 13 min 20 s]

32 Un'automobile va da Rimini a Bologna, distanti 112 km, alla velocità costante di 128 km/h. Determina il tempo impiegato dall'auto per andare da una città all'altra. [52 min 30 s]

33 Un camion parte da Pescara e si muove lungo l'autostrada a velocità costante. Dopo 42 minuti si trova a 63 km dal punto in cui ha iniziato il viaggio. Scrivi la legge oraria del moto nelle unità del SI e calcola a quale distanza da Pescara si trova dopo 1 h 15 min e 36 s. [$s = 25 \cdot t$; 113,4 km]

34 ***ENGLISH*** A cross-country runner covers a distance of 6 m every second. How many km will he cover in 20 minutes? [7.2 km]

35 ***ENGLISH*** A truck is moving on the motorway at a constant speed of 80 km/h.

a) Calculate the time required to cover the distance between Turin and Novara, i.e., 96 km.

b) How many km will it cover in 4 hours? And in 30 minutes?

[*a*) 1 h 12 min; *b*) 320 km; 40 km]

7.5 La pendenza della retta

36 Considera la seguente tabella.

t (s)	3	6	9	12
s (m)	15	30	45	60
v (m/s)	...	...	...	...

a) Calcola la velocità mediante la formula $v = ...$

b) Rappresenta graficamente il moto.

c) Ricava dal grafico la pendenza della retta.

d) Quale relazione c'è fra pendenza e velocità?

e) Aggiungi il grafico relativo a un moto con velocità minore.

37 Osserva il seguente grafico.

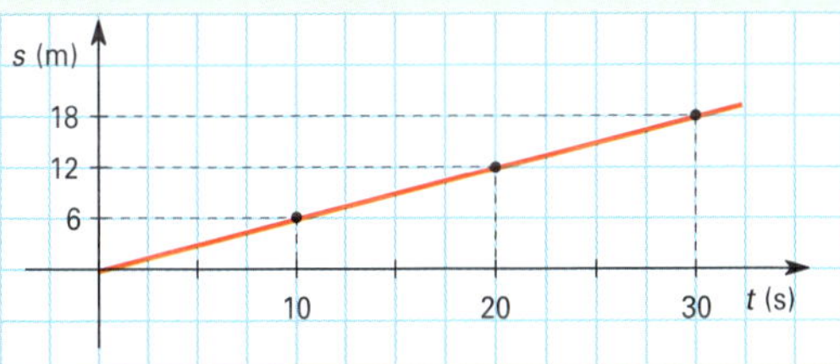

a) Ricava dal grafico la velocità.

b) Scrivi la legge oraria.

c) Dopo quanto tempo avrà percorso 21 m?

d) Aggiungi il grafico relativo a un moto con velocità maggiore.

[*c*) 35 s]

38 Osserva il seguente grafico: quale retta, e per quale motivo, rappresenta il moto con velocità più elevata? Determina quindi le velocità dei due moti rappresentati.

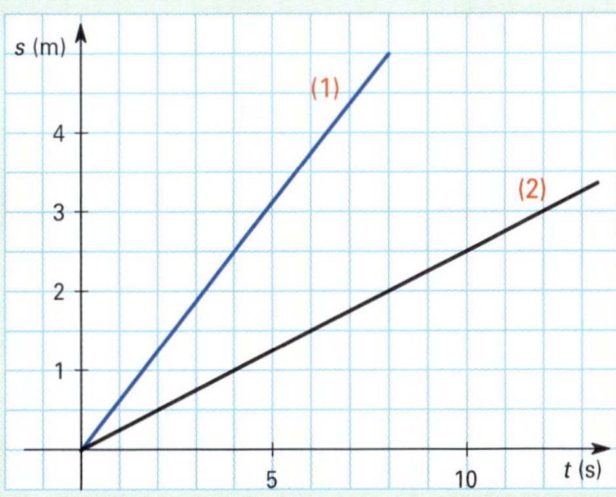

Suggerimenti Dato che le rette passano per l'origine, è indifferente calcolare la velocità come s/t oppure $\Delta s/\Delta t$...

[0,625 m/s; 0,25 m/s]

39 Trova il valore delle velocità dei moti relativi alle rette tracciate nella figura riportata qui sotto.

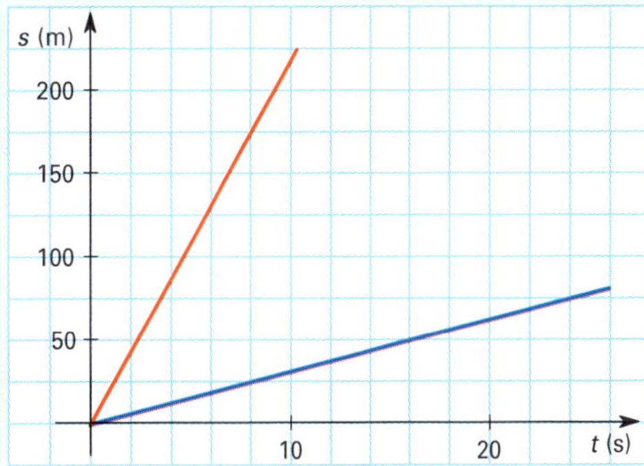

[21,9 m/s; 3,1 m/s]

40 Osserva il grafico qui sotto, relativo a un immaginario viaggio. Inserisci le risposte dove appaiono i puntini.

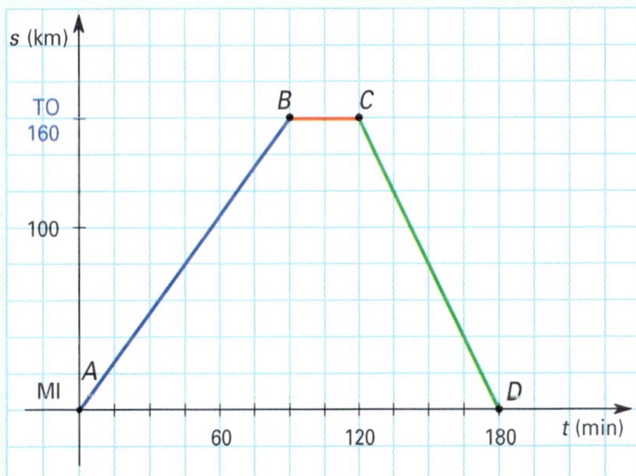

- Da *A* a *B* l'automobile si sta allontanando da Milano e avvicinando a Torino. La sua velocità è ....
....

- Da *B* a *C* l'automobile è ....
....
Quindi la sua velocità è ....
....

- Da *C* a *D* l'automobile si sta ....
da Torino e si sta .... a ....
La sua velocità è ....
....

- In *A* e *D* l'automobile si trova nella città di ....
....

- In *B* e *C* l'automobile si trova nella città di ....
....

41 ***ENGLISH*** The graph represents two joggers, *A* and *B*, who are each jogging at a constant speed.

a) Which jogger is going faster?

b) From the graph, calculate the speeds of the two joggers (in km/h).

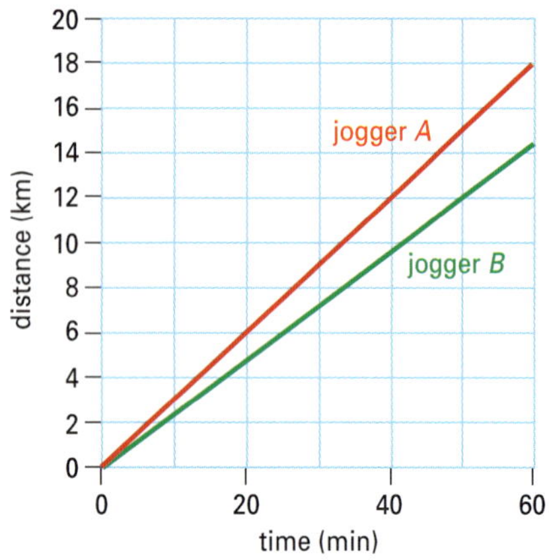

[*A*: 18 km/h; *B*: 14.4 km/h]

45 Osserva il seguente grafico che rappresenta un moto rettilineo uniforme con s_0 diverso da 0.

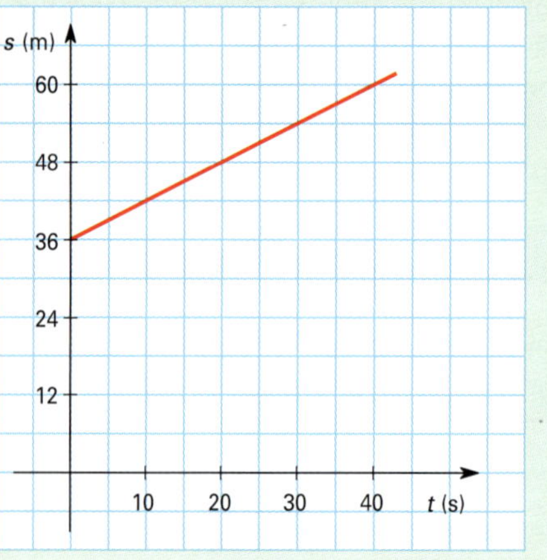

a) Calcola la velocità.

b) Scrivi la legge oraria del moto.

c) A quale distanza dall'origine si trova il corpo per $t = 0$ s?

d) A quale distanza dall'origine si trova il corpo per $t = 15$ s?

e) Dopo quanto tempo avrà percorso 105 m?

f) Quanto spazio è stato percorso fra $t_1 = 15$ s e $t_2 = 40$ s?

[*a*) 0,6 m/s; *e*) 115 s]

7.6 La legge oraria nel caso generale

42 L'equazione $s = 7{,}5\ t + 25$ rappresenta il moto rettilineo uniforme di un corpo. Il tempo *t* è espresso in secondi e lo spazio in metri.

a) Che cosa rappresenta 7,5?

b) Che cosa rappresenta 25?

c) Traccia il grafico del moto.

d) A quale distanza dall'origine si trova il corpo per $t = 12$ s?

[115 m]

43 La legge oraria di un moto rettilineo uniforme è $s = 8\ t + 4$ (tempo in secondi, spazio in metri).
Dove appaiono i puntini inserisci le tue risposte.

a) La velocità è .... m/s, lo spazio iniziale percorso è .... m.

b) A quale distanza dall'origine si trova il corpo per $t = 0$ s?

c) A quale distanza dall'origine si trova il corpo per $t = 5$ s?

d) Dopo quanto tempo avrà percorso 100 m?

e) Rappresenta graficamente il moto.

f) Calcola sul grafico la velocità, utilizzando due punti presi a piacere.

[*c*) 44 m; *d*) 12 s]

44 Rappresenta graficamente la legge oraria $s = 2\ t + 3$.

46 Osserva l'estratto dell'orario ferroviario qui riportato e considera il moto del treno Intercity da Albenga a Savona (terza colonna), nell'ipotesi che la velocità sia costante. Tenuto conto che il moto è cominciato da Ventimiglia alle 11, calcola la velocità in tale tratto.

km			R ▲ 343 IC ✻	11295 L 2	2161 IR	A 6213 L 2 ✻
-	**Ventimiglia**	p.	1100		1112	
3	Vallecrosia		|		|	
5	Bordighera		1107		1119	
11	Ospedaletti Ligure		|		|	
16	**San Remo**		1118		1130	
24	Taggia-Arma		|		1140	
27	S. Stefano-Riva Lig.		|		|	
33	S. Lorenzo Cipressa		|		|	
39	**Imperia Porto M.**		1141		|	
41	Imperia Oneglia		|		1157	
46	Diano Marina		1149		1208	
49	Cervo-S. Bartolomeo		|		|	
54	Andora		|		|	
58	Laigueglia		|		|	
61	Alassio		1202		1223	
67	**Albenga**		1209		1230	
73	Ceriale		|		|	
75	Borghetto S. Spirito		⊗		|	
76	Loano		|		1238	
79	Pietra Ligure		|		1243	
82	Borgio-Verezzi		♿		|	
85	Finale Ligure Mar.		|		1250	
96	Spotorno-Noli		|		|	
103	Quiliano-Vado Lig.		|		|	
108	**Savona**	a.	1238		1302	

[23,6 m/s]

47 Elabora su carta millimetrata il grafico spazio-tempo del moto inerente all'Intercity (terza colonna della tabella dell'esercizio 46) che va da Ventimiglia a Savona, tenendo conto solo delle fermate indicate in grassetto. Dopodiché, calcola le velocità nei singoli tratti.

[11,9 m/s; 16,7 m/s; ...]

48 Elabora su carta millimetrata il grafico spazio-tempo del moto inerente all'Interregionale (quinta colonna della tabella dell'esercizio 46) da Bordighera ad Alassio. Dopodiché, calcola le velocità nei singoli tratti.

[16,7 m/s; 13,3 m/s; ...]

49 Esamina il grafico raffigurato sotto, relativo all'ipotetico viaggio di due automobili sulla stessa autostrada, e soddisfa le seguenti richieste.

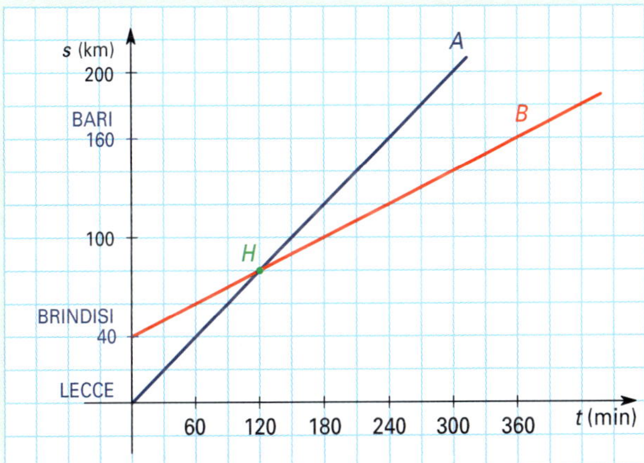

- Al tempo $t = 0$ s si trovavano entrambe a Lecce?

  ....

  Dove si trovava la vettura *B*? ....
- Qual è la velocità della vettura *A*? ....
- Qual è la velocità della vettura *B*? ....
- Scrivi la legge oraria della vettura *A*: ....

  ....
- Scrivi la legge oraria della vettura *B*: ....

  ....
- Che cosa è accaduto in *H*? ....

  ....
- Quale mezzo è arrivato prima a Bari? ....

  ....
- Quanto tempo è trascorso fra l'arrivo della prima e della seconda automobile?

  ....

50 Esamina il grafico e rispondi alle domande.

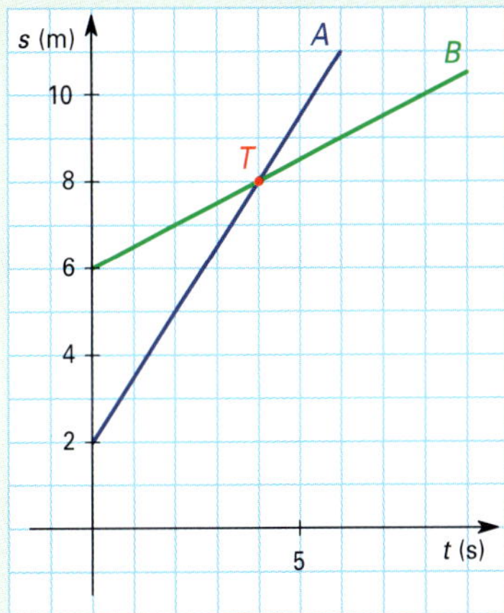

- Al tempo $t = 0$ s a quale distanza dall'origine si trova *A*?

  ....
- Al tempo $t = 0$ s a quale distanza dall'origine si trova *B*?

  ....
- Alla partenza qual è la distanza fra *A* e *B*? ....
- Che cosa accade in corrispondenza del punto *T*? ....

  ....
- Al tempo $t = 6$ s qual è la distanza fra *A* e *B*? ....
- Quale retta rappresenta il moto più veloce? ....

  Perché? ....
- Determina le velocità dei due moti rappresentati utilizzando il concetto di pendenza: ....
- Scrivi le leggi orarie dei due moti: ....

  ....

51 ***ENGLISH*** The equation $d = 8\,t + 30$ represents the uniform linear motion of an object. Time *t* is expressed in s, distance *d* in m.

a) What is the meaning of 8? And the meaning of 30?

b) Plot the graph of such a motion.

c) Calculate the distance of the object from the origin, at $t = 3$ and $t = 10$, respectively.

[54 m; 110 m]

Problemi

PER COSTRUIRE LE COMPETENZE

La risoluzione dei problemi richiede la conoscenza degli argomenti trasversali a più paragrafi. Con il pallino sono contrassegnati i problemi che presentano una maggiore complessità.

1 La gara tra Andrea e Marta sulla distanza di 300 m si svolge come riportato nel grafico che segue: Andrea, resosi conto della propria superiorità, si ferma alcuni secondi fingendo un inconveniente a una scarpa.

Determina:
a) la velocità media di Andrea durante l'intera gara;
b) la velocità di Marta;
c) la distanza percorsa rispettivamente da Andrea e Marta nei primi 50 secondi;
d) chi vince la gara e con quale vantaggio;
e) quale velocità avrebbe dovuto tenere Andrea dopo la fermata per arrivare contemporaneamente a Marta.

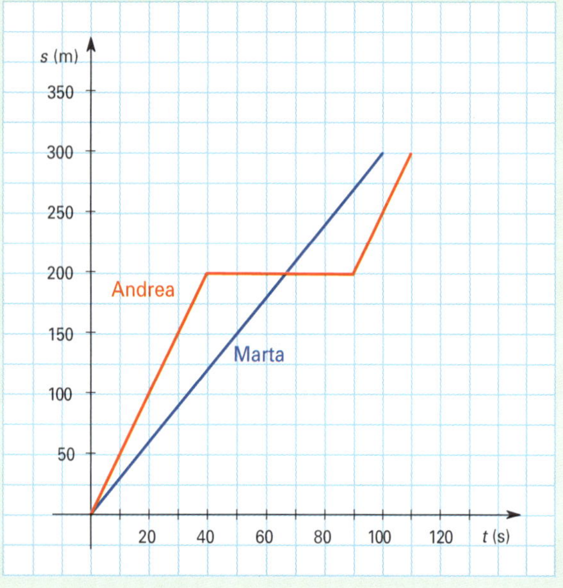

[*a*) 2,7 m/s; *b*) 3,0 m/s; *c*) 200 m; 150 m; *d*) Marta; 50 m; *e*) 10 m/s]

• **2** Un treno Intercity sorpassa un treno Regionale, muovendosi rispetto a esso alla velocità costante di 43,2 km/h. Il Regionale a sua volta si sposta rispetto al suolo alla velocità costante di 64,8 km/h. Scrivi la legge oraria del moto dell'Intercity rispetto alla Terra, riportando il valore della velocità in m/s e supponendo nulla la posizione iniziale s_0. Trova, poi, la distanza che separa i due treni dopo un quarto d'ora.

Suggerimenti La legge oraria dell'Intercity rispetto al Regionale – a cui puoi ricorrere eventualmente per rispondere alla seconda domanda – ha la solita forma del moto rettilineo uniforme (in questo caso con $s_0 = 0$), salvo che devi utilizzare la velocità (in m/s) del primo treno rispetto al secondo.

[$s = 30 \cdot t$; 10,8 km]

3 Un raggio di luce partito dal Sole si sta muovendo di moto rettilineo uniforme a 300 000 km/s. Un osservatore ha fatto scattare il cronometro nel momento in cui il raggio di luce gli è passato davanti. Se il cronometro segna 35 min quando il raggio giunge in prossimità di Giove, che dista $780 \cdot 10^6$ km dal Sole, a quale distanza dalla nostra stella si trova l'osservatore?

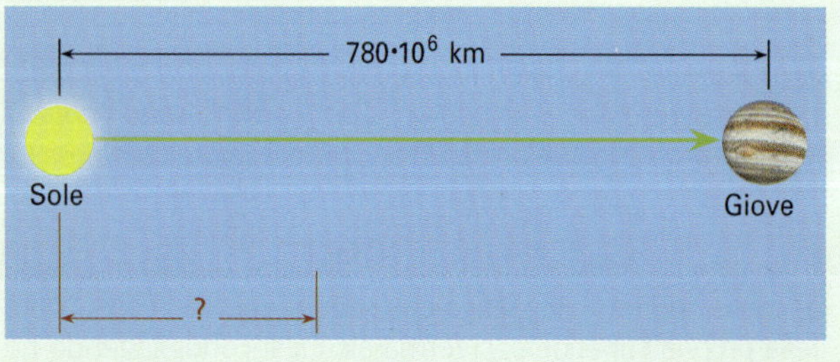

[$150 \cdot 10^6$ km]

4 Due corpi viaggiano, in relazione al medesimo sistema di riferimento, alla velocità costante rispettivamente di 5 m/s e 7,5 m/s. Ipotizzando che la posizione iniziale fosse nulla per entrambi i corpi:
a) scrivi le leggi orarie;
b) costruisci le tabelle orarie a partire dal valore $t = 0$ s fino a $t = 10$ s, incrementando ogni volta il tempo di 2 secondi;
c) traccia i grafici spazio-tempo nello stesso piano cartesiano;
d) calcola la distanza fra di essi dopo 5 secondi, sia tramite il grafico sia con l'uso delle leggi orarie.

[*a*) $s = 5 \cdot t$; $s = 7{,}5 \cdot t$; *d*) 12,5 m]

5 Un motorino si muove secondo il grafico riportato qui sotto.
a) Determina la velocità costante con la quale dovrebbe muoversi un altro motorino affinché, partendo da $s_0 = 0$ m, raggiunga il primo dopo 16 secondi.
b) Scrivi le due leggi orarie.
c) Trova dopo quanto tempo la distanza che separa i due motorini è di 100 m.

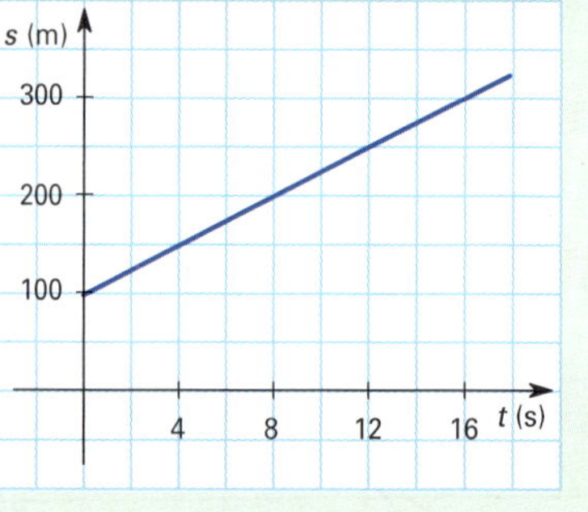

Suggerimenti Per calcolare la velocità del primo motorino, ricorda di ricorrere alla formula $v = \Delta s/\Delta t$... Inoltre, per il terzo quesito, ti basta porre $s_A - s_B$ uguale a 100 m e...

[*a*) 18,75 m/s; *b*) $s = 12{,}5 \cdot t + 100$; $s = 18{,}75 \cdot t$; *c*) 32 s]

• **6** Due pedoni si muovono su una traiettoria rettilinea: il primo con velocità 0,75 m/s e posizione iniziale 15 m, il secondo con velocità 2,00 m/s e posizione iniziale 5 m. Stabilisci in quale posizione il secondo pedone raggiunge il primo e quanta strada hanno percorso rispettivamente.

Suggerimenti Puoi trovare la soluzione sia per via grafica sia per via matematica tramite le leggi orarie...

[21 m; 6 m; 16 m]

7 Due amici si sfidano in una corsa, ma essendo *A* più veloce di *B* gli concede un vantaggio di 20 m.

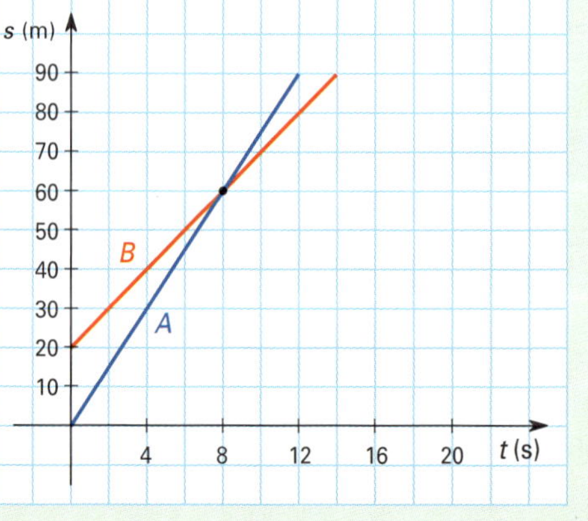

Determina:

a) la legge oraria relativa al moto di *A* e di *B*;

b) chi vince la gara e quanto tempo prima del secondo arriva al traguardo posto a 90 m;

c) a quale distanza dal traguardo *A* raggiunge *B*.

[*b*) ..., 2 s; *c*) 30 m]

8 Esaminato il grafico qui sotto, trova la velocità dei due moti rappresentati e la distanza che separa i due oggetti dopo 3 h e $^3/_4$.

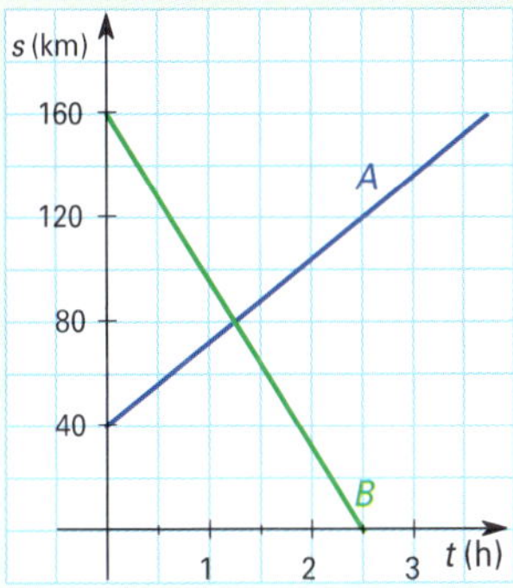

[32 km/h; – 64 km/h; 240 km]

• **9** La distanza in autostrada tra Roma e Napoli è 230 km. Giulia passa da Roma diretta a Napoli nello stesso istante in cui Eugenio passa dal casello di Napoli diretto verso Roma. Giulia mantiene la velocità costante di 90 km/h mentre Eugenio viaggia a 115,2 km/h.

a) Dopo quanto tempo i due veicoli si incrociano?

b) A quale distanza dalla città di Roma avviene l'incrocio tra i due veicoli?

Suggerimenti *a*) **Il viaggio può essere schematizzato nel seguente modo:**

Eugenio e Giulia si incontrano in un determinato istante *t* (da porre come incognita) e in quel momento la somma delle distanze percorse dai due è 230 km, per cui basta impostare un'equazione del tipo:

$s_{Eugenio}$ + ... = ...

[*a*) 1h 7 m 15 s; *b*) 100 km e 880 m]

10 Un'auto si trova a 350 m da un incrocio e sta procedendo alla velocità costante di 63 km/h. Un camion si sta muovendo alla velocità costante di 45 km/h e si trova a 230 m dall'incrocio, ma sulla strada perpendicolare rispetto a quella che percorre l'automobile.
Verifica che i due mezzi non si scontrano, attraversando l'incrocio senza rallentare. Scrivi quindi la legge oraria dei loro moti, nell'ipotesi che venga fatto partire il cronometro nell'istante $t_0 = 0$ s in cui passa all'incrocio il mezzo che vi giunge per secondo.

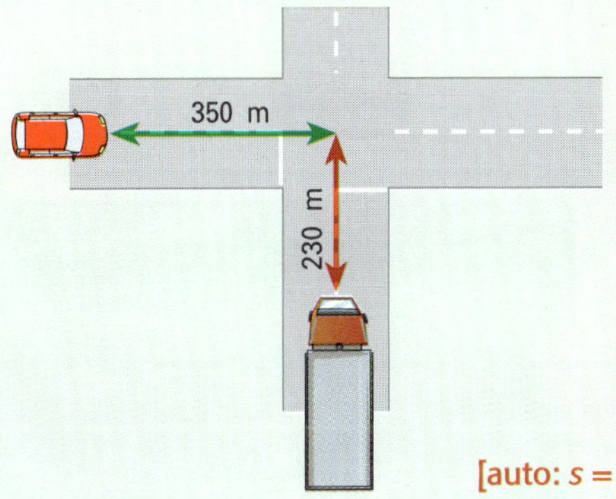

[auto: $s = 17{,}5 \cdot t$; ...]

• **11** Trova la velocità di un corpo, sapendo che in un intervallo di tempo pari a (0,91 ± 0,01) s con moto rettilineo uniforme si sposta dalla posizione iniziale (12,5 ± 0,1) cm alla posizione finale (81,4 ± 0,1) cm.

[(76 ± 1) cm/s]

12 Un carrello che si muove di moto rettilineo uniforme sulla rotaia a cuscino d'aria alla velocità di (22,0 ± 0,1) cm/s, ha percorso uno spazio pari a (45,0 ± 0,1) cm. Stabilisci l'intervallo di tempo impiegato per tale spostamento e disegna il corrispondente intervallo di indeterminazione.

[(2,05 ± 0,02) s]

13 ***ENGLISH*** Two trains, travelling towards each other at a constant speed, left from two separate stations that are 440 km apart, at the same time. If the speed of the first train is 100 km/h and the speed of the second train is 120 km/h, how long will it take for them to pass each other?

[2 h]

14 ***ENGLISH*** An object moves according to the formula $d = 10\,t + 50$, where *d* is the distance from the origin in meters and *t* is time in seconds.

a) Represent the motion law in a graph.

b) Find the distance covered after 10 seconds.

c) How long will it take to cover 1 km?

[*b*) 150 m; *c*) 95 s]

UNITÀ 8

Moto rettilineo uniformemente accelerato

Lezione multimediale

VIDEO LAB

8.1 L'accelerazione

Quando spingiamo il pedale dell'acceleratore di un'automobile, la velocità aumenta, mentre il contrario accade se il pedale su cui agiamo è il freno. Nel primo caso diciamo che stiamo *accelerando*, nel secondo che stiamo *decelerando*. Tra l'altro, come risulta dalle schede tecniche fornite dalle case costruttrici, possono esserci auto, come quelle da corsa, che impiegano 4,5 secondi per raggiungere, con partenza da fermo ($v_0 = 0$), la velocità di 100 km/h e altre che di secondi ne impiegano 12. La prestazione della prima è ovviamente migliore, dato che è in grado di raggiungere la stessa velocità finale in un intervallo di tempo minore. Dunque, fa parte della nostra esperienza quotidiana associare il concetto di **accelerazione** a situazioni nelle quali si ha una variazione di velocità.

accelerazione

informazione L'**accelerazione** è una grandezza fisica che ci informa sul fatto che la velocità subisce dei cambiamenti nel tempo.

Definiamo l'**accelerazione** come il rapporto tra la variazione di velocità e l'intervallo di tempo in cui tale variazione avviene:

definizione

$$\text{accelerazione} = \frac{\text{variazione di velocità}}{\text{intervallo di tempo impiegato a ottenerla}}$$

Ricorrendo al formalismo, scriviamo:

formula

$$a = \frac{\Delta v}{\Delta t}$$

La variazione di velocità Δv è data dalla differenza tra la velocità finale v e la velocità iniziale v_0, cioè $\Delta v = v - v_0$.

Ricaviamo adesso l'unità di misura dell'accelerazione:

$$a = \frac{\Delta v}{\Delta t} \quad \Rightarrow \quad \frac{\text{misurata in m/s}}{\text{misurato in s}} \quad \Rightarrow \quad \frac{\text{m}}{\text{s}^2}$$

che si legge «metri al secondo quadrato».

unità di misura di *a* L'accelerazione si misura in $\mathbf{m/s^2}$.

esempio

Calcoliamo l'accelerazione di due automobili: una di esse passa da 0 a 100 km/h in 8 s, mentre l'altra, che sta procedendo a 50 km/h, si ferma in 6 s.

Ricordando che 100 km/h = 100/3,6 ≅ 27,8 m/s, avremo:

$$a = \frac{27{,}8 - 0}{8} \cong 3{,}5\ \frac{\text{m}}{\text{s}^2}$$

Quanto vale l'accelerazione dell'automobile che si ferma?
Ripetendo i passaggi appena eseguiti qui trovi facilmente:

$$a = \frac{0 - 13{,}9}{6} \cong -2{,}3\ \frac{\text{m}}{\text{s}^2}$$

L'accelerazione è negativa in quanto l'auto decelera, cioè la velocità decresce.

Ricorda!...

Quando la velocità finale è minore della velocità iniziale, vale a dire quando il corpo subisce una *decelerazione*, allora davanti al valore dell'accelerazione compare il *segno negativo*.

Analogamente a quanto fatto in situazioni precedenti, nel caso avessimo bisogno di ricavare Δt oppure Δv dalla definizione dell'accelerazione, le formule inverse sono quelle rappresentate sotto:

$$a = \frac{\Delta v}{\Delta t} \quad \rightarrow \quad \Delta t = \frac{\Delta v}{a}$$

$$a = \frac{\Delta v}{\Delta t} \quad \rightarrow \quad \Delta v = a \cdot \Delta t$$

Come puoi intuire, dato che la velocità è un vettore, anche l'accelerazione è in realtà una grandezza vettoriale. Il **vettore accelerazione** viene definito nel modo seguente:

$$\vec{a} = \frac{\Delta \vec{v}}{\Delta t}$$

vettore accelerazione

FLASH

Qual è l'accelerazione che si può sperimentare...

... in fase di salita iniziale di una montagna russa: 12,63 m/s^2

... in moto: 18,5 m/s^2

... nel giro della morte: 39,2 m/s^2 (1969)

... nell'allenamento dei piloti militari: 88,2 m/s^2

A partire da valori di circa 19,6 m/s^2 possono cominciare a manifestarsi i primi disturbi che diventano più significativi se la sollecitazione dura più di qualche secondo.

ANIMAZIONE

8.2 La relazione tra velocità e tempo ($v_0 = 0$)

Supponi che una piccola biglia di vetro cada dal primo piano di un grattacielo costituito di sedici piani. Al momento dell'impatto al suolo la sua velocità è modesta. Se però cade dall'ultimo piano, la pallina si trasforma in una specie di proiettile! Per quale motivo? Qual è la differenza tra le due situazioni?
Se facessimo qualche misura, noteremmo che spazio e tempo non sono direttamente proporzionali, per cui il moto non è uniforme: la velocità, anzi, aumenta rapidamente.
Sottoponiamo a verifica quanto appena affermato, al fine di determinare il legame esistente tra la velocità e il tempo.

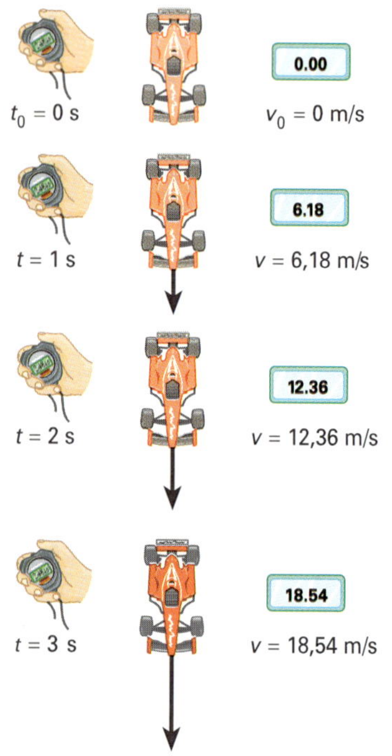

Tabella 1

X	Y	X/Y
Δt (s)	Δv (m/s)	$\Delta v/\Delta t$ (m/s^2)
1	6,18	6,18
2	12,36	6,18
3	18,54	6,18
4	24,72	6,18
...	...	...

Immagina la partenza di una gara automobilistica. Il pilota di un'auto della prima fila inizialmente spinge l'acceleratore al massimo. Sul tachimetro si può rilevare man mano la velocità per ogni secondo trascorso.
Le condizioni iniziali sono:

- il cronometro parte nell'istante in cui inizia la corsa $t_0 = 0$ per cui $\Delta t = t - t_0 = t$;
- il moto avviene con partenza da fermo ($v_0 = 0$), di conseguenza la velocità coincide con la variazione di velocità ($\Delta v = v - v_0 = v$).

I dati raccolti vengono riportati nelle prime due colonne della tabella 1.

▶ Quale tipo di relazione si presenta tra Δv e Δt?

....

....

....

Come puoi constatare, dato che il rapporto tra Δv e Δt è costante (per cui al raddoppiare, triplicare ecc., dell'intervallo di tempo, la variazione di velocità si comporta allo stesso modo), si tratta di una relazione di proporzionalità diretta.
Ripensando alla definizione di accelerazione, constatiamo che il moto rettilineo da noi esaminato è caratterizzato da un'accelerazione costante e per questo è detto **moto rettilineo uniformemente accelerato**.

moto rettilineo uniformemente accelerato

Il **moto rettilineo uniformemente accelerato** è un tipo di moto nel quale la traiettoria è una linea retta e la variazione di velocità in intervalli di tempo uguali, ovvero l'*accelerazione*, resta sempre costante.

Dato che quando scatta il cronometro ($t_0 = 0$) l'auto è ferma (velocità iniziale $v_0 = 0$), si ha:

$$\Delta v = v - v_0 = v \qquad \text{e} \qquad \Delta t = t - t_0 = t$$

per cui: $a = \dfrac{\Delta v}{\Delta t} = \dfrac{v}{t}$

La relazione tra la velocità e il tempo diventa quindi:

$$v = a \cdot t$$

relazione tra v e t ($v_0 = 0$)

Questa è la **velocità istantanea**, cioè la velocità che un corpo ha in una data posizione in un ben preciso istante.
Nel moto rettilineo uniformemente accelerato l'accelerazione è costante e, se la partenza è da fermo, la velocità è direttamente proporzionale al tempo.

8.3 I grafici velocità-tempo e spazio-tempo ($v_0 = 0$)

VIRTUAL LAB

Riportiamo in un grafico velocità-tempo i valori delle prime due colonne della tabella 1, ricordando che $v_0 = 0$. Congiungendo i punti ottenuti, dal momento che ci troviamo in un caso di proporzionalità diretta, otteniamo una retta passante per l'origine.

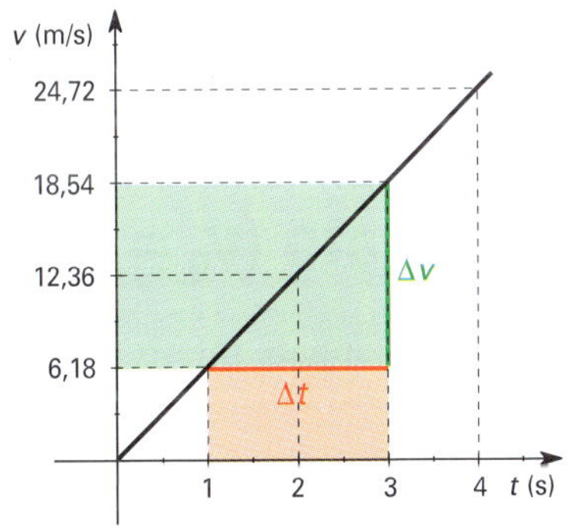

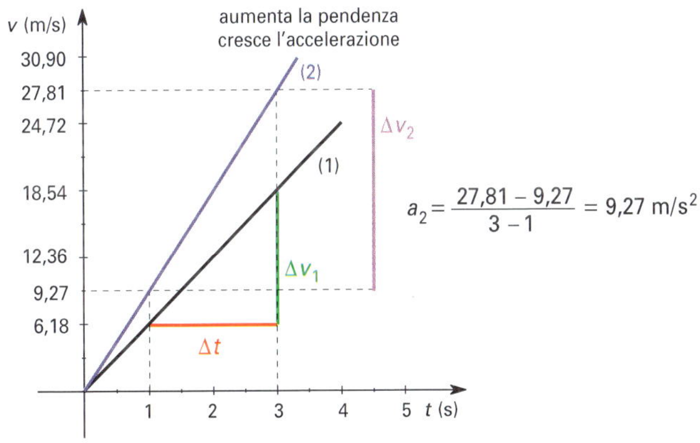

In questo grafico possiamo considerare un intervallo qualunque dell'asse delle ascisse, relativo a un certo intervallo Δt, e rilevare il corrispondente valore di Δv sull'asse delle ordinate.
Se facciamo il rapporto troviamo:

$$\frac{\Delta v}{\Delta t} = \frac{18{,}54 - 6{,}18}{3 - 1} = \frac{12{,}36}{2} = 6{,}18\ \frac{\text{m}}{\text{s}^2}$$

che è l'accelerazione (costante) dell'auto. Quindi, ne deriva che in un grafico velocità-tempo l'accelerazione corrisponde alla pendenza della retta (che in matematica si chiama *coefficiente angolare*).

▶ Se l'auto partisse con un'accelerazione maggiore, come sarebbe la pendenza della retta?

Prova a rispondere, motivando la tua risposta.

....

....

....

Dato che, a parità di intervallo di tempo, deve risultare una variazione di velocità più elevata, evidentemente la pendenza della retta deve aumentare.
Possiamo notare che un'auto capace di un'accelerazione di 9,27 m/s² raggiungerebbe i 100 km/h in circa... 3 secondi!

Cerchiamo ora la relazione fra lo spazio percorso e l'intervallo di tempo nel caso dell'auto che parte con un'accelerazione costante di 6,18 m/s². A lato della pista rileviamo la posizione. Per semplicità, quando scatta il cronometro ($t_0 = 0 \rightarrow \Delta t = t$) l'auto parte da ferma ($v_0 = 0 \rightarrow \Delta v = v$) e il calcolo dello spazio percorso inizia in quell'istante ($s_0 = 0 \rightarrow \Delta s = s$).

Tabella 2

X	Y
t (s)	s (m)
1	3,09
2	12,36
3	27,81
4	49,44
...	...

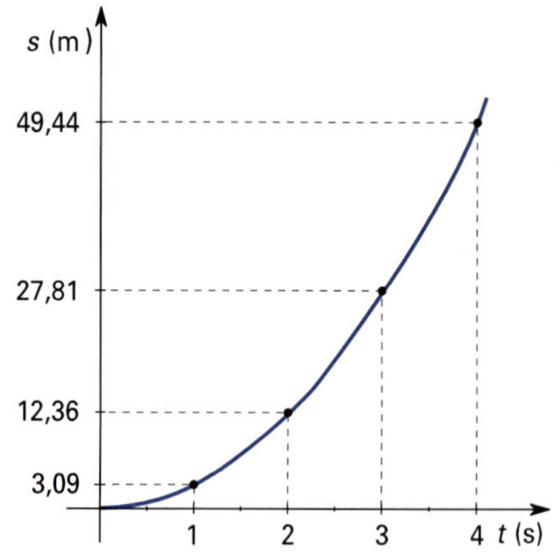

Nella tabella trascriviamo le letture dei tempi effettuate con il cronometro e le distanze dell'auto dal punto di partenza. Si nota che al raddoppiare, triplicare ecc., del tempo t non corrisponde un analogo andamento dello spazio s.

Riportiamo in un sistema di assi cartesiani i valori della tabella. Questa volta la linea che congiunge i punti non è più una retta, bensì una curva particolare che si chiama **parabola**. Si parla in questo caso di **proporzionalità quadratica**, che è diversa dalla già nota proporzionalità diretta.

SCHEDA LAB

8.4 La legge oraria del moto rettilineo uniformemente accelerato ($v_0 = 0$)

Le grandezze s e t^2 sono direttamente proporzionali, infatti se dalla tabella 2 calcoliamo t^2, si ottiene che il rapporto s/t^2 è costante:

$$\frac{s}{t^2} = \frac{3{,}09}{1^2} = \frac{12{,}36}{2^2} = \frac{27{,}81}{3^2} = \frac{49{,}44}{4^2} = 3{,}09\ \frac{\text{m}}{\text{s}^2}$$

Tale valore è proprio la metà dell'accelerazione 6,18 m/s² determinata in precedenza a partire dalla tabella velocità-tempo. Possiamo perciò scrivere:

$$\frac{s}{t^2} = \frac{1}{2}a$$

Abbiamo così individuato il legame esistente tra lo spazio percorso e il tempo, cioè la **legge oraria del moto rettilineo uniformemente accelerato**, nel caso di partenza da fermo ($v_0 = 0$) e posizione iniziale nulla ($s_0 = 0$):

legge oraria ($v_0 = 0$)

$$s = \frac{1}{2}a \cdot t^2$$

Ricaviamo dalla legge oraria le formule inverse, che diventeranno utili in sede di applicazione.

$$s = \frac{1}{2}a \cdot t^2$$

$$t = \sqrt{\frac{2 \cdot s}{a}}$$

$$a = \frac{2 \cdot s}{t^2}$$

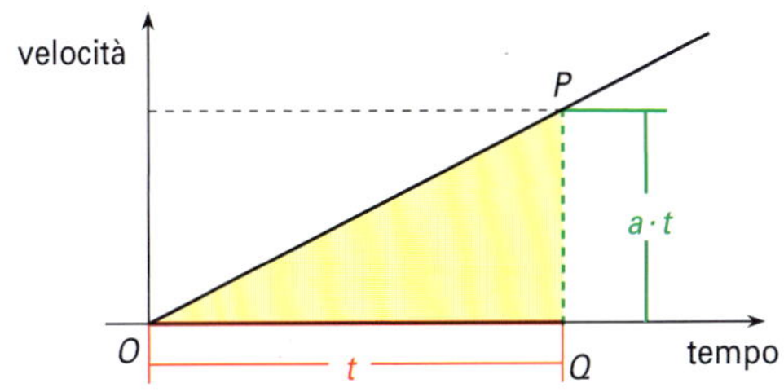

In un grafico velocità-tempo, in corrispondenza di un certo istante t, troviamo l'area compresa fra la retta OP rappresentativa della velocità e l'asse del tempo. In altri termini determiniamo l'area del triangolo OPQ:

$$Area = \frac{PQ \cdot OQ}{2} = \frac{a \cdot t \cdot t}{2} = \frac{1}{2} a \cdot t^2$$

Come puoi vedere nel grafico velocità-tempo, l'area sottesa alla retta $v = a \cdot t$ individua, al variare di t, la legge oraria del moto $s = \frac{1}{2} a \cdot t^2$.

Prova a verificare se questa relazione vale anche per il grafico velocità-tempo di un moto rettilineo e uniforme.

esempio

Un'automobile, che si muove di moto rettilineo, sta accelerando con accelerazione costante pari a 1,25 m/s^2. Vogliamo trovare quale velocità raggiunge in mezzo minuto e quanto spazio ha percorso in tale intervallo di tempo, nell'eventualità che sia partita da ferma.

Osservando che $\frac{1}{2}$ min $= \frac{1}{2}\, 60 = 30$ s, troviamo direttamente:

$$v = a \cdot t \qquad v = 1{,}25 \cdot 30 = 37{,}5 \text{ m/s}$$

che in kilometri all'ora diventa:

$$v = 37{,}5 \cdot 3{,}6 = 135 \text{ km/h}$$

E, per quanto riguarda lo spazio:

$$s = \frac{1}{2} a \cdot t^2 = \frac{1}{2} \cdot 1{,}25 \cdot (30)^2 = 562{,}5 \text{ m}$$

Nella tabella 3 riassumiamo le caratteristiche principali dei due moti rettilinei affrontati (**uniforme** e **uniformemente accelerato**), che ti consigliamo di esaminare con attenzione, in quanto comprenderne le differenze ti aiuta a capire meglio ognuno di essi.

Tabella 3

	moto rettilineo uniforme	**moto rettilineo uniformemente accelerato ($v_0 = 0$)**
legge oraria	$s = v \cdot t$ ($s_0 = 0$)	$s = \frac{1}{2} a \cdot t^2$ ($s_0 = 0$)
velocità	v = costante	$v = a \cdot t$
accelerazione	$a = 0$	a = costante $\neq 0$
grafico (s, t)	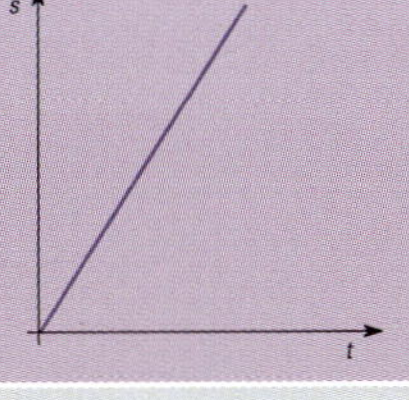	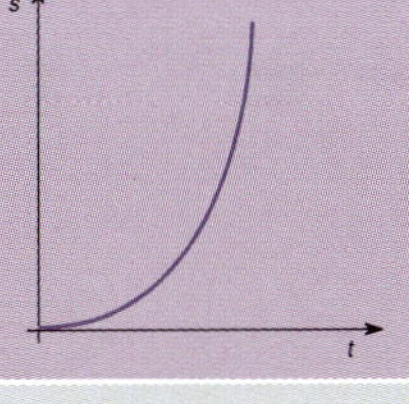
grafico (v, t)	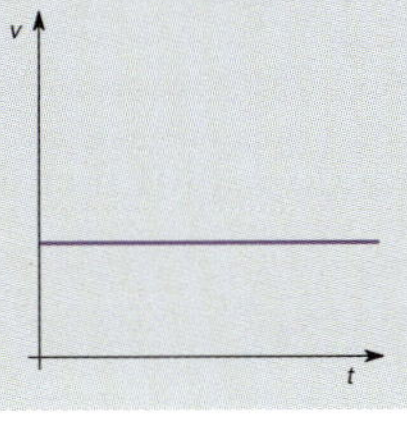	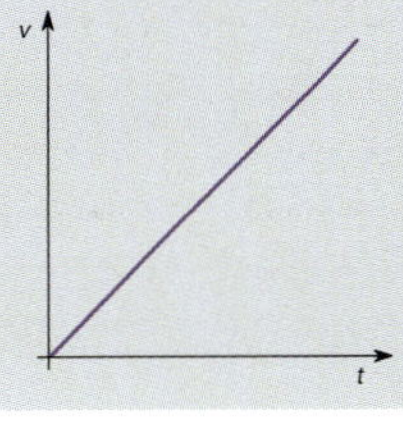

8.5 La relazione tra velocità e tempo e grafico relativo ($v_0 \neq 0$)

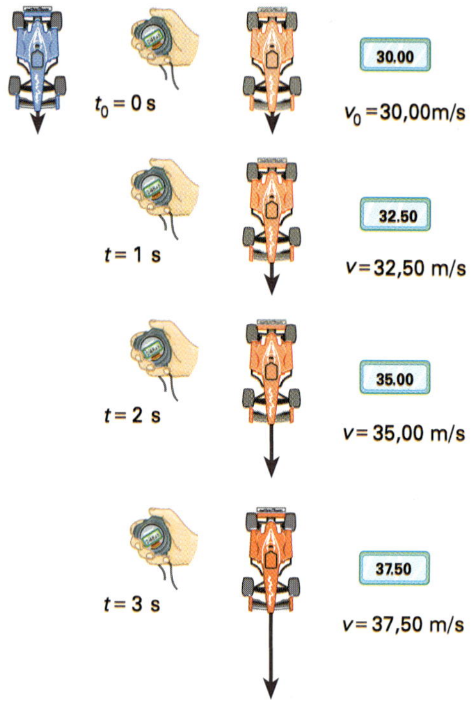

Immaginiamo di seguire uno dei momenti più emozionanti di una gara automobilistica: il sorpasso. Facciamo scattare il cronometro nel momento in cui un pilota, che sta andando a 30 m/s, inizia a superare un concorrente ($t_0 = 0$) e sul tachimetro della sua auto possiamo leggere la velocità per ogni secondo trascorso. Durante il sorpasso egli tiene sempre premuto il pedale dell'acceleratore. Analizziamo come varia la velocità per ogni secondo trascorso.

Tabella 4

X	Y	X/Y
Δt (s)	**Δv (m/s)**	**Δv/Δt (m/s²)**
1	32,50-30,00 = 2,50	2,50
2	35,00-30,00 = 5,00	2,50
3	37,50-30,00 = 7,50	2,50
4	40,00-30,00 = 10,00	2,50
...	...	...

I dati raccolti vengono riportati nelle prime due colonne della tabella 4.

▶ In questo caso, in cui la velocità iniziale $v_0 \neq 0$, quale tipo di relazione intercorre tra la variazione di velocità Δv e l'intervallo di tempo Δt in cui essa avviene?

....

....

....

....

Come puoi constatare, il rapporto tra Δv e Δt è costante, per cui si tratta di una proporzionalità diretta. Anche in questo caso il moto rettilineo da noi esaminato è caratterizzato da un'**accelerazione costante**, per cui si tratta di un **moto rettilineo uniformemente accelerato**.

Dalla definizione di accelerazione si ha:

$$\frac{\Delta v}{\Delta t} = a$$

moltiplicando ambo i membri per Δt e semplificando

$$\Delta t \, \frac{\Delta v}{\Delta t} = a \, \Delta t$$

$$v - v_0 = a\,(t - t_0)$$

nella ipotesi $t_0 = 0$

$$v - v_0 = a \cdot t$$

portando v_0 al II membro

Ricorda!...

Nel moto rettilineo uniformemente accelerato se la partenza non è da fermo, la relazione tra velocità e tempo **non** è di diretta proporzionalità.

relazione tra v e t ($v_0 \neq 0$)

$$v = v_0 + a \cdot t$$

Riportiamo in un grafico velocità-tempo i valori delle prime due colonne della tabella 4 ricordando che $v_0 = 30$ m/s.

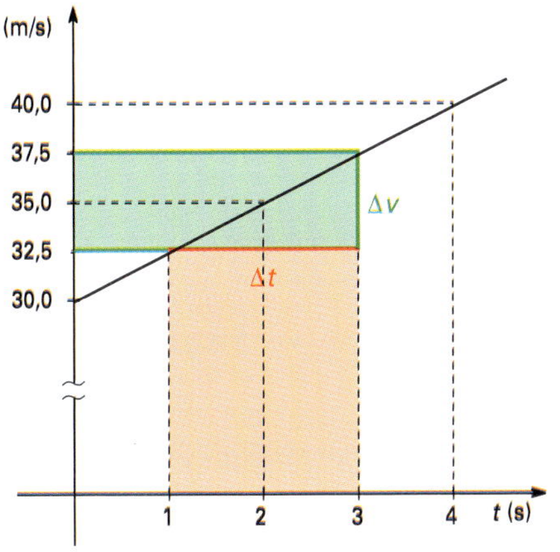

Ricorda!...

In un moto **rettilineo uniformemente accelerato**:
- la variazione di velocità Δv è direttamente proporzionale alla variazione di tempo Δt;
- la velocità è direttamente proporzionale al tempo solo se la partenza è da fermo;
- il grafico velocità-tempo è sempre una retta, ma passa per l'origine solo se la partenza è da fermo.

Il grafico velocità-tempo relativo a un moto rettilineo uniformemente accelerato con velocità iniziale diversa da 0 è una retta che **non** passa per l'origine poiché in questo caso velocità e tempo **non** sono direttamente proporzionali.

Il tipo di relazione tra due grandezze rappresentato graficamente da una retta non passante per l'origine si definisce **dipendenza lineare**.

dipendenza lineare

Anche in questo caso possiamo considerare un intervallo qualunque dell'asse delle ascisse relativo a un certo intervallo Δt e rileviamo il corrispondente Δv sull'asse delle ordinate.
Se facciamo il rapporto si ha:

$$\frac{\Delta v}{\Delta t} = \frac{37{,}5 - 32{,}5}{2} = 2{,}5\ \frac{\text{m}}{\text{s}^2}$$

che è l'accelerazione (costante) dell'auto. L'accelerazione corrisponde alla pendenza della retta.

ESPANSIONI **La legge oraria del moto rettilineo uniformemente accelerato ($v_0 \neq 0$)**

8.6 Il moto vario

Supponiamo di aver compiuto un viaggio di 216 km in autostrada da Firenze a Roma in 2 ore e 5 minuti. Non è realistico ipotizzare di avere mantenuto sempre la stessa velocità; è molto più probabile che la velocità sia diminuita nelle gallerie, aumentata durante i sorpassi e scesa a 0 quando ci siamo fermati in un autogrill per uno spuntino e così via.
In altri termini, il moto non è stato né uniforme, né uniformemente accelerato, bensì un **moto vario**.

Il **moto vario** è un tipo di moto in cui la velocità varia nel tempo in modo non uniforme.

moto vario

La grandezza che in questo caso caratterizza il modo con il quale un corpo si muove è la **velocità media**.

velocità media

informazione La **velocità media** è il rapporto tra lo spazio percorso complessivamente, anche a differenti velocità, e l'intervallo di tempo impiegato a percorrerlo.

La possiamo dunque definire così:

definizione

$$\text{velocità media} = \frac{\text{spazio percorso}}{\text{intervallo di tempo impiegato a percorrerlo}}$$

In termini matematici possiamo scrivere:

formula

$$v_M = \frac{\Delta s}{\Delta t}$$

Ricorda!...

La velocità media non corrisponde (se non in casi particolari) alla media delle velocità nei vari tratti del percorso.

Se calcoliamo la velocità media del viaggio Firenze-Roma, tenendo conto che in 2 ore e 5 minuti ci sono 7200 + 300 = 7500 secondi, otteniamo:

$$v_M = \frac{\Delta s}{\Delta t} = \frac{216\,000}{7500} \cong 28{,}8\,\frac{\text{m}}{\text{s}} \cong 104\,\frac{\text{km}}{\text{h}}$$

▸ È possibile che in nessun momento del viaggio il tachimetro abbia segnato tale velocità?

....

....

....

La velocità media è una velocità che probabilmente coincide con quella reale solo per brevissimi istanti, durante le fasi di accelerazione o di rallentamento. Non rappresenta, quindi, la velocità momento per momento.

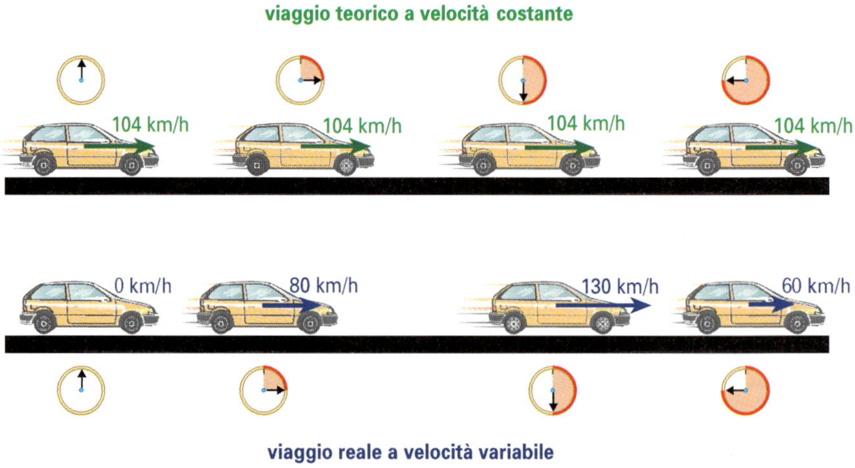

La velocità media è molto significativa in quanto è quella velocità che, se mantenuta costante dall'inizio alla fine del viaggio, ci consentirebbe di effettuare lo stesso percorso nello stesso intervallo di tempo.

Se ci pensi, dovendo programmare uno spostamento, per sapere a che ora è necessario partire da casa per non arrivare a un appuntamento troppo presto o troppo tardi, non fai altro che ipotizzare una ragionevole velocità media da tenere durante l'intero tragitto...

IN SINTESI

AUDIO

- L' **accelerazione** è definita come il rapporto tra la variazione di velocità e l'intervallo di tempo in cui tale variazione avviene:

$$a = \frac{\Delta v}{\Delta t}$$

Il valore dell'accelerazione ha segno negativo quando il corpo subisce una *decelerazione*. Nel SI l'accelerazione si misura in: m/s^2. Anche l'accelerazione è una grandezza vettoriale e il **vettore accelerazione** è definito come:

$$\vec{a} = \frac{\Delta \vec{v}}{\Delta t}$$

- Il **moto uniformemente accelerato** è caratterizzato da un'accelerazione costante. Si possono distinguere due casi, a seconda che il corpo parta da fermo (velocità iniziale nulla) oppure parta in movimento.

- Nel caso di partenza da fermo (con $t_0 = 0$), v e t sono grandezze tra loro direttamente proporzionali. L'equazione che esprime la relazione tra v e t è:

$v = a \cdot t$ dove v è detta **velocità istantanea**.

- Il grafico velocità-tempo è costituito da una retta passante per l'origine degli assi, la cui *pendenza* dipende dal valore dell'accelerazione: a una maggiore pendenza della retta corrisponde una maggiore accelerazione.

- s e t sono grandezze legate da una relazione di *proporzionalità quadratica*, cioè da una relazione del tipo $Y = K \cdot X^2$ dove K è una costante.

- La *legge oraria del moto rettilineo uniformemente accelerato*, con $v_0 = 0$, è: $s = \frac{1}{2} a \cdot t^2$

- Il grafico spazio-tempo è costituito da una *parabola*.

- Dalla legge oraria del moto uniformemente accelerato si possono ricavare le *formule inverse*:

$$t = \sqrt{\frac{2 \cdot s}{a}} \qquad a = \frac{2 \cdot s}{t^2}$$

Caratteristiche del moto rettilineo uniforme e di quello uniformemente accelerato

	moto rettilineo uniforme	moto rettilineo uniformemente accelerato ($v_0 = 0$)
legge oraria	$s = v \cdot t$ ($s_0 = 0$)	$s = \frac{1}{2} a \cdot t^2$ ($s_0 = 0$)
velocità	v = costante	$v = a \cdot t$
accelerazione	$a = 0$	a = costante
grafico (s, t)	retta passante per l'origine	parabola
grafico (v, t)	retta parallela all'asse x	retta passante per l'origine

- Il **moto vario** è un tipo di moto in cui la velocità varia nel tempo in modo non uniforme.
In questo caso, il moto è caratterizzato da una **velocità media**, data da: $v_M = \frac{\Delta s}{\Delta t}$.

STRUMENTI DI CONSOLIDAMENTO E VERIFICA

VERIFICHE

Vero-falso

In un moto rettilineo uniformemente accelerato con $v_0 = 0$:

1 Dato che l'accelerazione è costante lo è anche la velocità. V F

2 Tempo e accelerazione sono grandezze direttamente proporzionali. V F

3 Raddoppiando il tempo raddoppia lo spazio percorso. V F

4 Velocità e tempo sono grandezze direttamente proporzionali. V F

5 Il grafico spazio-tempo è una parabola. V F

6 Il grafico velocità-tempo è una parabola. V F

7 Raddoppiando il tempo quadruplica la velocità. V F

In un moto rettilineo uniformemente accelerato con $v_0 \neq 0$:

8 Il rapporto tra spazio e quadrato del tempo non è costante. V F

9 Il grafico proposto sotto rappresenta un moto avente come legge oraria $s = 0{,}5\ t^2 + 2\ t$. V F

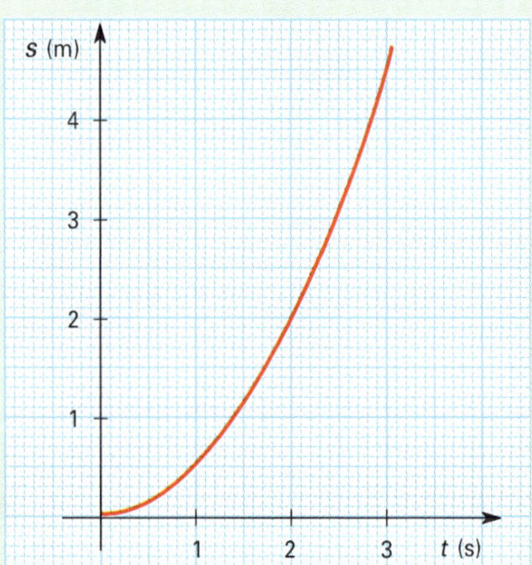

10 La variazione di velocità è direttamente proporzionale alla variazione di tempo. V F

Test a scelta multipla

1 L'accelerazione è:

A il rapporto tra lo spazio percorso e l'intervallo di tempo

B il prodotto tra la variazione di velocità e lo spazio percorso

C il rapporto tra la variazione di velocità e l'intervallo di tempo

D il prodotto fra l'intervallo di tempo e la velocità

2 L'unità di misura dell'accelerazione è:

A m^2/s

B m/s

C m^2/s^2

D m/s^2

3 Dalla relazione del moto rettilineo uniformemente accelerato con partenza da fermo $v = a \cdot t$ si ricava che:

A raddoppiando il tempo, l'accelerazione diventa la metà

B la velocità è costante

C il prodotto fra l'accelerazione e il tempo è costante

D raddoppiando il tempo, raddoppia anche la velocità

4 Quale dei seguenti grafici rappresenta la relazione $v = v_0 + at$?

A
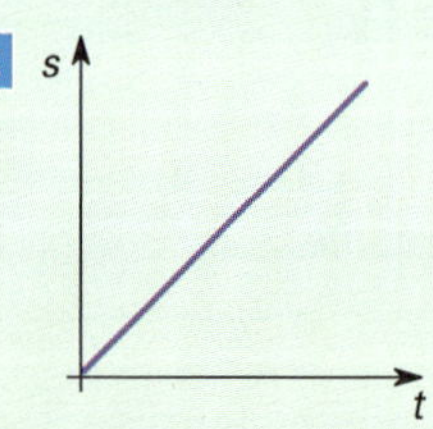

B
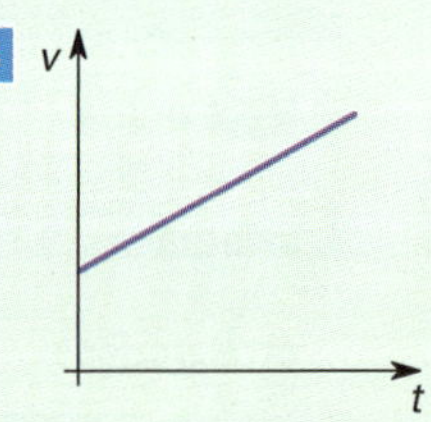

C
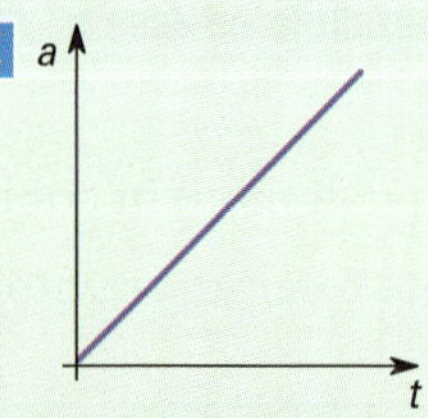

D
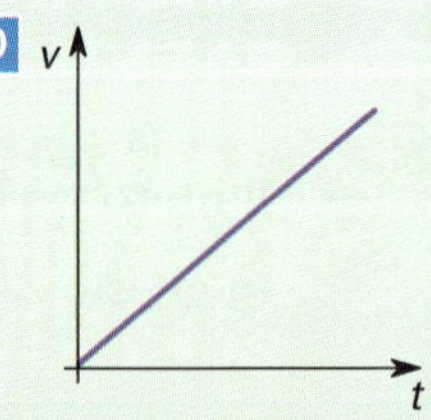

5 In relazione alla figura qui sotto, quale affermazione è corretta?

- **A** L'accelerazione di A è maggiore di quella di B
- **B** L'accelerazione di A è minore di quella di B
- **C** L'accelerazione di A è uguale a quella di B
- **D** Non è possibile confrontare l'accelerazione di A con quella di B

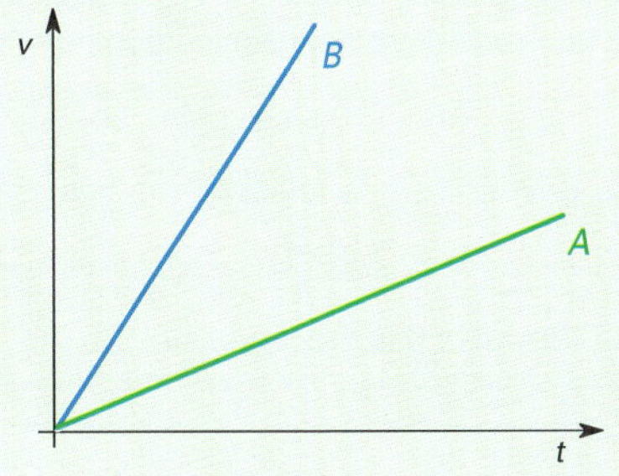

6 In relazione alla legge oraria del moto rettilineo uniformemente accelerato con $s_0 = 0$ e $v_0 = 0$, quale affermazione è errata?

- **A** L'accelerazione è costante
- **B** Il grafico velocità-tempo è rappresentato da una parabola
- **C** Lo spazio è direttamente proporzionale al quadrato del tempo
- **D** La velocità aumenta costantemente al trascorrere del tempo

7 Se X e Y sono grandezze che hanno una relazione di proporzionalità quadratica, quale delle seguenti affermazioni è errata?

- **A** Se la X diventa quattro volte maggiore, la Y si dimezza
- **B** La rappresentazione grafica è una parabola
- **C** Se la X diventa un terzo, la Y diventa un nono
- **D** Il rapporto Y/X^2 è costante

8 Quale dei seguenti grafici può rappresentare la legge oraria di un moto rettilineo uniformemente accelerato?

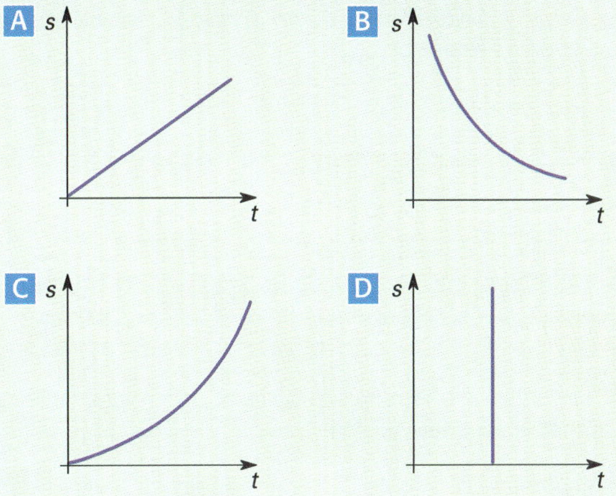

9 Se la legge oraria di un moto è $s = 9t^2 + 3t$, quanto vale la sua accelerazione?

- **A** 4,5 m/s²
- **B** 9 m/s²
- **C** 18 m/s²
- **D** 3 m/s²

10 Un motociclista dice di aver mantenuto la velocità media di 80 km/h durante il percorso Venezia-Trieste. Quale delle seguenti deduzioni è corretta?

- **A** Il suo tachimetro ha sempre segnato 80 km/h
- **B** Il suo tachimetro non ha mai segnato 80 km/h
- **C** Il suo tachimetro può aver segnato diverse velocità, ma tutte maggiori di 80 km/h
- **D** Il suo tachimetro può aver segnato diverse velocità: maggiori, minori o anche uguali a 80 km/h

Applichiamo le conoscenze

Esercizi

8.1 L'accelerazione

1 Un'automobile, che parte da ferma, raggiunge la velocità di 100 km/h in 9,2 s. Qual è la sua accelerazione? [3 m/s²]

Per lo svolgimento dell'esercizio, completa il percorso guidato, inserendo gli elementi mancanti dove compaiono i puntini.

1 I dati sono: ....

2 Le unità di misura sono coerenti con quelle del SI?

....

3 In caso di risposta negativa, esegui le equivalenze necessarie: ....

4 La formula che devi usare è la definizione di accelerazione:

a = ...

5 Sostituisci nella formula i dati, trovando perciò:

a = ... = ...

2 Una motocicletta, partendo da ferma, dopo un intervallo di tempo di 5,0 s ha una velocità di 81 km/h. Determina la sua accelerazione, ipotizzando che sia costante. [4,5 m/s²]

3 Un motoscafo che sta viaggiando a 27 km/h triplica la sua velocità in 15 secondi. Qual è la sua accelerazione?

Suggerimenti L'unica differenza rispetto all'Esercizio 1 consiste nella velocità iniziale, che è diversa da zero...

[1 m/s²]

4 Un ghepardo passa da fermo a 56 km/h in 6,8 s. Qual è la sua accelerazione?

[2,29 m/s²]

5 Un motociclista accelera da 50 km/h a 130 km/h in 5,5 s. Calcola la sua accelerazione.

[4 m/s²]

6 Durante l'allenamento in pista di un ciclista, l'allenatore compila la seguente tabella:

t (s)	20	40	60	80	100	120
v (m/s)	8,3	10,5	12,7	10,1	8,5	9

a) In quali intervalli vi è stata decelerazione?
b) In quali intervalli vi è stata accelerazione?
c) Qual è stata la massima accelerazione?
d) Qual è stata la massima decelerazione?

[*c*) 0,11 m/s²; *d*) – 0,13 m/s²]

7 Un camion, che sta andando alla velocità di 90 km/h, si ferma in 12,5 s. Qual è la sua decelerazione?

[–2 m/s²]

8 Durante una gara automobilistica un veicolo è passato da 0 a 180 km/h in 10 s. Poi ha viaggiato per 7 minuti alla velocità di 180 km/h e subito dopo si è fermato in 25 s per un'avaria al motore.
a) Il moto nella seconda fase può essere definito con accelerazione uniforme non nulla?
b) Calcola l'accelerazione nella fase iniziale.
c) Calcola la decelerazione nella fase finale.

[*b*) 5 m/s²; *c*) –2 m/s²]

9 Un'automobile ha un'accelerazione di 4,4 m/s². Determina quale velocità raggiunge in 3 s, se la velocità iniziale è di 60 km/h.

Suggerimenti Dalla definizione di accelerazione, ricavi Δv e quindi, considerando che $\Delta v = v - v_0$, trovi il valore di *v*...

[107,5 km/h]

10 Se un treno che sta andando a 110 km/h frena, subendo una decelerazione di 3 m/s², quale velocità raggiunge dopo 6 secondi?

[45,2 km/h]

11 Se un'automobile che sta andando a 140 km/h frena, decelerando di 6 m/s², quale velocità raggiunge dopo 5 secondi?

[32 km/h]

12 ***ENGLISH*** A race car accelerates uniformly from 18.5 m/s to 45.0 m/s in 2.55 seconds. Determine the acceleration of the car.

[10.4 m/s²]

8.2 La relazione tra velocità e tempo ($v_0 = 0$)

13 Un sasso, inizialmente fermo, cade lungo un pendio con accelerazione costante di 0,8 m/s². Calcola la velocità che raggiunge dopo 9 s.

[7,2 m/s]

Per lo svolgimento dell'esercizio, completa il percorso guidato, inserendo gli elementi mancanti dove compaiono i puntini.

1 I dati sono: ....

2 La formula che devi usare è la relazione tra velocità e tempo: *v* = ...

3 Sostituisci nella formula i dati, trovando perciò:

v = ... = ...

14 La velocità di un ciclista nella fase iniziale di una gara segue la legge $v = 0{,}6 \cdot t$, in cui le grandezze sono espresse secondo le unità di misura del SI.
a) Qual è l'accelerazione del ciclista?
b) Velocità e tempo sono grandezze direttamente proporzionali?
c) Quale velocità ha raggiunto il ciclista dopo 3 s?
d) È possibile che il ciclista possa accelerare per 1 minuto se al massimo è in grado di raggiungere la velocità di 40 km/h?

[*c*) 1,8 m/s]

15 Un pallone sta percorrendo una traiettoria rettilinea con un'accelerazione costante di 5 m/s². Sapendo che è partito da fermo, stabilisci quale velocità in km/h raggiunge dopo 3 secondi.

[54 km/h]

16 Un pattinatore nella fase iniziale di una gara ha un'accelerazione di 1,8 m/s².
a) Scrivi la legge della velocità.
b) Completa la seguente tabella tempo-velocità.

t (s)	1	2	3	4	5
v (m/s)	1,8	...	...	...	...

17 Un veicolo, inizialmente fermo, segue la legge $v = 3 \cdot t$ per i primi 4 secondi e poi per i successivi 10 secondi mantiene costante la velocità raggiunta.
Completa la seguente tabella tempo-velocità.

t (s)	1	2	4	6	8	10
v (m/s)	...	...	...	...	...	...

18 Dopo quanti secondi raggiunge la velocità di 28 km/h un ciclista che parte da fermo con un'accelerazione di 1,2 m/s²?

Suggerimenti È necessario ricavare il tempo dalla relazione di velocità e tempo valida nel moto rettilineo uniformemente accelerato...

[6,5 s]

19 Un razzo ha un'accelerazione costante di 25 m/s^2. Ipotizzando che si muova secondo una traiettoria rettilinea e che inizialmente fosse fermo, trova in quanto tempo raggiunge la velocità di fuga di 11 000 m/s. **[440 s]**

20 Due moto *A* e *B* partono contemporaneamente da ferme. In fase iniziale *A* ha un'accelerazione di 3 m/s^2 e *B* di 2 m/s^2.

a) Scrivi la legge della velocità per *A* e per *B*.

b) Che velocità ha *A* dopo 5 s?

c) Dopo quanto tempo *B* raggiunge la stessa velocità?

[*b*) 15 m/s; *c*) 7,5 s]

21 Quanto tempo impiega a fermarsi un motorino che procede a 45 km/h, se rallenta con una decelerazione di – 2 m/s^2? **[6,25 s]**

22 Un camion con velocità iniziale di 75,6 km/h sta decelerando con a = – 1,4 m/s^2.

a) Completa la seguente tabella tempo-velocità.

***t* (s)**	1	2	4	6	8	10
***v* (m/s)**	...	...	...	...	...	...

b) Quanto tempo impiega per fermarsi (cioè per raggiungere la velocità 0 m/s)? **[15 s]**

23 Calcola il tempo necessario a un'automobile da corsa per arrestarsi nel caso in cui, avendo una velocità di 270 km/h, i freni la facciano decelerare di – 20 m/s^2. **[3,75 s]**

24 ***ENGLISH*** A dragster moves from rest for 5 seconds, with an uniform acceleration of 16.1 m/s^2.
Determine the final speed achieved by the car. **[80.5 m/s]**

8.3 I grafici velocità-tempo e spazio tempo (v_0 = 0)

25 Osserva il seguente grafico.

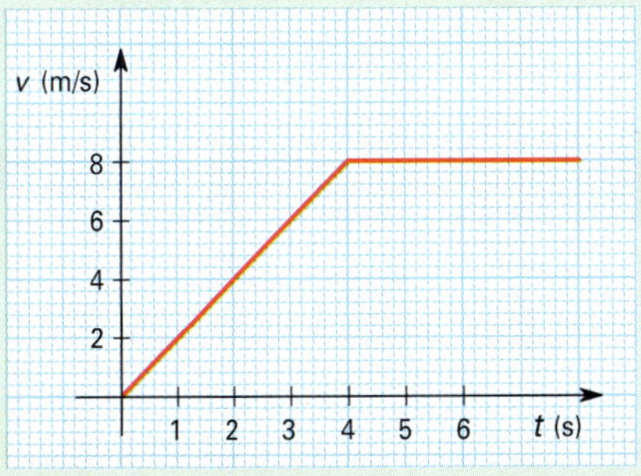

a) Il moto è uniforme o uniformemente accelerato?

b) In quali intervalli di tempo l'accelerazione è costante?

c) In quali tratti la velocità è costante?

26 Esaminata la figura qui sotto:

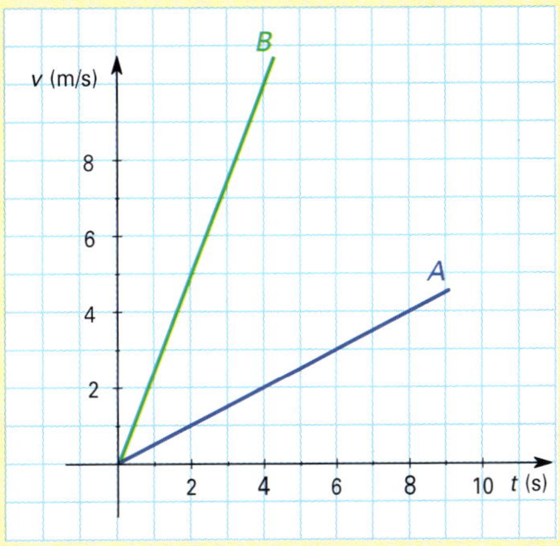

a) determina l'accelerazione di *A* e di *B*;

b) ricava dal grafico dopo quanto tempo la velocità di *A* è pari a 4,5 m/s e la velocità di *B* è 7,5 m/s.

[*a*) 0,5 m/s^2; 2,5 m/s^2; *b*) 9 s; 3 s]

Per lo svolgimento dell'esercizio, completa il percorso guidato, inserendo gli elementi mancanti dove compaiono i puntini.

1 Scegli sull'asse dei tempi due valori opportuni di *t* per le due rette:

t_A = ...; t_B = ...

2 In corrispondenza di t_A sulla retta di *A* leggi la relativa velocità:

v_A = ...

3 In corrispondenza di t_B sulla retta di *B* leggi la relativa velocità:

v_B = ...

4 Poiché entrambe le rette passano per l'origine, per calcolare l'accelerazione, in base alla sua definizione, ti basta fare il rapporto tra le *v* e i corrispondenti *t*:

a_A = ...; a_B = ...

5 Per il secondo quesito devi leggere il grafico in senso inverso rispetto a quanto fatto nei punti 1, 2 e 3 per trovare i tempi:

t (v_A = 4,5 m/s) = ...;

t (v_B = 7,5 m/s) = ...

27 Un carrello, inizialmente fermo, ha accelerato con a = 0,5 m/s^2 per 4 secondi e poi ha proseguito con moto uniforme per altri 6 secondi.
Rappresenta in un grafico velocità-tempo il moto del carrello.

28 Osserva il seguente grafico.

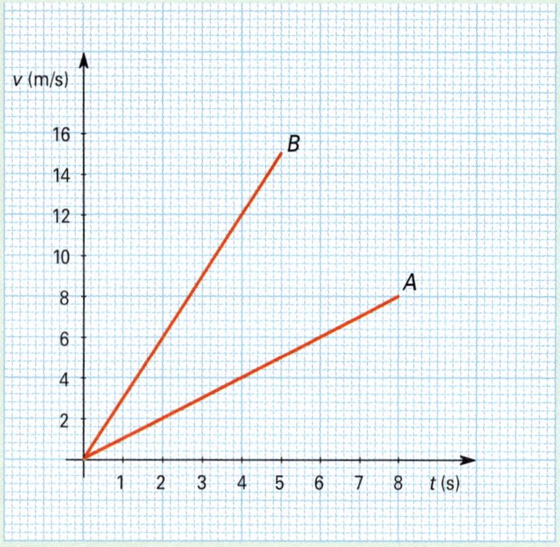

a) Ricava dal grafico la velocità di *A* e di *B* per $t = 2$ s.

b) Ricava dal grafico la velocità di *A* e di *B* per $t = 4$ s.

c) Trova dopo quanto tempo la velocità di *B* risulta maggiore di quella di *A* di 10 m/s.

d) Calcola l'accelerazione di *A* e di *B*.

[1 m/s²; 3 m/s²]

29 Osserva il seguente grafico.

a) In quale intervallo di tempo il moto è uniforme?

b) Quanto vale la velocità nell'intervallo di tempo in cui il moto è uniforme?

c) Calcola l'accelerazione relativa all'intervallo di tempo compreso fra $t_1 = 0$ s e $t_2 = 8$ s.

30 Un'auto è partita da ferma e ha avuto un'accelerazione di 2,5 m/s^2 per i primi 12 secondi, poi si è mossa di moto uniforme per altri 10 secondi e infine si è fermata in 8 secondi.

a) Rappresenta in un grafico velocità-tempo il moto dell'auto.

b) In quale intervallo di tempo ha avuto accelerazione nulla?

c) Utilizzando la pendenza, calcola la decelerazione.

31 Un motociclista parte da fermo e si muove di moto rettilineo uniformemente accelerato con accelerazione 2,5 m/s^2.

a) Disegna il grafico velocità-tempo relativo ai primi 4 secondi.

b) Ricava dal grafico quanti secondi occorrono affinché il motociclista raggiunga la velocità di 15 m/s.

[*b*) 6 s]

32 ***ENGLISH*** This graph shows velocity as a function of time for some unknown object.

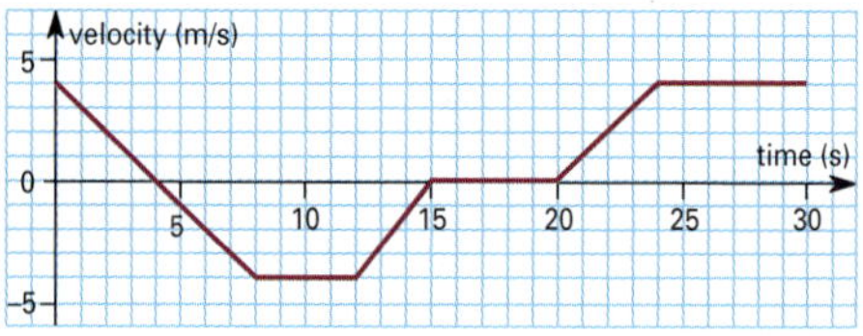

Which sections of the graph represent a deceleration of the object?
What can we say about the motion of this object from $t = 8$ to $t = 16$, and from $t = 16$ to $t = 20$?
What did the object do from $t = 12$ to $t = 16$? Is there any other time interval in the graph where the object had the same acceleration?
Calculate its acceleration in the time interval from $t = 12$ to $t = 16$.

33 Osservando la figura che segue, completa la tabella sottostante.

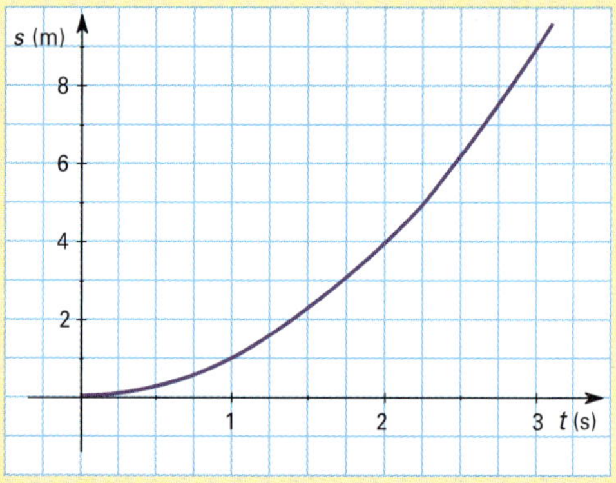

t (s)	1	2	3
s (m)	...	...	...

[1 m; 4 m; ...]

Per lo svolgimento dell'esercizio, completa il percorso guidato, inserendo gli elementi mancanti dove compaiono i puntini.

1 Trova sull'asse dei tempi il primo valore del tempo ($t_1 = 1$ s) e in corrispondenza sulla parabola leggi il corrispondente valore dello spazio:

s_1 = ...

2 Ripeti quanto fatto al punto precedente per i valori successivi del tempo ($t_2 = 2$ s e $t_3 = 3$ s), trovando:

s_2 = ...;

s_3 = ...

34 Osservando la figura, completa la tabella a essa abbinata.

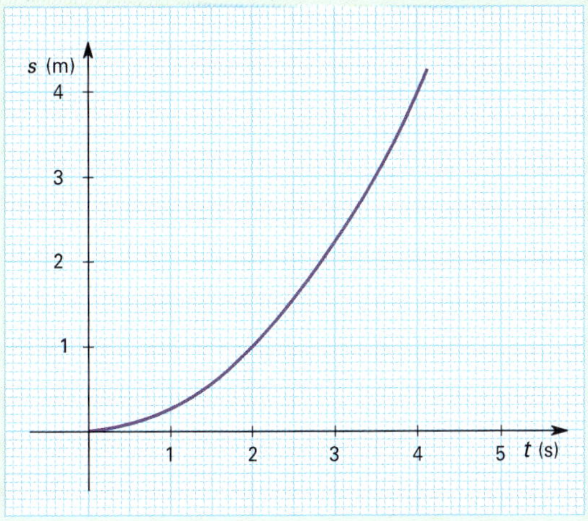

t (s)	...	2	...	4
s (m)	...	...	...	...

35 Sono dati 5 cerchi di raggio crescente. Completa la seguente tabella.

r (cm)	1	2	3	4	5
circonferenza (cm)	...	...	...	...	...
area (cm²)	...	...	...	...	...

a) Che relazione intercorre tra raggio e lunghezza della circonferenza?

b) Che relazione intercorre tra raggio e area del cerchio?

c) Rappresenta in un grafico la relazione tra raggio e area del cerchio, riportando sull'asse *x* i valori dei raggi e sull'asse *y* le aree.

d) Che tipo di curva è quello rappresentato nel grafico?

e) Quando il raggio triplica, che cosa succede all'area?

36 Nel grafico proposto è rappresentato il moto di un vaso di fiori caduto con accelerazione costante di 9,8 m/s² da un balcone.

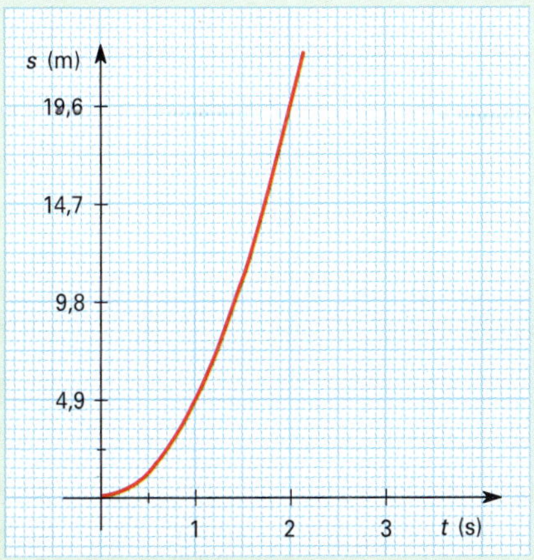

a) Dopo 1 s quanto spazio ha percorso?

b) Quanto tempo impiega per percorrere 19,6 m?

c) Quale relazione intercorre tra tempo e spazio?

[*b*) 2 s]

37 Un moto uniformemente accelerato ha legge oraria $s = 3t^2$.

a) Completa la seguente tabella tempo-spazio.

t (s)	1	2	3	4	5
s (m)	...	...	...	...	...

b) Rappresenta i dati della tabella in un grafico cartesiano, riportando i tempi sull'asse *x* e gli spazi sull'asse *y*.

8.4 La legge oraria del moto rettilineo uniformemente accelerato ($v_0 = 0$)

38 Un'automobile, che parte da ferma, si muove con traiettoria rettilinea e accelerazione costante di 2,5 m/s². Quale distanza percorre in 6 secondi? [45 m]

Per lo svolgimento dell'esercizio, completa il percorso guidato, inserendo gli elementi mancanti dove compaiono i puntini.

1 I dati sono: ....

....

2 La formula che devi usare è la legge oraria del moto rettilineo uniformemente accelerato: s = ...

3 Sostituisci nella formula i dati, trovando perciò:

s = ... = ...

39 Un bambino, inizialmente immobile, scende lungo uno scivolo con accelerazione costante di 3,5 m/s². Determina quanto spazio percorre in 4 secondi. [28 m]

40 Un moto uniformemente accelerato ha legge oraria $s = 0{,}2 \cdot t^2$.

a) Che cosa rappresenta 0,2?

b) Quanto spazio sarà percorso in 2 s, 4 s, 8 s?

[*b*) 0,8 m ; ... ; ...]

41 Uno sciatore inizialmente fermo scende lungo una pista con accelerazione costante di 1,5 m/s².

a) Scrivi la legge oraria.

b) Rappresentala graficamente.

c) Quale distanza percorre lo sciatore in 5 secondi?

d) In quanto tempo percorre 36,75 m?

[*c*) 18,75 m; *d*) 7 s]

42 Sapendo che un sasso percorre un tratto rettilineo di 147 metri impiegando 14 secondi, determina la sua accelerazione nel caso in cui nell'istante iniziale sia fermo.

Suggerimenti **Dalla legge oraria ottieni la formula inversa al fine di poter calcolare l'accelerazione...**

[1,5 m/s²]

43 Partendo da fermo, un corpo copre 5,760 km in 120 secondi. Trova la sua accelerazione. [0,80 m/s²]

44 Un aereo in fase di decollo, partendo da fermo, percorre 128 m in 8 s.

a) Qual è l'accelerazione?

b) Scrivi la legge oraria.

c) Qual è lo spazio percorso dall'aereo in 3 s?

d) Qual è lo spazio percorso in 6 s?

[*a*) 4 m/s^2; *c*) 18 m; *d*) 72 m]

45 Quando un semaforo diventa verde un'automobile, partendo da ferma, accelera percorrendo 39,2 m in 5,6 s.

a) Determina l'accelerazione.

b) Scrivi la legge oraria.

c) Determina quanti metri il veicolo ha percorso in 3 s.

[*a*) 2,5 m/s^2; *c*) 11,25 m]

46 Un camion, dal momento in cui ha iniziato a frenare con decelerazione di -4 m/s^2, ha percorso 20,48 m prima di fermarsi. Determina il tempo che ha impiegato per arrestarsi completamente.

Suggerimenti L'intervallo di tempo richiesto è lo stesso necessario per percorrere la medesima distanza con velocità iniziale nulla e accelerazione costante di 4 m/s^2. Perciò, dopo avere ricavato v^2 dalla nota formula...

[3,2 s]

47 Un'automobile, inizialmente ferma, parte con un'accelerazione costante di 0,7 m/s^2, mantenendo una traiettoria rettilinea. Quanto tempo impiega a percorrere 140 metri?

[20 s]

48 Supponendo che un corpo parta da fermo con accelerazione costante di 3,2 m/s^2, completa la seguente tabella oraria e poi traccia il grafico corrispondente nel piano cartesiano spazio-tempo.

t (s)	1	2	3	4	5
s (m)	...	...	14,4	...	...

49 ***ENGLISH*** A bike accelerates uniformly from rest, with an acceleration of 0.735 m/s^2. What is the distance covered in 8 seconds?

[23.5 m]

50 ***ENGLISH*** A feather is dropped on the Moon from a height of 1.50 meters. The acceleration of gravity on the Moon is 1.67 m/s^2. Determine the time for the feather to fall to the Moon surface.

[1.34 s]

8.5 La relazione tra velocità e tempo e grafico relativo ($v_0 \neq 0$)

51 In un moto la relazione tra velocità e tempo è data da $v = 0{,}4\,t + 3$. Tutte le grandezze sono espresse nell'unità del SI.

a) Determina la velocità iniziale e l'accelerazione.

b) Rappresenta la relazione in un grafico velocità tempo.

c) Quale velocità raggiunge per $t = 7{,}3$ s?

[*c*) 5,92 m/s]

52 Esaminata la figura qui sotto:

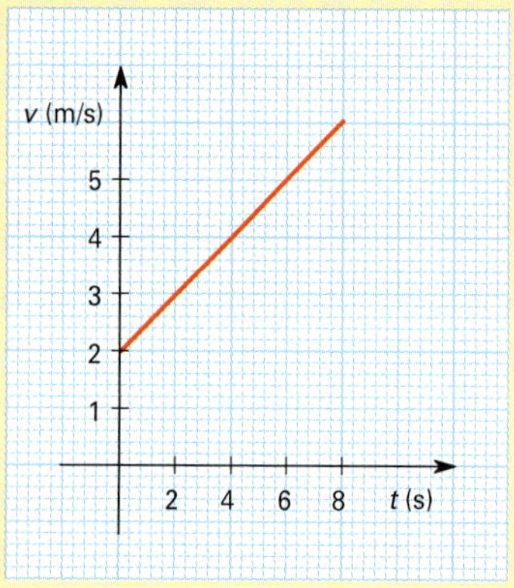

a) determina l'accelerazione del corpo;

b) ricava dal grafico dopo quanto tempo la velocità del corpo è il doppio di quella iniziale.

[0,5 m/s^2]

Per lo svolgimento dell'esercizio, completa il percorso guidato, inserendo gli elementi mancanti dove compaiono i puntini.

1 Scegli sull'asse dei tempi due valori opportuni di *t*:

t_1 = ... t_2 = ...

2 In corrispondenza di t_1 leggi sulla retta la relativa velocità

v_1 = ...

3 Analogamente in corrispondenza di t_2 determini

v_2 = ...

4 Per calcolare l'accelerazione basta applicare la formula

$$a = \frac{\Delta v}{\Delta t} = \frac{v_2 - v_1}{t_2 - t_1} = \ldots$$

5 Per il secondo quesito, dopo avere letto sul grafico il valore di v_0, lo moltiplichi per due, cerchi sull'asse delle velocità il valore $2v_0$ e poi, procedendo in senso inverso rispetto a quanto fatto nei punti 1 e 2, trovi il tempo richiesto:

t = ...

....

53 Un camion che si sta muovendo con una velocità iniziale di 57,6 km/h accelera con $a = 0{,}3$ m/s^2 per 12 s. Qual è la sua velocità finale?

Suggerimenti La velocità iniziale è $v_0 = 57{,}6$ km/h, quindi basta utilizzare la formula $v = \ldots$

[19,6 m/s]

54 Un atleta sta correndo durante un allenamento a 4 m/s e poi accelera di 0,2 m/s^2 per 7 s. Quale velocità raggiunge?

[5,4 m/s]

55 Un motoscafo accelera per 6 s di 1,2 m/s^2. Se raggiunge la velocità di 45 km/h, qual era la velocità iniziale?

[5,3 m/s]

56 Un ciclista per sorpassare un'altra bici accelera per 8 s di 0,5 m/s^2. Alla fine del sorpasso ha raggiunto la velocità di 32,4 km/h. Qual era la velocità iniziale?
[18 km/h]

57 Una pattinatrice durante una gara di velocità sul ghiaccio accelera con a = 0,2 m/s^2 in prossimità del traguardo per 5 s e lo taglia alla velocità di 43,2 km/h. Qual era la velocità dell'atleta prima dell'accelerazione finale?
[39,6 km]

58 Un aereo in fase di decollo passa da 170 km/h a 290 km/h in 24 s. Determina:

a) l'accelerazione;

b) la velocità raggiunta dopo i primi tre secondi di accelerazione.
[*a*) 1,39 m/s^2; *b*) 185 km/h]

59 Osserva il seguente grafico.

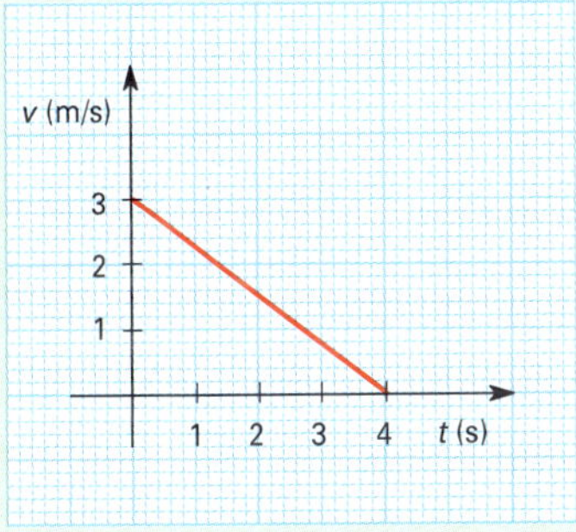

a) Qual è la velocità per t = 0? E per t = 4 s?

b) Calcola la decelerazione.
[*b*) – 0,75 m/s^2]

60 Osserva il seguente grafico.

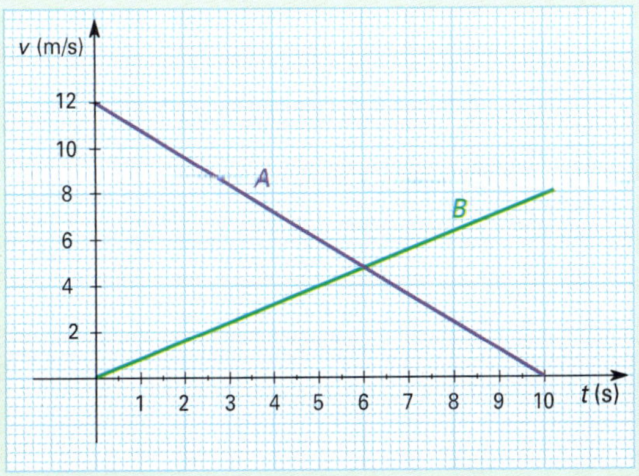

a) Ricava dal grafico la velocità di A e di B per t = 0 s.

b) Ricava dal grafico la velocità di A e di B per t = 4 s.

c) Trova dopo quanto tempo la velocità di A diventa la metà di quella iniziale e poi uguale a zero.

d) Determina in quale momento A e B hanno uguale velocità.

e) Calcola l'accelerazione di A e di B.
[*e*) – 1,2 m/s^2; 0,8 m/s^2]

61 Osserva il seguente grafico.

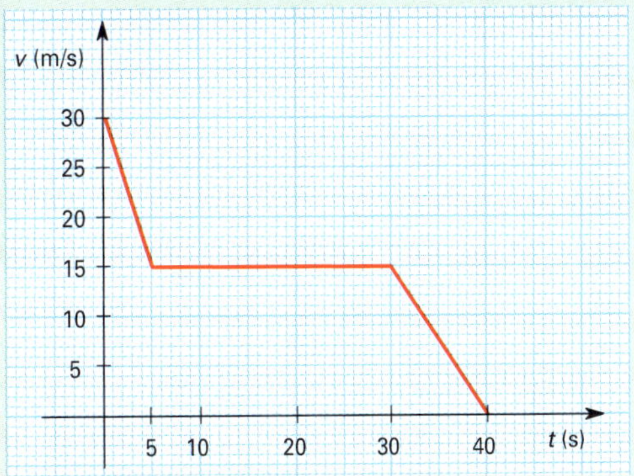

a) In quale intervallo di tempo l'accelerazione è nulla?

b) Quanto vale la velocità nell'intervallo di tempo in cui il moto è uniforme?

c) Calcola l'accelerazione relativa all'intervallo di tempo compreso fra t = 0 s e t = 5 s.

d) Calcola la decelerazione relativa all'ultimo tratto.
[*b*) 15 m/s; *c*) –3 m/s^2; *d*) –1,5 m/s^2]

62 Se un'auto, che sta procedendo a 75,6 km/h, si ferma in 3,5 s, qual è la decelerazione?
[–6 m/s^2]

63 Un motociclista che sta andando a 126 km/h decelera con a =–4,8 m/s^2. Quanto tempo impiega per fermarsi?
[7,29 s]

64 A e B frenano come indicato nel grafico. Calcola la decelerazione di entrambi.

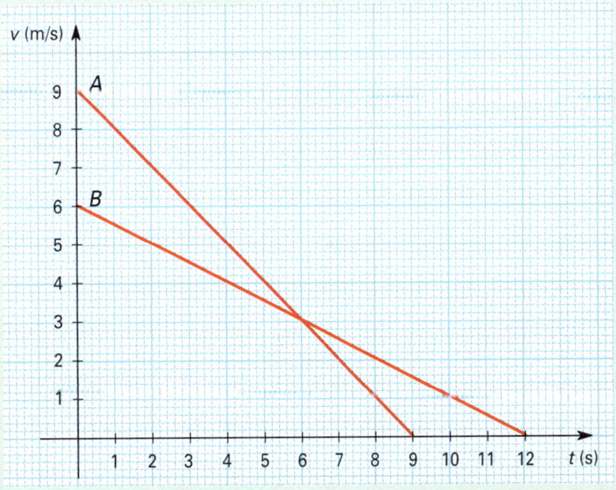

[–1 m/s^2; – 0,5 m/s^2]

65 ***ENGLISH*** During take-off, a plane accelerates from a speed of 150.0 km/h to 310 km/h. Calculate the acceleration, in the knowledge that it takes 25 seconds for the plane to reach its final speed.
[1.8 m/s^2]

66 ***ENGLISH*** A train accelerates uniformly from 60.0 m/s to 83.5 m/s in 3.5 seconds. Determine the acceleration of the train and the distance travelled.
[6.7 m/s^2; 41 m]

8.6 Il moto vario

67 In un viaggio da Bari ad Ancona hai viaggiato alla media di 90 km/h.

a) Da questa affermazione puoi dedurre che sei sempre andato a 90 km/h?

b) Il valore della velocità media esclude che possa esserti fermato a un autogrill?

c) Prova a descrivere una situazione compatibile con una velocità media di 90 km/h, sapendo che durante il viaggio non hai tenuto sempre la stessa velocità.

68 Un ciclista percorre 6 km in 9 minuti. Qual è la sua velocità media? **[11,1 m/s]**

Per lo svolgimento dell'esercizio, completa il percorso guidato, inserendo gli elementi mancanti dove compaiono i puntini.

1 I dati sono: ....

2 Le unità di misura sono coerenti con quelle del SI?

....

3 In caso di risposta negativa, esegui le equivalenze necessarie: ....

4 La formula che devi usare è semplicemente la definizione di velocità media: $v =$ ....

5 Sostituisci nella formula i dati, trovando perciò:

$v =$ .... = ...

69 Un treno percorre 80 km in 1 ora e 10 minuti. Qual è la sua velocità media in m/s e km/h?

Suggerimenti Se trovi difficile trasformare l'intervallo di tempo in frazione di ore, trova prima il risultato in m/s e poi trasformalo in km/h...

[19 m/s; 68,6 km/h]

70 Dario percorre il tragitto casa-ufficio di 1 km impiegando 8 minuti per i primi 600 m e dopo una sosta di 4 minuti in un bar il restante tratto in 6 minuti.

a) La velocità media di Dario è maggiore prima o dopo la fermata al bar?

b) Qual è la velocità media di Dario sull'intero tragitto?

Suggerimenti Tieni conto della fermata.

[0,93 m/s]

71 In una piscina di 25 metri Sara ha percorso la vasca nella fase di andata in 12 s e in fase di ritorno in 15 s.

a) Dalle informazioni che conosci è corretto dedurre che Sara ha sempre tenuto la stessa velocità in fase di andata? Motiva la risposta.

b) Calcola la velocità media di Sara sull'intero percorso.

[1,85 m/s]

72 Osserva la seguente tabella relativa a un viaggio in autostrada.

fermate	Milano	Bologna	Firenze	Roma	Napoli
km	0	210	300	575	785
orario	10.00	12.00	13.05	15.10	17.00

a) La velocità è costante nei vari tratti?

b) Qual è la velocità media nel tratto Milano-Firenze e nel tratto Firenze-Napoli?

c) È corretto affermare che la velocità media del treno sull'intero percorso coincide con la media delle velocità nei singoli tratti? Prova a verificare.

[*b*) 97,3 km/h; 123,8 km/h]

73 Se Marco impiega 7 min per andare da casa sua alla fermata dell'autobus, camminando alla velocità media di 2,5 m/s, quale distanza percorre?

Suggerimenti Devi utilizzare la formula inversa a partire dalla definizione di velocità media...

[1050 m]

74 Quale distanza ha percorso un camion in 1 h e 34 min, se ha viaggiato alla velocità media di 75 km/h? **[117,5 km]**

75 Se un impiegato per recarsi al lavoro percorre ogni giorno in motorino 8 km alla velocità media di 36 km/h, quanto tempo impiega per raggiungere la sede di lavoro?

Suggerimenti La formula inversa questa volta è... Inoltre, ti conviene effettuare i calcoli dopo aver trasformato le unità di misura in quelle fondamentali del SI, tenendo presente che 13 min 20 s equivalgono in secondi a $13 \cdot 60 + 20 = ...$

[13 min 20 s]

76 Un aereo sta volando a una velocità media di 900 km/h. Quanto tempo impiega per percorrere 3000 km? **[3 h 20 min]**

77 Determina la velocità media nei tre tratti del grafico rappresentato qui sotto e poi calcola la velocità media complessiva.

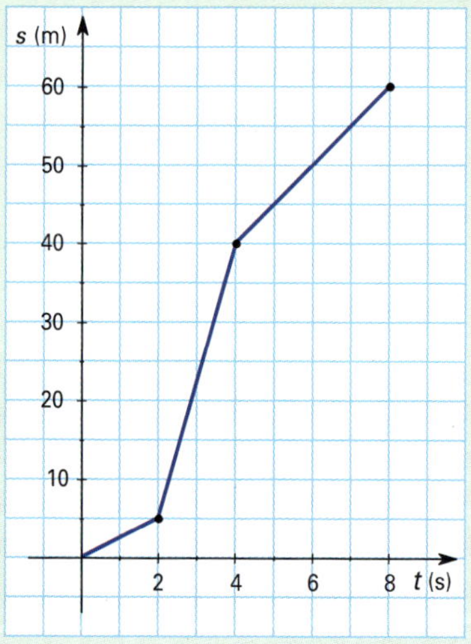

Suggerimenti Rifletti attentamente sulla circostanza che la velocità media dell'intero tragitto in generale è diversa dal valore medio delle velocità dei singoli tratti, per cui devi fare il rapporto tra tutto lo spazio percorso e...

[2,5 m/s; 17,5 m/s; 5,0 m/s; 7,5 m/s]

78 Trova la velocità media nei quattro tratti del grafico rappresentato qui sotto e determina, quindi, la velocità media complessiva.

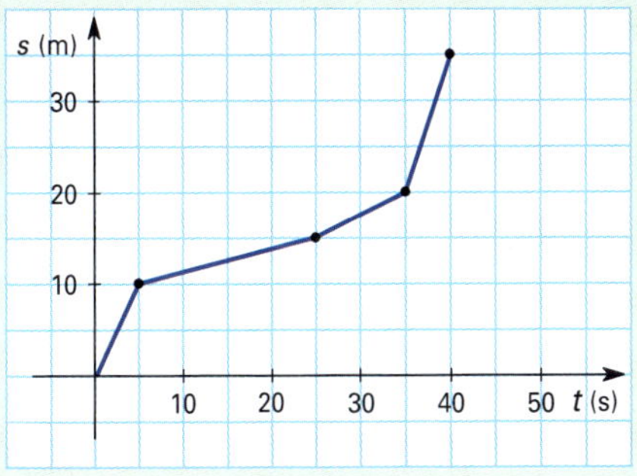

[2,0 m/s; 0,25 m/s; 0,5 m/s; 3,0 m/s; 0,875 m/s]

79 ***ENGLISH*** A motorbike moves at a constant speed of 60 km/h for 2 hours, it stops for a rest of half an hour, and then it travels at a constant speed of 80 km/h for the following 1.5 hours.

a) What is the total distance covered?

b) What is its average speed for the whole trip?

c) Show the motion in a speed-time graph.

Hint Do not forget to include the 30 minute rest in the calculation of the total trip time.

[*a*) 240 km; *b*) 60 km/h]

Problemi

PER COSTRUIRE LE COMPETENZE

La risoluzione dei problemi richiede la conoscenza degli argomenti trasversali a più paragrafi. Con il pallino sono contrassegnati i problemi che presentano una maggiore complessità.

1 Osserva il grafico.

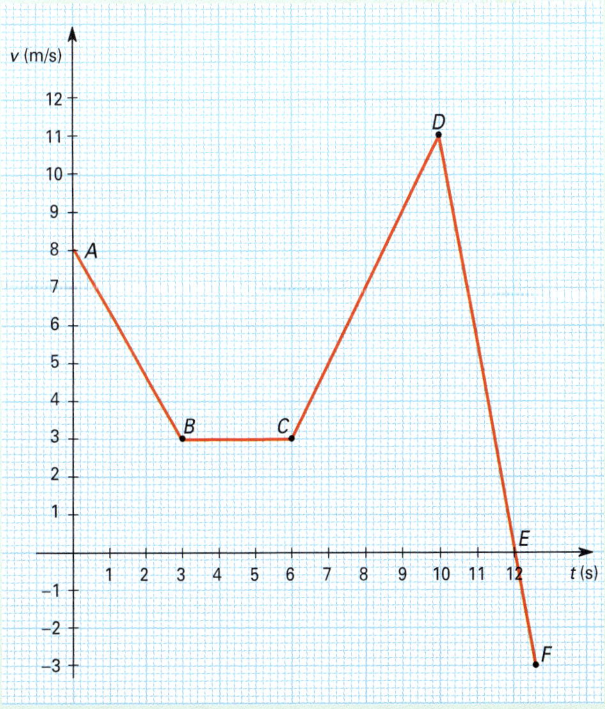

a) Determina l'accelerazione nei tratti *AB*, *BC*, *CD*, *DE*, *EF*.

b) Individua la legge oraria del moto relativamente ai singoli tratti *AB*, *BC*, *CD*, *DE*.

c) Calcola lo spazio complessivo percorso nei primi 12 secondi.

d) In corrispondenza del tratto *EF* il segno della velocità risulta negativo. Qual è il significato fisico?

[*a*) $-1{,}67\ \text{m/s}^2$;...; *b*) *AB*: $s = \frac{1}{2}(-1{,}67) \cdot t^2 + 8t$; *BC*: $s = 3t$; ...; *c*) 64,5 m]

2 Un corpo *A* parte da fermo dalla posizione $s_0 = 0$ m con accelerazione costante pari a 0,2 m/s^2, mentre un corpo *B* transita nella medesima posizione con velocità costante di 1 m/s. Entrambi i corpi si muovono di moto rettilineo.

a) Scrivi le equazioni orarie dei moti dei due corpi.

b) Traccia nello stesso piano cartesiano le curve rappresentative dei due moti.

c) Trova la distanza che separa *A* da *B* dopo 6 secondi.

d) Determina dopo quanto tempo *A* raggiunge *B*.

Suggerimenti Per individuare i punti necessari per tracciare il grafico, ti conviene costruire una tabella oraria, assegnando al tempo valori a piacere non troppo grandi...

[*a*) $s = 0{,}1t^2$; $s = 1t$; *c*) 2,4 m; *d*) 10 s]

• **3** Un corpo *A* si muove di moto rettilineo uniformemente accelerato con $s_0 = 0$ m, $v_0 = 0$ m/s e accelerazione di 2,5 m/s^2. Un corpo *B* si muove di moto rettilineo uniforme con velocità pari a 5 m/s e posizione iniziale 15 m.

a) Scrivi le due leggi orarie.

b) Traccia nello stesso piano cartesiano le curve rappresentative dei due moti.

c) Determina la distanza tra i corpi in questione per *t* pari a 0, 2, 4, 6 e 8 s.

d) Calcola la velocità di *A* quando raggiunge *B*.

[*a*) $s = 1{,}25t^2$; $s = 5t + 15$; *c*) 15 m, 20 m, 15 m, 0 m, 25 m; *d*) 15 m/s]

4 Esamina il grafico qui sotto.

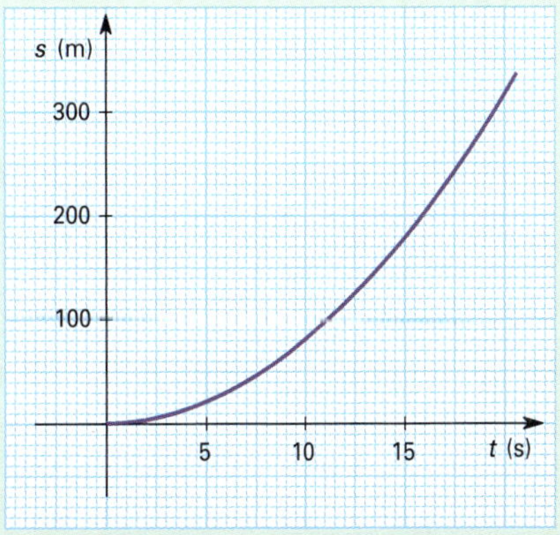

a) Stabilisci a quale tipo di moto si riferisce e perché.

b) Calcola la grandezza che tra la velocità e l'accelerazione ritieni costante.

c) Scrivi la legge oraria del moto.

d) Determina la posizione del corpo dopo 40 s.

e) Trova la velocità del corpo dopo 1 min.

Suggerimenti Individua una coppia (*t*, *s*) di valori corrispondenti a un punto appartenente alla parabola, calcola immediatamente la... tramite la formula inversa...

[*c*) $s = 0{,}8t^2$; *d*) 1,280 km; *e*) 96 m/s]

• **5** Un'auto accelera lungo il tratto rettilineo di un circuito da 0 a 100 km/h in 10,5 s. Immaginando che l'accelerazione sia costante, determina lo spazio percorso in tale intervallo di tempo e la velocità che l'auto raggiungerebbe dopo 400 m dalla partenza.

[146 m; 46 m/s]

6 Completa la tabella sottostante di confronto fra il moto rettilineo uniforme e quello uniformemente accelerato con partenza da fermo.

moto / caratteristiche	moto rettilineo uniforme	moto rettilineo uniformemente accelerato
traiettoria	rettilinea	...
velocità	...	variabile ($v = a \cdot t$)
accelerazione	nulla	...
grandezze direttamente proporzionali	...	velocità e tempo
grandezze con proporzionalità quadratica	nessuna	...
legge oraria (con $s_0 = 0$)	$s = v \cdot t$	$s = ...$
rappresentazione grafica $v - t$	...	retta
rappresentazione grafica $s - t$	retta	...

7 Un macchinista alla guida del treno individua un ostacolo sulle rotaie a 200 m e comincia a frenare con una decelerazione di $-1{,}6$ m/s^2.

a) Determina il tempo necessario per fermarsi (cioè per raggiungere la velocità di 0 m/s), sapendo che la velocità iniziale è di 86,4 km/h.

b) Il macchinista riesce a evitare l'ostacolo?

[*a*) 15 s; sì, perché...]

8 Un'automobile fugge a un posto di blocco alla velocità costante di 162 km/h. La macchina della polizia, partendo da ferma, inizia un inseguimento con un'accelerazione di 4,0 m/s^2.

a) Dopo quanto tempo l'automobile della polizia raggiunge la velocità dell'auto inseguita?

b) Nell'istante in cui la macchina della polizia raggiunge la velocità dei fuggiaschi, di quanti metri essi precedono gli inseguitori?

c) Se durante la corsa a 162 km/h all'improvviso si scorgesse sulla strada un ostacolo a 200 m di distanza, si riuscirebbe a fermare in tempo per evitarlo qualora la decelerazione fosse di $-4{,}5$ m/s^2?

d) Se la macchina della polizia mantiene sempre la stessa accelerazione, dopo quanto tempo raggiunge l'automobile?

[*a*) 11,25 s; *b*) 253,13 m; *c*) No, perché...; *d*) 22,5 s]

• **9** Analizza il grafico riportato qui sotto.

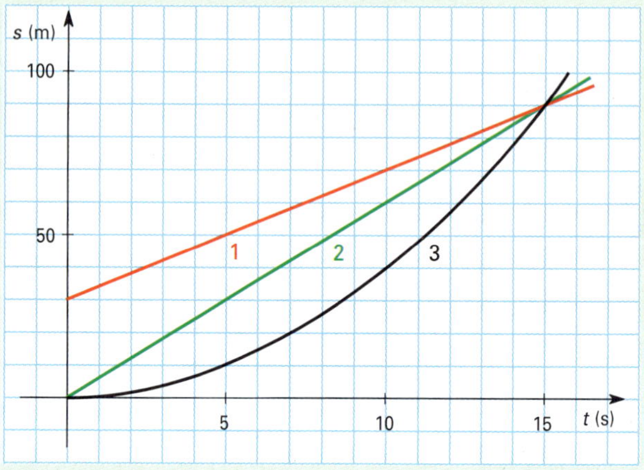

a) Scrivi la legge oraria di ciascuno dei tre moti rappresentati nel grafico.

b) Calcola la velocità dei pedoni 1 e 2 e del ciclista 3 quando si incontrano.

c) Determina istante e posizione in cui il ciclista 3 ha la stessa velocità del pedone 1, dopodiché la stessa velocità del pedone 2. Che cosa accomuna in quei punti la parabola alle rette?

d) Trova la velocità media del ciclista 3 nei primi 15 s.

[*b*) 4 m/s, 6 m/s, 12 m/s; *c*) 5 s, 10 m; 7,5 s, 22,5 m; *d*) 6 m/s]

10 Un'auto accelera da (8,6 ± 0,2) m/s a (25,5 ± 0,5) m/s in un intervallo di tempo di (7,2 ± 0,1) s. Determina la scrittura dell'accelerazione.
Come valuti l'incertezza dell'accelerazione? Per quale motivo l'errore relativo è aumentato rispetto a quelli iniziali delle velocità e dell'intervallo di tempo?

[(2,3 ± 0,2) m/s^2]

11 ***ENGLISH*** A thief is riding a motorbike, at a constant speed of 100 km/h, when a policeman starts his chase. The police car accelerates from rest and succeeds in catching the thief after 2.2 km. Assume that the motorbike has a constant speed, whereas the car moves with constant acceleration.

a) Calculate how long it takes for the policeman to reach the thief.

b) What is the police car speed when it reaches the motorbike?

[*a*) 79 s; *b*) 201 km/h]

UNITÀ 9

Moti non rettilinei

Lezione multimediale

9.1 Il moto circolare uniforme

VIRTUAL LAB

Sinora abbiamo trattato moti rettilinei. Però, se pensiamo a un motociclista mentre percorre un circuito, sappiamo che la traiettoria non è sempre rettilinea, bensì in certi punti curvilinea. I moti con traiettoria curvilinea qualunque non sono facili da studiare, di conseguenza fra tutte le curve scegliamo quella più regolare: la circonferenza. Inoltre, per quanto riguarda la velocità, ipotizziamo che il suo modulo sia costante. Parliamo in definitiva del **moto circolare uniforme**.

Il **moto circolare uniforme** è un moto nel quale la traiettoria è una circonferenza e il modulo del vettore velocità è costante.

moto circolare uniforme

Un esempio di moto circolare uniforme è il movimento descritto dal cavallo di una giostra. Dopo la fase iniziale di avviamento della piattaforma, il cavallino compie, rispetto a chi lo osserva da terra, tante circonferenze con velocità costante (in modulo).

Ricorda!...

I termini *curvilineo* e *circolare* non sono sinonimi: il primo è più generico e si riferisce a una curva qualunque; il secondo, invece, è relativo esclusivamente alla circonferenza.

Vediamo come si può ottenere la velocità. Per definizione essa è il rapporto tra lo spazio percorso e l'intervallo di tempo impiegato a percorrerlo. Per quanto riguarda lo spazio, concentriamoci su un solo giro della piattaforma: il cavallo descrive l'intera circonferenza di lunghezza $2\pi \cdot r$, essendo r il raggio. L'intervallo di tempo sarà quello necessario per compiere un giro completo, che prende il nome di **periodo** e viene indicato con T.

Nel moto circolare uniforme il **periodo** T è l'intervallo di tempo necessario per percorrere l'intera circonferenza.

periodo

Trattandosi di un intervallo di tempo, l'unità di misura del periodo nel SI è il secondo (s).

velocità tangenziale

Il modulo della velocità (detta **velocità tangenziale**) è il rapporto tra la lunghezza della circonferenza ($2\pi \cdot r$) e l'intervallo di tempo necessario a percorrerla, cioè il periodo:

$$v = \frac{2\pi \cdot r}{T}$$

Trattandosi di una velocità, l'unità di misura nel SI è il m/s.

Rimangono solo da individuare direzione e verso del vettore velocità.
Rifletti nuovamente sul moto del cavallo della giostra: la sua direzione è sempre la stessa oppure cambia? Ogni quanto cambia?
Possiamo dire che si modifica di continuo. Per chiarire meglio questo aspetto, consideriamo il caso di un sasso legato a una corda e fatto ruotare.

ANIMAZIONE VIRTUAL LAB

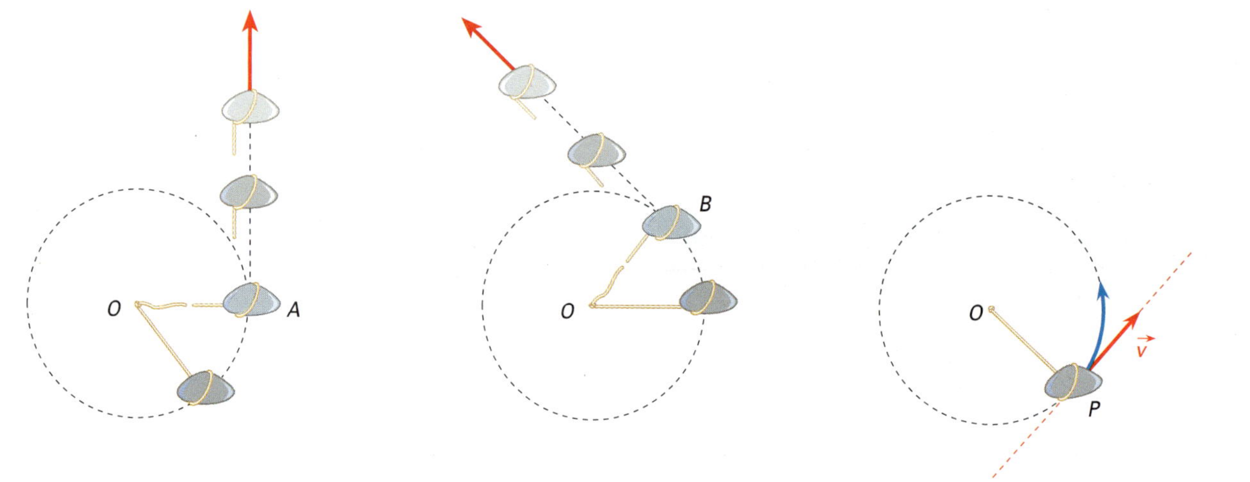

Se la corda viene tagliata quando il sasso si trova nella posizione *A*, esso va via secondo una certa direzione e un certo verso.

Se invece il sasso si trovava nel punto *B*, allora la direzione è completamente diversa.

La direzione del vettore velocità in un punto *P* della traiettoria è data dalla retta tangente alla circonferenza in *P*, mentre il verso è concorde con il senso con cui il corpo percorre la circonferenza stessa.

Ricorda!...

In un punto *P* di un moto circolare il vettore velocità tangenziale $\vec{v}$ presenta le seguenti caratteristiche:

- il modulo vale $\frac{2\pi \cdot r}{T}$;
- la direzione è tangente alla circonferenza in *P*;
- il verso è concorde con quello di percorrenza della traiettoria circolare.

▸ Concludiamo il paragrafo con una domanda.
Secondo te nel moto circolare uniforme, considerato che il modulo della velocità è costante, vi è accelerazione? Prova a rispondere.

....

....

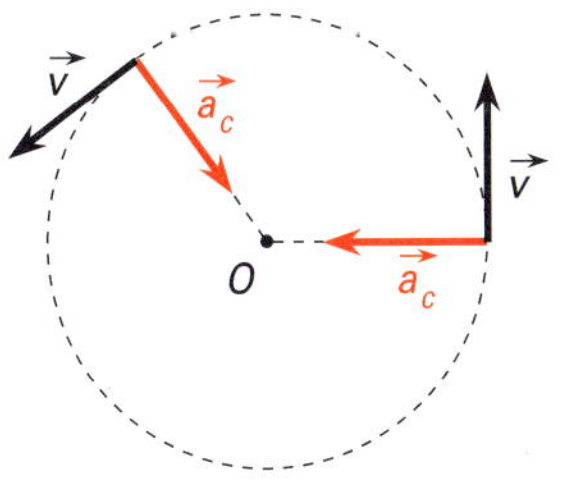

La velocità è un vettore e di conseguenza, anche se il suo modulo non varia, la sua direzione può variare: in tal caso dunque la velocità in un modo o nell'altro cambia. E ogni volta che si ha una variazione di velocità, c'è inevitabilmente un'accelerazione. Nel moto da noi esaminato quest'ultima prende il nome di **accelerazione centripeta** (a_c) e vale:

$$a_c = \frac{v^2}{r}$$

accelerazione centripeta

in cui v è il modulo della velocità tangenziale ed r è il raggio della circonferenza.

9.2 La frequenza

I vecchi dischi di vinile si distinguevano in 33 o 45 giri (risalendo ancora più indietro nel tempo, esistevano addirittura i 78 giri). La classificazione «45 giri» indicava che il disco compiva in un minuto 45 rotazioni complete. Quanti giri venivano allora compiuti ogni secondo? Tenuto conto che in 1 min ci sono 60 s, la risposta è:

$$\frac{45 \text{ giri}}{60 \text{ secondi}} = 0,75 \frac{\text{giri}}{\text{s}}$$

Quindi, tre quarti di giro al secondo, cioè meno di un giro completo.

È evidente che ci troviamo di fronte a una nuova grandezza fisica, detta **frequenza**, utile per capire quante volte il fenomeno studiato (la rotazione del disco) si ripete nell'unità di tempo, ovvero in 1 secondo.

La **frequenza** ci informa sul numero di giri effettuati da un oggetto che si muove di moto circolare uniforme in un intervallo di tempo unitario.

informazione

La **frequenza** è il rapporto tra il numero di giri effettuati e l'intervallo di tempo impiegato a compierli:

$$\text{frequenza} = \frac{\text{numero di giri compiuti}}{\text{intervallo di tempo impiegato}}$$

definizione

In termini matematici abbiamo:

$$f = \frac{1}{T}$$

formula

frequenza

Ricorda!...

Mentre il **periodo** è l'intervallo di tempo nel quale viene compiuto un giro completo sulla circonferenza, la **frequenza** è il numero di giri che vengono compiuti in un secondo.

Per giustificare la formula, notiamo che, essendo il periodo T il tempo necessario per fare un giro, il tempo di n giri sarà allora $n \cdot T$, da cui:

$$f = \frac{\cancel{n}}{\cancel{n} \cdot T} = \frac{1}{T}$$

Troviamo l'unità di misura della frequenza:

$$f = \frac{1}{T \text{ (misurato in secondi)}} \quad \Rightarrow \quad \frac{1}{s} = 1 \text{ Hz}$$

hertz

L'unità di misura della frequenza si chiama **hertz (Hz)**, che è pari a $\frac{1}{s}$, che si indica anche come s^{-1} (secondi alla meno uno).

Si ha la frequenza di 1 Hz quando in 1 s viene compiuto 1 giro.

Tabella 1

T (s)	f (Hz)	$f \cdot T$
1,00	1,00	1
2,00	0,50	1
3,00	0,33	1
4,00	0,25	1
5,00	0,20	1
...	...	...

In questa tabella, ipotizzando moti circolari uniformi nei quali i periodi siano pari a 1 s, 2 s, 3 s ecc. abbiamo calcolato le corrispondenti frequenze tramite la formula vista, $f = 1/T$. Si vede che al raddoppiare, triplicare, quadruplicare ecc. del periodo, la frequenza diventa man mano la metà, un terzo, un quarto ecc. del valore iniziale. Questo tipo di dipendenza viene chiamata **proporzionalità inversa** (vedi **NonsoloMatematica**).

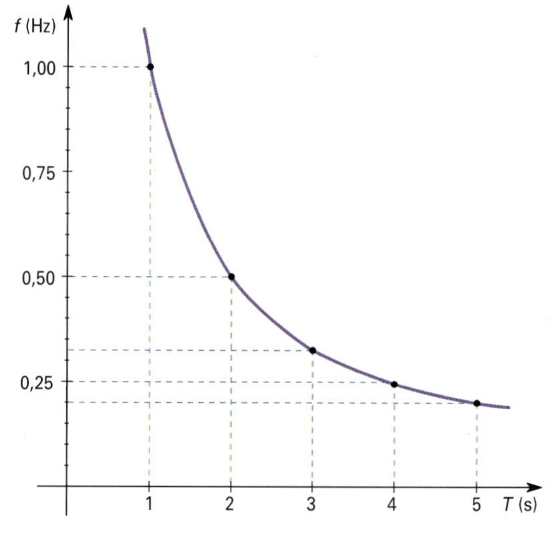

Rappresentando in un piano cartesiano f in funzione di T, si ha un *ramo di iperbole*.

MATEMATICA

La frequenza e il periodo sono grandezze fra loro inversamente proporzionali, per cui al raddoppiare, triplicare ecc. dell'una, l'altra diventa la metà, un terzo e così via.

ESPANSIONI **La velocità angolare**

ESPANSIONI ANIMAZIONE VIDEO LAB **Composizione dei moti: il moto parabolico**

ESPANSIONI ANIMAZIONE **Il moto armonico**

esempio

Il cavallo di una giostra si trova a 2,5 m dall'asse di rotazione della piattaforma girevole, la quale impiega 8 s a fare un giro completo.
Vogliamo calcolare il modulo della velocità tangenziale a cui è sottoposto il cavallo e la frequenza.
Il raggio è dunque $r = 2{,}5$ m, mentre il periodo è $T = 8$ s, per cui:

$$v = \frac{2\pi \cdot r}{T} = \frac{2 \cdot 3{,}14159 \cdot 2{,}5}{8} \cong 1{,}96 \text{ m/s}$$

$$f = \frac{1}{T} = \frac{1}{8} = 0{,}125 \text{ Hz}$$

9.3 Il pendolo semplice

VIRTUAL LAB
SCHEDA LAB

Un particolare moto non rettilineo è quello del **pendolo semplice**.

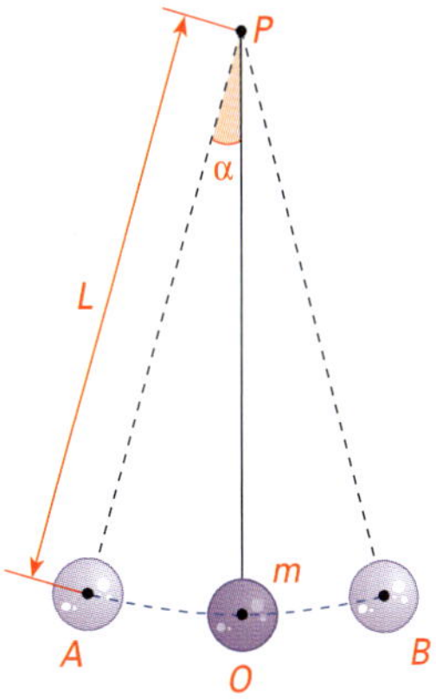

Il **pendolo semplice** è costituito da una massa m appesa a un filo inestensibile (cioè non soggetto ad allungamenti) di lunghezza L e sospeso a una estremità.

pendolo semplice

α è l'angolo di oscillazione

Il **periodo** T del pendolo semplice è l'intervallo di tempo che esso impiega per compiere un'oscillazione completa, cioè per andare da A a B e ritornare in A.

periodo del pendolo (definizione)

Per piccole oscillazioni (angolo $\widehat{OPA}$ non superiore a 5° circa) il periodo del pendolo semplice ha alcune importanti proprietà:

- non dipende dalla massa m;
- non dipende dall'ampiezza di oscillazione (se aumenta l'angolo di oscillazione, il pendolo si muove più velocemente in modo da impiegare sempre lo stesso intervallo di tempo per un'oscillazione: **isocronismo delle piccole oscillazioni**);
- dipende dalla lunghezza L (se questa aumenta, anche T aumenta);
- dipende dall'accelerazione di gravità g (sulla Luna, dove la g è minore rispetto alla Terra, il periodo del medesimo pendolo aumenta, cioè il movimento risulta più lento).

Le caratteristiche appena elencate possono essere sintetizzate nella seguente legge, che permette di determinare il periodo T del pendolo:

$$T = 2\pi \cdot \sqrt{\frac{L}{g}}$$

periodo del pendolo (formula)

Da questa formula si possono ricavare le formule inverse.

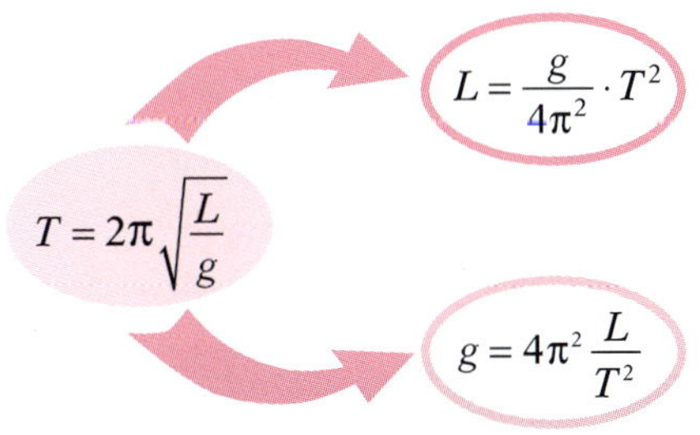

esempio

Se in laboratorio hai trovato che il periodo di un pendolo di lunghezza 1,25 m vale 3,10 s, possiamo dire che hai effettuato una buona misurazione?

È sufficiente applicare la formula del periodo:

$$T = 2\pi \cdot \sqrt{\frac{L}{g}} = 2 \cdot 3{,}14159 \cdot \sqrt{\frac{1{,}25}{9{,}81}} \cong 2{,}24 \text{ s}$$

È proprio il caso di ripetere la misurazione!

IN SINTESI

AUDIO

- Un moto è **circolare** se la traiettoria è una circonferenza e **uniforme** se il modulo della velocità è costante. Nel moto circolare uniforme, la velocità v è detta **velocità tangenziale**; in un punto P:
  - il modulo della velocità tangenziale è $v = \frac{2\pi \cdot r}{T}$;
  - la direzione è individuata dalla tangente alla circonferenza in P;
  - il verso è concorde con quello di percorrenza della traiettoria circolare.

- Il **periodo** T è l'intervallo di tempo impiegato a percorrere un giro completo e si misura in secondi.

- La **frequenza** è il rapporto tra i giri effettuati e l'intervallo di tempo impiegato a compierli, ovvero il numero di giri che vengono compiuti in un secondo; in formula:

  $$f = \frac{1}{T}$$

  La frequenza si misura in hertz (Hz), dove 1 Hz = 1/s = s^{-1}.
  La frequenza e il periodo sono grandezze *inversamente proporzionali*.

- Anche se la velocità tangenziale non varia in modulo, in ogni istante essa varia la sua direzione. Poiché si ha una variazione di velocità, nel moto circolare uniforme è quindi presente un'accelerazione, che si chiama **accelerazione centripeta**.

  Il *modulo* dell'accelerazione centripeta vale $a_c = \frac{v^2}{r}$ (dove v è il modulo della velocità tangenziale).

- Per piccole oscillazioni, un pendolo si muove di moto armonico. Il *periodo del pendolo* semplice dipende dalla lunghezza L del filo inestensibile e dall'accelerazione di gravità, g; mentre *non* dipende dalla massa m appesa al filo e dall'ampiezza dell'oscillazione (questo fenomeno è chiamato **isocronismo delle piccole oscillazioni**).

  Il **periodo del pendolo semplice** è:

  $$T = 2\pi\sqrt{\frac{L}{g}}$$

  da cui:

  $$g = 4\pi^2 \frac{L}{T^2} \quad \text{ed} \quad L = \frac{g}{4\pi^2} \cdot T^2$$

STRUMENTI DI CONSOLIDAMENTO E VERIFICA

VERIFICHE

Vero-falso

1 Moto circolare significa che la traiettoria è una circonferenza. V F

2 Moto curvilineo significa che la traiettoria non può essere una circonferenza. V F

3 Il periodo di un moto circolare uniforme è sempre di 1 s. V F

4 La velocità tangenziale in un moto circolare uniforme è una grandezza scalare. V F

5 La frequenza e il periodo sono grandezze direttamente proporzionali. V F

6 La frequenza si misura in secondi. V F

7 L'accelerazione centripeta è direttamente proporzionale alla velocità. V F

8 Se due punti materiali *A* e *B* percorrono due circonferenze concentriche con la stessa velocità *v*, allora hanno la stessa accelerazione. V F

9 In un moto circolare uniforme la velocità varia continuamente in direzione. V F

10 Il periodo di un pendolo su Giove (g_{Giove} = = 26,0 m/s^2) è minore di quello sulla Terra. V F

Test a scelta multipla

1 Per definire la velocità nel moto circolare uniforme:

A è sufficiente il modulo, perché la direzione e il verso non cambiano

B occorrono modulo, direzione e verso

C è sufficiente il modulo, perché la velocità è una grandezza scalare e non vettoriale

D occorrono solo direzione e verso, in quanto il modulo non cambia mai

2 Nel moto circolare uniforme vale la seguente relazione:

A $v = 2\pi \cdot f/r$

B $v = 2\pi \cdot T/r$

C $v = 2\pi \cdot r/f$

D $v = 2\pi \cdot r/T$

3 Nel moto circolare uniforme, la velocità tangenziale:

A cambia in modo direttamente proporzionale al raggio

B cambia in modo inversamente proporzionale al raggio

C non cambia, in quanto è fissa al variare del raggio

D cambia secondo una proporzionalità quadratica rispetto al raggio

4 Nel moto circolare uniforme l'accelerazione è:

A diversa da zero

B sempre uguale a zero

C negativa, positiva o nulla a seconda del valore del raggio

D negativa, positiva o nulla a seconda del valore del periodo

5 Il periodo può essere definito come:

A l'intervallo di tempo necessario per compiere mezzo giro

B il numero di giri diviso l'intervallo di tempo necessario a compierlo

C l'intervallo di tempo necessario a compiere un giro

D il numero di giri compiuto in un minuto

6 La frequenza può essere definita come:

A il numero di giri compiuto fino all'arresto del corpo

B l'intervallo di tempo necessario per compiere mezzo giro

C il numero di giri compiuti in un minuto

D l'intervallo di tempo necessario a compiere un giro

7 Qual è l'unità di misura della frequenza nel SI?

A 1/s

B m/s

C m/s^2

D 1/m

8 Quale relazione intercorre tra la frequenza e il periodo di un moto circolare uniforme?

A $f/T = 1$

B $f \cdot T = 1$

C $T/f = 1$

D $f = \frac{1}{T^2}$

9 In un moto circolare uniforme quale fra le seguenti relazioni non è valida?

A $a_c = v \cdot r$

B $v = 2\pi r f$

C $a_c = \frac{v^2}{r}$

D $v = \frac{2\pi r}{T}$

10 Se la lunghezza di un pendolo semplice quadruplica, come diventa il suo periodo?

A Un quarto

B La metà

C Quattro volte

D Il doppio

Applichiamo le conoscenze

Esercizi

9.1 Il moto circolare uniforme

1 Una giostra è costituita da una piattaforma girevole che impiega 9,4 s a compiere un giro completo. Se un aeroplanino è posto alla distanza di 90 cm dal centro di rotazione, qual è la sua velocità tangenziale? E se una carrozza si trova invece a 2,70 m dal centro, a che velocità si muove?

[0,6 m/s; 1,8 m/s]

Per lo svolgimento dell'esercizio, completa il percorso guidato, inserendo gli elementi mancanti dove compaiono i puntini.

1 Le unità di misura sono coerenti con quelle del SI?

....

2 In caso di risposta negativa, esegui le equivalenze necessarie: ....

....

3 La formula da usare, dato che ti viene richiesta la velocità tangenziale, è:

v = ...

4 Sostituisci nella formula i dati, trovando perciò:

v = ...

5 Ripeti il calcolo per la seconda domanda, modificando solo il valore del raggio:

v = ... = ...

2 Una pallina ruota entro un tubo circolare che ha un raggio di 85 cm, impiegando 4,2 s per compiere un giro completo in senso antiorario. Determina la velocità e rappresenta il relativo vettore nei punti M ed N della figura.

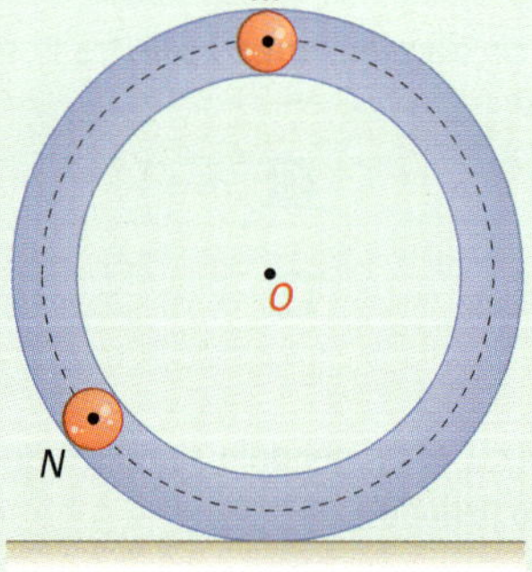

[1,27 m/s]

3 Nella figura è schematizzata una ruota panoramica di raggio 20 m che si muove in senso antiorario. Una navicella impiega 5 minuti per compiere un giro completo.

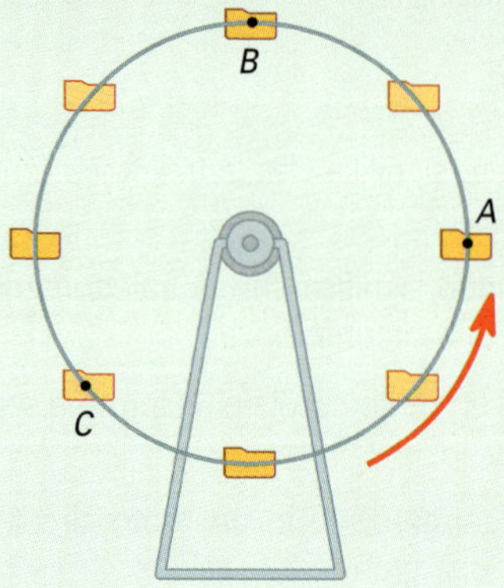

a) Calcola lo spazio percorso dalla navicella.
b) Quale grandezza rappresentano i 5 minuti?
c) Determina la velocità tangenziale.
d) Disegna il vettore velocità in A, in B e in C.

[*a*) 125,6 m; *c*) 0,42 m/s]

4 Qual è il diametro di una ruota i cui punti del copertone più esterni si stanno muovendo alla velocità di 8,3 m/s, impiegando 0,36 s per compiere un giro completo?

Suggerimenti **Ricavi r (o direttamente $2 \cdot r$) dalla formula della velocità tangenziale e poi...**

[0,95 m]

5 Quanto sono lunghe le pale di un ventilatore, se le loro estremità si muovono alla velocità di 40 m/s, impiegando 0,05 s per compiere un giro completo?

[32 cm]

6 Una piattaforma, per la realizzazione dei vasi di argilla, ha un diametro di 41 cm e il suo bordo esterno ruota con una velocità di 7,5 m/s. Qual è il periodo?

Suggerimenti **Per trovare la formula inversa, è sufficiente scambiare di posto v con T.**

[0,17 s]

7 Sapendo che l'orbita della Luna attorno alla Terra è assimilabile a una circonferenza di raggio pari a $3{,}84 \cdot 10^8$ m e che la sua velocità è di 1022 m/s, verifica che il periodo di rivoluzione sia di circa 28 giorni.

[27,3 giorni]

8 Una sfera che si trova all'estremità di una fune di 80 cm viene fatta ruotare alla velocità tangenziale di 4 m/s. Calcola l'accelerazione centripeta della sfera. [20 m/s²]

Per lo svolgimento dell'esercizio, completa il percorso guidato, inserendo gli elementi mancanti dove compaiono i puntini.

1 Le unità di misura sono coerenti con quelle del SI?

....

2 In caso di risposta negativa, esegui le equivalenze necessarie: ....

3 La formula da usare, dato che ti viene richiesta l'accelerazione centripeta, è a_c = ...

4 Sostituisci nella formula i dati, trovando perciò:

a_c = ... = ...

9 Un'automobile compie una curva di 90 m di raggio alla velocità di 54 km/h. Calcola l'accelerazione centripeta che ha l'auto durante l'effettuazione della curva. [2,5 m/s²]

10 Un ciclista percorre con moto uniforme una pista circolare di raggio 800 m in 7 minuti e 30 secondi.

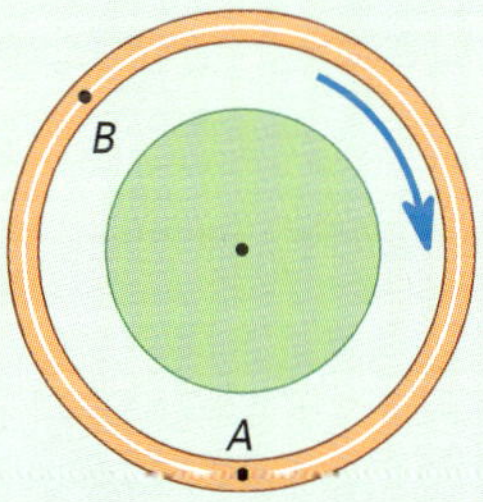

a) Se il ciclista percorre 12 giri, qual è lo spazio totale percorso?
b) Calcola la velocità tangenziale.
c) Calcola l'accelerazione centripeta.
d) Disegna il vettore accelerazione centripeta in *A* e in *B*.

Suggerimenti Trovi v^2 moltiplicando per *r* ambo i membri della formula che dà l'accelerazione centripeta e quindi...

[*a*) 60 300 m; *b*) 40,2 km/h; *c*) 0,16 m/s²]

11 La Terra gira attorno al Sole descrivendo un'orbita che (approssimativamente) è una circonferenza di raggio $1{,}49 \cdot 10^{11}$ m in $3{,}16 \cdot 10^7$ s.
a) Calcola la velocità tangenziale.
b) Calcola l'accelerazione centripeta.
[*a*) $2{,}96 \cdot 10^4$ m/s; *b*) $5{,}9 \cdot 10^{-3}$ m/s²]

12 Un giocattolo automatico percorre con moto uniforme una pista circolare di raggio 10 cm per 20 volte, impiegando complessivamente 4 minuti.
a) Calcola il periodo.
b) Calcola la velocità tangenziale.
c) Calcola l'accelerazione centripeta.
[*a*) 12 s; *b*) $5{,}2 \cdot 10^{-2}$ m/s; *c*) $2{,}7 \cdot 10^{-2}$ m/s²]

13 Il copertone della ruota di una bicicletta ha un'accelerazione centripeta di 210 m/s². Sapendo che la ruota ha un raggio di 32 cm, determina la velocità tangenziale del copertone. [29,5 km/h]

14 A quale distanza dal centro di un *long playing* è posizionata la puntina di un giradischi nel caso in cui quella parte del disco possieda una velocità tangenziale di 0,38 m/s e un'accelerazione centripeta di 1,31 m/s²? [11 cm]

15 ***ENGLISH*** A stirrer in a food mixer rotates so that the end of it is moving round once every 0.05 s. If the length of this stirrer arm is 10.0 cm calculate:
a) the linear speed at the end of the arm;
b) the linear speed half way along the arm.
[*a*) 12.6 m/s; *b*) 6.3 m/s]

9.2 La frequenza

16 Un ciondolo appeso a un portachiavi, se fatto ruotare, impiega 25 s a fare 100 giri. Determinane la frequenza e il periodo. [4 Hz; 0,25 s]

Per lo svolgimento dell'esercizio, completa il percorso guidato, inserendo gli elementi mancanti dove compaiono i puntini.

1 La formula da usare, dato che ti viene richiesta la frequenza, è *f* = ...

2 Sostituisci nella formula i dati, trovando perciò:

f = ...

3 Nota la frequenza trovi direttamente il periodo:

T = 1/.............................. = ...

17 Ipotizzando che le lancette dell'orologio si muovano di moto circolare uniforme (in realtà avanzano a piccoli scatti), calcola la frequenza delle lancette delle ore, dei minuti e dei secondi. [$2{,}3 \cdot 10^{-5}$ Hz; $2{,}8 \cdot 10^{-4}$ Hz; $1{,}7 \cdot 10^{-2}$ Hz]

18 Il cestello di una lavatrice in fase di centrifuga compie 800 giri al minuto. Determinane il periodo.

Suggerimenti Se la frequenza è l'inverso del periodo, allora il periodo è l'inverso...

[0,075 s]

19 Trova il periodo di un disco di vinile a 45 giri (al minuto). [1,3 s]

20 Un sasso legato a una corda lunga 15 cm viene fatto ruotare su una traiettoria circolare con frequenza 2 Hz. Qual è la sua velocità tangenziale? Qual è la sua accelerazione centripeta? [1,9 m/s; 24 m/s²]

Per lo svolgimento dell'esercizio, completa il percorso guidato, inserendo gli elementi mancanti dove compaiono i puntini.

1 Le unità di misura sono coerenti con quelle del SI?

....

2 In caso di risposta negativa, esegui le equivalenze necessarie: ....

3 La formula da usare, dato che ti viene richiesta la velocità tangenziale, è $v =$ ....

4 Dato che ti manca il periodo, lo puoi ricavare dalla frequenza, trovando perciò $T =$ ....

5 Sostituisci nella formula della velocità tangenziale i dati, trovando $v =$ .... = ...

6 Per trovare l'accelerazione centripeta sostituisci i dati nella formula $a_c =$ .... = ...

21 La velocità tangenziale di un punto materiale che si muove su una circonferenza di raggio 4 m è di 40 m/s. Determina la frequenza.

[1,59 Hz]

22 Qual è il raggio dell'orbita di un elettrone in un atomo d'idrogeno, se la frequenza è $6{,}55 \cdot 10^{15}$ Hz e la velocità tangenziale è $2{,}18 \cdot 10^{6}$ m/s?

[$0{,}53 \cdot 10^{-10}$ m]

23 In un moto circolare uniforme l'accelerazione centripeta è 8 m/s^2 e la velocità tangenziale è 4 m/s. Determina il raggio della circonferenza e la frequenza.

[2 m; 0,32 Hz]

24 ***ENGLISH*** A helicopter's rotor blades rotate so that the speed of the tip is roughly the same for all helicopters, regardless of the length of the blades. Calculate the speed if the rotor blades are 6.80 m long and they rotate with a frequency of 5.22 Hz.

[223 m/s]

9.3 Il pendolo semplice

25 Si ha un pendolo di lunghezza 20 cm.

a) Dal dato a tua disposizione è possibile ricavare la massa del pendolo?

b) Se la lunghezza quadruplica, come varia il periodo?

c) Se la massa del pendolo viene raddoppiata, il periodo varia?

26 Si ha un pendolo di lunghezza 15 cm.

a) Dal dato a tua disposizione è possibile ricavare il periodo?

b) Se la lunghezza del pendolo diventa 135 cm, come varia il periodo?

c) Se la massa del pendolo triplica, che cosa succede? Motiva la risposta.

27 Determina il periodo di un pendolo semplice appeso a un filo inestensibile di lunghezza 72 cm.

[1,7 s]

Per lo svolgimento dell'esercizio, completa il percorso guidato, inserendo gli elementi mancanti dove compaiono i puntini.

1 Le unità di misura sono coerenti con quelle del SI?

....

2 In caso di risposta negativa, esegui le equivalenze necessarie: ....

3 Un dato implicito è costituito dall'accelerazione di gravità: $g =$ ....

4 La formula da usare, dato che ti viene richiesto il periodo del pendolo, è $T =$ ....

5 Sostituisci nella formula i dati, trovando perciò:

$T =$ .... = ...

28 Determina il periodo di un pendolo lungo 1,20 m. Effettua nuovamente il calcolo, nell'ipotesi che lo stesso pendolo si trovi prima sulla Luna ($g_{Luna} = 1{,}62$ m/s^2) e poi su Giove ($g_{Giove} = 26{,}0$ m/s^2).

[2,20 s; 5,41 s; 1,35 s]

29 Supponi di poter variare arbitrariamente la lunghezza L di un pendolo.

a) Calcola i relativi periodi T e inseriscili nella tabella.

L (cm)	10	20	30	40	100
$T(s) = 2\pi\sqrt{\frac{L}{g}}$	$2 \cdot 3{,}14\sqrt{\frac{0{,}1}{9{,}81}} =$ = ...	...	...	...	...

b) Osservando i numeri ottenuti, noti qualche relazione fra lunghezza e periodo?

30 Immaginiamo che un pendolo avente una lunghezza di 18 cm venga portato sui pianeti del Sistema solare.

a) Su Nettuno, che ha un'accelerazione di gravità maggiore di quella terrestre, il periodo aumenta o diminuisce?

b) Conseguenza della risposta *a*) è che il moto del pendolo è più lento o più veloce?

31 Se un pendolo ha un periodo di 0,5 s, qual è la sua lunghezza?

[6,2 cm]

32 Un pendolo portato su Marte ($g_{Marte} = 3{,}73$ m/s^2) ha un periodo di 1,39 s. Calcola la sua lunghezza.

[18,3 cm]

33 Atterriamo su un misterioso pianeta di cui non sappiamo nulla. Tuttavia, constatiamo che un pendolo lungo 34 cm è caratterizzato da un periodo di 4,3 s. Qual è l'accelerazione di gravità che agisce in questo pianeta?

Suggerimenti Dalla formula usata nei due esercizi precedenti, puoi provare a ricavare *g*...

[0,73 m/s²]

34 Sapendo che un pendolo semplice lungo 4,45 m ha un periodo di 4,45 s, stabilisci se esso si trova sulla Terra oppure su un altro pianeta. [8,87 m/s²...]

35 ***ENGLISH*** A pendulum of length $L = 1.30$ m oscillates on the Moon, where $g = 1.67$ m/s².
Calculate its period, T. [5.5 s]

Problemi

PER COSTRUIRE LE COMPETENZE

La risoluzione dei problemi richiede la conoscenza degli argomenti trasversali a più paragrafi. Con il pallino sono contrassegnati i problemi che presentano una maggiore complessità.

1 Un pendolo ha una lunghezza di 155 cm. Calcola quante oscillazioni complete compie in 5 minuti.

[120]

● **2** Non disponendo di cronometri, vuoi costruire dei pendoli che (sulla Terra) abbiano un periodo che, in secondi, sia numericamente uguale alla loro lunghezza espressa in metri, di modo che la misurazione di quest'ultima fornisca automaticamente anche quella del periodo.
Trova un metodo per risolvere il problema e determina il valore cercato della lunghezza del filo.

Suggerimenti Se le formule inverse non ti sono familiari, puoi sempre procedere per tentativi, attribuendo a L valori crescenti e osservando che cosa accade al corrispondente valore di T...

● **3** Un ciclista si muove di moto rettilineo uniforme per un tempo pari a tre quarti d'ora. La ruota della sua bicicletta, che ha un diametro di 56 cm, compie 300 giri al minuto. Trova:

a) l'accelerazione centripeta delle parti esterne della ruota;

b) la distanza percorsa dal ciclista, ipotizzando uguale a zero la sua posizione iniziale e tenendo conto che, in assenza di fenomeni di slittamento, la velocità tangenziale della ruota è uguale a quella del ciclista.

Suggerimenti Una volta trovata la velocità tangenziale, devi ricorrere alla legge oraria del...

[*a*) 276 m/s²; *b*) 23,750 km]

4 Un pendolo lungo 0,5 m che si trova sul pianeta Marte presenta un determinato periodo. Di quanto deve essere allungato affinché oscilli con lo stesso periodo sulla Terra? ($g_{Marte} = 3{,}73$ m/s²) [81,5 cm]

5 Un lanciatore di martello fa ruotare l'attrezzo con un'accelerazione centripeta di 1,14 m/s².
Sapendo che la lunghezza del martello da considerare, comprensiva delle braccia dell'atleta, è pari a 158 cm, determina la velocità tangenziale e il periodo con cui avviene tale rotazione.

[1,34 m/s; 7,4 s]

● **6** Un lanciatore di martello fa ruotare l'attrezzo in modo tale che compia un giro completo in un tempo pari a (0,74 ± 0,02) s. Sapendo che la lunghezza del martello da considerare, comprensiva delle braccia, è pari a (158,0 ± 0,5) cm, determina la misura della velocità tangenziale dell'estremità esterna dell'attrezzo, supponendo il moto uniforme e circolare.

[(13,4 ± 0,4) m/s]

7 Un'auto percorre una curva di raggio (30 ± 1) m alla velocità di (14,0 ± 0,2) m/s. Determina la scrittura dell'accelerazione centripeta che consente all'automobile di effettuare la curva.

[(6,5 ± 0,4) m/s²]

8 ***ENGLISH*** A pendulum has length $L = 1.1$ m and its mass is 250 *g*.

a) How many swings does it perform in one hour?

b) How many swings would the same pendulum perform on Mars, where g = 3.73 m/s²?

c) How is its period affected by a doubling of the mass?

[*a*) 1712; *b*) 1056]

UNITÀ 10

Principi della dinamica

Lezione multimediale

10.1 Le cause del moto

Fin qui abbiamo analizzato le caratteristiche di alcuni semplici moti senza chiederci quale ne fosse l'origine.
Vediamo di approfondire questo aspetto, che prende il nome di **dinamica** e che, come vedrai, nasconde delle sorprese rispetto alle convinzioni dettate dal senso comune.

La **dinamica** è quella parte della Fisica che indaga le cause che determinano il movimento dei corpi.

dinamica

L'affermazione che alla base del moto, e quindi della velocità, ci debba essere necessariamente una forza, resistette sino ai tempi di Galileo Galilei (1564-1642), proprio per la sua apparente evidenza.
Questi fu il primo a sottoporla a una revisione sperimentale, dimostrandone la falsità ed evidenziando come l'intuito o il buon senso possano talvolta ingannarci. Dopo di lui, l'inglese Isaac Newton (1642-1727) giunse a sistematizzare e a formulare con chiarezza i principi fondamentali della dinamica, dando loro una forma definitiva.

Ricorda!...
La forza **non** è la causa della velocità.

ANIMAZIONE VIRTUAL LAB

10.2 Il primo principio

Consideriamo il caso dell'automobile a cui viene spento il motore mentre si sta spostando.

▶ Che cosa succede alla forza esercitata dal motore nell'istante in cui lo spegniamo? Come varia la velocità dell'auto?

....

....

Quando spegniamo il motore, la forza diventa nulla, ma il veicolo continua a muoversi: perché la velocità (*effetto*) non si annulla quando si azzera la forza (*causa*)? L'eventuale legame tra forza e velocità comincia ad apparire meno semplice.

Modifichiamo alcune condizioni e in luogo della strada consideriamo una superficie ghiacciata. Adesso, dall'istante in cui il motore viene spento, il tratto compiuto dall'auto prima di fermarsi è molto più lungo di prima. Dunque, sempre in assenza di forza, il percorso è addirittura aumentato!

▶ Che cosa è cambiato nel secondo caso rispetto a quello precedente? Perché c'è stato un aumento del tragitto fatto a motore spento?

....

....

È sicuramente diminuito l'attrito tra le ruote del mezzo e la superficie stradale. Ecco che cominciamo a intravedere la possibilità che la forza del motore serva in realtà a vincere le forze d'attrito che contrastano il moto, poiché agiscono in direzione opposta.
E se l'attrito diventasse sempre più piccolo fino a scomparire del tutto? Possiamo pensare di realizzare questa ipotesi con un **esperimento ideale**.

Un **esperimento ideale** è un esperimento che, a causa di difficoltà di realizzazione pratica, non può essere realizzato concretamente, ma può soltanto essere immaginato a tavolino.

esperimento ideale

Nel nostro caso possiamo immaginare di eliminare sia l'attrito tra gli pneumatici e il suolo, sia quello dovuto alla presenza dell'aria. Se le forze d'attrito fossero totalmente eliminate, la strada percorsa diventerebbe infinitamente lunga, cioè l'auto, in assenza di qualunque tipo di forza, continuerebbe a muoversi all'infinito.
D'altro canto, l'esperienza ci insegna che un'automobile ferma, in assenza di spinte, resta immobile...
La sintesi di queste deduzioni costituisce il **primo principio della dinamica**, in cui la parola «principio» evidenzia il fatto di essere basato su un esperimento ideale.

In assenza di forze, se un corpo è fermo continua a rimanere fermo; invece, se si muove di moto rettilineo uniforme, prosegue secondo tale moto.

primo principio della dinamica

Questo è detto anche **principio d'inerzia**, in quanto esprime l'**inerzia** dei corpi, vale a dire la loro tendenza, quando le forze sono nulle, a continuare a rimanere nello stato in cui si trovano, cioè fermi se sono fermi o in moto rettilineo e uniforme se quello è già il loro moto. Puoi pensarlo come una specie di *resistenza* ad adeguarsi ai cambiamenti della situazione esistente.
Nell'esempio che abbiamo visto, l'automobile continua a essere soggetta al proprio peso, che è comunque una forza, mentre noi parliamo insistentemente di forze *nulle*. Soltanto a costo di rintanarci nello spazio più profondo e più vuoto, possiamo pensare di non risentire di alcuna forza.
Tuttavia, il peso viene equilibrato totalmente dalla reazione vincolare del pavimento stradale, per cui, una volta eliminato l'attrito, la risultante delle forze è zero.

Ricorda!...

In generale, dato che è improbabile che le forze siano del tutto assenti, è opportuno parlare di *equilibrio di forze*, nel senso che le forze, anche se presenti, sono tali per cui la loro somma è nulla, cioè è zero la loro risultante.

VIRTUAL LAB

10.3 I sistemi di riferimento

Occupandoci del moto, abbiamo detto che occorre sempre precisare il sistema rispetto al quale il moto si riferisce. Il primo principio della dinamica vale in qualsiasi sistema di riferimento? Immaginiamo un autobus di linea con i finestrini oscurati, in modo tale da non poter vedere all'esterno. Inoltre, durante il percorso i passeggeri non sanno ciò che accadrà all'autobus, dal momento che la cabina di guida è isolata.

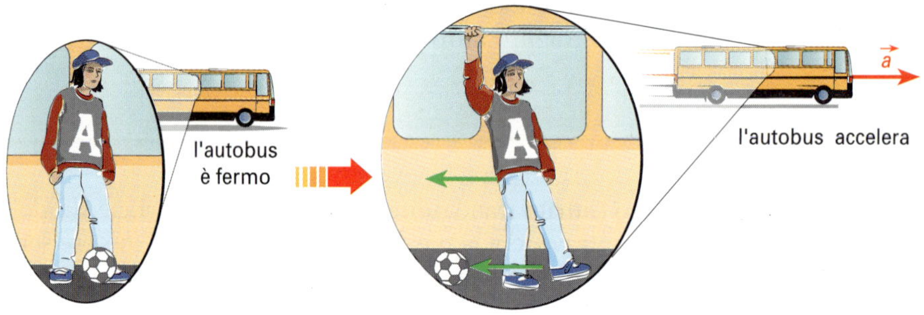

Matteo ha appoggiato sul pavimento un pallone. Sia Matteo sia il pallone sono fermi rispetto al sistema di riferimento costituito dall'autobus e, secondo il primo principio, dovrebbero restare fermi.

All'improvviso Matteo si sente spinto verso il fondo dell'autobus e lo stesso fa il pallone. Poco dopo, Matteo si accorge di essere sbilanciato di lato come il pallone... Il primo principio è apparentemente violato.

▶ Quale può essere la spiegazione di questi *strani* fenomeni?

....

Nell'autobus in certi momenti del viaggio non vale il principio d'inerzia, perché un corpo fermo, come è inizialmente il pallone, cambia il proprio stato di quiete senza che una forza agisca su di esso. Dobbiamo quindi ipotizzare che i sistemi di riferimento possano essere suddivisi in **sistemi inerziali**, se in essi vale il primo principio, e *non inerziali*, se invece non vale.
L'autobus quando accelera o curva non è un sistema di riferimento inerziale, mentre la strada, rispetto a quanto capita sull'autobus, è un sistema di riferimento inerziale.

sistema inerziale

Un sistema di riferimento si dice **sistema inerziale** se in esso vale il primo principio della dinamica.

Ricorda!...

La Terra e tutti i sistemi di riferimento in moto rettilineo uniforme rispetto a essa sono dei sistemi di riferimento inerziali soddisfacenti.

Quali sono i sistemi di riferimento inerziali? Alla domanda non è possibile rispondere in modo semplice: per tre secoli, sino ad Albert Einstein (1879-1955), i fisici si sono confrontati in un complesso dibattito su questo tema. Dato che non è facile comprenderlo subito in tutte le sue implicazioni, ci accontentiamo di dire che la Terra costituisce con buona approssimazione un sistema di riferimento inerziale, così come tutti i sistemi in moto rettilineo e uniforme rispetto a essa.
L'autobus, evidentemente, si è rivelato un sistema non inerziale nella fase in cui ha accelerato rispetto al terreno (quando Matteo si è sentito spinto, assieme al pallone, verso il fondo) e nei cambiamenti di direzione (quando Matteo è stato sbilanciato lateralmente). Sono le stesse sensazioni che percepisci stando dentro un'automobile durante l'accelerazione o l'effettuazione di una curva.

10.4 La relazione tra forza e accelerazione

Il primo principio ha evidenziato che la forza non è la causa della velocità. Eppure, se sei in bicicletta e vuoi metterla in movimento, bisogna che eserciti sui pedali la forza necessaria.
Nuovamente, siamo tentati di concludere che la forza è causa della velocità. Come vedi, non è facile superare questa convinzione errata, nella quale tendiamo di continuo a ricadere.
È sufficiente riflettere meglio, per capire che quel che accade realmente è un passaggio della velocità della bicicletta da zero a un determinato valore. Dunque, *la forza produce una variazione di velocità, cioè un'accelerazione*.
Una volta avviato il moto, la forza applicata ti serve soltanto per vincere le forze d'attrito e quindi a mantenere costante la velocità. Se intensifichi il ritmo della pedalata, aumentando perciò la forza, anche la velocità aumenta.
La prima conclusione che possiamo trarre è che vi è una relazione tra forza e variazione di velocità, vale a dire tra forza e accelerazione.

Un uomo spinge un'auto con una forza F e ottiene un'accelerazione a.

Se due uomini spingono con una forza $2F$ anche l'accelerazione raddoppia e diventa $2a$.

Tabella 1

Y	*X*	*Y/X*
F **(N)**	***a*** **(m/s²)**	***F/a*** **(kg)**
❑	❍	800
❑❑	❍❍	800
❑❑❑	❍❍❍	800
❑❑❑❑	❍❍❍❍	800
...	...	...

Se indichiamo con il simbolo grafico ❑ la forza F esercitata da un uomo (per esempio, 400 N) e con ❍ la conseguente accelerazione a (0,50 m/s²), otteniamo la tabella 1 da cui emerge chiaramente che raddoppiando, triplicando, ... la forza, raddoppia, triplica, ... anche l'accelerazione. Questo significa che le due grandezze sono direttamente proporzionali.

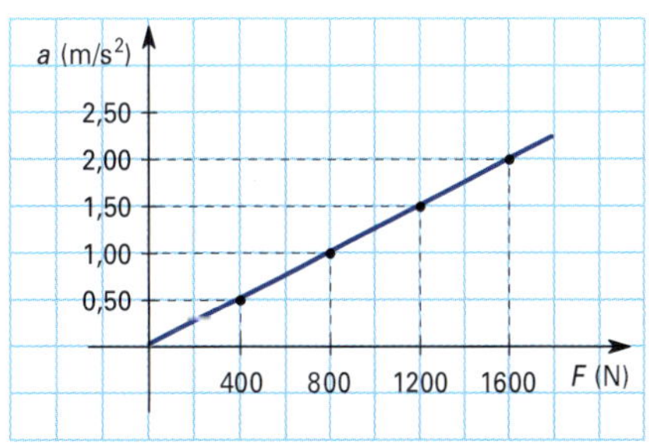

Le conseguenze (vedi Unità 3) sono che:
- la rappresentazione grafica dell'accelerazione in funzione della forza dà luogo a una retta;
- il rapporto F/a è costante (vedi terza colonna della tabella).

Quanto appena detto costituisce in sostanza l'enunciato del **secondo principio della dinamica** (o **principio fondamentale della dinamica**).

secondo principio della dinamica (enunciato)

L'accelerazione di un punto materiale è direttamente proporzionale alla forza che ne è la causa.

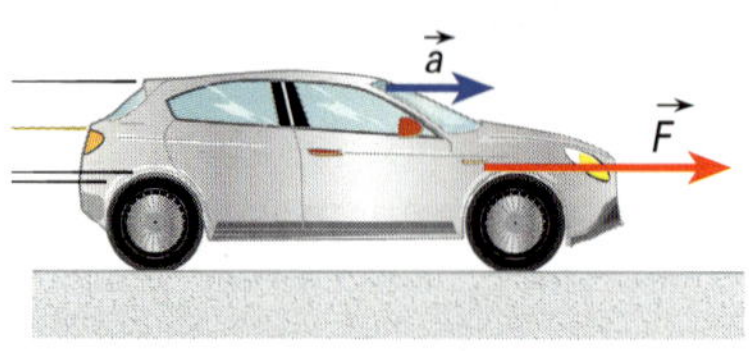

Fin qui ci siamo riferiti alla forza e all'accelerazione in termini puramente scalari (considerando, cioè, esclusivamente il loro modulo). Per completare il discorso, rileviamo che la direzione e il verso dell'accelerazione sono gli stessi della forza applicata che la determina.

Ricorda!...

Se un corpo presenta un'accelerazione (in quanto cambiano il modulo o la direzione della velocità), allora esso è necessariamente soggetto a una forza; viceversa, se su un corpo libero di muoversi agisce una forza, allora esso avrà necessariamente un'accelerazione. La presenza dell'una è la spia della presenza dell'altra.

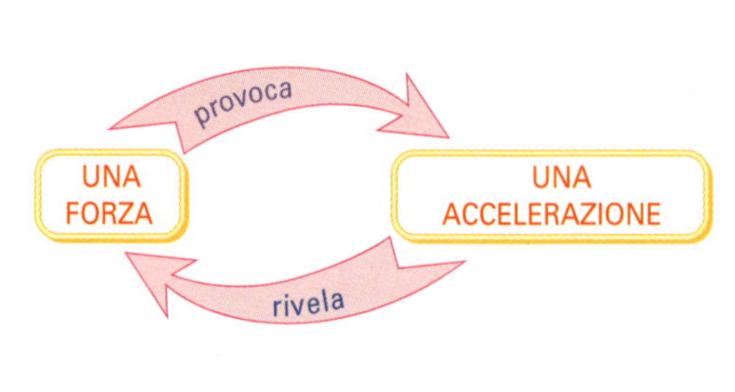

10.5 La massa inerziale

Abbiamo visto che il secondo principio della dinamica implica che il rapporto tra forza applicata e la conseguente accelerazione sia costante. Vediamo di scoprire quale sia la natura di questa costante.

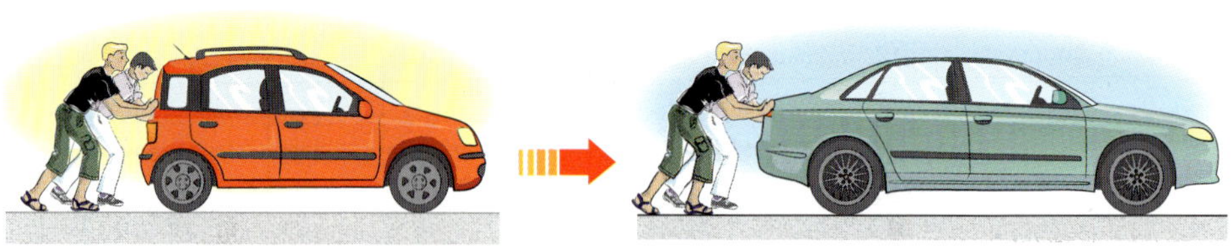

Due amici spingono un'auto e ottengono un'accelerazione a.

Se ora i due amici spingono quest'altra auto con la stessa forza di prima, ottengono un'accelerazione molto minore.

▶ Che cosa cambia da una situazione all'altra? Che cos'è che provoca, a parità di forza applicata, un'accelerazione via via più piccola?

....

....

Probabilmente avrai risposto che aumenta il *peso* che sei costretto a spingere, rendendo meno efficace la tua azione. Con maggiore precisione, ciò che aumenta è la **massa inerziale** (che denoteremo più semplicemente con il nome di **massa**).

La **massa** ci dice come reagisce un corpo quando viene sollecitato da una forza esterna, cioè quanta *resistenza* oppone al fatto di venire accelerato. — informazione

La **massa** è il rapporto tra la forza applicata e l'accelerazione che ne deriva: — definizione

$$\text{massa} = \frac{\text{forza}}{\text{accelerazione}}$$

Utilizzando i simboli, scriviamo:

$$m = \frac{F}{a}$$

formula

massa

La massa è una grandezza scalare, quindi è sufficiente il valore numerico espresso in una certa unità di misura a rappresentarla. L'unità di misura della massa, il **kilogrammo**, è fra quelle fondamentali del SI; pertanto, ha una definizione autonoma che non dipende dalla definizione stessa di massa (vedi Unità 1).

Il **kilogrammo** (**kg**) è la massa di un campione cilindrico di platino-iridio conservato nell'Ufficio Internazionale dei Pesi e delle Misure di Sèvres, vicino a Parigi. — **kilogrammo**

10.6 Il secondo principio

Riprendendo la formula che definisce la massa, si avrà:

$$\frac{F}{a} = m$$

moltiplicando ambo i membri per a

$$\cancel{a} \cdot \frac{F}{\cancel{a}} = m \cdot a$$

e semplificando

$$F = m \cdot a$$

Il **secondo principio della dinamica** (o **principio fondamentale della dinamica**) può essere espresso sinteticamente nel seguente modo:

$$F = m \cdot a$$

secondo principio della dinamica (formula)

La forza applicata e l'accelerazione hanno stessa direzione e stesso verso. Perciò, il secondo principio della dinamica, tenendo conto degli aspetti vettoriali delle grandezze in gioco, si scrive:

$$\vec{F} = m \cdot \vec{a}$$

Fin qui, parlando delle forze, abbiamo detto che si misurano in **newton** (N), senza però spiegare come si determina a tutti gli effetti questa unità di misura. Adesso siamo in grado di farlo.

$$F = m \cdot a \quad \Rightarrow \quad m \text{ (misurata in kg)} \cdot a \text{ (misurata in m/s}^2\text{)} \quad \Rightarrow \quad \text{kg} \cdot \frac{\text{m}}{\text{s}^2}$$

L'unità di misura della forza si chiama **newton** (N) ed è definito come:

newton

$$1\,\mathrm{N} = 1\,\mathrm{kg} \cdot \frac{\mathrm{m}}{\mathrm{s}^2}$$

Una forza vale 1 newton quando, applicandola a un corpo che ha una massa di 1 kilogrammo, ne provoca l'accelerazione di 1 metro al secondo quadrato nella direzione e nel verso della forza stessa.

Il newton viene detta unità di misura **derivata**, poiché la si ricava a partire dalle unità di misura delle grandezze fondamentali del SI (metro, secondo, kilogrammo).

Ricorda!...

Quando diciamo che su un corpo agisce la forza $\vec{F}$ intendiamo, più esattamente, che $\vec{F}$ è la risultante di tutte le forze che eventualmente agiscono sul corpo stesso.

10.7 Considerazioni sui principi della dinamica

Aggiungiamo alcune osservazioni relative ai due principi studiati nei paragrafi precedenti.

Il primo principio può essere ritenuto un caso particolare del secondo principio. In effetti, nell'ipotesi di equilibrio di forze (cioè risultante delle forze nulla) si ha:

$$F = m \cdot a$$

se le forze si equilibrano è $F = 0$, quindi

$$0 = m \cdot a$$

essendo $m \neq 0$, ne consegue che

$$0 = a$$

ma se l'accelerazione è nulla, allora non vi è variazione di velocità, per cui la velocità si mantiene costante

$$v = \mathrm{cost}$$

Perciò, se il corpo è fermo ($v = 0$) tale continua a restare; viceversa, se si muove di moto rettilineo uniforme, la sua velocità non varia e il moto permane quale era inizialmente. Queste conclusioni collimano esattamente con il primo principio.

I principi della dinamica non sono sempre validi. Non sono adatti, per esempio, a descrivere il moto delle particelle su scala microscopica (che richiede le conoscenze elaborate dalla teoria quantistica), né il comportamento delle particelle che viaggiano a velocità prossime a quella della luce, cioè 300 000 km/s (studiate nella teoria della relatività). Tuttavia, su scala macroscopica, al livello della nostra realtà quotidiana e dei fenomeni ai quali assistiamo normalmente, in cui non abbiamo a che fare con corpi piccolissimi o velocissimi, le leggi della dinamica conservano pienamente la loro validità.

Analizziamo ora i grafici forza-accelerazione e massa-accelerazione.

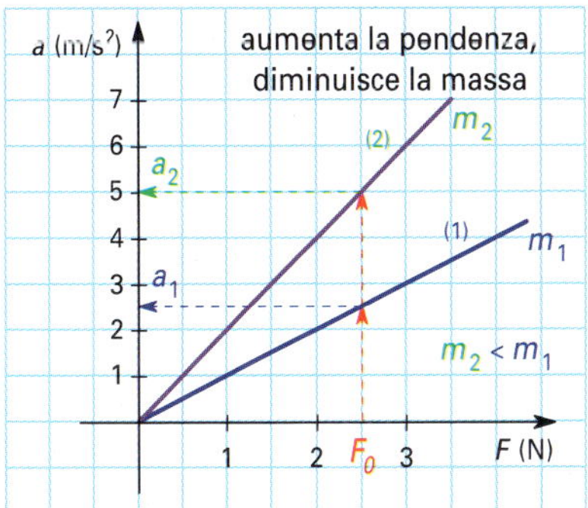

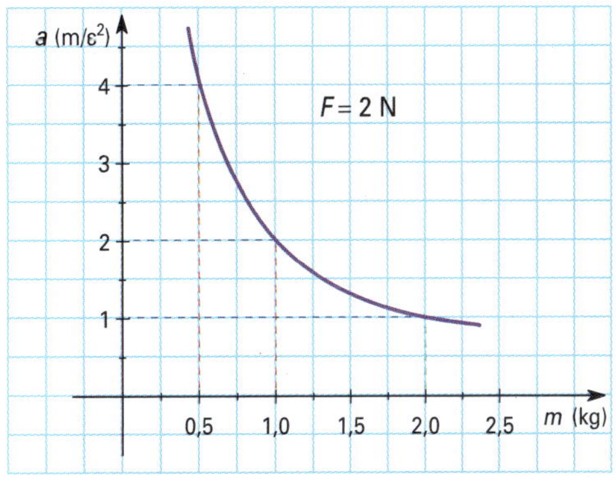

L'inclinazione della retta nel grafico forza-accelerazione ha un significato ben preciso. Ormai dovresti essere abituato a questo tipo di ragionamento: applicando la stessa forza F_0, a una maggiore inclinazione (retta 2) corrisponde un'accelerazione più elevata ($a_2 > a_1$).
Ne deduciamo, allora, che la massa del corpo è minore ($m_2 < m_1$).

Dal secondo principio possiamo ricavare facilmente:

$$a = \frac{F}{m}$$

Facendo l'ipotesi che F sia costante e valga per esempio 2 N, rappresentiamo in un piano cartesiano l'accelerazione (asse y) in funzione della massa (asse x).
Il grafico è un ramo di iperbole. Dunque, a ed m sono **inversamente proporzionali**, per cui se la massa raddoppia, l'accelerazione diventa la metà.

SCHEDA LAB

SCHEDA LAB

FLASH

Le cinture di sicurezza

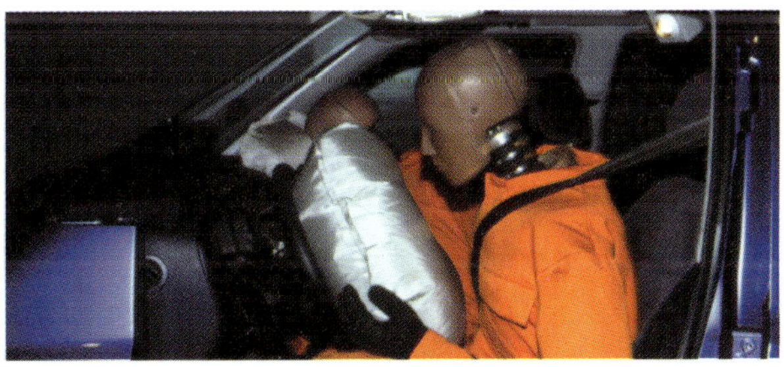

Il primo principio ci spiega perché è fondamentale allacciare le cinture di sicurezza. Quando l'auto si ferma improvvisamente a causa di un urto, il nostro corpo continua a muoversi in avanti con la stessa velocità che aveva prima dell'urto e quindi l'impatto con le pareti dell'abitacolo è violento.

Il secondo principio evidenzia che quando vi è un'accelerazione elevata il corpo è soggetto a una forza molto intensa. Il cuscino dell'air-bag aumenta il tempo di arresto del nostro corpo. Di conseguenza diminuisce la decelerazione ($a = \Delta v / \Delta t$) e le forze che agiscono sul nostro organismo risultano minori.

Riassumiamo, infine, le formule che potrebbero esserti utili.

$$F = m \cdot a \quad \rightarrow \quad m = \frac{F}{a}$$

$$F = m \cdot a \quad \rightarrow \quad a = \frac{F}{m}$$

ESPANSIONI

Trasformazioni di Galileo

10.8 Il terzo principio

ANIMAZIONE

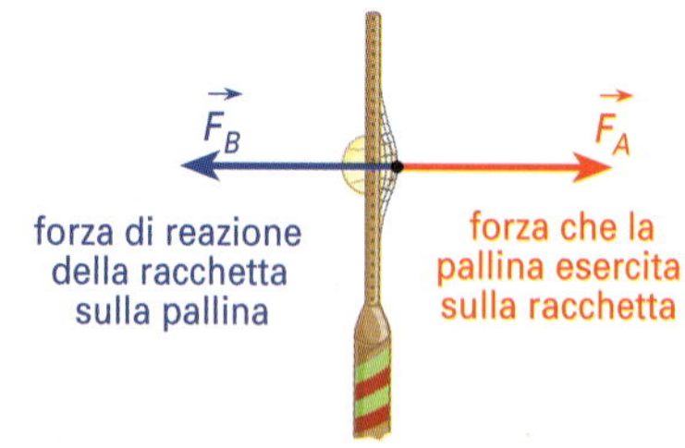

Se durante una partita di tennis potessimo vedere da vicino e al rallentatore ciò che accade quando la pallina lanciata a grande velocità urta contro la racchetta, ci accorgeremmo che la racchetta risulta deformata dalla pallina. Questo significa che la pallina ha esercitato una forza sulla racchetta. Al tempo stesso, zoomando ulteriormente sulla pallina, vedremmo che anch'essa risulta deformata dalla racchetta.

La racchetta ha risposto alla sollecitazione, esercitando a sua volta sulla pallina una forza, detta **reazione**. La reazione ha la caratteristica di avere uguali intensità e direzione rispetto alla forza agente, ma verso opposto. Il **terzo principio della dinamica** (chiamato anche **principio di azione e reazione**) esprime questa situazione.

terzo principio della dinamica

A ogni azione corrisponde una reazione uguale in modulo e direzione, ma di verso opposto:

$$\vec{F}_A = -\vec{F}_B$$

Riflettiamo brevemente sulle conseguenze del terzo principio.
Il fatto che a *ogni* azione corrisponda una reazione implica che il principio ora visto valga sia per le forze di contatto, come quella tra la pallina e la racchetta, sia per le forze che si esercitano a distanza, come quelle gravitazionali.

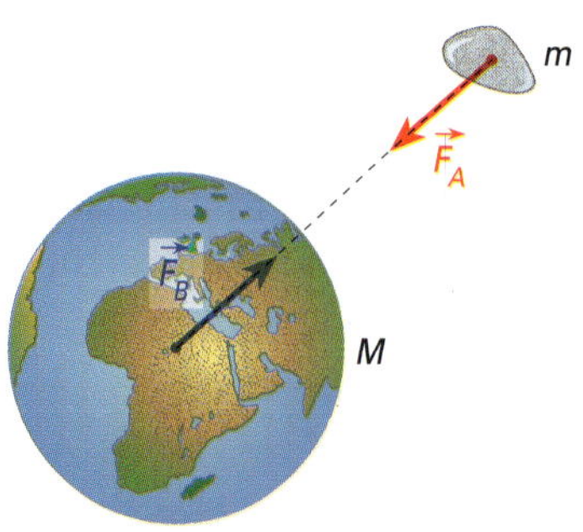

▶ Dato che, per esempio, la Terra esercita una forza $\vec{F}_A$ su un sasso (il quale, se lasciato andare, cade...), allora pure il sasso esercita una reazione $\vec{F}_B$ sulla Terra uguale in modulo alla $\vec{F}_A$?
Se la risposta è sì, perché la Terra non cade sul sasso?

....

....

....

La risposta è nelle masse. La forza $\vec{F}_A$ che la Terra esercita sul sasso è tale da vincere l'inerzia della sua massa e metterlo in moto: così il sasso cade con un'accelerazione che vale 9,81 m/s^2. Viceversa, la forza $\vec{F}_B$ che il sasso esercita sulla Terra, pur essendo uguale in modulo a $\vec{F}_A$ non è sufficiente a spostare significativamente il nostro pianeta vincendone la ben più consistente... inerzia!

esempio

Sapendo che la Terra, di massa pari a circa $5{,}98 \cdot 10^{24}$ kg, esercita su una grossa mela una forza di 2,5 N, calcola l'accelerazione che la reazione della mela determina sulla Terra.

Dal secondo principio della dinamica ricaviamo l'accelerazione:

$$a = \frac{F}{m}$$

Per il terzo principio la reazione della mela sulla Terra è uguale a 2,5 N; quindi, sostituendo i valori:

$$a = \frac{2{,}5}{5{,}98 \cdot 10^{24}} \cong 4{,}2 \cdot 10^{-25}\ \text{m/s}^2$$

Un'accelerazione davvero... piccola!

Riesci a indicare alcune situazioni nelle quali secondo te si manifesta il terzo principio della dinamica? Ce ne sono moltissime.

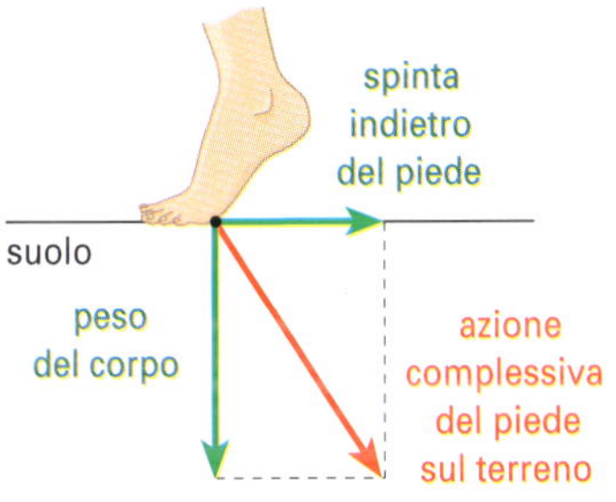

Per esempio, quando camminiamo il piede esercita un'azione sul terreno.

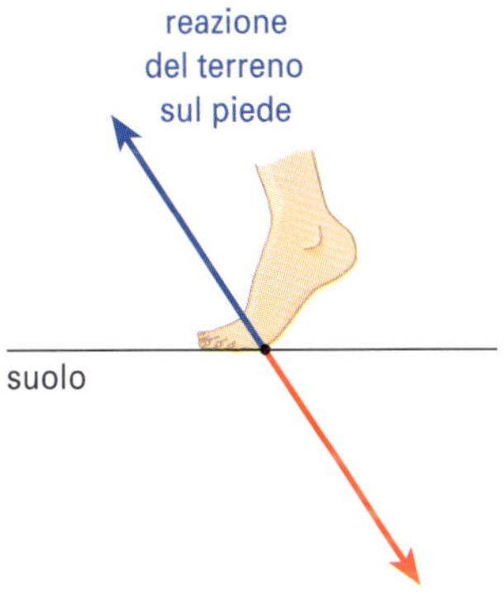

Per il terzo principio si ha una reazione del terreno sul piede.

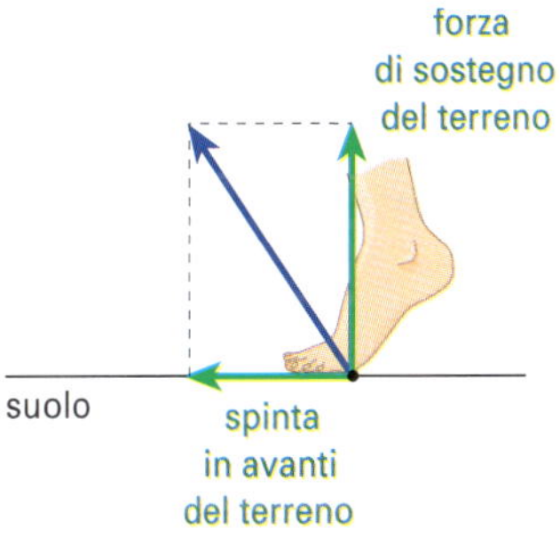

La reazione si scompone e, grazie alla spinta del terreno sul piede, possiamo avanzare.

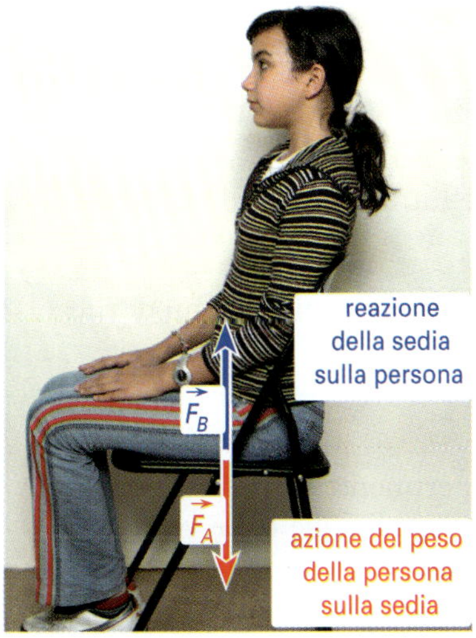

Quando una persona è seduta, il suo peso agisce sul sedile che reagisce con una forza diretta verso l'alto. Questa reazione «sorregge» la persona, che rimane in equilibrio e non cade.

Quando una persona rema, la forza che esercita sull'acqua è uguale e contraria alla reazione dell'acqua sul remo.

Lo Shuttle si muove perché ai gas espulsi in un verso secondo una data direzione $\vec{F}_A$ corrisponde una reazione sulla navicella in verso opposto $\vec{F}_B$.

IN SINTESI

AUDIO

- La **dinamica** è quella parte della Fisica che studia le cause che determinano il movimento dei corpi.
- Il **primo principio della dinamica**, o *principio d'inerzia*, afferma che, in assenza di forze (o in presenza di forze la cui risultante sia nulla), se un corpo è fermo continua a rimanere fermo; se invece si muove di moto rettilineo uniforme, prosegue secondo tale moto. In altre parole, se un corpo presenta un'accelerazione (cioè cambiano modulo o direzione della velocità), esso è necessariamente soggetto a una forza; viceversa, l'azione di una forza su un corpo libero di muoversi implica un'accelerazione dello stesso.
- Il **secondo principio della dinamica**, o *principio fondamentale* della dinamica, afferma che l'accelerazione di un punto materiale è direttamente proporzionale alla forza che ne è la causa. In *termini vettoriali*, la formula che esprime il secondo principio può essere scritta come:

  $$\vec{F} = m \cdot \vec{a}$$

- La **massa** (**inerziale**) è definita dalla relazione:

  $$m = \frac{F}{a}$$

  La massa indica, quindi, quanta resistenza un corpo oppone al fatto di essere accelerato.

  L'*unità di misura* della massa è il **kilogrammo** (kg), che corrisponde alla massa di un campione cilindrico di platino-iridio conservato nell'Ufficio Internazionale dei Pesi e delle Misure di Sèvres, vicino a Parigi.
- Sulla base del secondo principio viene definita l'*unità di misura della forza*, cioè il **newton** (N), che equivale a quella forza che, applicata a un corpo di massa 1 kilogrammo, ne provoca l'accelerazione di 1 metro al secondo quadrato, nella direzione e nel verso della forza stessa:

  $$1\,\text{N} = 1\,\text{kg} \cdot \frac{\text{m}}{\text{s}^2}$$

  Pertanto, il newton è un esempio di unità di misura derivata.
- Se la massa è costante, rappresentando graficamente l'accelerazione (asse *Y*) in funzione della forza (asse *X*), si ottiene una retta ($F = m \cdot a$), la cui pendenza è data dalla massa del corpo.
  A parità di forza applicata, massa e accelerazione sono fra loro inversamente proporzionali; di conseguenza, rappresentando graficamente l'accelerazione (asse *Y*) in funzione della massa (asse *X*) si ottiene un *ramo d'iperbole*.
- Il primo principio è valido nei **sistemi di riferimento di tipo inerziale**; tra questi possiamo includere, con buona approssimazione, quello costituito dalla Terra, nonché tutti i sistemi in moto rettilineo uniforme rispetto a essa.
- Secondo il *principio di relatività galileiano*, le leggi della fisica sono le stesse in tutti i sistemi di riferimento inerziali. Le equazioni delle **trasformazioni galileiane** sono:

  $$t = t' \quad \text{e} \quad X = X' + v \cdot t$$

- Se un corpo si muove con velocità costante v' rispetto a un sistema di riferimento e questo si muove con velocità v_s costante rispetto a un secondo sistema, allora per la composizione delle velocità il corpo si muove rispetto a quest'ultimo sistema di riferimento con velocità:

  $$v = v_s + v'$$

- Il **terzo principio della dinamica**, o *principio di azione e reazione*, afferma che a ogni azione corrisponde una reazione uguale in modulo e direzione, ma di verso opposto:

  $$\vec{F}_A = -\vec{F}_B$$

STRUMENTI DI CONSOLIDAMENTO E VERIFICA

VERIFICHE

Vero-falso

1 La causa della velocità è la forza. V F

2 Il primo principio afferma che in assenza di forze tutti i corpi si fermano. V F

3 Il primo principio afferma che in assenza di forze un corpo in moto circolare uniforme rimane in moto circolare uniforme. V F

4 Un'automobile che accelera a un semaforo è un esempio di sistema di riferimento inerziale. V F

5 L'accelerazione è direttamente proporzionale alla forza che ne è la causa. V F

6 La massa inerziale è il rapporto tra la forza applicata e l'accelerazione. V F

7 La massa inerziale si misura in newton. V F

8 Il primo principio è un caso particolare del secondo. V F

9 I principi della dinamica sono sempre validi. V F

10 Per il terzo principio il pavimento su cui sei in piedi esercita su di te una forza. V F

Test a scelta multipla

1 Di che cosa si occupa la dinamica?

A Della relazione fra il moto e le sue cause

B Del moto indipendentemente dalle cause

C Delle cause della deformazione dei corpi

D Dell'origine delle forze agenti sui corpi

2 Dal primo principio è corretto dedurre che:

A in assenza di forze non vi può essere moto

B in assenza di forze non vi può essere velocità

C in assenza di forze un corpo se sta accelerando continua ad accelerare

D in assenza di forze un corpo fermo rimane fermo

3 L'esperienza ci insegna che una bicicletta, poco dopo che si cessa di pedalare, si ferma e non persevera nel suo moto rettilineo uniforme.
Si tratta di una violazione del primo principio della dinamica?

A Sì, ma ogni principio ammette delle eccezioni purché non siano in numero troppo elevato

B No, perché il primo principio riguarda solo i mezzi a motore

C No, perché il primo principio afferma che la causa della velocità è la forza

D No, perché la bicicletta è soggetta alle forze d'attrito

4 In quale dei seguenti sistemi di riferimento il primo principio può essere considerato valido?

A Una giostra in moto circolare uniforme rispetto alla Terra

B Un autobus in moto rettilineo uniforme rispetto alla Terra

C Un motorino che sta decelerando in prossimità di un semaforo

D Un aereo che sta accelerando lungo una pista rettilinea allo scopo di decollare

5 Quale delle seguenti affermazioni non è corretta per il secondo principio?

A Il rapporto tra forza e accelerazione è costante

B La rappresentazione grafica della relazione accelerazione-forza è una retta

C La massa è data dal rapporto tra accelerazione e forza

D Se raddoppia la massa, a parità di accelerazione, la forza deve essere il doppio

6 In base al secondo principio è corretto dire che:

A la forza è la causa della velocità

B la forza è il prodotto della massa per la velocità

C l'accelerazione ha la stessa direzione e lo stesso verso della forza agente

D l'accelerazione è perpendicolare alla forza agente

7 **La massa è una grandezza:**

A scalare e si misura in kilogrammi

B vettoriale e il suo modulo si misura in kilogrammi

C scalare e si misura in newton

D vettoriale e il suo modulo si misura in newton

8 **Se la forza agente su un corpo è costante, possiamo dire che:**

A la massa e l'accelerazione sono inversamente proporzionali

B la massa e l'accelerazione sono direttamente proporzionali

C la massa e l'accelerazione sono legate da una proporzionalità quadratica

D possono variare indipendentemente l'una rispetto all'altra

9 **Se un autobus si sposta di moto rettilineo uniforme alla velocità di 12 m/s e un passeggero cammina nello stesso verso lungo l'autobus alla velocità di 2,5 m/s, allora la velocità del passeggero rispetto alla strada è:**

A 9,5 m/s

B 12 m/s

C 4,5 m/s

D 14,5 m/s

10 **Il terzo principio è valido:**

A soltanto nel caso di forze di contatto

B sia per le forze di contatto sia per quelle a distanza

C soltanto per le forze a distanza

D né per le forze di contatto né per quelle a distanza

Applichiamo le conoscenze

Esercizi

10.6 Il secondo principio

1 Qual è la forza necessaria per imprimere a una cassa con massa di 125 hg un'accelerazione pari a 0,8 m/s²? [10 N]

Per lo svolgimento dell'esercizio, completa il percorso guidato, inserendo gli elementi mancanti dove compaiono i puntini.

1 Se le unità di misura non sono coerenti con quelle del SI, esegui le equivalenze necessarie:

....

2 La formula da usare direttamente, dato che ti viene richiesta la forza, è quella del secondo principio:

F = ...

3 Sostituisci i dati, trovando subito:

F = ... = ...

2 Un'automobile che ha una massa di 1200 kg resta in panne.

a) Con quale forza occorre spingerla per imprimerle un'accelerazione di 0,3 m/s²?

b) Quale forza è necessaria per ottenere un'accelerazione doppia di quella precedente?

c) Quanto deve valere la forza necessaria per ottenere sempre l'accelerazione di 0,3 m/s², ma nell'ipotesi che la massa sia il doppio? [*a*) 360 N; *b*) 720 N; *c*) 720 N]

3 Sappiamo che una forza agisce su un carrello.

a) La forza causa velocità o accelerazione?

b) La relazione tra forza e accelerazione è $F = 35\ a$. Che cosa rappresenta 35...?

c) Se l'accelerazione acquisita dal carrello è 0,2 m/s², qual è la forza che agisce su di esso?

d) Se la forza raddoppia, come varia l'accelerazione? [*c*) 7 N]

4 Un trattore, applicando una forza costante, tira un masso di 750 kg.

a) Scrivi la relazione tra forza e accelerazione.

b) Quale tipo di proporzionalità intercorre tra forza e accelerazione?

c) Determina la forza, se l'accelerazione del masso è 0,4 m/s². [*c*) 300 N]

5 Due uomini stanno spingendo un'automobile di 1100 kg.

a) Scrivi la relazione tra forza e accelerazione.

b) Se l'accelerazione è pari a 0,1 m/s², qual è la forza applicata?

c) Completa la seguente tabella:

a (m/s²)	0,2	0,4	0,6	0,8	1
F (N)	...	...	...	...	...

[*b*) 110 N]

6 Per fermare un carretto che sta percorrendo una discesa, interviene una persona la quale ottiene che in 4 secondi la velocità passi da 2,8 m/s a 0 m/s.

a) In questa situazione individui un'applicazione del secondo principio? Motiva la risposta.

b) Se la massa del carretto era di 50 kg, qual è stata la forza complessivamente applicata dalla persona intervenuta? [35 N]

7 Osserva la seguente tabella:

***F* (N)**	100	200	300	400
***a* (m/s²)**	0,5	1	1,5	2

a) Che tipo di relazione intercorre tra forza e accelerazione?

b) Completa la seguente equazione $F =$ .... a inserendo il valore numerico mancante.

c) Se cambia la forza applicata a un dato corpo, cambia la sua massa o la sua accelerazione?

8 Spingendo un carrello vuoto al supermarket con una forza di 9 N si ottiene una sua accelerazione di 0,6 m/s². Dopo gli acquisti occorre una forza di 36 N per ottenere la stessa accelerazione. Determina la massa del carrello e la massa dei soli acquisti.

Suggerimenti Devi utilizzare la formula che dà la massa in funzione della forza e della...

[15 kg; 45 kg]

9 Luca spinge un mobile colmo di oggetti con una forza di 60 N, imprimendogli un'accelerazione di 0,2 m/s². Dopo alcuni metri, stanco per lo sforzo, toglie tutti gli oggetti e spinge il mobile vuoto. Questa volta basta una forza di 44 N per ottenere un'accelerazione di 0,8 m/s². Determina la massa del mobile e quella degli oggetti contenuti. [55 kg; 245 kg]

10 Calcola l'accelerazione che viene impressa a un'automobile di massa 950 kg da un motore che esercita su di essa una forza di 2945 N.

Suggerimenti Puoi fare riferimento all'esempio svolto in questa Unità...

[3,1 m/s²]

11 Trova l'accelerazione impressa a una palla con massa di 250 g dalla forza di 3,6 N. [14,4 m/s²]

12 È dato il grafico velocità-tempo rappresentato sotto, relativo al moto di un'automobile di 900 kg.
Determina:

a) l'accelerazione;

b) la forza che ha causato l'accelerazione.

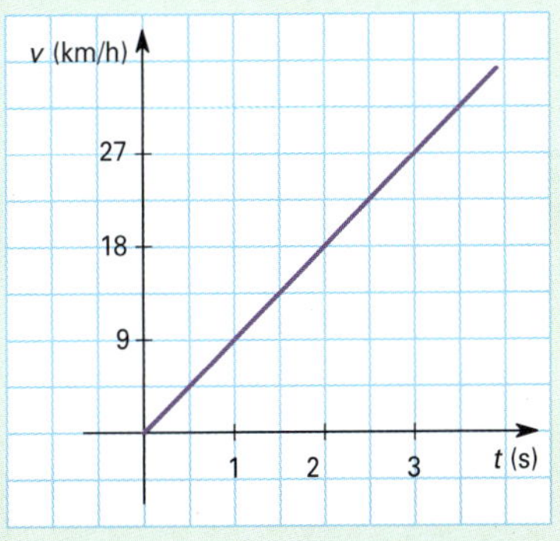

Suggerimenti Per determinare l'accelerazione ti basta scegliere due punti a piacere sulla retta e quindi calcolare il rapporto...

[*a*) 2,5 m/s²; *b*) 2250 N]

13 Una massa di 12,5 kg è soggetta all'azione di due forze perpendicolari tra loro (vedi figura).
Sapendo che $F_1 = 3$ N ed $F_2 = 4$ N, determina l'accelerazione a cui è soggetta la massa.

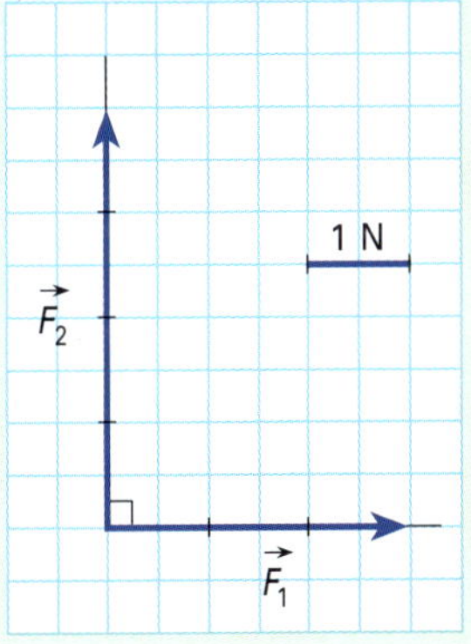

[0,4 m/s²]

14 Una slitta di 100 kg viene trainata sul ghiaccio da due persone, ognuna delle quali esercita una forza di 200 N che forma un angolo di 30° rispetto alla direzione dello spostamento, una a destra e l'altra a sinistra.
Trascurando l'attrito, trova l'accelerazione della slitta. [3,5 m/s²]

15 ***ENGLISH*** A 5 kg object is moving horizontally at a speed of 20 m/s. How much net force is required to keep the object moving at this speed and in this direction?

Hint If the speed remains constant, then the net force is...

[0 N]

16 ***ENGLISH*** A net force of 25 N is exerted on a book causing it to accelerate at a rate of 5 m/s². Determine the mass of the book. [5.0 kg]

10.7 Considerazioni sui principi della dinamica

17 È data la seguente tabella:

***F* (N)**	50	100	150	200	250
***a* (m/s²)**	0,2	0,4	0,6	0,8	1,0

a) Rappresenta i dati della tabella in un grafico cartesiano (forza sull'asse delle *X* e accelerazione sull'asse delle *Y*).

b) Utilizzando il grafico, qual è l'accelerazione che si ha per una forza di 125 N?

c) Utilizzando il grafico, qual è la forza che determina un'accelerazione di 0,7 m/s²?

18 Determina le masse dei corpi (1) e (2) dei quali qui sotto è riprodotto il grafico forza-accelerazione.

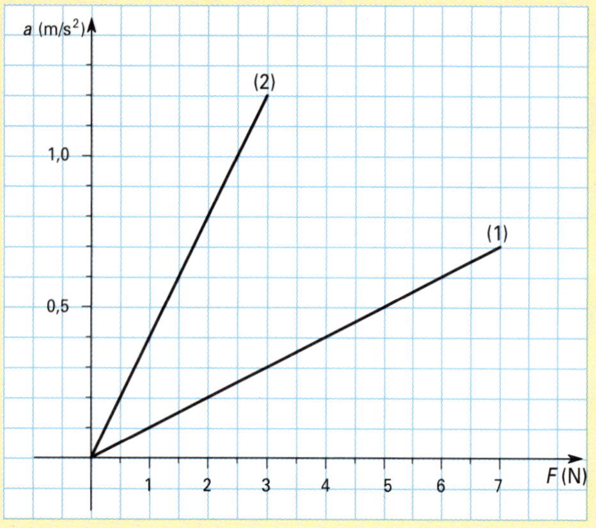

[10 kg; 2,5 kg]

Per lo svolgimento dell'esercizio, completa il percorso guidato, inserendo gli elementi mancanti dove compaiono i puntini.

1 Scegli sull'asse delle x un valore a piacere della forza:

F_1 = ...

2 Manda la verticale per tale punto fino a intersecare la retta (1), in modo da leggere il corrispondente valore dell'accelerazione: a_1 = ...

3 Calcola la prima massa: m_1 = ...

4 Ripeti il procedimento per il secondo corpo, trovando infine:

m_2 = ...

19 Calcola la massa del corpo di cui qui sotto è riprodotto il grafico forza-accelerazione. Quindi, traccia nel medesimo piano cartesiano la retta relativa a un corpo di massa pari alla metà di quella precedente.

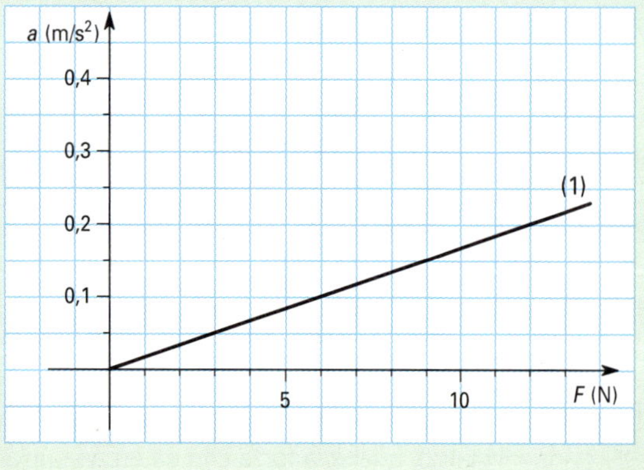

[60 kg]

20 Considera il seguente grafico.

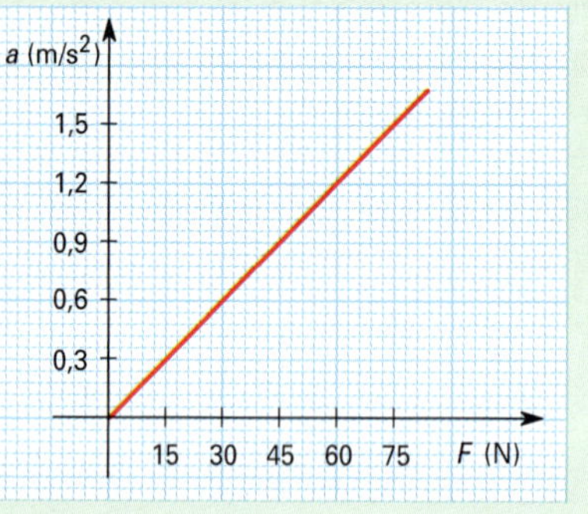

a) Sulla base delle informazioni ricavabili dal grafico, completa la seguente tabella.

***F* (N)**	15	...	45	...	75
***a* (m/s²)**	...	0,6	...	1,2	...

b) Sulla base delle informazioni ricavabili dal grafico è possibile calcolare la massa? Se la risposta è positiva determinala.

21 Osserva il grafico.

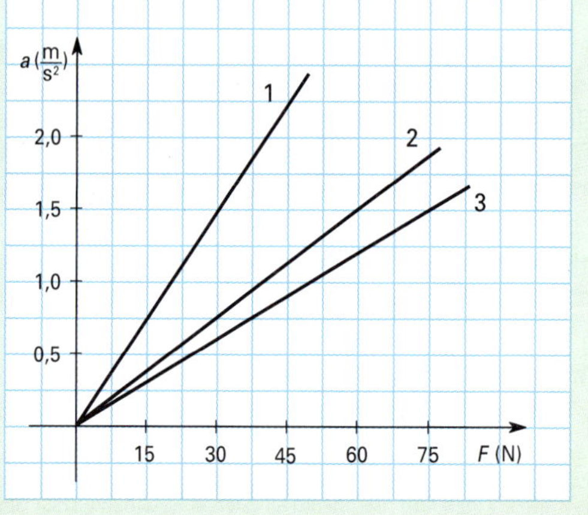

a) Ragionando solo sulla figura (senza effettuare calcoli) e motivando la risposta, stabilisci quale fra i corpi 2 e 3 ha una massa doppia del corpo 1.

b) Determina la massa di tutti e tre i corpi.

c) Quanto vale l'accelerazione del corpo 1 nel caso in cui la forza valga 75 N?

[*b*) 20 kg; 40 kg; 50 kg; *c*) 3,75 m/s²]

22 A un corpo di massa variabile è stata applicata una forza costante.

a) Utilizzando la tabella, rappresenta i dati in un grafico cartesiano (massa sull'asse x e accelerazione sull'asse y).

***m* (kg)**	1	2	3	4	5	6
***a* (m/s²)**	60	30	20	15	12	10

b) Che tipo di proporzionalità intercorre tra massa e accelerazione?

c) Completa la relazione $a = .../m$ inserendo il valore numerico mancante.

23 Su un corpo di massa variabile agisce una forza costante di 2 N. Traccia il grafico relativo all'andamento dell'accelerazione in funzione della massa.

Suggerimenti Attribuisci una serie di valori a piacere alla massa, andando ogni volta a calcolare la corrispondente accelerazione. Se lo ritieni opportuno, puoi basarti sulla tabella che ti proponiamo di seguito...

***F* (N)**	2	2	2
***m* (kg)**	0,5	1,0	...
***a* = *F*/*m* (m/s²)**	4	...	...

24 Su un corpo di massa variabile agisce una forza costante di 5 N. Traccia il grafico massa-accelerazione e trova quanto vale la massa nel caso in cui l'accelerazione valga 0,25 m/s². [20 kg]

25 Sia dato il grafico sotto.

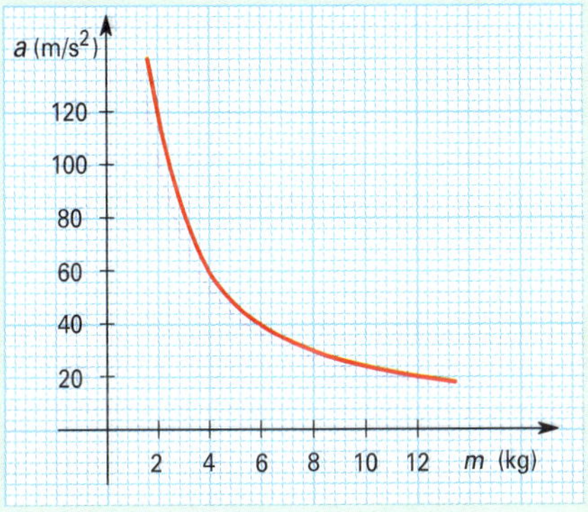

a) Utilizzando il grafico, completa la tabella:

***m* (kg)**	2	...	6	...
***a* (m/s²)**	...	60	...	20

b) Quando la forza è costante, che tipo di proporzionalità intercorre tra massa e accelerazione?

c) Dal grafico è possibile ricavare la forza? In caso di risposta positiva determinala.

26 Osserva il grafico.

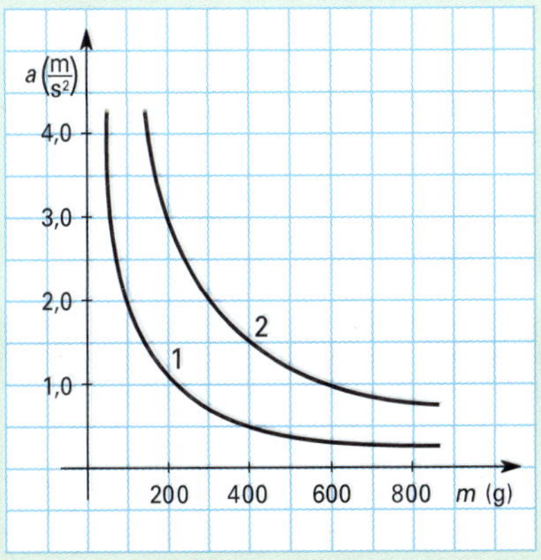

a) A quale delle due curve corrisponde la forza maggiore? (Rispondi esaminando la figura, senza cioè fare calcoli.)

b) Se la massa è di 400 g, quanto vale l'accelerazione nei due casi?

c) Calcola la forza relativa alle due curve. [(*b*) 0,2 N; 0,6 N]

27 ***ENGLISH*** Suppose that a sled is accelerating at a rate of 4 m/s². If the net force is tripled and the mass is halved, what is the new acceleration of the sled?

Hint Since force and acceleration are directly proportional (whereas acceleration and mass are inversely proportional), the original value must be multiplied by... and divided by... [24 m/s²]

10.8 Il terzo principio

28 Osserva la seguente figura, in cui *m* è una massa generica:

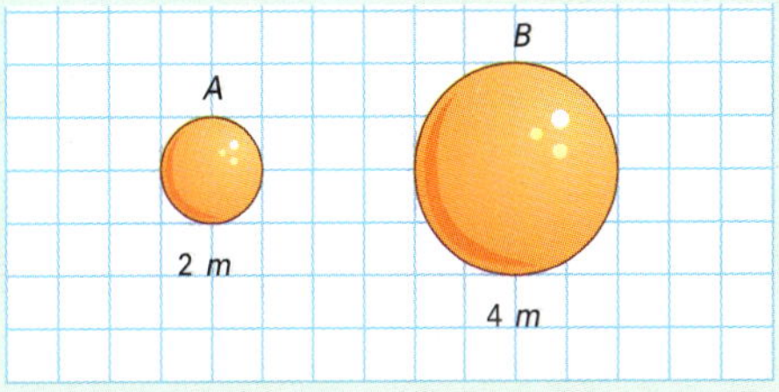

a) Completala rappresentando le forze d'interazione tra *A* e *B*.

b) Hai disegnato le due forze con moduli uguali o diversi? Motiva la tua scelta.

29 Osserva la seguente figura, in cui *m* è una massa generica:

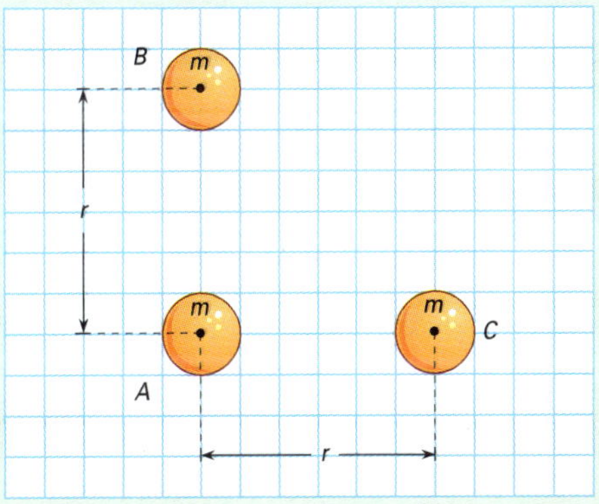

a) Disegna le forze che agiscono su *A* a causa della presenza di *B* e *C*.

b) Disegna il vettore somma delle forze che agiscono su *A*.

30 Due asteroidi con massa rispettivamente di $1,95 \cdot 10^9$ kg (m_1) e $1,20 \cdot 10^9$ kg (m_2) viaggiano sulla stessa traiettoria rettilinea uno contro l'altro in rotta di collisione. Sapendo che il primo accelera verso il secondo, a causa della reciproca forza di attrazione, con un'accelerazione a_1 pari a $3,2 \cdot 10^{-9}$ m/s², trova l'accelerazione del secondo verso il primo. [$5,2 \cdot 10^{-9}$ m/s²]

Per lo svolgimento dell'esercizio, completa il percorso guidato, inserendo gli elementi mancanti dove compaiono i puntini.

1 Calcola la forza a cui è sottoposto il primo asteroide utilizzando il secondo principio della dinamica:

F_1 = ...

2 Per il terzo principio, F_1 è uguale in modulo alla forza agente sul secondo asteroide:

$F_2 = F_1$ = ...

3 Utilizza la formula inversa del secondo principio per trovare l'accelerazione del secondo asteroide:

a_2 = ... = ...

31 Un uomo di 80 kg è seduto su una sedia ed è fermo. Se non ci fosse la sedia, egli accelererebbe di 9,81 m/s² verso terra. Determina la reazione della sedia sull'uomo.
[784,8 N]

32 Una pallina da tennis di 58 g subisce un'accelerazione di 900 m/s² a causa di un colpo ricevuto dalla racchetta. Trova la forza che la pallina ha esercitato a sua volta sulla racchetta.
[52,2 N]

33 ***ENGLISH*** What is the net force on 250 g ball when it hits a wall with acceleration of 12 m/s²?
[3 N]

Problemi

PER COSTRUIRE LE COMPETENZE

La risoluzione dei problemi richiede la conoscenza degli argomenti trasversali a più paragrafi. Con il pallino sono contrassegnati i problemi che presentano una maggiore complessità.

1 Un'automobile accelera da 0 a 100 km/h in 10,6 s. Supponendo che l'accelerazione sia costante e che la massa dell'auto valga 950 kg, determina il valore della forza esercitata sull'auto tramite il motore parallelamente allo spostamento.

Suggerimenti Prima di applicare il secondo principio della dinamica, poiché sai la variazione di velocità che si verifica in un certo intervallo di tempo, dovrai ricorrere alla definizione di...

[$2{,}5 \cdot 10^3$ N]

2 Un carrello, partito da fermo, scivola senza attrito sulla rotaia a cuscino d'aria e percorre uno spazio di 27 cm in un intervallo di tempo di 1,10 s. Calcola la massa del carrello, conoscendo la forza costante che lo trascina, pari a 0,15 N e parallela allo spostamento.

Suggerimenti Bisogna utilizzare, oltre al principio della dinamica, anche la legge oraria del moto rettilineo...

[336 g]

• **3** Un ciclista di 65 kg di massa, inizialmente fermo, accelera in modo costante per 15 s, imprimendo una forza di 45,5 N costante e parallela allo spostamento. Determina la distanza che percorre durante la fase di accelerazione e la velocità finale raggiunta. (Si trascurino gli attriti e la massa della bicicletta.)
[78,75 m; 37,8 km/h]

4 Un motociclo di 300 kg, dopo una prima fase di accelerazione uniforme in cui è sottoposto alla spinta del motore pari a 937,5 N per la durata di 8 s, si muove poi a velocità costante per altri 20 s. Calcola lo spazio percorso complessivamente dalla moto.

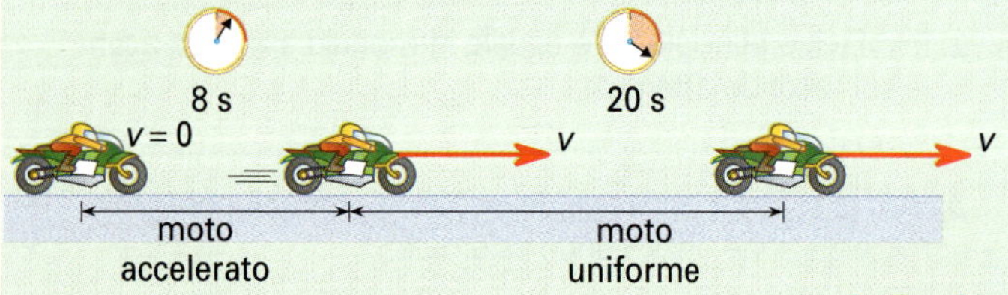

[600 m]

5 Un carrello ferroviario di 400 kg, disposto su binari rettilinei, viene trainato tramite due funi, entrambe formanti angoli di 60° rispetto ai binari, le quali trasmettono due forze pari rispettivamente a 440 N e 520 N. Trova l'accelerazione a cui viene sottoposto il carrello, senza considerare gli attriti.
[1,2 m/s²]

6 Un blocco *A* di massa 10 kg è appoggiato su un tavolo orizzontale e collegato, mediante un filo inestensibile che passa sulla gola di una carrucola, a un corpo *B* di massa 6 kg (vedi figura). Non vi sono attriti.

a) Determina l'accelerazione con cui il sistema *A* + *B* si muove.

b) Se *B* si trova inizialmente a 6 dm di altezza, dopo quanti secondi dall'inizio del moto giunge a Terra?

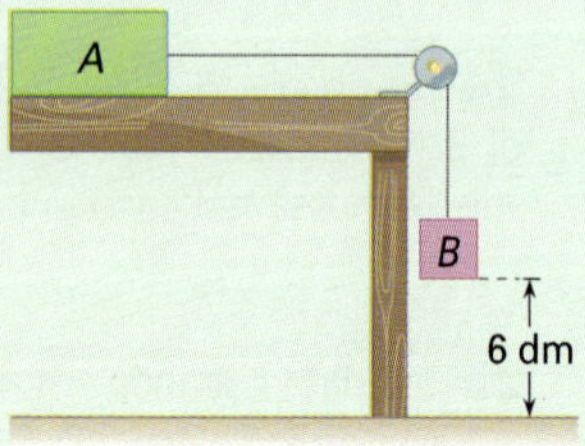

[*a*) 3,68 m/s²; *b*) 0,57 s]

7 Un astronauta, che si trova all'esterno della navetta nello spazio vuoto, lancia verso un collega un'apparecchiatura di 1500 g, imprimendole un'accelerazione di 12 m/s². La massa dell'astronauta, comprensiva della tuta indossata, ammonta a 200 kg. Calcola la velocità che l'astronauta raggiunge in senso opposto rispetto a quello in cui lancia l'oggetto, se l'azione da lui compiuta ha una durata di 2,25 s.
[0,730 km/h]

8 Una pallina da tennis di 57,5 g urta su una racchetta trasmettendole una forza di 68 N. Sapendo che la pallina viene respinta con una velocità di 162 km/h, calcola l'intervallo di tempo durante il quale la forza della racchetta, ipotizzata costante, agisce sulla pallina.

Suggerimenti Si tratta di un intervallo di tempo molto piccolo...

[38 ms]

9 Un carrello di 300 g, posto su una guidovia a cuscino d'aria orizzontale, è inizialmente fermo e viene trascinato dal peso di una massa di 25 g agganciata all'estremità di un filo. Il peso, scendendo verticalmente, dopo un percorso di 15 cm, si ferma sul piano di uno sgabello e conclude la sua azione di traino mentre il carrello continua a muoversi. Determina in quanto tempo dalla partenza il carrello percorre 60 cm.
[1,58 s]

• **10** In laboratorio si è misurata un'accelerazione costante di (0,56 ± 0,02) m/s², relativamente a un carrello di (250 ± 1) g sul quale sono stati posizionati dei pesi aggiuntivi per un totale di (40 ± 1) g. Trova la misura della forza.

Suggerimenti Tieni conto del fatto che nel sommare le due masse, devi sommare direttamente anche le rispettive... Dopodiché, si tratta di applicare la solita legge di propagazione degli errori riguardante il prodotto...

[78,75 m; 37,8 km/h]

11 ***ENGLISH*** Two tugs are pulling a barge of mass 900 kg, each one exerting a constant force of 110 N. The direction of the force forms two angles of 45° with the direction of the barge motion. Calculate the acceleration of the barge and the distance covered in one minute.
[0.17 m/s²; 311 m]

UNITÀ 11 Forze applicate al movimento

11.1 La caduta libera: relazione tra massa e peso

La domanda «Perché i corpi, liberi da impedimenti, cadono accelerando verso la Terra?» non è banale. Vediamo con quali modalità avviene la **caduta libera**, trascurando però gli effetti di disturbo dovuti all'attrito dell'aria.

La **caduta libera** è il moto rettilineo verticale con il quale si muovono verso il basso i corpi lasciati andare a se stessi e senza ostacoli.

caduta libera

Il secondo principio della dinamica afferma che la causa di un'accelerazione va ricercata nella presenza di una forza.
Quindi, se un oggetto libero cade sulla Terra, significa che quest'ultima esercita su di esso una forza, che chiameremo **forza peso** o, più semplicemente, **peso**.

Il **peso** è la forza con la quale i corpi, dotati di una massa, vengono attirati verso il centro della Terra.

peso (definizione)

Vedremo ora come su questa problematica dobbiamo vincere una certa resistenza mentale.

- Lascia cadere contemporaneamente dalla finestra di un edificio un pezzetto di carta e una biglia di vetro. Che cosa arriva prima al suolo?

....

....

La risposta appare scontata: la biglia. Da come si comportano i due oggetti, però, siamo indotti a pensare che l'aria in qualche modo possa influenzare la caduta (in particolare del pezzettino di carta).

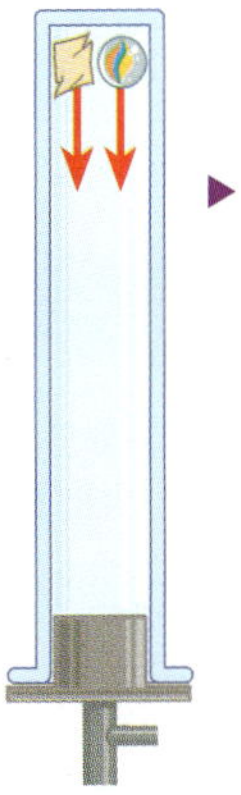

Proviamo allora a metterli all'interno di un lungo tubo nel quale è stato fatto il vuoto, eliminando così l'azione della resistenza dell'aria.

- Che cosa prevedi che accada?

....

....

La carta e la biglia arrivano in fondo al tubo contemporaneamente!
Questo risultato sperimentale è sorprendente, perché istintivamente ci saremmo aspettati che un oggetto più pesante cada più rapidamente... Non è così!

Osservando tra l'altro che durante la caduta la velocità non è costante, ma aumenta progressivamente (vedi Unità 8), si arriva alla conclusione che i corpi che cadono presentano tutti la stessa accelerazione.

caduta libera: formule del moto

SCHEDA LAB

Un corpo inizialmente fermo, trascurando l'attrito dell'aria, cade verticalmente con moto rettilineo uniformemente accelerato e accelerazione costante $g = 9{,}81\ \text{m/s}^2$, per cui valgono la legge oraria:

$$s = \frac{1}{2} \cdot g \cdot t^2$$

e la relazione:

$$v = g \cdot t$$

(dove g, l'**accelerazione di gravità**, ha preso il posto di a nelle formule note).

In definitiva, pur non essendo facile da accettare, se non ci fosse l'aria, il pezzettino di carta e la biglia di vetro presenterebbero la stessa accelerazione e arriverebbero al suolo insieme.

Ricorda!...

Non prendendo in considerazione l'attrito dell'aria, nella caduta libera i corpi, indipendentemente dalla loro massa, si muovono con la stessa accelerazione, che prende il nome di **accelerazione di gravità g** ed è pari approssimativamente, sul livello del mare, a **9,81 m/s²**.

Se applichiamo il secondo principio al caso particolare della caduta libera, possiamo scrivere:

$$F = m \cdot a$$

sostituendo la forza F con il peso P e l'accelerazione a con l'accelerazione di gravità g

$$P = m \cdot g$$

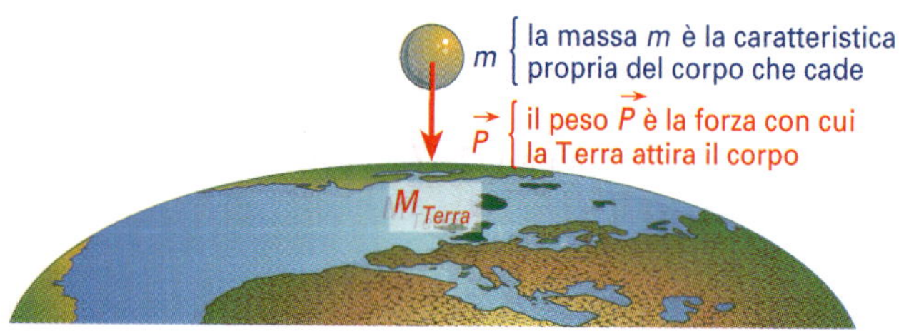

peso (formula)

$$P = m \cdot g$$

P è il peso, cioè la forza che la Terra esercita sul corpo, g è l'accelerazione di gravità, uguale all'incirca a $9{,}81\ \text{m/s}^2$, ed m è la massa.

Nel linguaggio quotidiano tendiamo a confondere la massa di un corpo con il suo peso, per cui trattiamo le parole *massa* e *peso* come se fossero due sinonimi. In Fisica, invece, la confusione tra i due concetti è un grave errore. Chiariamo tale differenza.

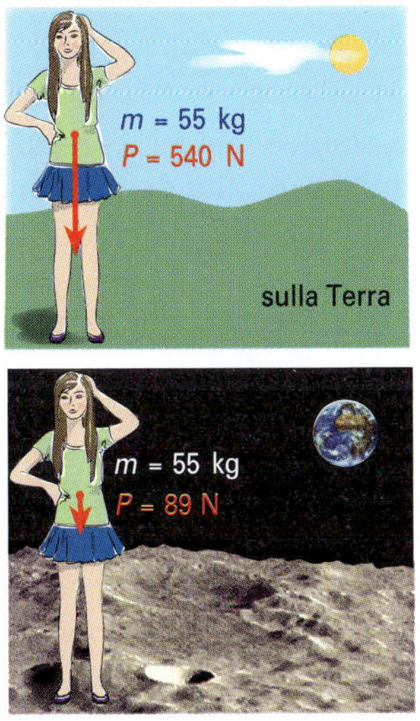

Silvia è una ragazza di 55 kg.
Questo valore è la sua massa m e non il suo peso P, che per definizione sarà:

$$P = 55 \cdot 9{,}81 \cong 540 \text{ N}$$

Un'astronave trasporta Silvia sulla Luna e lì lei si sente leggera, riuscendo a compiere grandi balzi. Forse è dimagrita durante il viaggio? No! A causa del fatto di essere più piccola della Terra, la Luna attrae i corpi con minore forza: l'accelerazione di gravità è un sesto di quella terrestre. Il peso P' della ragazza sul nostro satellite è ora:

$$P' = 55 \cdot 1{,}62 \cong 89 \text{ N}$$

Ma la sua massa non è cambiata, come dimostrerebbe una bilancia a bracci uguali che utilizza per le misure campioni basati sul kilogrammo.

Che cosa accadrebbe secondo te se Silvia, dopo la tappa sulla Luna, se ne andasse con la sua astronave su Giove, dove l'accelerazione di gravità è 2,65 volte più grande di quella terrestre?
Pur essendo rimasta invariata la sua massa, peserebbe circa 1430 N!

Per completare queste considerazioni, rileviamo che, essendo sia la forza sia l'accelerazione grandezze vettoriali, in generale il peso è dato da:

$$\vec{P} = m \cdot \vec{g}$$

vettore peso

Mentre il peso è una grandezza vettoriale il cui modulo si misura in newton, la massa è una grandezza scalare che si misura in kg.

Ricorda!...

Peso e *massa* non indicano la stessa grandezza fisica: mentre il peso di un corpo può cambiare a seconda del luogo in cui si trova, la massa resta invariata.

FLASH

Peso o massa?

Nel linguaggio comune si usa dire: "Le mele pesano kg 0,976". Perché abbiniamo al peso l'unità di misura della massa?

Per pesare sulla Terra si applica il secondo principio della dinamica:

$$\vec{F} = m \cdot \vec{a}$$

$$\vec{P} = m \cdot \vec{g}$$

$\vec{P}$: peso, cioè forza di gravità che attira il corpo; m: massa; $\vec{g}$: accelerazione di gravità

Dato che g è la stessa per tutti i corpi che si trovano in uno stesso luogo della Terra, possiamo affermare che il peso è direttamente proporzionale alla massa. Utilizzando una bilancia, che funziona come un dinamometro, la misura in realtà è in newton, ma poi il risultato viene diviso per g e sul display appare la scritta in kg, che è propriamente una misura di massa. In conclusione, dato che la massa è la causa del peso, nel linguaggio comune si confondono i due concetti.

SCHEDA LAB VIRTUAL LAB

11.2 Il piano inclinato

Ripetendo un esperimento eseguito a suo tempo da Galileo Galilei, consideriamo una sfera di massa m e di peso P che si trova sulla sommità di un piano inclinato. Indichiamo con h l'altezza AC e con l la lunghezza BC.

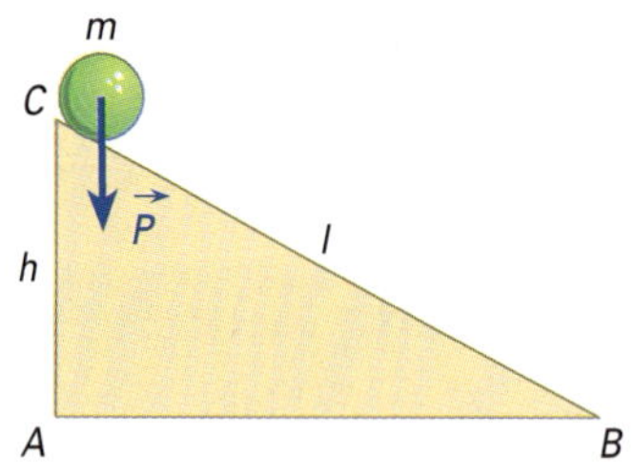

Lasciamo andare la sferetta, che si trova sulla sommità del piano inclinato, e supponiamo che gli attriti siano trascurabili. La forza peso $\vec{P}$ che agisce sulla sfera cerca di trascinarla verso il basso, ma il piano inclinato le impedisce di cadere in verticale sul pavimento, costringendola a scendere secondo la direzione obliqua.

Come si suole dire, a causa della reazione vincolare (vedi Unità 4) il piano si oppone parzialmente al peso, provocando una riduzione della forza operante sulla sfera. Si tratta di scomporre la forza peso $\vec{P}$ nei vettori componenti perpendicolare ($\vec{P}_\perp$) e parallelo ($\vec{P}_{//}$) al piano stesso.

Ricorda!...

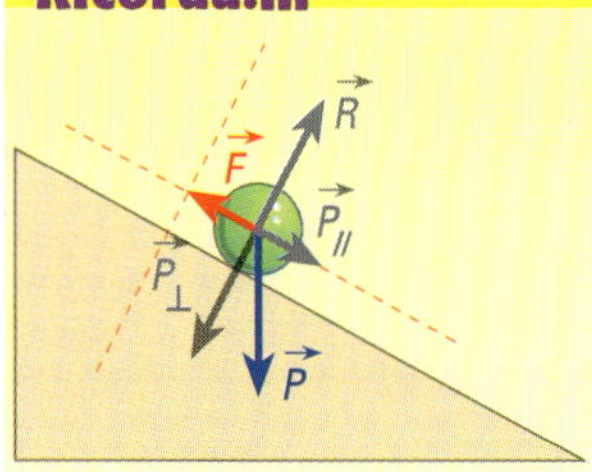

Il piano inclinato può essere utilizzato per sollevare corpi molto pesanti: la forza $\vec{F}$ da applicare per fare salire l'oggetto lungo il piano inclinato è uguale e contraria a $\vec{P}_{//}$ e quindi il suo modulo è minore di quello del peso $\vec{P}$.

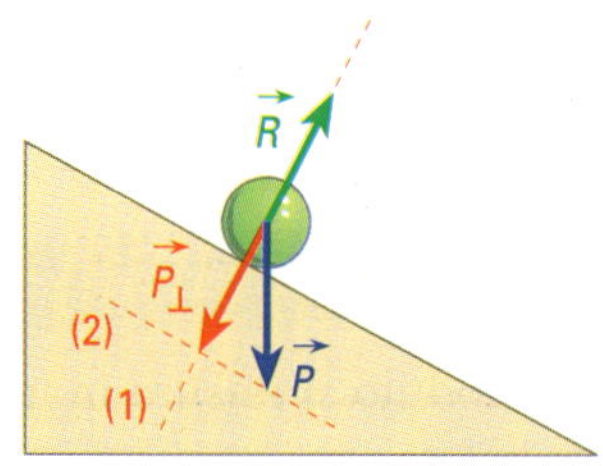

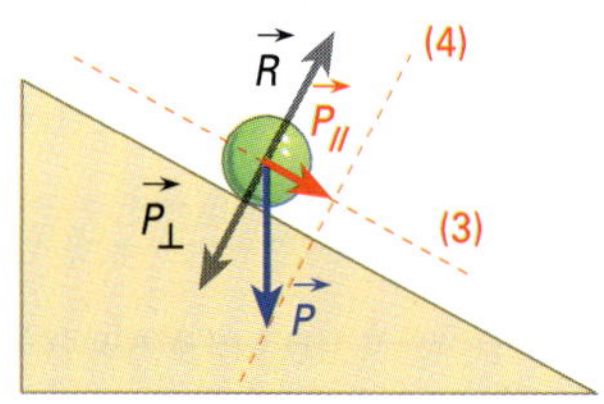

Per determinare il *componente perpendicolare* $\vec{P}_\perp$ del peso: si traccia per il centro della sfera la retta (1) perpendicolare al piano, poi dall'estremità di $\vec{P}$ la retta (2) perpendicolare alla retta (1).

Per determinare il *componente parallelo* $\vec{P}_{//}$ del peso: si traccia per il centro della sfera la retta (3) parallela al piano, poi dall'estremità di $\vec{P}$ la retta (4) perpendicolare alla retta (3).

Come si vede dalle figure, la forza peso $\vec{P}$ è stata scomposta in due componenti:

- $\vec{P}_\perp$ perpendicolare al piano che viene annullato dalla reazione vincolare $\vec{R}$ e quindi non influisce sul moto;
- $\vec{P}_{//}$ parallelo al piano (*componente attivo*) che è la causa del moto.

ESPANSIONI **Dimostrazione geometrica della formula del piano inclinato**

Si ha $P_{//} < P$ perché in un triangolo rettangolo un cateto ($P_{//}$) è sempre minore dell'ipotenusa (P). La relazione che intercorre fra $P_{//}$ e P è data da:

forza peso (piano inclinato)

$$P_{//} = \frac{h}{l} P$$

Da questa formula è possibile ricavare, utilizzando il secondo principio della dinamica e la definizione di peso:

accelerazione (piano inclinato)

$$a_{//} = \frac{h}{l} \cdot g$$

Essendo $h < l$, possiamo concludere che l'accelerazione $a_{//}$ del corpo che scende lungo il piano inclinato è sempre minore dell'accelerazione di gravità g.

11.3 La forza centripeta

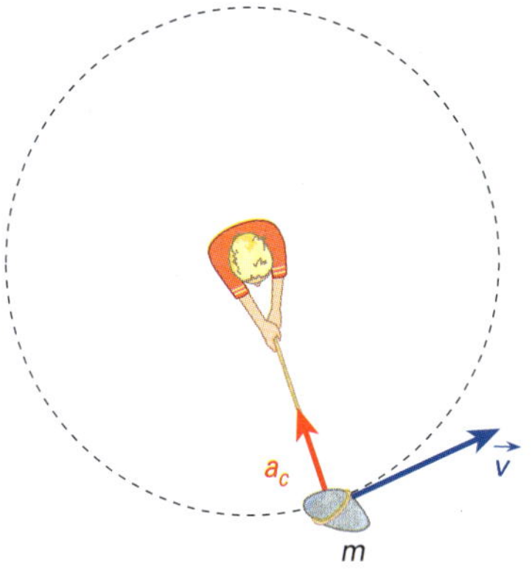

Quando un ragazzino ruota su se stesso facendo muovere un sasso di moto circolare uniforme, abbiamo che il vettore velocità è costante in modulo, ma cambia continuamente direzione.

Il cambiamento di direzione è dovuto all'**accelerazione centripeta**:

$$a_c = \frac{v^2}{r}$$

accelerazione centripeta

Per il secondo principio della dinamica dalla presenza di un'accelerazione possiamo dedurre che sta agendo una forza che ne è la causa, la **forza centripeta**:

$$F_c = m \cdot \frac{v^2}{r}$$

forza centripeta

La forza centripeta è una grandezza vettoriale che ha la stessa direzione e lo stesso verso dell'accelerazione centripeta.

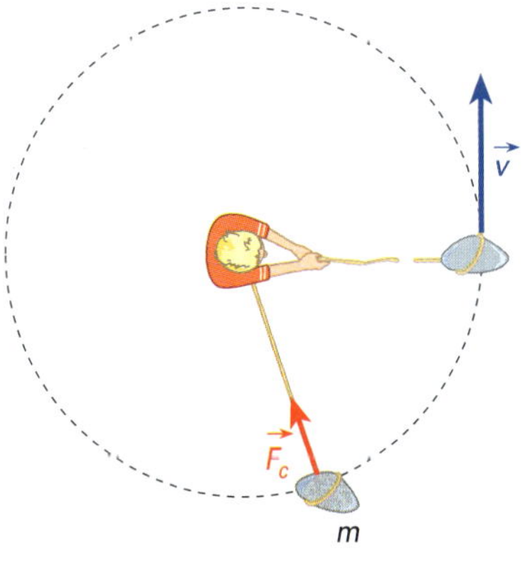

Se si rompe la corda, il sasso vola via tangenzialmente con velocità $\vec{v}$, perché la forza centripeta è la causa che *costringe* il sasso a muoversi lungo la circonferenza; se cessa l'azione della forza centripeta il sasso, per il principio d'inerzia, prosegue il proprio moto rettilineo uniforme lungo la direzione della tangente alla circonferenza.

Ricorda!...

Durante il moto circolare uniforme agisce la forza centripeta che modifica la direzione del vettore velocità, ma non il suo modulo.

Nei seguenti esempi la forza centripeta è dovuta...

... alla reazione vincolare della parete del cestello.

... alla forza d'attrito degli pneumatici sull'asfalto.

... alla forza di gravità esercitata dalla Terra sulla Luna.

La forza centrifuga

VIRTUAL LAB

Nel linguaggio comune si sente parlare spesso di **forza centrifuga**. Cerchiamo di capire di che cosa si tratta.

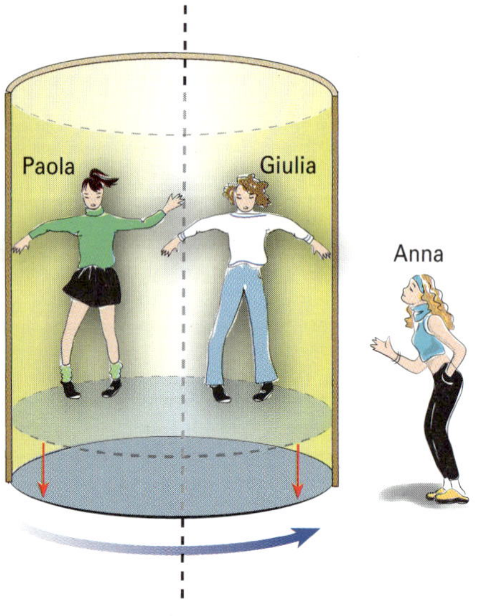

Questa giostra di forma cilindrica ruota velocemente. Dopo un po' il pavimento si abbassa: Paola e Giulia rimangono a una certa altezza, come se fossero appese alla parete.

Sistema di riferimento inerziale

Secondo Anna, che osserva da fuori e quindi è un'osservatrice inerziale, Giulia, per il principio d'inerzia, dovrebbe proseguire in moto rettilineo uniforme, ma è costretta a seguire una traiettoria circolare perché è obbligata a curvare dalla forza centripeta che la parete della giostra esercita su di lei.

Sistema di riferimento non inerziale

Paola, osservatrice non inerziale, sa che su Giulia agisce una forza centripeta diretta verso il centro, così come accade anche a lei; ma dato che per lei l'amica è ferma, per rispettare il primo principio della dinamica, occorre che la risultante delle forze applicate su Giulia sia nulla. Quindi deve esistere una forza diretta verso l'esterno e uguale in modulo a quella centripeta.
Tale forza si chiama **forza centrifuga**.

Ricorda!...

La forza centrifuga è una *forza apparente* che si presenta in un sistema di riferimento non inerziale e alla quale si fa ricorso per fare in modo che anche in esso valga il primo principio della dinamica.

La forza centrifuga viene chiamata *apparente*, anche se Giulia si sente spinta effettivamente contro la parete del cilindro, perché non è dovuta a un'interazione reale provocata da una causa ben precisa, bensì dipende solo dal fatto di essere in un sistema non inerziale.

▶ Riflettendo sull'esempio della giostra, prova a spiegare perché quando un'auto curva ti senti spinto verso lo sportello: ....

....

....

IN SINTESI

AUDIO

- La **caduta libera** è il moto rettilineo verticale con il quale si muovono verso il basso i corpi liberi da vincoli a causa della **forza peso** esercitata su di essi dalla Terra.

  La **legge oraria del moto di caduta libera** è:

  $$s = \frac{1}{2} \cdot g \cdot t^2$$

  dove g è l'*accelerazione di gravità* pari a circa 9,81 m/s^2. Non prendendo in considerazione l'attrito dell'aria, nella caduta libera i corpi si muovono con la stessa accelerazione g, indipendentemente dalla loro massa.
  La velocità del moto di caduta libera è:

  $$v = g \cdot t$$

- Il **peso** di un corpo è una grandezza di tipo vettoriale, descritta dalla formula:

  $$\vec{P} = m \cdot \vec{g}$$

  il suo modulo $P = m \cdot g$ si misura in newton.

  La **massa** di un corpo è invece una grandezza di tipo scalare e si misura in kilogrammi.

- La *componente attiva* della forza che agisce su un corpo che scende lungo un piano inclinato di altezza h e lunghezza l è data da:

  $$P_{//} = \frac{h}{l} \cdot P$$

  Il corpo possiede quindi un'accelerazione:

  $$a_{//} = \frac{h}{l} \cdot g$$

  Essendo $\frac{h}{l} < 1$, si ha sempre $P_{//} < P$ e $a < g$.

  La *componente* $\vec{P}_{\perp}$ viene invece annullata della reazione vincolare del piano.

- In un moto circolare uniforme agisce la **forza centripeta** che modifica la direzione del vettore velocità (tangenziale), ma non il suo modulo.

  Il modulo della forza centripeta è dato da:

  $$F_c = m \cdot \frac{v^2}{r}$$

  La sua direzione e il suo verso sono gli stessi dell'accelerazione centripeta.

- La **forza centrifuga** è una *forza apparente* che si presenta in un sistema di riferimento non inerziale e alla quale si fa ricorso per rispettare anche in esso il primo principio della dinamica.

STRUMENTI DI CONSOLIDAMENTO E VERIFICA

VERIFICHE

Vero-falso

1 Il peso e la massa hanno la stessa unità di misura. V F

2 Il peso sulla Terra è la forza con cui la Terra attira a sé un corpo. V F

3 La massa di un corpo su Giove è diversa da quella sulla Terra. V F

4 Il peso di un corpo sulla Luna è minore di quello sulla Terra. V F

5 Durante la discesa lungo un piano inclinato la forza efficace ai fini del moto è maggiore della forza peso. V F

6 Il moto lungo un piano inclinato è uniforme. V F

7 Man mano che un corpo scende lungo un piano inclinato la sua accelerazione aumenta. V F

8 Nel moto circolare uniforme la forza centripeta causa una modificazione del vettore velocità in modulo. V F

9 La forza centripeta è direttamente proporzionale al raggio. V F

10 La forza centrifuga è una forza apparente. V F

Test a scelta multipla

1 Quale delle seguenti affermazioni riguardanti la massa e il peso è errata?

A La massa di un corpo sulla Terra è uguale alla massa dello stesso corpo sulla Luna

B Il peso si misura in newton, la massa in kilogrammi

C Il peso è inversamente proporzionale alla massa

D Il peso è una grandezza vettoriale, mentre la massa è una grandezza scalare

2 Se una piuma e un sasso cadono dall'altezza di 10 metri è corretto affermare che:

A in assenza di aria il sasso giunge al suolo prima della piuma

B in presenza di aria arrivano contemporaneamente al suolo

C in presenza di aria la piuma giunge al suolo prima del sasso

D in assenza di aria arrivano contemporaneamente al suolo

3 Il pianeta Nettuno è caratterizzato da un'accelerazione di gravità uguale a 13,3 m/s^2. Un sasso, avente sulla Terra massa di 1 kg, viene trasportato da un'astronave fino a Nettuno. Possiamo affermare che:

A il suo peso su Nettuno diventa 13,3 N

B la sua massa sulla Terra è minore di quella che ha su Nettuno

C il suo peso sulla Terra è 13,3 N

D la sua massa su Nettuno diventa 13,3 kg

4 Se un corpo di peso P scende lungo un piano inclinato alto h e lungo l, la componente attiva della forza peso $P_{//}$ è data da:

A $P_{//} = \frac{l}{h} \cdot P$

B $P_{//} = \frac{h}{P} \cdot l$

C $P_{//} = \frac{h}{l \cdot P}$

D $P_{//} = \frac{h}{l} \cdot P$

5 Se un corpo di peso P scende lungo un piano inclinato alto h e lungo l, possiamo affermare che la componente $P_{\perp}$ è:

A data da $P \cdot \frac{h}{l}$

B causa del moto

C maggiore di P

D annullata dalla reazione vincolare del piano

6 Due corpi di peso P scendono lungo i due piani inclinati.

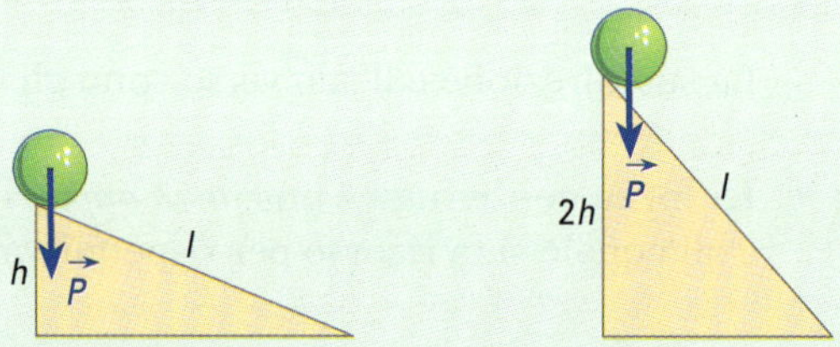

La componente attiva della forza peso $P_{//}$ è:

A maggiore nel primo caso

B uguale in entrambi i casi

C maggiore nel secondo caso

D i dati non sono sufficienti

7 **Un corpo di peso P scende lungo il primo piano inclinato con accelerazione a_1 e lungo il secondo con accelerazione a_2.**

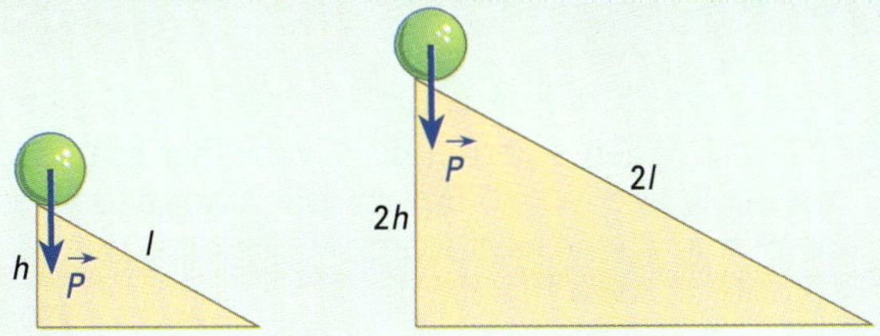

Quale tra le seguenti relazioni è esatta?

A $a_1 = 2\,a_2$
B $a_2 = 2\,a_1$
C $a_2 = 4\,a_1$
D $a_1 = a_2$

8 **In un moto circolare uniforme la forza centripeta è:**

A direttamente proporzionale alla velocità
B direttamente proporzionale alla massa
C diretta come la velocità
D direttamente proporzionale al raggio

9 **Se la velocità in un moto circolare uniforme raddoppia, ne consegue che l'accelerazione centripeta:**

A raddoppia anch'essa
B diventa la metà
C quadruplica
D diventa un quarto

10 **Affermare che la forza centrifuga è una forza apparente equivale a dire che:**

A dipende dalla valutazione soggettiva dell'osservatore
B è variabile
C non esiste
D viene introdotta solo in sistemi di riferimento non inerziali

Applichiamo le conoscenze

Esercizi

11.1 La caduta libera: relazione tra massa e peso

1 Un vaso di fiori di massa 750 g cade da un balcone che si trova al terzo piano.

a) Quale forza agisce sul vaso in fase di caduta?
b) È una forza costante o variabile?
c) L'accelerazione sarà costante o variabile?
d) Se cade un vaso di massa doppia (in assenza di aria) il tempo di caduta varia o rimane lo stesso?

2 Determina il peso di un pallone di massa 2,5 kg. [24,5 N]

Per lo svolgimento dell'esercizio, completa il percorso guidato, inserendo gli elementi mancanti dove compaiono i puntini.

1 I dati sono: ....

2 La formula da usare, dato che ti viene richiesto il peso, è:
$P =$ ....

3 Un dato implicito necessario è l'accelerazione di gravità:
$g =$ ....

4 Sostituisci nella formula i dati, trovando perciò:
$P =$ .... = ...

3 Trova il peso di un'automobile di massa 1100 kg. [$10{,}8 \cdot 10^3$ N]

4 In relazione al vaso descritto nell'Esercizio 1, rispondi alle seguenti domande.

a) Come si chiama il moto durante la caduta?
b) Quanto vale l'accelerazione?
c) Determina il peso del vaso.
d) Sapendo che la caduta è durata 1,5 s, con quale velocità ha toccato il suolo?

[*c*) 7,36 N; *d*) 14,7 m/s]

5 Supponiamo che uno stesso oggetto con massa di 3,5 kg sia portato su diversi pianeti del Sistema solare.

a) Scrivi la relazione tra peso e massa valida su qualunque pianeta.
b) Che tipo di proporzionalità intercorre tra peso e massa?
c) Se cambia l'accelerazione di gravità, varia la massa o il peso?
d) Completa la seguente tabella.

a (m/s²)	P (N)
$g_{Terra} = 9{,}81$ m/s²	...
$g_{Marte} = 3{,}73$ m/s²	...
$g_{Giove} = 26{,}0$ m/s²	...
$g_{Saturno} = 11{,}2$ m/s²	...

6 Lucia e Mirco sono due paracadutisti di massa rispettivamente 54 kg e 78 kg.

a) Quale dei due ha il peso maggiore?

b) Se Lucia si trovasse su Giove (g = 26,0 m/s^2) avrebbe un peso maggiore o minore di quello di Mirco sulla Terra?

c) Mentre un paracadutista cade (prima dell'apertura del paracadute), individui un'applicazione del secondo principio? Motiva la risposta.

7 Sapendo che Luca pesa 675 N, calcola la sua massa.

Suggerimenti Noto il peso, puoi ricavare la massa tramite la formula inversa...

[68,8 kg]

8 Qual è la massa di un masso che pesa 13 734 N?
[1400 kg]

9 Una palla cade da un balcone impiegando 1,78 s per giungere a terra. Con quale velocità arriva al suolo?

Suggerimenti Devi utilizzare la relazione della velocità nel caso di moto rettilineo uniformemente accelerato con partenza da fermo, mettendo al posto di a l'accelerazione di gravità g...

[17,5 m/s]

10 Una pera si stacca dal ramo dell'albero impiegando 0,75 s per giungere al suolo. Che velocità possiede un istante prima di toccare terra?
[7,4 m/s]

11 Se un pezzo di cornicione che si stacca da un tetto tocca terra alla velocità di 18 m/s, quanto tempo ha impiegato per arrivare al suolo?

Suggerimenti Dalla relazione velocità-tempo del moto rettilineo uniformemente accelerato ricavi il tempo...

[1,83 s]

12 Un mazzo di chiavi, lasciato cadere da una finestra, tocca il suolo con una velocità di 8,34 m/s. Quanto tempo ha impiegato per giungere al suolo?
[0,85 s]

13 Da quale altezza cade un pallone, inizialmente fermo, che impiega 1,4 s per giungere al suolo?

Suggerimenti Se applichi la legge oraria del moto rettilineo uniformemente accelerato, con g al posto di a...

[9,6 m]

14 Un mattone cade da un'impalcatura. Determina da quale altezza è caduto, sapendo che all'inizio era fermo e che è rimasto in volo per 2,2 s.
[23,7 m]

15 Quanto tempo impiega un sasso, immobile nel momento iniziale, a cadere da un'altezza di 12,6 m sulla Terra e su Venere?

Suggerimenti Vedi in fondo al volume le tabelle sui dati relativi al Sistema solare...

[1,60 s; 1,69 s]

16 Un pacco viene lasciato cadere da una roccia alta 4 m. Dopo quanto tempo arriva al suolo sulla Terra e su Mercurio, se era fermo per t_0 = 0 s?
[0,90 s; 1,48 s]

17 ***ENGLISH*** When a person diets, is his/her goal to lose mass or to lose weight? Explain. John's weight decreased by 49 N in 2 months. If John's starting mass was 75 kg, calculate his mass after the diet.
[70 kg]

18 ***ENGLISH*** A brick falls to the ground from the top of a tower. The height of the tower is 50 m. How long does it take for the brick to reach the ground? (Ignore air resistance.)
[3.2 s]

19 ***ENGLISH*** A boy jumps off a bridge, and falls for three seconds before hitting the water. How fast is he going when he hits the water?
[29.4 m/s^2]

11.2 Il piano inclinato

20 Osserva la figura a fianco dove è rappresentato un oggetto che sta percorrendo un piano inclinato soggetto solo alla propria forza-peso.

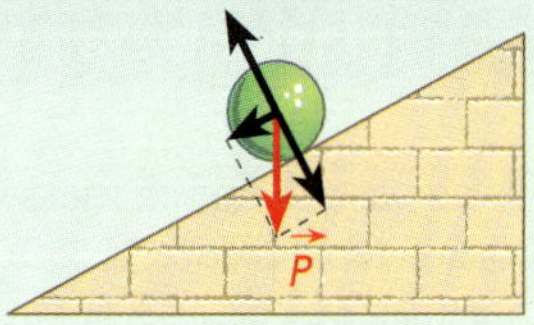

a) Precisa quali sono i vettori $\vec{P}_{//}$ (componente attivo), $\vec{P}_{\perp}$ (componente verticale) e $\vec{R}$ (reazione vincolare).

b) Può risultare $P_{//}$ maggiore di P? Motiva la risposta.

c) Il modulo di $\vec{P}_{\perp}$ deve essere uguale al modulo di ....

21 Un disco d'acciaio di 7,85 N di peso scivola senza attrito lungo un piano inclinato caratterizzato da una lunghezza di 2,25 m e da un'altezza di 90 cm. Calcola la componente attiva della forza peso.
[3,14 N]

Per lo svolgimento dell'esercizio, completa il percorso guidato, inserendo gli elementi mancanti dove compaiono i puntini.

1 I dati sono: ....

2 La formula da usare, dato che ti viene richiesta la forza attiva, è: $\vec{P}_{//}$ = ...

3 Sostituisci nella formula i dati, trovando perciò:
$\vec{P}_{//}$ = ... = ...

22 Un ciclista, che ha un peso (compresa la bicicletta) pari a 590 N, scende senza attrito lungo una discesa rettilinea di 100 m, la cui sommità è sollevata di 15 m rispetto al punto finale. Trova la componente attiva della forza peso. [88,5 N]

23 Osserva la seguente figura.

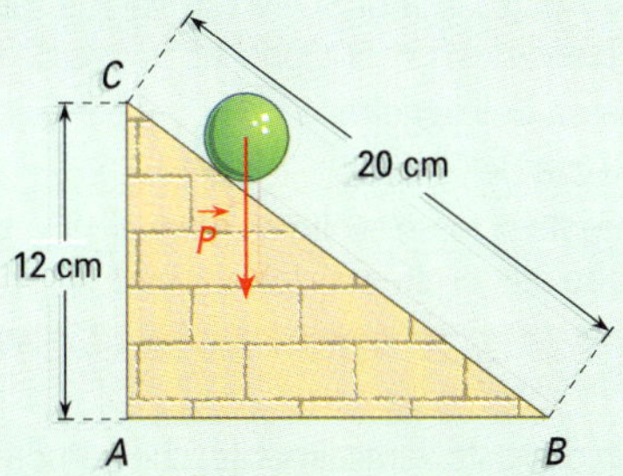

a) Scomponi graficamente il vettore peso nelle sue componenti $\vec{P}_{//}$ (componente attivo), $\vec{P}_{\perp}$ (componente verticale).

b) Disegna $\vec{R}$ (reazione vincolare).

c) Quali sono i due vettori la cui somma è nulla?

d) Utilizzando le informazioni in figura e sapendo che $P = 60$ N, calcola $P_{//}$. [*d*) 36 N]

24 Osserva la seguente figura.

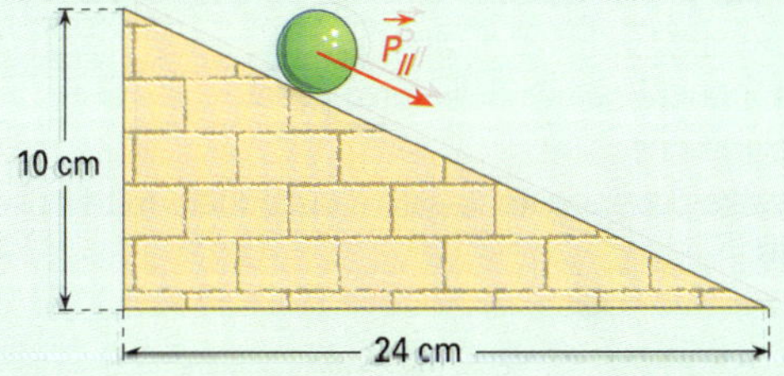

a) Disegna i vettori $\vec{P}_{\perp}$, $\vec{P}$ ed $\vec{R}$.

b) $\vec{R}$ può avere lo stesso modulo di $\vec{P}$?

c) Utilizzando le informazioni in figura e sapendo che $\vec{P}_{//} = 20$ N, calcola P. [c) 52 N]

25 In relazione alla figura dell'Esercizio 24 rispondi ai seguenti quesiti.

a) Se volessi fermare il corpo durante la discesa, quale forza minima dovresti esercitare?

b) Che tipo di moto si ha durante la discesa?

c) Utilizzando le informazioni in figura, calcola l'accelerazione con cui il corpo scende. [c) 3,77 m/s^2]

26 Una palla scende su un piano inclinato senza attrito lungo 3,60 m e alto 1,20 m. Calcola il suo peso, sapendo che il componente attivo della forza agente su di essa vale 0,70 N.

Suggerimenti **Per trovare il peso *P* devi moltiplicare ambo i membri della formula che dà $P_{//}$ per il rapporto *l*/*h*, cosicché *P* = ...**

[2,10 N]

27 Uno sciatore scende lungo un trampolino di lunghezza 130 m, la cui sommità rispetto al fondo si trova a 65 m di altezza. Se la forza attiva che aiuta lo sciatore a scendere è 370 N, a quanto ammonta il suo peso? [740 N]

28 Un carrello ha un peso complessivo di 3,20 N e scende senza attrito su una guidovia di lunghezza 1,40 m. Quanto deve essere alta un'estremità rispetto all'altra, se vogliamo che la componente attiva della forza peso valga 0,40 N?

Suggerimenti **Per trovare la formula inversa necessaria devi procedere come nell'Esercizio 26, però il termine per il quale devi moltiplicare ambo i membri della formula è *l*/...**

[17,5 cm]

29 Una boccia pesante 8,00 N deve scendere su una guida rettilinea di lunghezza 4,00 m, in modo tale da essere sospinta da una forza di 1,25 N diretta parallelamente alla guida. Calcola il dislivello tra le due estremità. [62,5 cm]

30 ***ENGLISH*** A 70 cm long board has one end raised to a height of 30 cm to form an inclined plane.
A 2.5 kg mass is allowed to slide without friction down the entire length of this inclined plane.
What is the final speed of the mass when it reaches the bottom? [2.4 m/s]

11.3 La forza centripeta

31 Nella figura è schematizzata una ruota panoramica.

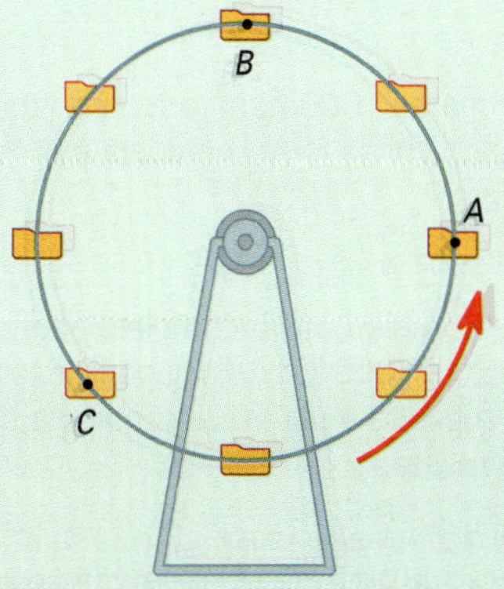

a) Disegna in *A*, *B* e *C* il vettore velocità.

b) Disegna in *A* il vettore accelerazione centripeta e il vettore forza centripeta.

c) Disegna in *B* il vettore accelerazione centripeta e in *C* il vettore forza centripeta.

32 Un'automobile percorre una curva di 90 m di raggio alla velocità di 50 km/h. Determina la forza centripeta che agisce sull'auto di massa 1050 kg durante l'effettuazione della curva. [2250 N]

Per lo svolgimento dell'esercizio, completa il percorso guidato, inserendo gli elementi mancanti dove compaiono i puntini.

1 I dati sono: ....

2 Le unità di misura sono coerenti con quelle del SI? ....
....

3 La formula da usare, dato che ti viene richiesta la forza centripeta, è: F_c = ...

4 Sostituisci nella formula i dati, trovando perciò:
F_c = ... = ...

33 Una piattaforma di diametro 5 m ruota compiendo 5 giri in 10 s.
a) Qual è la velocità di rotazione dei bordi della piattaforma?
b) Qual è la forza centripeta che agisce su una persona di massa 76 kg posta sul bordo della piattaforma?
[*a*) 7,85 m/s; *b*) $1{,}87 \cdot 10^3$ N]

34 La forza centripeta che mantiene la Terra sulla sua orbita attorno al Sole è $35{,}7 \cdot 10^{21}$ N. Sapendo che la distanza media della Terra dal Sole è $1{,}49 \cdot 10^{11}$ m e la massa della Terra è $5{,}98 \cdot 10^{24}$ kg, calcola la velocità della Terra. [$2{,}98 \cdot 10^4$ m/s]

35 Un ragazzo ha legato il suo zaino di massa 4 kg con una fune lunga 1 m e lo fa ruotare. Sapendo che esercita una forza centripeta di 64 N, a quale velocità sta ruotando? [4 m/s]

36 In una roulette giocattolo una pallina di massa 15 g si muove a 12 cm dal centro con velocità costante soggetta a una forza centripeta di 0,8 N. Determina il periodo di rotazione della pallina. [0,3 s]

37 Un'auto di massa 1000 kg affronta una curva alla velocità di 7 m/s. Sapendo che la forza centripeta è di 8000 N, qual è il raggio della curva? [6,125 m]

38 Un satellite compie un giro completo attorno alla Terra in 90 min all'altezza di 7000 km dalla superficie terrestre. Sapendo che esso è soggetto a una forza centripeta di $7{,}45 \cdot 10^6$ N determinane la massa.

Suggerimenti Per il raggio terrestre assumi: $r_{Terra} = 6{,}378 \cdot 10^6$ m. Per calcolare il raggio medio dell'orbita del satellite occorre sommare il raggio della Terra con...

[$4{,}1 \cdot 10^5$ kg]

39 ***ENGLISH*** What is the centripetal force on a 55 kg boy on a ride at the fair, that orbits a circle of radius 8 m at 4m/s? [110 N]

Problemi

PER COSTRUIRE LE COMPETENZE

La risoluzione dei problemi richiede la conoscenza degli argomenti trasversali a più paragrafi. Con il pallino sono contrassegnati i problemi che presentano una maggiore complessità.

1 Un ragazzo, per valutare l'altezza di un edificio lascia cadere dal tetto un oggetto di plastica di 30 N con velocità diretta verticalmente verso il basso di 1,1 m/s. Dopo 1,5 s l'oggetto tocca il suolo.
a) Trova la massa dell'oggetto.
b) Calcola l'altezza dell'edificio.
c) Se l'esperimento si fosse svolto su Marte ($g_{Marte} = 3{,}73$ m/s^2) quale sarebbe stata l'altezza dell'edificio?
[*a*) 3,1 kg; *b*) 12,7 m; *c*) 5,85 m]

2 A una molla disposta verticalmente, che ha una lunghezza a riposo di 32 cm ed è caratterizzata da una costante elastica di 48 N/m, viene agganciata una sferetta di 125 g. Calcola la lunghezza finale della molla. [34,6 cm]

3 Un'automobile in folle, trascurando qualunque attrito, inizia a scendere lungo una discesa di 300 m che ha un dislivello di 26 m. Calcola la sua massa, sapendo che la componente attiva della forza peso è pari a 850,2 N. [1000 kg]

• **4** Una sfera di 300 g, inizialmente ferma, discende senza attrito lungo un piano inclinato alto 10 m, che forma con l'orizzontale un angolo di 30°. Determina:
a) la componente attiva della forza peso;
b) l'accelerazione;
c) l'intervallo di tempo impiegato a discendere tutto il piano inclinato.

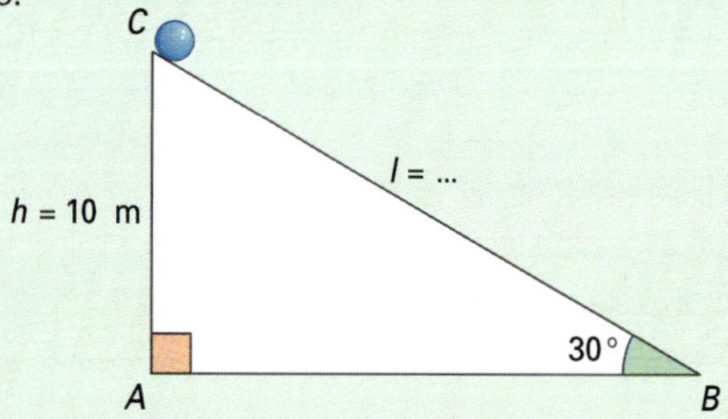

Suggerimenti Dato che l'angolo è di 30°, ciò vuol dire che l'ipotenusa (vale a dire la lunghezza del piano) è il doppio del...

[*a*) 1,47 N; *b*) 4,9 m/s^2; *c*) 2,86 s]

• **5** Una sfera di massa 1,25 kg scende su un piano di altezza 12 m, il quale ha un'inclinazione di 45° con l'orizzontale. Determina:
a) la componente attiva della forza peso;
b) l'accelerazione;
c) la velocità finale al termine della discesa.

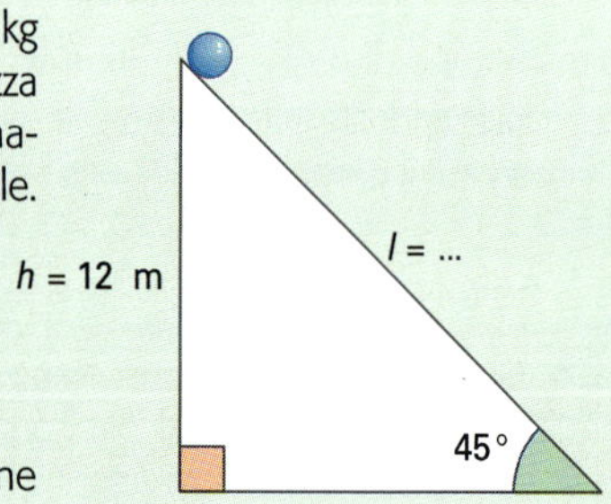

Suggerimenti La discesa è in sostanza la diagonale di un quadrato...

[*a*) 8,67 N; *b*) 6,94 m/s^2; *c*) 15,3 m/s]

• **6** Una sfera di massa 2 kg scende lungo un piano inclinato di lunghezza 3 m che ha un'inclinazione di 60° con il piano orizzontale. Determina:

a) la componente attiva della forza peso;

b) l'accelerazione;

c) la velocità finale al termine della discesa *AB*, precisando se è maggiore o minore di quella che si avrebbe se la discesa fosse avvenuta in verticale.

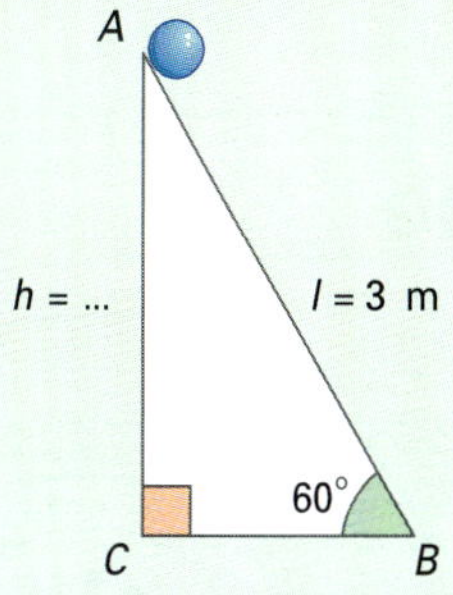

Suggerimenti Non fidarti dell'intuito, bensì esegui i calcoli.

[*a*) 17 N; *b*) 8,5 m/s²; *c*) 7,14 m/s]

• **7** *A* e *B* sono in equilibrio (vedi figura).

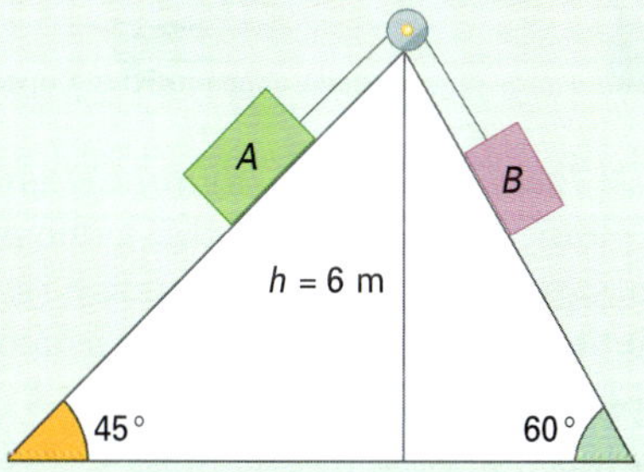

a) Sapendo che *A* pesa 200 N e che l'altezza *h* è di 6 m, qual è la massa di *B*?

b) Se il filo che collega *A* e *B* venisse tagliato in corrispondenza della carrucola, con quale accelerazione *A* scenderebbe lungo il piano inclinato?

[*a*) 16,7 kg; *b*) 6,94 m/s²]

• **8** La Luna, la cui massa corrisponde a $7{,}34 \cdot 10^{22}$ kg, impiega 27,3 giorni a compiere il giro di rivoluzione attorno alla Terra. Considerando il suo moto circolare uniforme con raggio di $3{,}84 \cdot 10^8$ m, trova la velocità tangenziale della Luna e la forza centripeta che agisce su di essa.

Suggerimenti Una volta che hai calcolato l'accelerazione centripeta, tramite il secondo principio della dinamica puoi individuare la forza corrispondente...

[$3{,}68 \cdot 10^3$ km/h; $2 \cdot 10^{20}$ N]

9 Un ciondolo d'oro di 25 g viene fatto ruotare mediante una catenina di 30 cm in un piano verticale. Se la forza complessiva che agisce su di essa nella posizione *A* è 1,2 N, calcola il periodo di rotazione.

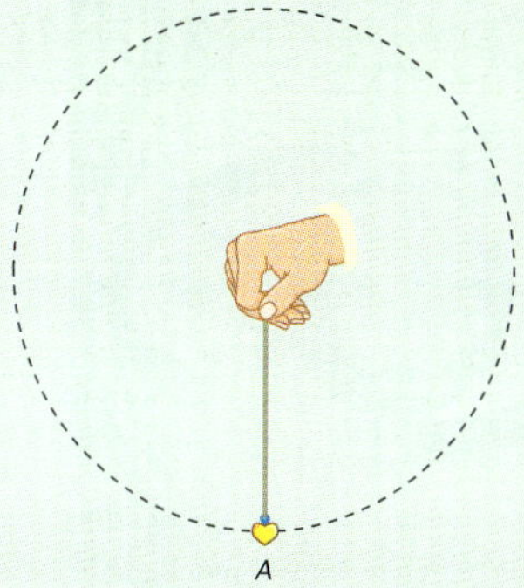

Suggerimenti In *A* sul ciondolo agiscono sia la forza centripeta sia la forza peso...

[0,56 s]

10 ***ENGLISH*** A lamp hangs vertically from a cord in an elevator, which is descending with a downward acceleration of 3.0 m/s². The tension in the cord is $T = 20.0$ N. What is the mass m of this lamp?

Hint To calculate m, remember that there are two forces acting on the lamp: the weight $m \cdot g$, acting downwards, and the tension, T, acting upwards. The resultant force is responsible for acceleration a, directed downwards, so that $m \cdot a = m \cdot g - T$...

[2.9 kg]

UNITÀ 12 La gravitazione universale

12.1 Il sistema copernicano

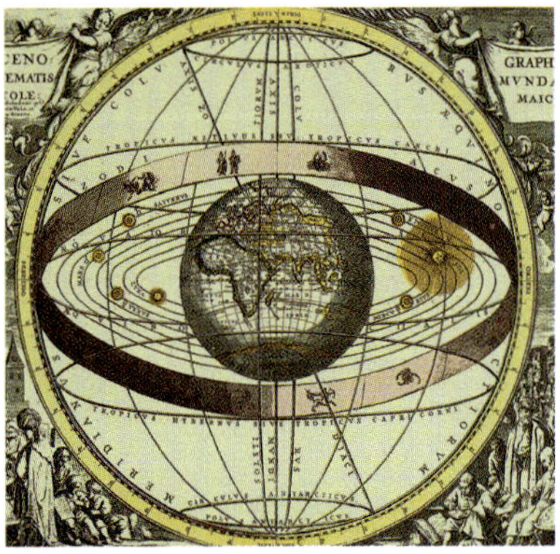

modello geocentrico di Tolomeo

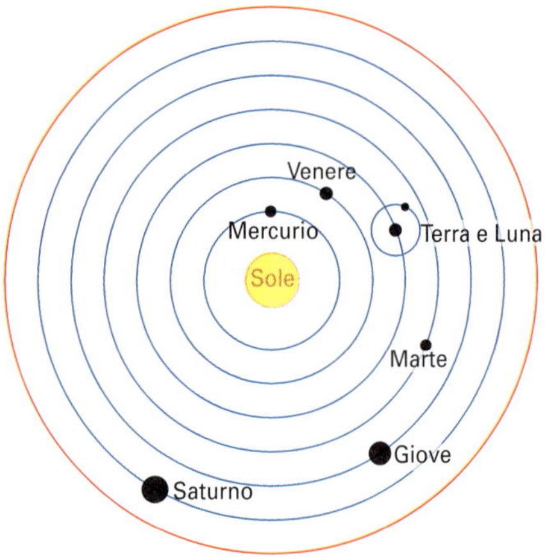

modello eliocentrico di Copernico

L'opera fondamentale di Niccolò Copernico (1473-1543) è il testo *De Revolutionibus Orbium Celestium* dove egli parte da una critica all'artificiosità del modello geocentrico di Tolomeo (100 d.C.-178 d.C.), che prevedeva la Terra immobile al centro dell'Universo e il Sole e i pianeti ruotanti attorno a essa, e riprende e rielabora la teoria eliocentrica di Aristarco di Samo (c.a. 310 a.C.-230 a.C.). Le ipotesi fondamentali di Copernico sono:

1. la Terra ruota da Ovest verso Est attorno al proprio asse in 24 ore;
2. la Terra non è il centro dell'Universo e compie una rivoluzione attorno al Sole in un anno;
3. i pianeti, come la Terra, ruotano attorno al Sole, che quindi è il centro dell'Universo.

Il modello copernicano, per quanto concerne la spiegazione del moto delle stelle e del Sole, risulta meno intuitivo, ma sostanzialmente equivalente a quello tolemaico. Presenta, invece, notevoli vantaggi per alcuni aspetti e inoltre permette di calcolare i periodi di rivoluzione e i raggi delle orbite dei pianeti.

Tuttavia, quando Copernico passò a elaborare una spiegazione quantitativa dei moti dei pianeti e del Sole, fu costretto a complicare lo schema interpretativo che aveva presentato nel *De Revolutionibus*. Alla fine, per quanto riguarda la spiegazione del moto dei pianeti, i due modelli, geocentrico ed eliocentrico, si equivalevano a livello di complessità.

In altri termini, pur rimanendo nel solco della tradizione aristotelica, la grande novità che presentava il sistema copernicano era quella del **cambiamento del sistema di riferimento**; ma la sua analisi non aveva ancora quella solida base fisica che avrebbe permesso, attraverso i contributi di Galileo e di Newton, di raggiungere la soluzione del problema del moto dei pianeti.

Occorre precisare che dal punto di vista moderno il problema posto da Copernico è sostanzialmente quello di scegliere il sistema di riferimento più opportuno al fine di dare una descrizione semplice ed efficace del moto dei pianeti del sistema solare. Oggi il sistema di riferimento eliocentrico è il più diffuso, mentre ormai solo in particolari contesti, come per esempio nelle carte per la navigazione, si utilizza tuttora quello geocentrico.

Ricorda!...

Nonostante il successo storico, il sistema di Copernico non è oggettivamente più valido di quello tolemaico, anche se ormai è entrato a far parte di una visione cosmologica condivisa: si tratta in sostanza di scegliere in modo arbitrario un sistema di riferimento piuttosto che un altro.

12.2 Le leggi di Keplero

Giovanni Keplero (1571-1630) era stato assistente del più grande astronomo della seconda metà del XVI secolo, il danese Tycho Brahe (1564-1601), l'ultimo a osservare il cielo senza l'ausilio di strumenti. Fu incaricato dal maestro di occuparsi del calcolo dell'orbita di Marte e questo si rivelò una grande fortuna, dato che l'orbita di Marte è molto eccentrica ed era perciò difficile scambiarla per una circonferenza.
Alla morte di Brahe, che era molto geloso del proprio lavoro, Keplero riuscì a impossessarsi dei suoi appunti.
Essendo un convinto assertore delle idee copernicane e al tempo stesso un grande teorico, cominciò a elaborare l'enorme mole di informazioni a sua disposizione.
Inizialmente si concentrò sui dati relativi a Marte, il cui moto presentava irregolarità che non erano mai state spiegate. Dopo cinque anni di tentativi si convinse dell'impossibilità di trovare una spiegazione che conciliasse i dati con l'ipotesi del moto circolare e uniforme, che era comune sia al modello tolemaico sia a quello copernicano. Keplero decise allora di prendere in esame le due ipotesi separatamente, finendo per negarle entrambe. La sua prima legge è la conseguenza della negazione della circolarità delle orbite, la seconda supera il concetto di uniformità del moto.

Le orbite dei pianeti sono ellissi e la posizione del Sole coincide con uno dei due fuochi.

prima legge di Keplero

VIRTUAL LAB

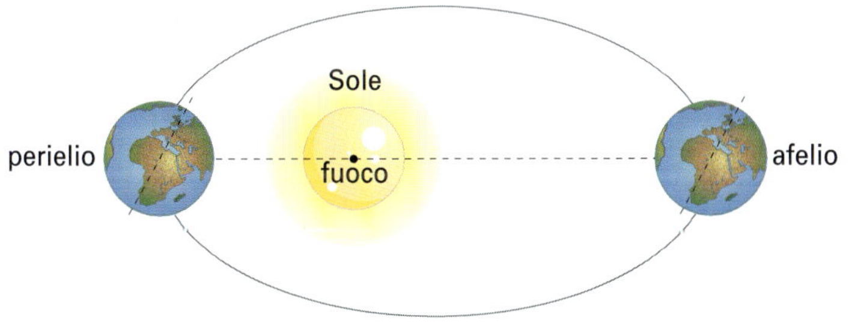

Vediamo quali sono le conseguenze della prima legge. L'ellisse è una figura che assomiglia a una circonferenza un po' schiacciata; all'interno vi sono due punti, detti *fuochi*, che godono di una particolare proprietà geometrica. Quando il pianeta percorre una traiettoria ellittica, la sua distanza dai fuochi, e quindi dal Sole, non è costante bensì variabile. In particolare, vi sono una posizione di minima distanza detta **perielio** e una di massima distanza detta **afelio**.

Ricorda!...

La Terra si trova al perielio fra il 2 e il 5 gennaio e all'afelio tra il 3 e il 7 luglio. Quindi, in Europa è inverno quando la Terra raggiunge il perielio, cioè quando è più vicina alla nostra stella.
Tuttavia, è il periodo più freddo dell'anno in quanto le stagioni non sono dovute alla distanza dal Sole, ma all'inclinazione dell'asse terrestre rispetto al piano dell'orbita, vale a dire all'inclinazione con cui arrivano i raggi solari.

VIRTUAL LAB

seconda legge di Keplero

Il raggio che congiunge il Sole con il pianeta descrive, durante la sua orbita, aree uguali in tempi uguali.

Ricorda!...

Per la seconda legge di Keplero, la velocità dei pianeti durante il loro moto di rivoluzione attorno al Sole non è uniforme, ma varia a seconda della posizione nell'orbita. Un pianeta si muove più velocemente quando si trova vicino al Sole e più lentamente quando ne è lontano.

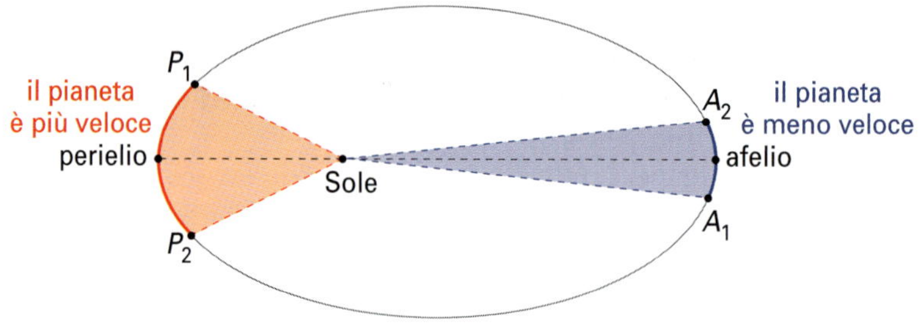

Le due aree colorate hanno la stessa estensione. Un'area è delimitata dall'arco A_1A_2, l'altra dall'arco P_1P_2.
La seconda legge dice che il pianeta impiega lo stesso tempo sia per andare da A_1 ad A_2 sia per andare da P_1 a P_2. Ma dal momento che l'arco P_1P_2 è maggiore dell'arco A_1A_2, ne consegue che la velocità del pianeta al perielio è maggiore rispetto a quella all'afelio.

terza legge di Keplero

I cubi dei raggi r delle orbite dei pianeti sono direttamente proporzionali ai quadrati dei tempi T di rivoluzione:

$$\frac{r^3}{T^2} = \text{costante}$$

È necessario precisare che:

- il raggio dell'orbita di un pianeta è dato dal valore medio della distanza fra il pianeta e il Sole, in quanto si modifica di continuo;
- il tempo di rivoluzione è il tempo necessario affinché il pianeta considerato compia un giro completo attorno al Sole.

Ricorda!...

I pianeti più lontani dal Sole rispetto alla Terra impiegano più tempo a compiere un giro di rivoluzione attorno al Sole: non solo perché l'orbita è maggiore di quella del nostro pianeta, ma anche perché sono meno veloci.

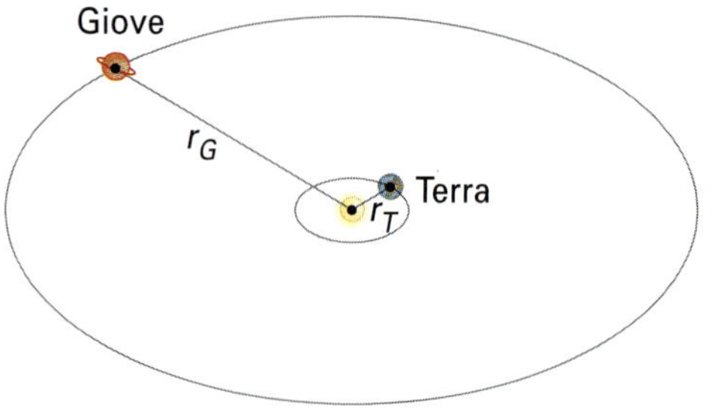

Rispetto alle altre due leggi, che riguardano i pianeti presi singolarmente, la terza legge mette in relazione fra loro i diversi pianeti, sostenendo che all'aumentare del raggio, cioè della distanza dal Sole, allora aumenta (sia pure non in maniera direttamente proporzionale) anche il tempo necessario per un giro di rivoluzione.
Questa conclusione era prevedibile, poiché un pianeta esterno compie un percorso maggiore di uno interno. Ma oltre a ciò, la relazione fra i raggi e i tempi di rivoluzione ci informa che i pianeti esterni sono più lenti di quelli interni. Infatti Giove, che è lontano dal Sole 5,2 volte più della Terra, impiega tuttavia quasi 12 anni terrestri per compiere un giro attorno al Sole.

12.3 La gravitazione universale

VIRTUAL LAB

Da Keplero alla legge di gravitazione universale

Rimaneva da chiarire una questione fondamentale. Se i pianeti non fossero soggetti a forze, per il principio di inerzia, continuerebbero a muoversi in linea retta, quindi, se la traiettoria non è rettilinea, come accade nella realtà, deve necessariamente agire una forza in modo tale da costringere i pianeti a ruotare attorno al Sole.Newton (1642-1727) nel 1666, durante un soggiorno obbligato in campagna per difendersi dalla peste, iniziò le sue riflessioni sulla gravitazione. Eulero nelle *Lettere* narra il famoso aneddoto della mela, probabilmente mai accaduto, che avrebbe indotto il fisico inglese a riflettere sulla causa della caduta del frutto e a intuire che si trattava della medesima causa per cui la Luna ruotava intorno alla Terra e i pianeti attorno al Sole. Newton nella sua opera principale *Philosophiae naturalis principia matematica*, pubblicata nel 1687, elaborò l'ipotesi dell'esistenza della forza gravitazionale.
La sua famosa affermazione «... *hypotheses non fingo*» chiarisce che il suo scopo non è la comprensione ultima del mistero della gravitazione, bensì la mera descrizione dei fenomeni nei limiti concessi dalle osservazioni sperimentali e dalle leggi note.

Ricorda!...
Newton dimostrò che la legge non è valida solo per masse puntiformi, ma anche per corpi sferici omogenei i cui centri distano tra loro *r*. Con buona approssimazione può essere usata anche per corpi di forma qualunque, a condizione che le loro dimensioni siano molto minori rispetto alla loro distanza.

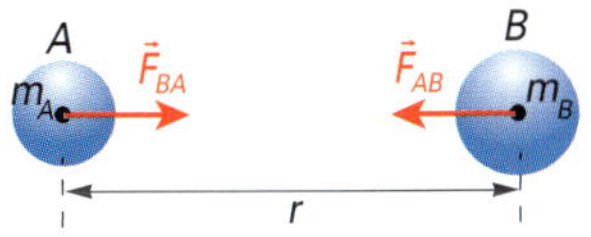

Con la legge della gravitazione Newton abbatte la barriera che aveva sino allora diviso la fisica dei fenomeni terrestri (caduta dei gravi studiata da Galileo) e la fisica dei fenomeni celesti (moto dei pianeti interpretato con le leggi di Keplero), facendo convergere le due discipline in un'unica teoria che comprende tutti i fenomeni dell'Universo e detta, proprio per questo, *universale*.

Due masse puntiformi m_A ed m_B poste a distanza r tra loro si attraggono con una forza $\vec{F}$ diretta lungo la loro congiungente, il cui modulo è dato da:

$$F = G\frac{m_A \cdot m_B}{r^2}$$

G è chiamata **costante di gravitazione universale**.

legge di gravitazione universale

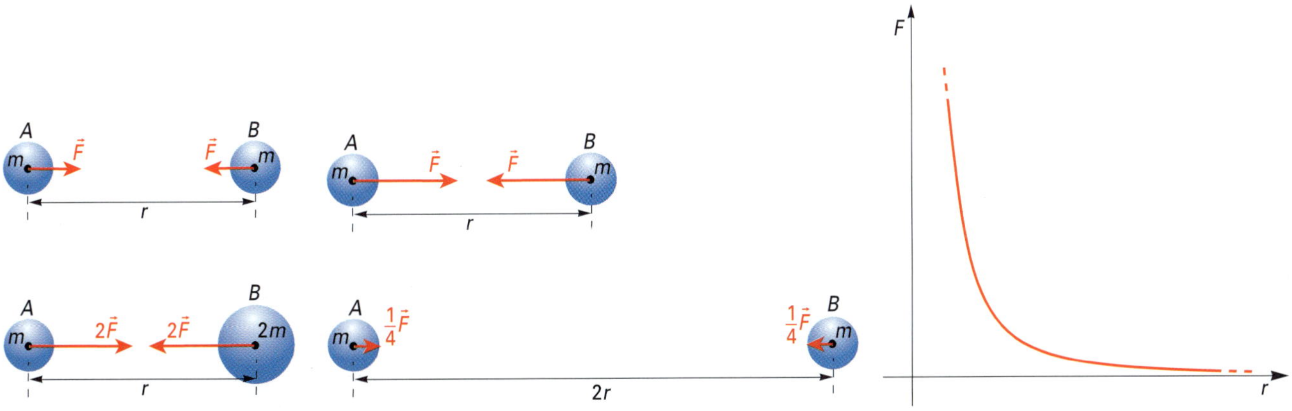

La legge della gravitazione universale afferma che al raddoppiare di una delle due masse la forza raddoppia, al triplicare triplica... cioè vi è una relazione di diretta proporzionalità tra modulo della forza e prodotto delle masse.

Contemporaneamente la legge afferma che al raddoppiare della distanza la forza diventa 1/4 di quella iniziale... al triplicare della distanza la forza diventa 1/9,..., cioè la forza è inversamente proporzionale al quadrato della distanza.

Nel grafico si evidenzia come all'aumentare della distanza r tra le due masse la forza diminuisce molto rapidamente. Per questo motivo avvertiamo in modo significativo gli effetti della forza gravitazionale esercitata dal Sole sulla Terra, ma non quelli di altre stelle magari molto più grandi ma molto più lontane.

La bilancia di Cavendish

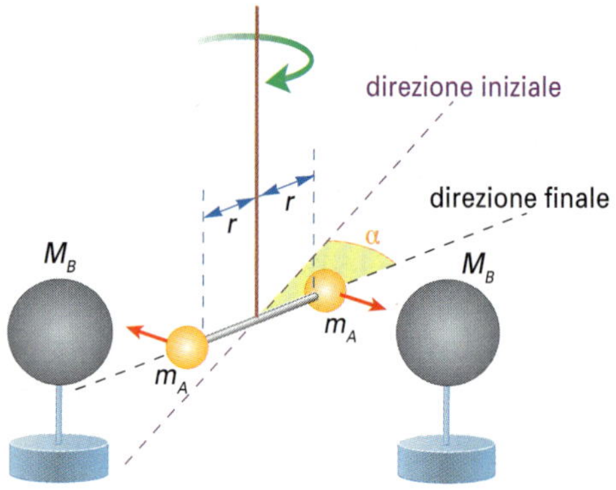

Il calcolo della costante di gravitazione universale G venne effettuato con una buona precisione nel 1798 da Lord Henry Cavendish (1731-1810) utilizzando una **bilancia di torsione**. Egli ricorse a due sferette di massa m_A costituite da pochi grammi d'oro e determinò la direzione iniziale del manubrio che le collegava. Poi avvicinò due masse M_B, sfere di diversi kg di piombo.
Ciascuna sfera di piombo esercitava una forza attrattiva su quella d'oro determinando una rotazione di un angolo α che è proporzionale all'azione della forza attrattiva.

Il risultato numerico trovato da Cavendish era molto vicino a quello reale. Misurazioni successive, tuttavia, effettuate con strumenti maggiormente precisi, hanno consentito di ottenere il valore assunto attualmente.

costante di gravitazione universale

Il valore della **costante di gravitazione universale *G*** è dato da:

$$G = 6{,}67 \cdot 10^{-11} \frac{\mathrm{N} \cdot \mathrm{m}^2}{\mathrm{kg}^2}$$

Essa rappresenta la forza con cui due corpi di massa 1 kg si attraggono quando sono posti alla distanza reciproca di 1 m.

esempio

a) Trova la forza di attrazione gravitazionale che si esercita tra due persone, una di massa 50 kg e una di massa 60 kg, posizionate a 1,5 m di distanza.

b) Determina la forza di attrazione gravitazionale che la Terra esercita sulla Luna, spiegando perché è la Luna a ruotare attorno alla Terra e non viceversa.

a) Applicando la legge di gravitazione universale si trova direttamente:

$$F = G\frac{m_A \cdot m_B}{r^2} = 6{,}67 \cdot 10^{-11}\frac{50 \cdot 60}{1{,}5^2} = 8{,}89 \cdot 10^{-8}\,\mathrm{N}$$

Si tratta di un valore estremamente piccolo, dell'ordine di 100 milioni di volte inferiore a quello necessario per spingere il pulsante di un elettrodomestico. Per questo motivo gli effetti gravitazionali tra le due persone non si avvertono e, più in generale, la forza gravitazionale esercitata dagli oggetti che ci circondano è trascurabile anche quando siamo molto vicini a essi.

b) Se applichiamo questa legge al sistema Terra-Luna, otteniamo che la forza con cui la prima attira la seconda è:

$$F_T = G \cdot \frac{M_T \cdot m_L}{r^2} = 6{,}67 \cdot 10^{-11} \cdot \frac{5{,}98 \cdot 10^{24} \cdot 0{,}074 \cdot 10^{24}}{\left(3{,}84 \cdot 10^8\right)^2} \cong 2 \cdot 10^{20}\,\text{N}$$

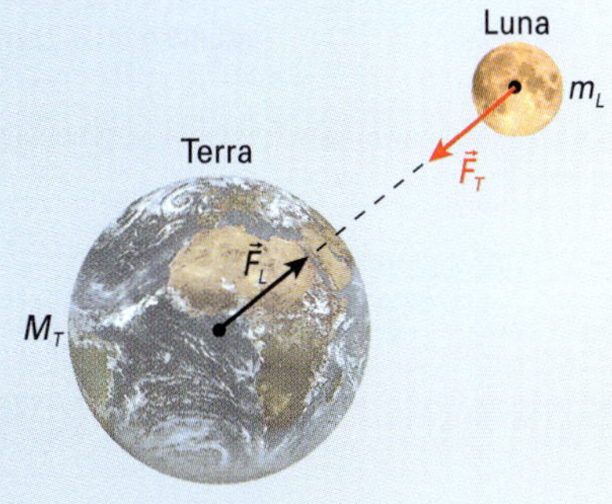

Per il principio di azione e reazione, il valore trovato è uguale anche al modulo della forza esercitata dalla Luna sulla Terra.
Pur essendo la forza di attrazione fra i due corpi la stessa in modulo, poiché la massa della Terra ($M_T = 5{,}98 \cdot 10^{24}$ kg) è molto maggiore di quella della Luna ($m_L = 0{,}074 \cdot 10^{24}$ kg), è questa ad avere un'accelerazione circa 80 volte maggiore e perciò a ruotare attorno al nostro pianeta (infatti, per il secondo principio della dinamica, $a = F/m$).

Peso e accelerazione di gravità

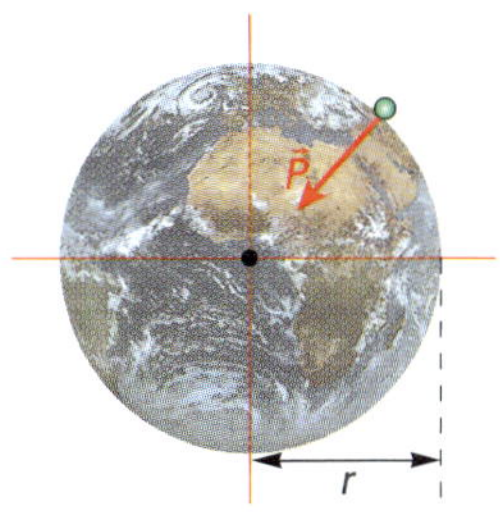

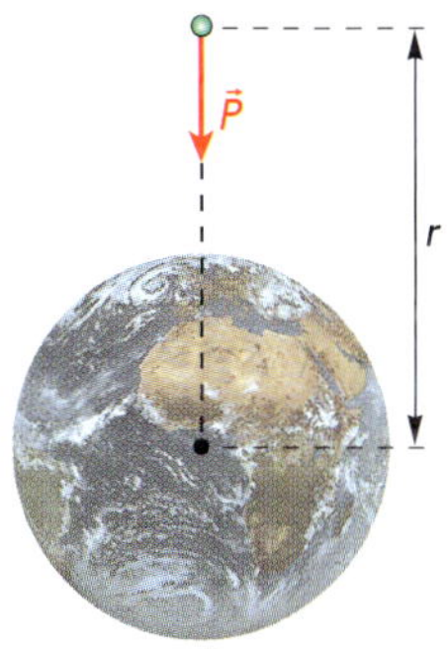

Il peso P di un corpo di massa m non è altro che la forza di attrazione gravitazionale F che la Terra, di massa M_T, esercita su di esso. Indicando con r la sua distanza dal centro della Terra si ha:

$$P = F$$

Sostituendo le rispettive espressioni:

$$mg = G\frac{m \cdot M_T}{r^2}$$

e dividendo ambo i membri per m:

$$g = G\frac{M_T}{r^2}$$

$$g = G\frac{M_T}{r^2}$$

accelerazione di gravità

Se il corpo si trova a livello del mare e alla latitudine di 40° il risultato è $g = 9{,}81$ m/s², valore che in prima approssimazione abbiamo assunto come costante. In realtà, essendo la Terra non perfettamente sferica, se il corpo (rimanendo sempre a livello del mare) si sposta in corrispondenza di uno dei poli, risulta che la sua distanza dal centro della Terra diminuisce e quindi l'accelerazione aumenta ($g = 9{,}86$ m/s²); mentre, la distanza all'Equatore è maggiore, per cui l'accelerazione diminuisce ($g = 9{,}80$ m/s²). Il concetto di peso non è vincolato al contatto con la superficie terrestre: quando il corpo si allontana dalla Terra r aumenta, e di conseguenza il suo peso diminuisce.

VIRTUAL LAB

12.4 Satelliti in orbita circolare

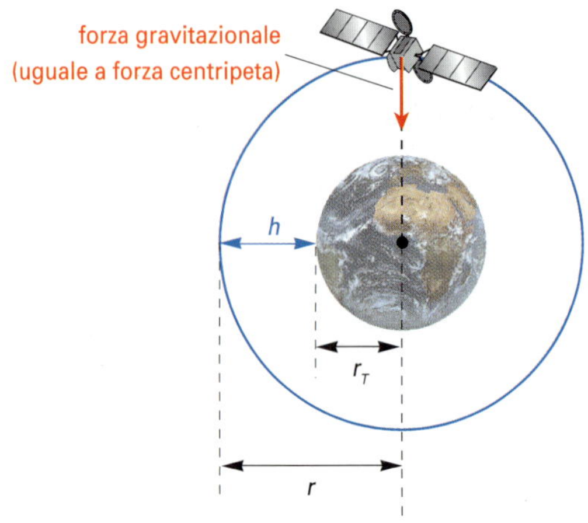

Ci chiediamo quali sono le condizioni affinché un satellite di massa m_s descriva un'orbita circolare di raggio $r = r_T + h$ attorno alla Terra di massa M_T.
Analogamente a quello che accade ogni volta che un corpo non si mantiene in moto rettilineo, affinché la traiettoria risulti una circonferenza deve agire una forza centripeta che incurva la traiettoria. Questa, secondo Newton, è la forza gravitazionale. Avremo allora:

$$F_{\text{centripeta}} = F_{\text{Gravitazionale}}$$

Sostituendo le rispettive formule si ha:

$$m_S = \frac{v^2}{r} = G\frac{m_S \cdot M_T}{r^2}$$

Moltiplicando ambo i membri per r, semplificando e ricavando v:

$$v = \sqrt{G\frac{M_T}{r}} \qquad (1)$$

La velocità di rotazione di un satellite **non** dipende dalla sua massa – si vede infatti che nella (1) m_s non compare –, bensì dalla massa M_T della Terra e dal raggio r dell'orbita.
Pertanto, se la distanza dal centro della Terra aumenta, la velocità del satellite diminuisce.

Ricorda!...

Il periodo di rotazione di un satellite in orbita circolare aumenta all'aumentare di r, dal momento che aumenta la lunghezza della traiettoria e, contemporaneamente, diminuisce la velocità con cui viene percorsa.

Dalla formula (1), utilizzando la definizione di velocità tangenziale:

$$v = \frac{2\pi r}{T}$$

relativa al moto circolare uniforme, si trovano, con semplici passaggi:

$$T = 2\pi\sqrt{\frac{r^3}{G \cdot M_T}} \quad \text{ed} \quad r = \sqrt[3]{\frac{G \cdot M_T \cdot T^2}{4\pi^2}}$$

ESPANSIONI **Il campo gravitazionale**

FLASH

Il GPS

Gli Stati Uniti d'America, prima a scopi militari e poi anche civili, hanno messo in orbita un sistema noto come GPS (**G**lobal **P**ositioning **S**ystem) costituito da ventiquattro satelliti (oltre a tre di riserva) posizionati a un'altezza di 20 200 km dalla Terra che compiono in un giorno sidereo due rotazioni complete attorno al nostro pianeta. Su ciascun satellite si trova un orologio atomico a grandissima precisione che consente di mantenere tutti i satelliti sincronizzati. In ogni istante, qualsiasi punto sulla superficie terrestre può ricevere il segnale di natura elettromagnetica (onde radio) proveniente dagli orologi di quattro diversi satelliti.
L'apposito ricevitore, grazie a un computer integrato, calcola il tempo che il segnale ricevuto ha impiegato per giungere dal satellite e poi, essendo la velocità del segnale pari a 300 000 km/s, ricava quale distanza ha percorso.
In questo modo la scelta delle posizioni possibili sulla superficie terrestre viene limitata a una circonferenza.
Contemporaneamente il ricevitore determina la sua distanza da altri tre satelliti e, grazie a un metodo basato sull'intersezione delle circonferenze, detto **trilaterazione**, identifica la latitudine, la longitudine e l'altitudine della posizione in cui si trova; dopodiché, la localizza nelle mappe che sono state caricate nella sua memoria.

Dato che il sistema è basato sul tempo di percorrenza del segnale radio, occorrono orologi di estrema precisione. Basti pensare che con un errore temporale di un millesimo di secondo la conseguenza a livello spaziale è un errore di... 300 km!
Il 21 ottobre 2011 sono stati lanciati due dei trenta satelliti di *Galileo*, primo sistema europeo per la navigazione satellitare. Oltre a essere riservato esclusivamente all'uso civile, *Galileo* presenterà una copertura globale superiore all'attuale GPS e raggiungerà un'accuratezza nell'individuare la posizione dell'ordine del metro!

FLASH

In orbita senza... peso

Un'immagine abituale della missione spaziale su un satellite in orbita attorno alla Terra è quella dell'astronauta che galleggia come se non avesse peso, anche se il veicolo si trova nel campo gravitazionale terrestre ed è, dunque, ancora soggetto alla forza gravitazionale.
Per capire che cosa accade, basta ricordare il concetto di **peso apparente** che misura la forza che un oggetto o una persona esercita sul piatto della bilancia.
Quando un ascensore è in caduta libera nel campo gravitazionale terrestre la persona e la bilancia non esercitano nessuna interazione reciproca, perché entrambi cadono con la stessa accelerazione determinata dal campo gravitazionale: il peso apparente è nullo, pur essendoci ancora la forza gravitazionale.
In orbita l'astronauta e la navicella si trovano in una situazione analoga: la traiettoria circolare può essere vista come il risultato di una caduta libera verso la Terra a causa della forza centripeta, ostacolata dalla velocità tangenziale del satellite. Il peso apparente è di conseguenza nullo, in quanto il particolare tipo di moto compensa gli effetti della gravità terrestre.
L'idea di una possibile equivalenza tra un moto accelerato e gli effetti del campo gravitazionale sarà ripresa e sviluppata da Einstein nella teoria della relatività generale.

IN SINTESI

AUDIO

- Storicamente i modelli del cosmo si possono dividere in **geocentrici** ed **eliocentrici**.
- Il **modello eliocentrico di Copernico** presenta le seguenti caratteristiche:
  1) La Terra ruota da Ovest a Est attorno al proprio asse in 24 ore.
  2) La Terra non è il centro dell'Universo e compie una rivoluzione attorno al Sole in un anno.
  3) I pianeti, come la Terra, ruotano attorno al Sole che è il centro dell'Universo.
- La **prima legge di Keplero** afferma che le orbite dei pianeti sono ellissi e la posizione del Sole coincide con uno dei due fuochi, per cui la distanza di un pianeta dal Sole varia da un punto di minima distanza detto **perielio** a uno di massima distanza detto **afelio**.
- La **seconda legge di Keplero** dice che il raggio vettore (che congiunge il pianeta con il Sole) descrive durante l'orbita aree uguali in tempi uguali; ne deduciamo che la velocità di un pianeta nel suo moto di rivoluzione attorno al Sole non è costante ed è minore all'afelio rispetto a quella che si ha al perielio.
- La **terza legge di Keplero** sostiene che i cubi dei raggi r delle orbite dei pianeti sono direttamente proporzionali ai quadrati dei tempi T di rivoluzione:

  $$\frac{r^3}{T^2} = \text{costante}$$

  Di conseguenza, la velocità di un pianeta esterno è minore rispetto a quella di un pianeta interno.
- La **legge di gravitazione universale** afferma che due masse puntiformi m_A ed m_B poste a distanza r tra loro si attraggono con una forza $\vec{F}$ diretta lungo la loro congiungente, il cui modulo è:

  $$F = G\frac{m_A \cdot m_B}{r^2}$$

  G è la **costante di gravitazione universale**
- Il **modulo della forza gravitazionale** è direttamente proporzionale al prodotto delle masse, inversamente proporzionale al quadrato delle distanze e dipende dalla costante G.
  Cavendish determinò con buona approssimazione il valore di G. Il suo valore più aggiornato è oggi:

  $$G = 6{,}67 \cdot 10^{-11}\,\frac{\text{N}\cdot\text{m}^2}{\text{kg}^2}$$

  È in definitiva la forza con cui due corpi di massa 1 kg si attraggono quando sono posti alla distanza di 1 m.
- Il **peso** di un corpo di massa m rappresenta la forza di attrazione gravitazionale esercitata dalla Terra di massa M_T su di esso.
- L'**accelerazione di gravità** in un punto che dista r dal centro della Terra è data da:

  $$g = G\frac{M_T}{r^2}$$

- La **velocità di un satellite** di massa m_S che si muove su un'orbita circolare alla distanza r dal centro della Terra è data da:

  $$v = \sqrt{G\frac{M_T}{r}}$$

  dove $r = r_T + h$ (con r_T raggio della Terra e h distanza dalla superficie terrestre)

  Da qui si possono ricavare il periodo di rivoluzione e il raggio dell'orbita:

  $$T = 2\pi\sqrt{\frac{r^3}{G \cdot M_T}} \quad \text{e} \quad r = \sqrt[3]{\frac{G \cdot M_T \cdot T}{4\pi^2}}$$

  Un satellite è **geostazionario** se ha lo stesso periodo di quello di rotazione della Terra.

STRUMENTI DI CONSOLIDAMENTO E VERIFICA

VERIFICHE

Vero-falso

1 Nel modello dell'Universo di Tolomeo la Terra è immobile al centro. V F

2 Il primo modello eliocentrico fu introdotto da Copernico. V F

3 Nel modello di Copernico la Terra ruota da Est verso Ovest attorno al proprio asse in 24 ore. V F

4 La prima legge di Keplero afferma che i pianeti descrivono orbite circolari attorno al Sole. V F

5 La seconda legge di Keplero afferma che i pianeti descrivono le orbite con velocità costante. V F

6 Dalla terza legge di Keplero si deduce che Giove si muove più lentamente della Terra. V F

7 La forza di attrazione gravitazionale tra due corpi non dipende dalla loro distanza ma solo dalle masse. V F

8 La costante G vale $6{,}67 \cdot 10^{-11}\ \text{Nm}^2/\text{kg}^2$. V F

9 Il peso P di un corpo di massa m posto a livello del mare è maggiore al polo Nord rispetto all'equatore. V F

10 L'accelerazione di gravità è inversamente proporzionale alla distanza dal centro della Terra. V F

Test a scelta multipla

1 Un esempio di modello geocentrico è quello proposto da:

A Newton
B Copernico
C Keplero
D Tolomeo

2 Nel modello proposto da Copernico nel *De Revolutionibus Orbium Celestium*:

A la Terra è il centro dell'Universo
B la Terra ruota da Est verso Ovest attorno al proprio asse in 24 ore
C il Sole compie una rivoluzione attorno alla Terra in un anno
D i pianeti ruotano attorno al Sole

3 Una conseguenza della prima legge di Keplero è che:

A le orbite dei pianeti sono delle circonferenze
B l'alternarsi delle stagioni dipende esclusivamente dalla variazione della distanza della Terra dal Sole
C la distanza di Giove dal Sole è variabile
D la distanza di Marte dal Sole è costante

4 Una conseguenza della seconda legge di Keplero è che:

A la velocità della Terra diminuisce man mano che si allontana dal punto di minima distanza dal Sole (perielio)
B la velocità della Terra è costante durante il moto di rivoluzione attorno al Sole
C la Terra raggiunge la massima velocità quando è alla massima distanza dal Sole (afelio)
D tutti i pianeti hanno la stessa velocità sia al perielio sia all'afelio

5 La terza legge di Keplero afferma che vi è una proporzionalità diretta tra:

A i cubi dei raggi delle orbite dei pianeti e i quadrati dei tempi di rivoluzione
B i quadrati dei raggi delle orbite dei pianeti e i quadrati dei tempi di rivoluzione
C i cubi dei raggi delle orbite dei pianeti e i cubi dei tempi di rivoluzione
D i quadrati dei raggi delle orbite dei pianeti e i cubi dei tempi di rivoluzione

6 Quale delle tre leggi di Keplero afferma che i moti dei pianeti non sono uniformi?

A La prima legge
B La seconda legge
C La terza legge
D Nessuna delle leggi

7 In base alla legge di gravitazione universale possiamo affermare che tra due corpi agisce una forza che è:

A direttamente proporzionale al prodotto delle masse e inversamente proporzionale al quadrato della distanza
B inversamente proporzionale alla somma delle masse e direttamente proporzionale al quadrato della distanza
C direttamente proporzionale al prodotto delle masse e inversamente proporzionale alla distanza
D inversamente proporzionale alla somma delle masse e direttamente proporzionale alla distanza

8 **Due corpi di massa *m* posti a distanza *r* si attraggono con una forza *F*.**
Se la distanza diventa 2*r* la forza di attrazione risulta:

A F
B $F/2$
C $F/4$
D $2F$

9 **La costante di gravitazione universale *G* si misura in:**

A $kg^2 \cdot m^2/N$
B $kg/(N \cdot m)$
C $N \cdot m^2/kg^2$
D $N \cdot m/kg$

10 **L'accelerazione di gravità *g* che agisce su un corpo di massa *m* posto a livello del mare è:**

A direttamente proporzionale alla distanza dal centro della Terra
B direttamente proporzionale al quadrato della distanza dal centro della Terra
C inversamente proporzionale alla distanza dal centro della Terra
D inversamente proporzionale al quadrato della distanza dal centro della Terra

Applichiamo le conoscenze

Esercizi

12.2 Le leggi di Keplero

1 Determina il semiasse maggiore dell'orbita di Mercurio, sapendo che il suo periodo di rivoluzione vale 87,969 giorni terrestri. (La distanza media dal Sole è espressa in Unità Astronomiche con 1 U.A. ≈ 149500000 km, che rappresenta la distanza media tra la Terra e il Sole.)

[0,389 U.A.]

2 Verifica per i pianeti riportati in tabella che il rapporto tra il quadrato del periodo di rivoluzione e il cubo della distanza media dal Sole è costante (terza legge di Keplero).

pianeta	distanza media dal Sole (U.A.)	periodo di rivoluzione (anni)
Mercurio	0,387	0,241
Venere	0,723	0,615
Terra	1	1
Marte	1,524	1,881

3 ***ENGLISH*** The average orbital distance of planet Mars is 1.52 times the average orbital distance of the Earth. Knowing that the Earth orbits the Sun in (approximately) 365 days, determine the time for Mars to orbit the sun.

Hint Use Kepler's third law to relate the ratio of the period T squared to the ratio of radius a cubed: from $(T_{mars})^2/(a_{mars})^3 = (T_{earth})^2/(a_{earth})^3$, you get $(T_{mars})^2/(T_{earth})^2 = (a_{mars})^3/(a_{earth})^3$, thus $(T_{mars})^2 = \dots$

[684 days]

12.3 La gravitazione universale

4 Due barili di massa rispettivamente 30 kg e 50 kg sono posti alla distanza di 0,5 m. Con quale forza si attirano?

[$4 \cdot 10^{-7}$ N]

Per lo svolgimento dell'esercizio, completa il percorso guidato, inserendo gli elementi mancanti dove compaiono i puntini.

1 I dati sono: ....

2 La formula da usare, dato che ti viene richiesta la forza di attrazione, è: $F =$ ....

3 Un dato implicito necessario è la costante di gravitazione universale: $G =$ ....

4 Sostituisci nella formula i dati, trovando perciò:
$F =$ .... = ...

5 La Terra ha una massa di $5{,}98 \cdot 10^{24}$ kg e il Sole di $1{,}99 \cdot 10^{30}$ kg. Sapendo che la distanza media del nostro pianeta dal Sole è $1{,}5 \cdot 10^{11}$ m, determina la forza con la quale il Sole e la Terra si attraggono vicendevolmente.

[$3{,}5 \cdot 10^{22}$ N]

6 Sono date due masse uguali di 10 kg poste alla distanza di 1 m.
a) Determina la forza con cui le due masse si attirano.
b) Ripeti il calcolo quando la distanza diventa 2 m, 4 m.
c) Quale relazione intercorre tra forza e distanza?

[*a*) $6{,}67 \cdot 10^{-9}$ N; *b*) $1{,}67 \cdot 10^{-9}$ N; ...]

7 Sono date due masse una di 1 kg e l'altra di 5 kg poste alla distanza di 1 m.
a) Determina la forza con cui si attirano.
b) Ripeti il calcolo quando la prima massa diventa 2 kg, 3 kg, 4 kg.
c) Quale relazione intercorre tra forza e massa?

[*a*) $3{,}3 \cdot 10^{-10}$ N; *b*) $6{,}7 \cdot 10^{-10}$ N; ...]

8 Osserva la seguente figura.

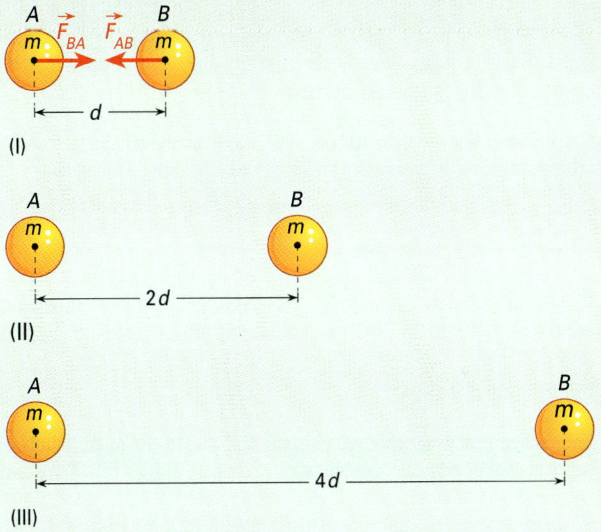

a) Nel caso (II), dato che la distanza è raddoppiata rispetto al caso (I), come si è modificata la forza?

b) Nel caso (III), dato che la distanza è quadruplicata, come si è modificata la forza?

c) Sapendo che nel caso (I) il modulo della forza è 100 N, determina tale modulo nei casi (II) e (III). **[25 N; ...]**

9 Osserva la seguente figura.

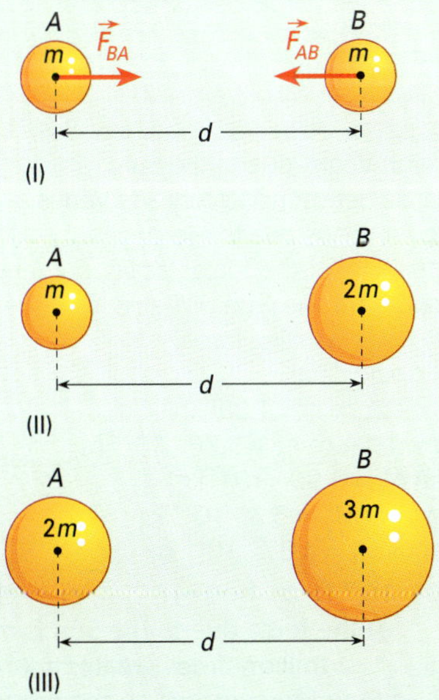

a) Nel caso (II), dato che la massa della seconda sfera è raddoppiata, come si è modificata la forza rispetto al caso (I)?

b) Nel caso (III), dato che entrambe le masse sono cambiate, come si è modificata la forza rispetto al caso (I)?

c) Se nel caso (I) il modulo della forza fosse 100 N, quale sarebbe nel caso (II) e nel caso (III)? **[200 N; ...]**

10 Osserva la figura in questa *Unità* relativa alla prima legge di Keplero.

a) Rappresenta la forza gravitazionale che agisce sulla Terra nel perielio e poi nell'afelio.

b) Quale delle due è maggiore?

c) La forza gravitazionale che la Terra esercita sul Sole quando essa è nel perielio è maggiore, minore o uguale di quella che il Sole esercita sulla Terra sempre nel perielio?

11 Osserva la seguente figura.

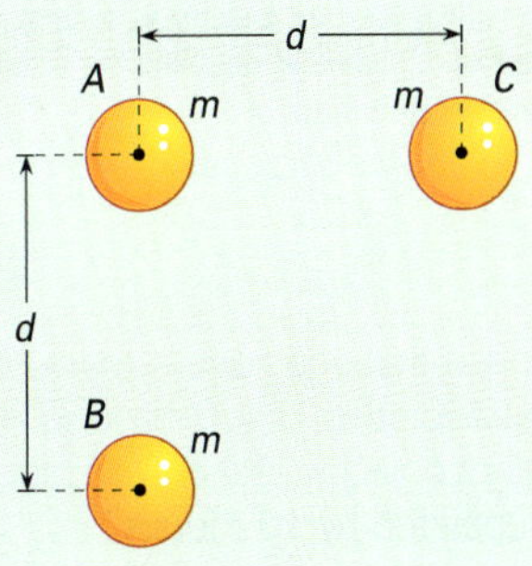

a) Disegna le forze gravitazionali che si esercitano su *A* e traccia quindi la forza risultante.

b) Disegna le forze gravitazionali che si esercitano su *B* e traccia quindi la forza risultante.

12 Il Sole esercita su Giove una forza gravitazionale attrattiva di $4{,}1 \cdot 10^{23}$ N. Sapendo che la loro distanza media è di $7{,}8 \cdot 10^{11}$ m e che la massa del Sole è $1{,}99 \cdot 10^{30}$ kg, determina la massa di Giove.

Suggerimenti La formula inversa a partire dalla legge di gravitazione universale che devi adoperare è $m = F \cdot r^2/(G \cdot ...)$

[$1{,}88 \cdot 10^{27}$ kg]

13 Due persone distanti 2 m si attraggono con una forza gravitazionale di $8 \cdot 10^{-8}$ N. Sapendo che la prima ha una massa di 60 kg, determina quella della seconda persona.

[80 kg]

14 Il Sole attira Marte con una forza gravitazionale di $1{,}6 \cdot 10^{21}$ N. Sapendo che la massa del Sole è $1{,}99 \cdot 10^{30}$ kg e quella di Marte è $6{,}41 \cdot 10^{23}$ kg, determina la loro distanza media.

Suggerimenti Nella legge di gravitazione universale, dopo avere scambiato il posto di *F* con quello di r^2, estraendo la radice quadrata trovi $r = \sqrt{G \cdot ... / ...}$

[$2{,}3 \cdot 10^{11}$ m]

15 Un'automobile di massa 1200 kg è parcheggiata vicino a un furgone di massa 1800 kg. Calcola la distanza fra i due mezzi nel caso in cui la forza gravitazionale con cui si attraggono valga $6{,}5 \cdot 10^{-4}$ N. **[47 cm]**

16 ***ENGLISH*** Determine the force of gravitational attraction between the Earth ($m = 5.98 \cdot 0^{24}$ kg) and a 70-kg student if he is standing at sea level, a distance of $6.38 \cdot 10^6$ m from the Earth's centre.

[686 N]

17 ***ENGLISH*** Suppose that two objects attract each other with a gravitational force of 16 units. If the mass of both objects was tripled, and if the distance between the objects was doubled, then:
a) what would be the net effect on the force?
b) what would be the new force of attraction between the two objects?
Hint If each mass is increased by a factor of 3, then the force will be increased by a factor of…., whereas doubling the distance would cause the force to be decreased by a factor of ….
[*a*) force increased by 9/4; *b*) 36 units]

18 ***ENGLISH*** Suppose that you have a mass of 70 kg. How much mass must another object have in order for your body and the other object to attract each other with a force of 1 N, when separated by 10 meters?
[$m = 2.14 \cdot 10^{10}$ kg]

Problemi

PER COSTRUIRE LE COMPETENZE

La risoluzione dei problemi richiede la conoscenza di argomenti trasversali a più paragrafi. Con il pallino sono contrassegnati i problemi che presentano una maggiore complessità.

1 Ganimede, satellite di Giove, ha un raggio orbitale medio di $1{,}07 \cdot 10^9$ m, e impiega 7,16 giorni a compiere un giro completo. Determina la massa di Giove.

Suggerimenti La forza centripeta che agisce su Ganimede non è altro che la forza di attrazione gravitazionale tra... Inoltre, la massa del satellite non è necessaria, in quanto nella formula risolutiva per trovare la massa di Giove...

[$1{,}9 \cdot 10^{27}$ kg]

• **2** Un asteroide di massa pari a $8{,}30 \cdot 10^{12}$ kg passa tra la Terra (massa $5{,}98 \cdot 10^{24}$ kg) e la Luna (massa $7{,}34 \cdot 10^{22}$ kg), in modo tale che la sua distanza dalla Terra sia sette volte quella rispetto alla Luna. Calcola il modulo della forza agente complessivamente sull'asteroide, sapendo che la distanza tra il nostro pianeta e il suo satellite naturale è di $3{,}84 \cdot 10^8$ m.

Suggerimenti Terra, asteroide e Luna devi intenderli allineati...

[$1{,}17 \cdot 10^{10}$ N]

• **3** La Luna, che ha una massa di $7{,}34 \cdot 10^{22}$ kg, impiega 27,3 giorni a compiere il giro di rivoluzione attorno alla Terra. Considerando il suo moto circolare uniforme con raggio di $3{,}84 \cdot 10^8$ m, trova la velocità tangenziale della Luna e la forza centripeta che agisce su di essa.

Suggerimenti Una volta che hai calcolato l'accelerazione centripeta, tramite il secondo principio della dinamica puoi individuare la forza corrispondente...

[$3{,}68 \cdot 10^3$ km/h; $2 \cdot 10^{20}$ N]

• **4** Un satellite compie un giro completo attorno alla Terra in 90 min all'altezza di 7000 km dalla superficie terrestre. Sapendo che esso è soggetto a una forza centripeta di $7{,}45 \cdot 10^6$ N determinane la massa.

Suggerimenti Per il raggio terrestre assumi: $r_{Terra} = 6{,}378 \cdot 10^6$ m. Per calcolare il raggio medio dell'orbita del satellite occorre sommare il raggio della Terra con...

[$4{,}1 \cdot 10^5$ kg]

5 ***ENGLISH*** If Mercury, Venus and the Sun are aligned in a right triangle, as shown, then calculate:

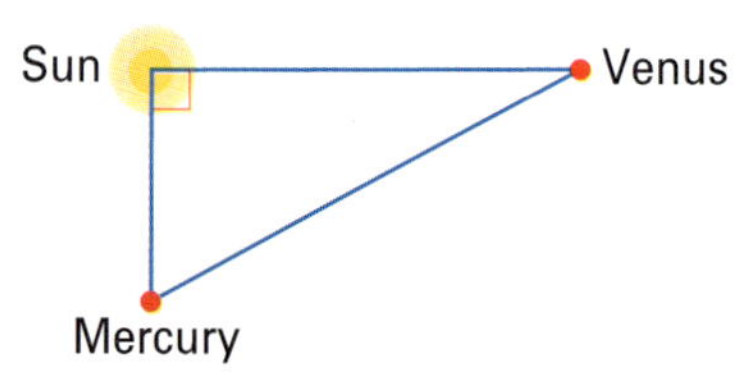

a) the force on Venus due to the Sun;
b) the distance between Mercury and Venus;
c) the force on Venus due to Mercury;
d) the vector sum of the forces acting on Venus, due to both Mercury and the Sun. What is the direction and magnitude of the resulting force?
Use the following data:
Sun-Venus distance $r_v = 1.08 \cdot 10^{11}$ m
Sun-Mercury distance $r_m = 5.76 \cdot 10^{10}$ m
mass of Sun $M_s = 1.99 \cdot 10^{30}$ kg
mass of Mercury $M_m = 3.3 \cdot 10^{23}$ kg
mass of Venus $M_v = 4.87 \cdot 10^{24}$ kg

[*a*) $5.54 \cdot 10^{22}$ N; *b*) $1.08 \cdot 10^{11}$ m; *c*) $9.19 \cdot 10^{15}$ N; *d*) the force due to the Sun is more than a million times greater than the force due to Mercury, and so the net force is…]

Energia e conservazione

Competenze

Unità 13
Lavoro e forme di energia
- Determinazione del lavoro compiuto da una forza e della potenza sviluppata
- Distinzione tra lavoro positivo e negativo di una forza
- Individuazione e quantificazione delle forme di energia presenti in un determinato contesto
- Calcolo dell'energia cinetica, dell'energia potenziale gravitazionale e dell'energia elastica

Unità 14
Principi di conservazione
- Calcolo dell'energia meccanica
- Uso del principio di conservazione dell'energia meccanica
- Uso del principio di conservazione della quantità di moto
- Valutazione del tipo di urto in base alla conservazione dell'energia cinetica

Lezione multimediale

UNITÀ 13 Lavoro e forme di energia

13.1 Il lavoro

Ogni mattina molte persone si recano al *lavoro*. Questo termine nel linguaggio comune ha un significato piuttosto generico, perché riguarda un numero assai grande di azioni fra loro estremamente differenti. In Fisica, invece, il concetto di lavoro individua solo particolari e ben definite situazioni.

ANIMAZIONE

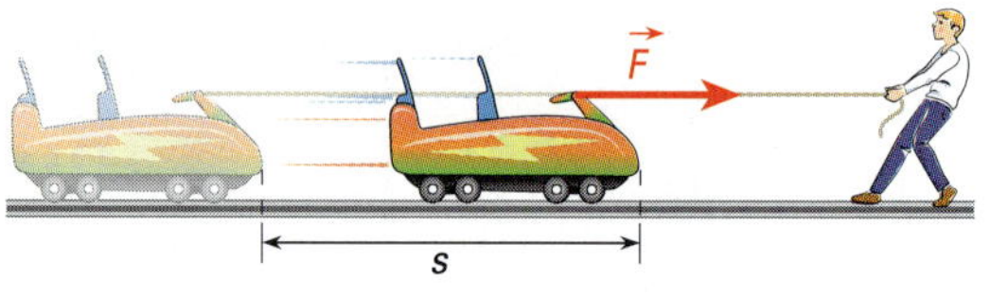

Un vagoncino è ancorato saldamente alle rotaie, in modo tale che esso si possa spostare unicamente avanti e indietro lungo i binari. Se lo tiri, esercitando una forza costante per mezzo della corda parallelamente ai binari, ottieni un suo spostamento nella stessa direzione della forza applicata. In questo caso, puoi dire di avere compiuto un *lavoro*.

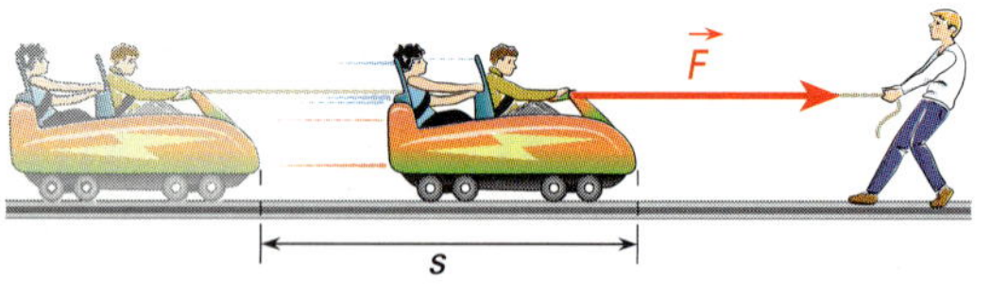

Se il vagoncino è carico di persone, per cui devi applicare una forza maggiore per avere lo stesso spostamento, il lavoro compiuto sarà maggiore rispetto al caso precedente. Un discorso analogo vale se, applicando una forza uguale, lo sposti di un tratto più lungo.

Ricorda!...

Si può parlare di lavoro soltanto se all'applicazione di una forza consegue uno spostamento del corpo sollecitato.

Dal momento che il lavoro aumenta all'aumentare sia del modulo F della forza applicata sia dello spostamento s, possiamo darne una prima semplice definizione, valida esclusivamente quando forza e spostamento hanno la stessa direzione e lo stesso verso, cioè sono paralleli e concordi.

lavoro (F parallela a s)

$$L = F \cdot s$$

L è il simbolo di lavoro.

FLASH

In quale delle seguenti situazioni il soggetto fotografato sta compiendo un lavoro?

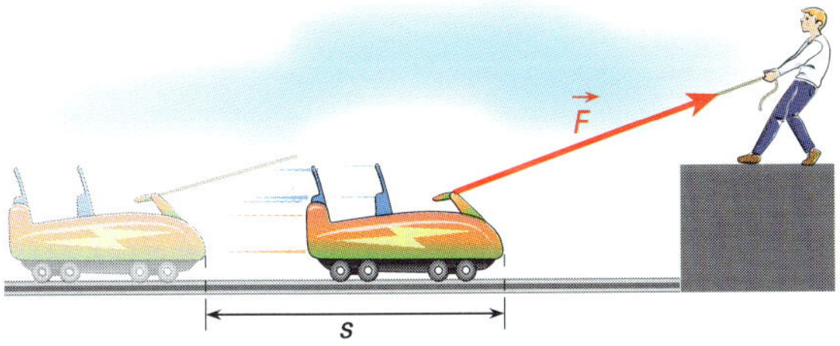

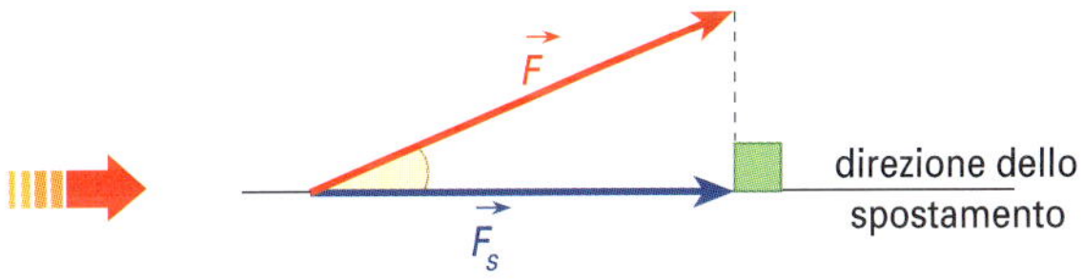

Potrebbe però capitare che per spostare il vagoncino tu debba tirare con la stessa forza costante di prima, ma obliquamente rispetto ai binari.

▶ Anche in questo caso ottieni uno spostamento, però con maggiore difficoltà rispetto a quello precedente. Prova a spiegare, con parole tue, perché.

....

....

In pratica è come se non tutta la forza applicata servisse a spostare il vagoncino: una parte viene spesa nel tentativo di sollevarlo e cambiare così la direzione lungo la quale si muove. Tuttavia, questo cambiamento è reso impossibile dal vincolo che lo costringe ad aderire alle due rotaie.

Allora, per lo spostamento risulta efficace solo la parte residua di forza che agisce parallelamente ai binari.

Per determinare la *componente attiva* della forza, basta tracciare dall'estremo del vettore forza $\vec{F}$ la perpendicolare alla direzione dello spostamento.

Si ottiene così $\vec{F_s}$, **proiezione della forza nella direzione dello spostamento**, che rappresenta il vettore componente della forza che effettivamente contribuisce allo spostamento e che, come si vede, è minore in modulo di $\vec{F}$.

Potresti agevolmente verificare che, all'aumentare dell'angolo tra la corda con cui applichiamo la forza e la direzione dello spostamento, il vagoncino si sposta sempre meno agevolmente. Quando l'angolo è di 90° il vagoncino non si sposta per niente, perché $F_s = 0$.

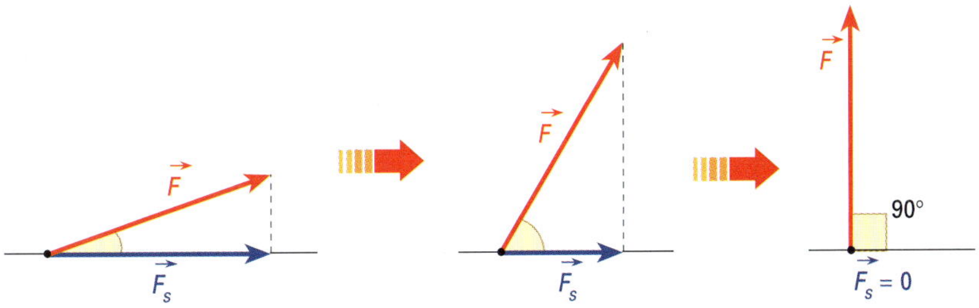

Man mano che l'angolo tra la direzione della forza e quella dello spostamento aumenta, la componente F_s della forza $\vec{F}$ lungo la direzione dello spostamento diminuisce, fino ad annullarsi quando l'angolo è di 90°.

Possiamo perciò concludere che quando una forza costante e lo spostamento (che sono due vettori) hanno diversa direzione, il **lavoro** è dato dal prodotto della proiezione F_s della forza nella direzione dello spostamento per lo spostamento stesso s.

lavoro

informazione Il **lavoro** dà un'indicazione dell'efficacia di una certa forza al fine di ottenere un determinato spostamento.

definizione Il **lavoro** è dato dal prodotto tra la componente della forza nella direzione dello spostamento e lo spostamento stesso:

$$\text{lavoro} = \begin{pmatrix}\text{componente della forza} \\ \text{nella direzione dello spostamento}\end{pmatrix} \text{spostamento}$$

E quindi:

formula $L = F_s \cdot s$

Per trovare l'unità di misura partendo dalla definizione si avrà:

$$L = F_s \cdot s \;\Rightarrow\; \underset{\text{(misurata in newton)}}{\text{forza}} \cdot \underset{\text{(misurato in metri)}}{\text{spostamento}} \;\Rightarrow\; \text{N} \cdot \text{m}$$

Tale unità è detta **joule** (simbolo **J**), dal nome di un fisico inglese vissuto nel l'Ottocento che si occupò, fra l'altro, della relazione fra il calore e il lavoro: James Prescott Joule (1818-1889).

joule $1\ \text{J} = 1\ \text{N} \cdot \text{m}$

Ricorda!...

Il lavoro è una grandezza scalare. È perciò sufficiente un valore numerico, fornito nell'appropriata unità di misura, a identificarlo completamente.

Si ha un lavoro di 1 joule quando la componente della forza nella direzione dello spostamento e con lo stesso verso vale 1 newton e lo spostamento, a sua volta, è pari a 1 metro.
Per comprendere appieno il significato di lavoro, è importante fare attenzione a quanto segue. Non necessariamente la forza esaminata è sempre causa diretta e unica dello spostamento preso in esame.

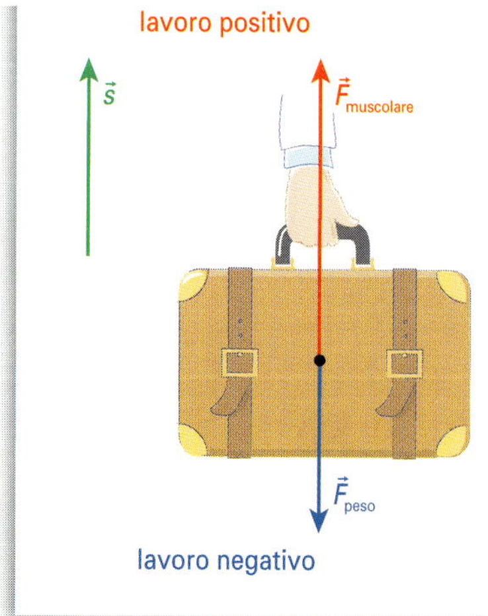

Quando per esempio sollevi una valigia da terra e la metti su una mensola, oltre alla tua forza muscolare che determina effettivamente il sollevamento, è presente anche la forza peso che, al contrario, non contribuisce attivamente allo spostamento della valigia, anzi vi si oppone. Si dice perciò che la forza muscolare, contribuendo al sollevamento, compie un **lavoro positivo**, mentre la forza peso, opponendosi, compie un **lavoro negativo**.

ESPANSIONI **Rappresentazione grafica del lavoro**

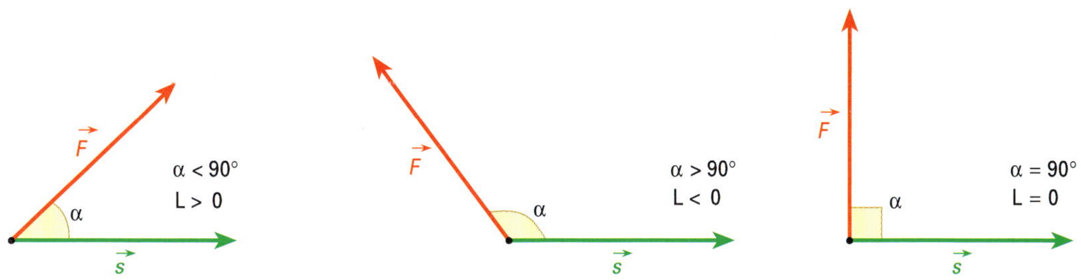

Se la forza è parallela allo spostamento, o per lo meno forma con la direzione di quest'ultimo un angolo acuto, si parla di **lavoro positivo** o **lavoro motore**.

Se l'angolo è ottuso (incluso l'angolo di 180°), si ha un **lavoro negativo** o **lavoro resistente**.

Quando l'angolo è di 90°, il lavoro è nullo: la forza non dà nessun contributo per uno spostamento a essa perpendicolare.

lavoro motore e lavoro resistente

13.2 La potenza

Supponiamo di avere due ascensori che portano un identico carico di persone e che, dunque, compiono il medesimo lavoro. Però, mentre uno arriva al quinto piano in dodici secondi, l'altro ne impiega ventuno. Possiamo dire che hanno la stessa produttività? È intuitivo che, a parità di lavoro svolto, il primo dispositivo risulti più efficiente del secondo.

Diventa necessario introdurre una nuova grandezza che consenta di mettere in relazione il lavoro compiuto con l'intervallo di tempo impiegato a compierlo. Questa grandezza (che usiamo spessissimo quando parliamo di automobili, di sport, di impianti industriali, di hi-fi...) prende il nome di **potenza**.

La **potenza** consente di sapere quanto lavoro viene svolto in un certo intervallo di tempo, ovvero con quanta rapidità viene compiuto un determinato lavoro. — informazione

In particolare, considerate le grandezze implicate, si ha che:

La **potenza** è il rapporto fra il lavoro compiuto e l'intervallo di tempo impiegato a compierlo: — definizione

$$\text{potenza} = \frac{\text{lavoro compiuto}}{\text{intervallo di tempo impiegato a compierlo}}$$

e quindi, ricorrendo ai simboli:

$$P = \frac{L}{\Delta t}$$

formula

potenza

Ricorda!...

Dato che il watt corrisponde a una potenza piccola rispetto ai valori con cui normalmente si ha a che fare, si usa spesso un suo multiplo, il **kilowatt** (simbolo **kW**):

1 kW = 1000 W

Resta da specificare l'unità di misura della potenza. In base alla definizione stessa si avrà:

$$P = \frac{L}{\Delta t} \Rightarrow \frac{\text{lavoro (misurato in joule)}}{\text{intervallo di tempo (misurato in secondi)}} \Rightarrow \frac{\text{J}}{\text{s}}$$

L'unità di misura della potenza è chiamata **watt** (**W**), dall'ingegnere scozzese James Watt (1736-1819) che nel 1769 brevettò la prima macchina a vapore funzionante.

watt

$$1\,\text{W} = 1\,\frac{\text{J}}{\text{s}}$$

Si sviluppa la potenza di 1 watt quando viene compiuto il lavoro di 1 joule nell'intervallo di tempo di 1 secondo.

13.3 L'energia

Nel paragrafo iniziale abbiamo immaginato di tirare un vagoncino, sfruttando la capacità dei nostri muscoli, e siamo giunti alla conclusione che questa azione determina qualcosa che abbiamo chiamato *lavoro*. Tuttavia, i nostri muscoli possiedono la capacità di eseguire un lavoro, anche se stiamo fermi senza fare nulla.
In parole povere, prima ancora di metterci all'opera, i muscoli hanno una sorta di attitudine a trainare il vagoncino, indipendentemente dal fatto che poi l'azione venga effettivamente compiuta.

Possiamo pertanto pensare di attingere, ogni volta che si deve compiere del lavoro, da un *qualcosa* che per sua natura ha tale possibilità. Ovviamente, il *qualcosa* di cui parliamo non dipende dal fatto che il lavoro stesso venga eseguito oppure no. A questa entità diamo il nome di **energia**.

energia

L'**energia** è la possibilità che venga compiuto del lavoro.

Ricorda!...

Energia e **lavoro**, pur *non* individuando lo stesso concetto fisico, hanno la stessa unità di misura, il joule, perché sono grandezze affini: l'una si può trasformare nell'altra e viceversa.

Dal momento che ciò che prima era energia lo possiamo ritrovare in un secondo tempo sotto forma di lavoro, ne segue che l'unità di misura dell'energia dovrà essere identica a quella del lavoro, cioè il **joule**.

Probabilmente talvolta avrai sentito i tuoi genitori lamentarsi del costo del **kilowattora** (**kWh**) all'arrivo delle bollette sui consumi di energia elettrica. Questa particolare unità di misura non riguarda la potenza, come potrebbe sembrare, bensì l'*energia*.

kilowattora

Il **kilowattora** è la quantità di energia corrispondente a una potenza di 1 kW erogata per un intervallo di tempo pari a 1 ora.

Se vuoi sapere a quanti joule equivale, è sufficiente svolgere un facile calcolo:

$$1\,\text{kWh} = (1\,\text{kW}) \cdot (1\,\text{h}) = (1000\,\text{W}) \cdot (3600\,\text{s}) = 3\,600\,000\,\text{W} \cdot \text{s} =$$
$$= 3\,600\,000\,\text{J} = 3{,}6 \cdot 10^6\,\text{J}$$

Avendo considerato che da 1 W = 1 J/s, segue che 1 J = 1 W · s.

L'energia esiste in molte forme, alle quali possiamo attingere più o meno direttamente per ottenere del lavoro.

Cinetica...

... dovuta al movimento dei corpi.

Gravitazionale...

... legata all'interazione reciproca fra masse.

Elastica...

... associata alla deformazione di un corpo.

Chimica...

... provocata dall'interazione reciproca fra entità elementari che costituiscono la materia (molecole, atomi, ...).

Termica...

... collegata al movimento di agitazione delle particelle che costituiscono la materia.

Elettrica...

... generata dal movimento delle cariche elettriche.

Magnetica...

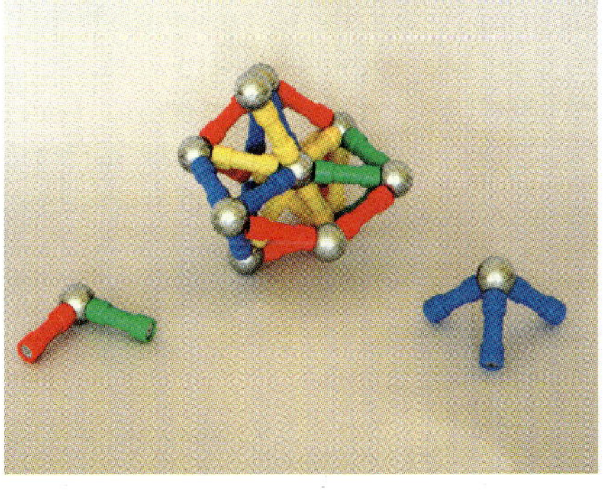

... connessa alla posizione reciproca di magneti elementari.

Elettromagnetica...

... determinata dalla propagazione di campi variabili di natura elettrica e magnetica.

Nucleare...

... generata dalla disintegrazione di atomi pesanti in altri più leggeri con trasformazione di massa in energia.

L'energia è caratterizzata dal fatto di essere soggetta a continue trasformazioni da una forma all'altra.
Vediamone qualche esempio.

Il sole emette energia che si presenta in varie forme: termica, elettromagnetica, nucleare.

L'energia associata alla luce viene immagazzinata dal grano, grazie alla fotosintesi, come energia chimica.

L'energia chimica del cibo viene in parte immagazzinata per affrontare le esigenze energetiche della vita quotidiana e in parte è immediatamente utilizzata dal nostro organismo sotto varie forme (energia termica, cinetica, elettrica...).

Durante la discesa in una pista sciistica l'energia chimica si trasforma in energia cinetica e, durante la fase di sollevamento, in energia potenziale gravitazionale.

L'energia chimica immagazzinata dai carburanti sviluppa energia termica.

Grazie all'energia termica l'acqua diventa vapore e fa girare la turbina.

L'energia cinetica della rotazione della turbina mette in movimento il generatore che produce energia elettrica.

Quando giunge nelle abitazioni l'energia elettrica può essere trasformata in un particolare tipo d'energia meccanica che noi percepiamo come suono.

Ricorda!...

Quando tramite una macchina otteniamo del lavoro, non facciamo altro che sfruttare un qualche processo durante il quale l'energia passa da una forma all'altra.

13.4 L'energia cinetica

Un'automobile che corre a gran velocità...

Una palla da bowling tirata da un giocatore...

Una massa di acqua che scende impetuosa...

▶ Che cosa hanno in comune queste situazioni fra loro tanto diverse? ....

Se all'automobile agganciamo un caravan, lo trascina via; se la palla da bowling colpisce i birilli, li fa rotolare; infine, se l'acqua passa dentro una turbina, fa ruotare le pale... In tutti e tre i casi ci troviamo di fronte a corpi in movimento che sono in grado di trasmettere delle forze ad altri corpi e di spostarli, di effettuare cioè un lavoro. Sulla base di quanto detto nel paragrafo precedente, per la semplice circostanza di essere in movimento, quei corpi possiedono dunque energia. Questa particolare forma di energia si chiama **energia cinetica**.

L'**energia cinetica** è quella forma di energia che un corpo possiede per il fatto di essere in movimento.

energia cinetica (definizione)

La relazione esprimente l'**energia cinetica** è:

$$E_C = \frac{1}{2} m \cdot v^2$$

energia cinetica (formula)

L'unità di misura dell'energia cinetica è il **joule** (J). Evidenziamo i fattori dai quali essa dipende.

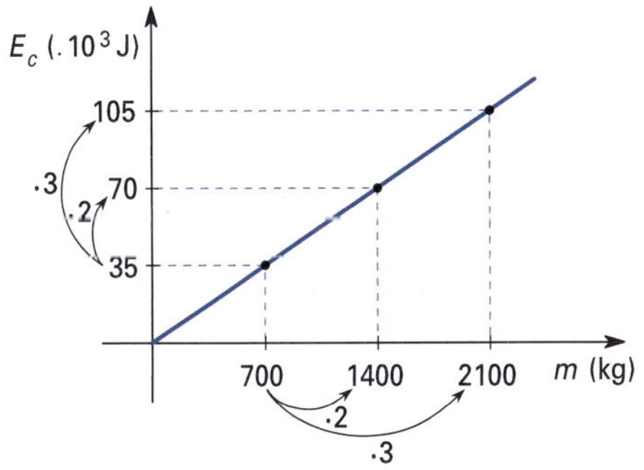

• **L'energia cinetica è direttamente proporzionale alla massa.**
La diretta proporzionalità comporta che se la massa raddoppia (da 700 kg a 1400 kg) anche l'energia cinetica raddoppia (da $35 \cdot 10^3$ J a $70 \cdot 10^3$ J). Analogamente, se la massa triplica o quadruplica, l'energia cinetica fa altrettanto. Di conseguenza, il grafico che rappresenta la relazione tra le due grandezze dà origine a una retta.

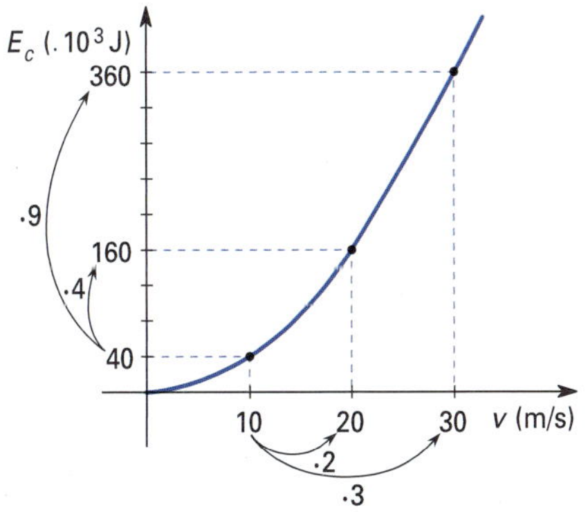

• **L'energia cinetica è proporzionale al quadrato della velocità.**
Il fatto che tra le due grandezze vi sia una proporzionalità quadratica significa che se la velocità raddoppia, l'energia cinetica diventa quattro volte più grande; se la velocità triplica, l'energia cinetica diventa nove volte più grande, e così via. Nella figura si vede che il grafico corrispondente è un tratto di parabola.

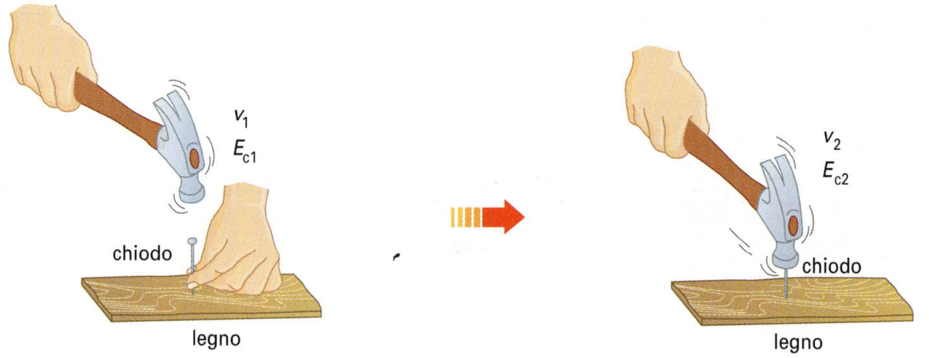

È abbastanza intuitivo pensare che un corpo in movimento possa spostare altri corpi e, perciò, compiere un lavoro a scapito della propria energia cinetica, riducendo la velocità. O, viceversa, che possa assorbire lavoro e incrementare così la sua velocità e, quindi, l'energia cinetica posseduta. Al riguardo, riveste notevole interesse il **teorema delle forze vive**. Il lavoro compiuto dalla forza applicata a un corpo, che si sposta dalla posizione 1 alla posizione 2, è uguale alla variazione di energia cinetica del corpo nel corso di tale spostamento:

SCHEDA LAB

teorema delle forze vive $L = E_{C2} - E_{C1}$ cioè $L = \frac{1}{2} m \cdot v_2^2 - \frac{1}{2} m \cdot v_1^2$

▶ Che cosa succede quando $v_2 > v_1$? E quando si verifica il contrario, cioè $v_2 < v_1$? Prova a rispondere ....

....

....

Nel primo caso, dato che l'energia cinetica finale è evidentemente maggiore di quella iniziale, la variazione di energia cinetica è positiva e quindi anche il lavoro risulta positivo: si tratta di lavoro *motore*. Nel secondo caso, la situazione è quella opposta: il lavoro è negativo, cioè *resistente*.

FLASH

Perché per mettere un chiodo su un'asse non ci limitiamo ad appoggiare il martello sulla testa del chiodo e a esercitare da fermo la massima pressione possibile?

L'uomo trasforma la propria energia muscolare in energia cinetica imprimendo velocità alla massa m del martello. Quando il martello impatta il chiodo e si ferma, vi è un rapido passaggio della velocità da v a 0, e quindi la variazione dell'energia cinetica diventa lavoro esercitato sul chiodo. Essendo lo spostamento s del chiodo molto limitato, risulta elevata la forza esercitata sulla testa del chiodo e, di conseguenza, anche la pressione è molto maggiore.

13.5 L'energia potenziale gravitazionale

Una biglia d'acciaio si trova in cima a uno scivolo, mentre un'automobilina è ferma in fondo alla discesa. Se lasciamo scivolare la biglia, questa comincerà a scendere e, urtando contro il modellino, lo metterà in movimento.

▶ Che cosa ha fatto, da un punto di vista fisico, la biglia nei riguardi dell'automobilina?

....

Dato che, in seguito all'urto ha messo in movimento un corpo e lo ha spostato, possiamo affermare che la sferetta metallica ha compiuto un lavoro. Ma che cosa le ha dato questa possibilità? Evidentemente, la circostanza di trovarsi inizialmente ferma in cima allo scivolo, cioè in una posizione particolare, ha fatto sì che potesse scendere, acquistare la velocità necessaria e, spostando il modellino, compiere un lavoro.

Dunque, la biglia compie un lavoro in quanto possiede energia e tale energia è dovuta alla posizione nella quale si trova inizialmente.
Nel caso in cui, come nell'esempio da noi fatto, la posizione del corpo è relativa al campo gravitazionale terrestre, si parla di **energia potenziale gravitazionale**.

L'**energia potenziale gravitazionale** è quella forma di energia che un corpo possiede a causa della posizione che esso occupa rispetto a un livello di riferimento opportunamente scelto nel campo gravitazionale terrestre.

energia potenziale gravitazionale (definizione)

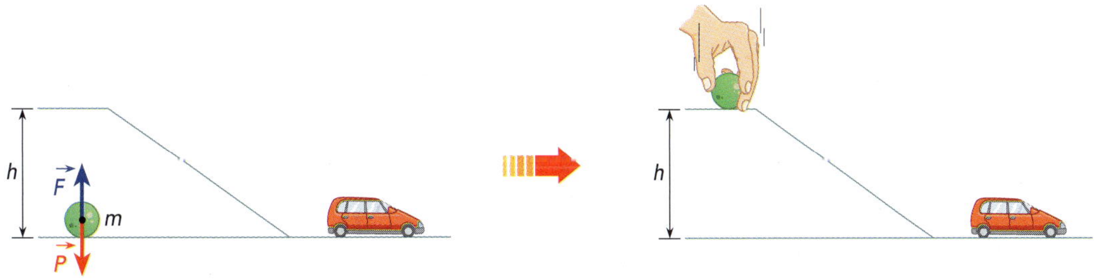

La posizione giustifica il possesso di energia da parte di un corpo. Nell'eventualità in cui la sferetta di massa m si fosse trovata, immobile, allo stesso livello dell'automobilina, non avrebbe potuto produrre nessuna conseguenza su di essa; in altre parole, non avrebbe potuto compiere alcun lavoro. Questa possibilità la acquista solo quando viene portata in cima allo scivolo di altezza h...

Infatti, per portarla su dobbiamo mettere in campo la nostra forza muscolare, necessaria per vincere il peso P della sfera metallica che tende a riportarla verso terra. E qui il ragionamento si completa: il lavoro svolto da noi sulla biglia per portarla ad altezza h, che è dato da $P \cdot h$, è proprio ciò che essa si ritrova in cima allo scivolo sotto forma di energia di posizione!

ANIMAZIONE

Quindi, ricordando che $P = m \cdot g$, l'espressione dell'**energia potenziale gravitazionale** è:

energia potenziale gravitazionale (formula)

$$U_g = m \cdot g \cdot h$$

L'unità di misura dell'energia potenziale è il **joule** (**J**).

Ricorda!...

L'energia potenziale gravitazionale immagazzinata in un corpo è riconducibile a un lavoro compiuto precedentemente sul corpo e alla presenza di forze che agiscono su di esso.

esempio

Calcoliamo l'altezza dell'impalcatura alla quale si trova un uomo di 75 kg, sapendo che ha un'energia potenziale gravitazionale di 14 715 J.

Parti dalla formula:

$$U_g = m \cdot g \cdot h$$

dividendo ambo i membri per $m \cdot g$

$$\frac{U_g}{m \cdot g} = \frac{\cancel{m} \cdot \cancel{g} \cdot h}{\cancel{m} \cdot \cancel{g}}$$

semplificando

$$h = \frac{U_g}{m \cdot g}$$

e sostituendo i valori

$$h = \frac{14\,715}{75 \cdot 9{,}81} = 20 \text{ m}$$

ANIMAZIONE

13.6 L'energia potenziale elastica

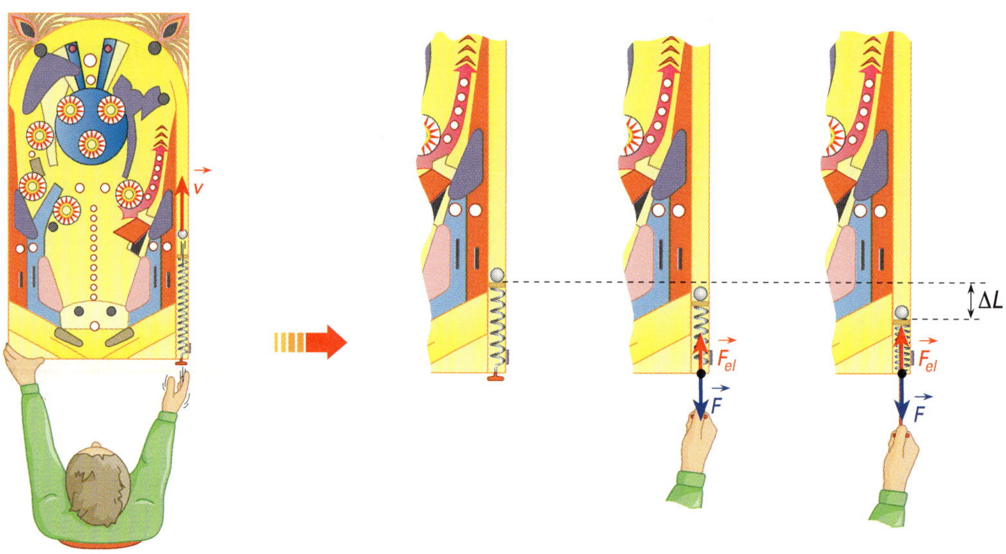

Stai iniziando una partita a flipper. Quando, dopo averla tirata, lasci andare la molla della manopola, la pallina è scagliata lontano: viene di conseguenza compiuto un lavoro. Anche in questo caso siamo in presenza di un'energia potenziale che dipende dalla posizione della molla. Da dove proviene questa energia?

Man mano che comprimi la molla, la forza di reazione elastica cresce di intensità e il lavoro che stai compiendo viene immagazzinato dalla molla sotto forma di energia potenziale. È proprio questa energia potenziale che dà alla molla la possibilità di compiere un lavoro sulla pallina.

Se non fosse stata compressa, la molla non avrebbe causato lo spostamento della pallina collocata alla sua estremità: tale potenzialità nasce solo quando la molla viene compressa, vale a dire quando, utilizzando la forza muscolare, si agisce contro la forza elastica che tende a riportarla nella posizione di riposo.

▶ Noti delle analogie con l'energia potenziale gravitazionale?

....

....

In entrambi i casi, sia pure con diverse modalità, siamo in presenza di una forza che agisce sui corpi contrastando una certa azione: la forza peso si oppone al sollevamento così come la forza elastica si oppone alla compressione. Si parla, così, di **energia potenziale elastica**.

L'**energia potenziale elastica** è quella forma di energia immagazzinata in una molla in seguito a un suo allungamento o a una sua compressione rispetto alla posizione di equilibrio.

energia potenziale elastica (definizione)

L'energia potenziale elastica è pari al lavoro compiuto dalla forza muscolare per modificare la lunghezza della molla e la sua formula è:

$$U_{el} = \frac{1}{2} K \cdot (\Delta L)^2$$

energia potenziale elastica (formula)

dove K rappresenta la costante elastica e ΔL la variazione di lunghezza della molla.

Ricorda!...

Oltre alle due forme di energia potenziale fin qui viste, ne esistono altre dovute alla presenza di forze di natura diversa rispetto a quella gravitazionale o elastica. Per esempio, là dove entrano in gioco forze di tipo elettrico, si ha a che fare con l'*energia potenziale elettrica*, determinata dalla posizione che una carica elettrica occupa rispetto a un'altra carica.

FLASH

Molle e maniglie

Per facilitare la chiusura delle porte esiste un dispositivo basato su una molla che viene compressa di *s* durante l'apertura.
Pertanto in questa fase viene immagazzinata energia potenziale elastica che poi è restituita in fase di dilatazione.
In questo modo si ottiene la chiusura, che corrisponde alla posizione d'equilibrio della molla.

IN SINTESI

AUDIO

- Il **lavoro** L è una grandezza scalare che dà un'indicazione dell'efficacia di una forza al fine di ottenere uno spostamento; in generale, è dato dal prodotto tra la componente della forza nella direzione dello spostamento e lo spostamento stesso; in formula:

  $$L = F_s \cdot s$$

  Il lavoro si misura in joule (J), dove 1 J = 1 N · m.
  In un grafico forza-spostamento, l'area compresa tra la funzione che rappresenta la forza e l'asse dello spostamento individua il lavoro.

- Si parla di **lavoro motore**, o *positivo*, quando la forza è parallela allo spostamento o forma con la direzione di quest'ultimo un angolo acuto; si parla di **lavoro resistente**, o *negativo*, quando l'angolo formato è ottuso (incluso l'angolo di 180°).
  Quando l'angolo tra la direzione della forza e quella dello spostamento è di 90°, il lavoro è *nullo*.

- La **potenza** è il rapporto tra il lavoro compiuto e l'intervallo di tempo impiegato a compierlo:

  $$P = \frac{L}{\Delta t}$$

  e si misura in **watt** (W), dove $1\ \text{W} = 1\ \frac{\text{J}}{\text{s}}$

- L'**energia** è la *possibilità che venga compiuto lavoro*, si misura in joule (o anche in kilowattora, kWh) ed è soggetta a continue trasformazioni da una forma all'altra.
  Quando tramite una macchina otteniamo lavoro, non facciamo altro che sfruttare un processo durante il quale l'energia passa da una forma all'altra. Le *principali forme d'energia* sono: cinetica, gravitazionale, elastica, chimica, termica, elettrica, magnetica ed elettromagnetica, nucleare.

- L'**energia cinetica** è definita come quell'energia che un corpo possiede per il fatto di essere in movimento. La sua formula è:

  $$E_C = \frac{1}{2} m \cdot v^2$$

  L'energia cinetica è:
  - direttamente proporzionale alla massa;
  - proporzionale al quadrato della velocità.

  In base al **teorema delle forze vive**, il lavoro compiuto da una forza nello spostamento di un corpo dalla posizione 1 alla posizione 2 è uguale alla *variazione di energia cinetica* del corpo nel corso di tale spostamento.
  La formulazione matematica del teorema delle forze vive è:

  $$L = E_{C2} - E_{C1} \qquad \text{cioè} \qquad L = \frac{1}{2} m \cdot v_2^2 - \frac{1}{2} m \cdot v_1^2$$

  Pertanto, tale lavoro sarà motore se $v_2 > v_1$, resistente se $v_2 < v_1$.

- L'**energia potenziale gravitazionale** è quella forma di energia che un corpo possiede a causa della posizione che esso occupa, rispetto a un livello di riferimento opportunamente scelto nel campo gravitazionale terrestre; la sua formula è:

  $$U_g = m \cdot g \cdot h$$

- L'**energia potenziale elastica** è la forma di energia immagazzinata in una molla in seguito a un suo allungamento o a una sua compressione rispetto alla posizione di equilibrio; è data da:

  $$U_{el} = \frac{1}{2} K \cdot (\Delta L)^2$$

- K rappresenta la costante elastica e ΔL la variazione di lunghezza della molla.

STRUMENTI DI CONSOLIDAMENTO E VERIFICA

VERIFICHE

Vero-falso

1 Il lavoro e l'energia hanno la stessa unità di misura. V F

2 La potenza si misura in joule. V F

3 Il lavoro è nullo se la forza è parallela allo spostamento. V F

4 Durante la discesa lungo un piano inclinato la forza peso compie un lavoro. V F

5 L'energia cinetica è direttamente proporzionale all'altezza rispetto al suolo. V F

6 Dati *A* e *B* di masse diverse, il corpo che si muove più velocemente ha maggior energia cinetica. V F

7 Se raddoppia la velocità, raddoppia l'energia cinetica. V F

8 Un sasso di massa 2 *m* ha sempre energia potenziale doppia di un sasso di massa *m*. V F

9 Edoardo di massa 65 kg e Nicola di massa 78 kg possono avere la stessa energia cinetica. V F

10 L'energia potenziale elastica è direttamente proporzionale alla variazione di lunghezza della molla rispetto alla posizione di equilibrio. V F

Test a scelta multipla

1 Quale condizione deve essere rispettata affinché valga la relazione $L = F \cdot s$?

A La forza applicata *F* e lo spostamento *s* devono essere fra loro perpendicolari

B La forza applicata *F* e lo spostamento *s* devono essere fra loro paralleli

C La forza applicata *F* e lo spostamento *s* devono formare un angolo di 45°

D Nessuna: la forza applicata *F* e lo spostamento *s* possono avere direzione e verso qualunque

2 Qual è la definizione corretta di joule?

A È il lavoro compiuto da una forza di 1 N su un corpo che si sposta nella sua direzione di 1 m

B È la forza che provoca un'accelerazione di 1 m/s^2 su un corpo di 1 kg

C È l'energia sviluppata nell'unità di tempo

D È la forza che allunga di 1 cm una molla che ha una costante elastica di 1 N/cm

3 Qual è la formula corretta per l'energia cinetica?

A $E_C = \frac{1}{2} K \cdot (\Delta L)^2$

B $E_C = m \cdot v$

C $E_C = \frac{1}{2} m \cdot h^2$

D $E_C = \frac{1}{2} m \cdot v^2$

4 Quali grandezze mette in relazione la potenza?

A L'energia che un corpo possiede con la forza a esso applicata

B La quantità di energia assorbita o ceduta con l'intervallo di tempo

C La forza applicata a un corpo con la durata temporale di tale applicazione

D La forza applicata a un corpo con la superficie su cui essa agisce

5 A quale delle seguenti grandezze associ direttamente il concetto di energia?

A Densità

B Pressione

C Lavoro

D Intervallo di tempo

6 Quando due grandezze sono legate da relazione di proporzionalità quadratica, il loro grafico è:

A una parabola

B una retta

C un'iperbole

D una semicirconferenza

7 **Qual è l'unità di misura dell'energia cinetica?**

A joule

B newton

C m^2/s^2

D $kg \cdot m/s$

8 **Qual è la formula corretta per l'energia potenziale gravitazionale?**

A $U_g = \frac{1}{2} g \cdot v^2$

B $U_g = m \cdot g \cdot v$

C $U_g = m \cdot g \cdot h$

D $U_g = \frac{1}{2} m \cdot h$

9 **Quale dei seguenti casi individua una maggiore energia potenziale elastica?**

A Costante elastica pari a 30 N/m e allungamento pari a 8 cm

B Costante elastica pari a 15 N/m e allungamento pari a 0,08 m

C Costante elastica pari a 60 N/m e allungamento pari a 4 cm

D Costante elastica pari a 10 N/m e allungamento pari a 0,16 m

10 **A una molla verticale è stato appeso un corpo, che si trova in equilibrio. Quali forme di energia possono essere presenti?**

A Energia cinetica ed energia potenziale gravitazionale

B Energia cinetica ed energia potenziale elastica

C Energia potenziale elastica ed energia potenziale gravitazionale

D Energia cinetica, energia potenziale elastica ed energia potenziale gravitazionale

Applichiamo le conoscenze

Esercizi

13.1 Il lavoro

1 Un viaggiatore tira una valigia con le rotelle inclinata di 60° rispetto al pavimento.

a) Schematizza graficamente la situazione rappresentando $\vec{F}$ ed $\vec{s}$.

b) Il lavoro è positivo o negativo?

c) Se l'angolo diminuisse, a parità di forza applicata, il lavoro sarebbe maggiore o minore?

2 Un corpo si sposta, a causa dell'azione di una forza costante di modulo pari a 25 N agente nella direzione e nel verso dello spostamento, di 460 cm. Calcola il lavoro compiuto dalla forza. [115 J]

Per lo svolgimento dell'esercizio, completa il percorso guidato, inserendo gli elementi mancanti dove compaiono i puntini.

1 I dati sono (nel SI): ....

....

2 La formula da usare, dato che ti viene richiesto il lavoro, è:

$L =$ ....

3 Sostituisci nella formula i dati, trovando perciò:

$L =$ .... = ...

3 Un cavallo tira un carro esercitando una forza di 520 N per un tratto di 1,2 km. Calcola il lavoro compiuto, sapendo che forza e spostamento sono paralleli. [$6{,}24 \cdot 10^5$ J]

4 Un muratore si trova su una piattaforma a 8 m da terra e sul pavimento della piattaforma si trova una lastra di 25 kg.

a) Se il muratore solleva la lastra a 1,10 m dal pavimento della piattaforma compie un lavoro?

b) Si tratta di un lavoro motore o resistente?

c) Calcola il lavoro del muratore.

d) Durante il sollevamento la forza peso della lastra compie un lavoro motore o resistente?

e) Calcola il lavoro di tale forza peso. [*c*) 270 J]

5 Una forza costante che agisce su un corpo ne provoca uno spostamento pari a 640 m in direzione e verso della forza, compiendo un lavoro di $8 \cdot 10^3$ J.
Calcola il valore del modulo della forza.

Suggerimenti **Devi utilizzare l'opportuna formula inversa a partire dalla definizione del...**

[12,5 N]

6 Una gru per sollevare un carico in verticale da terra all'altezza di 6,25 m compie un lavoro di $250 \cdot 10^3$ J. Calcola la forza applicata e la massa del carico.

[40 000 N; 4080 kg]

7 Un corpo si sposta a seguito dell'azione di una forza costante di modulo pari a 12,5 N, la quale agisce nella direzione e nel verso dello spostamento. Sapendo che la forza compie un lavoro pari a 200 J, trova il valore dello spostamento.

Suggerimenti **Devi utilizzare l'opportuna formula inversa a partire dalla definizione del...**

[16 m]

8 Una forza costante, il cui modulo è $20 \cdot 10^3$ N, compie un lavoro di $4{,}4 \cdot 10^6$ J su un masso che si sposta parallelamente alla forza stessa. Trova il valore dello spostamento; quindi, ipotizzando che una forza doppia ottenga lo stesso lavoro, determina il nuovo valore dello spostamento.

[220 m; 110 m]

9 Supponiamo che una forza applicata a un carrello formi un angolo di 60° rispetto alla direzione dello spostamento. Sapendo che il carrello avanza di 10 m, completa la seguente tabella.

***F* (N)**	10	20	30	40	50
F_s (N)	...	...	...	...	...
***L* (J)**	...	...	...	...	...

10 Un corpo si sposta di 50 m a causa di una forza che vale 30 N e che agisce in una direzione che forma un angolo di 45° con quella dello spostamento. Calcola il lavoro compiuto dalla forza.

Suggerimenti **Per trovare la componente della forza nella direzione dello spostamento, essendo l'angolo di 45°, devi ricorrere alla relazione tra i lati e la diagonale del quadrato $l = d/\sqrt{2}$...**

[1060 J]

11 Supponendo che una forza formi un angolo di 45° rispetto alla direzione dello spostamento, completa la seguente tabella.

***F* (N)**	20	10	...	...
F_s (N)	...	...	8	12
***s* (m)**	5	10	20	30

12 Un corpo si sposta a causa di due forze che agiscono come illustrato in figura (la linea tratteggiata rappresenta la direzione dello spostamento, su cui il corpo è vincolato a muoversi). Il modulo F_1 vale 215 N, mentre F_2 è pari a 285 N. Trova di quanto si sposta il corpo se il lavoro compiuto dalle due forze congiuntamente ammonta a 1994 J. Se il corpo non fosse vincolato, la direzione su cui si muoverebbe, cambierebbe rispetto alla linea tratteggiata?

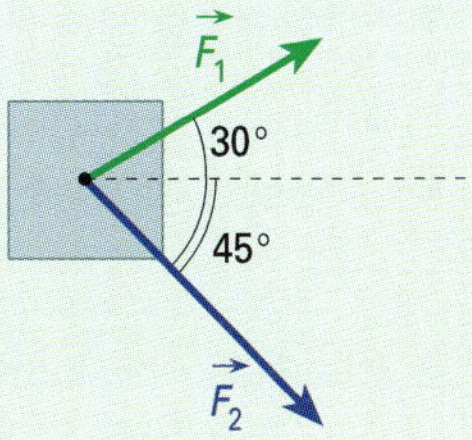

[5,14 m]

13 Un corpo si sposta a causa di due forze che agiscono come illustrato in figura (la linea tratteggiata rappresenta la direzione dello spostamento, su cui il corpo è vincolato a muoversi). Il modulo F_1 vale 90 N, mentre F_2 è pari a 118 N. Trova di quanto si sposta il corpo se il lavoro compiuto dalle due forze congiuntamente ammonta a 5800 J.

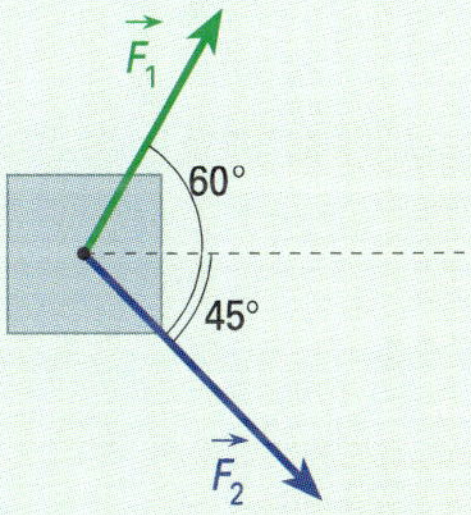

[45 m]

14 Su un corpo sono applicate due forze: una, che chiamiamo $\vec{F}_1$, agisce in direzione e verso dello spostamento; l'altra, $\vec{F}_2$, il cui modulo vale 80 N, forma un angolo di 30° con la direzione dello spostamento.

Sapendo che il lavoro complessivo compiuto dalle due forze vale 4500 J e che il corpo si sposta di 25 m, trova il valore del modulo della forza $\vec{F}_1$.

Suggerimenti **Trova prima la forza totale nella direzione dello spostamento. Quindi, per trovare la componente della forza F_1 parallelamente a *s*, vedi gli esercizi precedenti...**

[111 N]

15 ***ENGLISH*** How much energy is spent by an applied force to lift a 15-newton block 5.0 meters vertically at a constant speed?

[75 J]

16 ***ENGLISH*** Mary has a mass of 50.0 kg; she runs up three flights of stairs, that is, a vertical distance of 10.0 m. Determine the amount of energy spent by Mary to elevate her body to this height. (Assume that her speed is constant.)

[4905 J]

13.2 La potenza

17 Un operaio compie un lavoro di $2{,}52 \cdot 10^4$ J in un intervallo di tempo pari a mezz'ora. Quale potenza ha sviluppato? [14 W]

Per lo svolgimento dell'esercizio, completa il percorso guidato, inserendo gli elementi mancanti dove compaiono i puntini.

1 I dati sono: ....

2 Nel SI gli intervalli di tempo si misurano in secondi:

$\Delta t =$ ....

3 La formula da usare, dato che ti viene richiesta la potenza, è:

$P =$ ....

4 Sostituisci nella formula i dati, trovando perciò:

$P =$ .... = ...

18 Due montacarichi *A* e *B* sollevano alla stessa altezza di 2 m la medesima massa di 150 kg. *A* impiega 2 s e *B* impiega 4 s.

a) Il lavoro di *A* è maggiore, uguale o minore di quello di *B*?

b) La potenza di *A* è maggiore, minore o uguale a quella di *B*?

c) Determina il lavoro e la potenza di *A*.

[2943 J; 1471,5 W]

19 Vi sono tre pompe *A*, *B*, *C* che sollevano 100 litri di acqua. La pompa *A* li solleva a 9 metri di altezza in 15 minuti, la *B* li solleva a 18 m in 15 minuti e infine la *C* li solleva a 12 metri impiegando 5 minuti.

a) Quale delle tre pompe ha compiuto il lavoro maggiore?

b) Qual è la pompa più potente?

20 Completa la seguente tabella.

***L* (J)**	100	200	300	400	...	...
Δt (s)	20	10	...	...	4	8
***P* (W)**	...	...	10	80	150	200

21 Un cavallo tirando una carrozza per 40 minuti compie un lavoro pari a 1 790 400 J. Quale potenza ha sviluppato? Quale forza esercita l'animale se percorre una distanza di 5 km?

[746 W; 358 N]

22 Un cavallo tira un carro per 40 metri con la forza di 200 N in 1 minuto e 20 secondi.

a) Quale lavoro compie il cavallo?

b) Quale potenza sviluppa?

c) Se il percorso fosse stato di 80 m, come doveva variare il tempo affinché sviluppasse la stessa potenza?

d) Se la forza esercitata fosse stata di 100 N, come doveva variare il tempo affinché venisse sviluppata la stessa potenza?

[*a*) 8000 J; *b*) 100 W]

23 Un motore sviluppa una potenza di 450 W. Se il lavoro compiuto è pari a 9900 J, per quanto tempo ha funzionato il motore?

Suggerimenti Devi utilizzare l'opportuna formula inversa a partire dalla definizione di...

[22 s]

24 Una lavatrice assorbe una potenza massima di 2200 W. Se in tale regime ha compiuto un lavoro di $5{,}28 \cdot 10^6$ J, per quanti minuti ha funzionato il motore?

[40 min]

25 Un atleta durante una manifestazione sportiva ha sviluppato una potenza di 650 W. Sapendo che la prestazione ha avuto una durata di un minuto e mezzo, a quanto ammonta il lavoro compiuto dall'atleta?

Suggerimenti Devi utilizzare l'opportuna formula inversa a partire dalla definizione di...

[$58{,}5 \cdot 10^3$ J]

26 Un ragazzo in corsa durante uno scatto durato 3 s ha sviluppato una potenza di 960 W. Qual è il lavoro compiuto? Sapendo che in questa fase della prestazione egli ha percorso 24 m, qual è stata la forza impiegata?

[2880 J; 120 N]

27 ***ENGLISH*** When doing a pull-up, Ben raises his 45.0-kg body to a height of 0.25 meters in 3 seconds. What is the power delivered by Ben's biceps?

[36.8 W]

13.4 L'energia cinetica

28 Un'automobile di 1200 kg viaggia alla velocità di 90 km/h. Calcola la sua energia cinetica.

[$3{,}75 \cdot 10^5$ J]

Per lo svolgimento dell'esercizio, completa il percorso guidato, inserendo gli elementi mancanti dove compaiono i puntini.

1 I dati sono: ....

2 La velocità deve essere riportata in m/s; quindi:

$v =$ ....

3 La formula da usare, dato che ti viene richiesta l'energia cinetica, è: $E_C =$ ....

4 Sostituisci nella formula i dati, trovando perciò:

$E_C =$ .... = ...

29 Un atleta con massa di 54 kg corre alla velocità di 28,8 km/h. Calcola la sua energia cinetica.

[1728 J]

30 Un'automobile di 1000 kg si muove alla velocità di 10 m/s.

a) Determina la sua energia cinetica.

b) Come varia l'energia cinetica quando la velocità raddoppia?

c) Come varia l'energia cinetica quando la massa raddoppia?

[$5 \cdot 10^4$ J]

31 Completa la seguente tabella.

m (kg)	1	2	3	4
v (m/s)	2	4	6	8
E_c (J)	...	...	...	...

32 Una palla raggiunge una velocità di 9,6 m/s. Sapendo che la sua energia cinetica vale in quel momento 28 J, trova la massa.

Suggerimenti Dalla relazione dell'energia cinetica devi ricavare la formula inversa necessaria...

[0,61 kg]

33 In un parco di giochi acquatici un ragazzo alla fine di uno scivolo, prima di cadere in acqua, raggiunge una velocità di 8 m/s con un'energia cinetica di 2240 J. Calcola la sua massa.

[70 kg]

34 Osserva il seguente grafico.

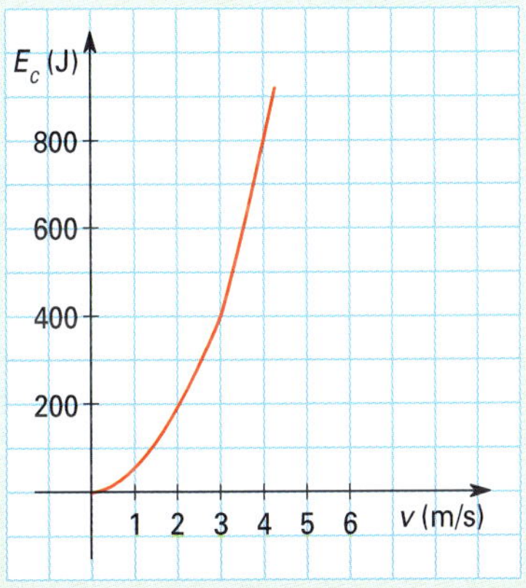

a) Individua nel grafico l'energia cinetica del corpo alla velocità di 2 m/s.

b) Individua nel grafico l'energia cinetica del corpo alla velocità di 4 m/s.

c) Quale relazione intercorre fra l'energia cinetica individuata al punto *a*) e quella al punto *b*)?

d) Calcola la massa del corpo.

[100 kg]

35 Un corpo di 2200 g, caduto da una certa altezza, sta per colpire il suolo. Sapendo che in quell'istante ha un'energia cinetica di 186 J, trova la velocità del corpo.

[13 m/s]

36 Sapendo che uno sciatore di massa pari a 77 kg alla fine di una discesa sviluppa un'energia cinetica di $1{,}25 \cdot 10^4$ J, trova la sua velocità.

[18 m/s]

37 Un'automobile di 1400 kg passa da una velocità di 36 km/h a una velocità di 108 km/h. Calcola il lavoro che ha svolto il motore durante l'accelerazione.

[$5{,}6 \cdot 10^5$ J]

Per lo svolgimento dell'esercizio, completa il percorso guidato, inserendo gli elementi mancanti dove compaiono i puntini.

1 I dati sono: ....

2 Le velocità devono essere convertite in m/s; quindi:

v_1 = ...

v_2 = ...

3 La formula da usare, dato che ti viene richiesto il lavoro, in base al teorema delle forze vive è:

L = ...

4 Calcola l'energia cinetica iniziale e quella finale:

E_{C1} = ...

E_{C2} = ...

5 Sostituisci nella formula del teorema delle forze vive trovando perciò: L = ... = ...

38 Un mezzo che ha una massa di 700 kg rallenta, passando da 54 km/h a 45 km/h. Calcola il lavoro resistente svolto durante il rallentamento dal dispositivo frenante.

[$-24 \cdot 10^3$ J]

39 Un'automobile di 1400 kg passa dalla velocità di 60 km/h alla velocità di 80 km/h. Determina l'incremento di energia cinetica.

[$15 \cdot 10^3$ J]

40 Una moto di 300 kg si sta muovendo alla velocità di 25 m/s. Determina l'energia cinetica iniziale e l'energia cinetica quando la velocità diventa di 35 m/s. Nel passaggio da 25 m/s a 35 m/s qual è il lavoro compiuto?

[93 750 J; 183 750 J; 90 000 J]

41 Una pallina da tennis di massa 50 g si muove alla velocità di 72 km/h. Determina la sua energia cinetica. Qual è il lavoro che un tennista deve compiere con la sua racchetta per fermarla?

[10 J]

42 Su un'utilitaria di 800 kg, che sta procedendo alla velocità di 72 km/h, viene effettuato dal motore un lavoro di 25 200 J. Determina la velocità finale dell'auto.

Suggerimenti Una volta ricavata l'energia cinetica finale con il teorema delle forze vive, puoi ricavare la velocità con la formula inversa...

[77,5 km/h]

43 Una massa d'acqua di 50 kg sta scendendo in un canale alla velocità di 18 km/h. Trova la velocità finale, ipotizzando che l'acqua, dopo aver attraversato un piccolo mulino, perda la metà della sua energia cinetica sotto forma di lavoro.

[12,7 km/h]

44 ***ENGLISH*** Determine the kinetic energy of a 630-kg rollercoaster car that is moving at a speed of 18.6 m/s.
If the rollercoaster car moves at twice that speed, what is its new kinetic energy?

[$1.09 \cdot 10^5$ J;
if the speed is doubled, then the kinetic energy is quadrupled. Thus...]

13.5 L'energia potenziale gravitazionale

45 Osserva la figura.

a) Quale dei tre oggetti ha l'energia potenziale maggiore?

b) A quale altezza occorre porre *A* perché abbia la stessa energia potenziale di *C*?

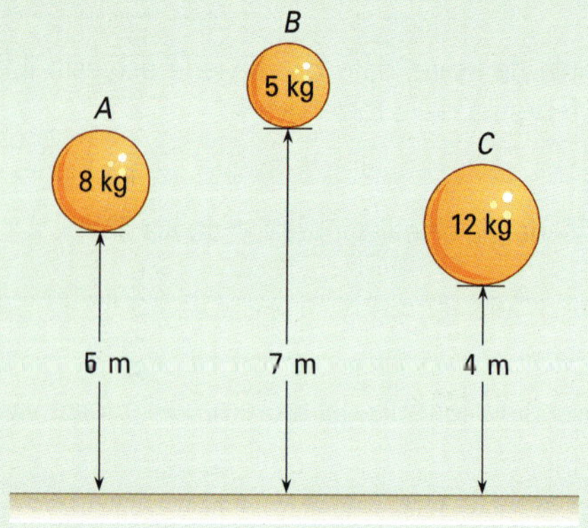

[6 m]

46 Osserva la figura. A quale altezza occorre porre *A* affinché abbia la stessa energia potenziale gravitazionale di *B*?

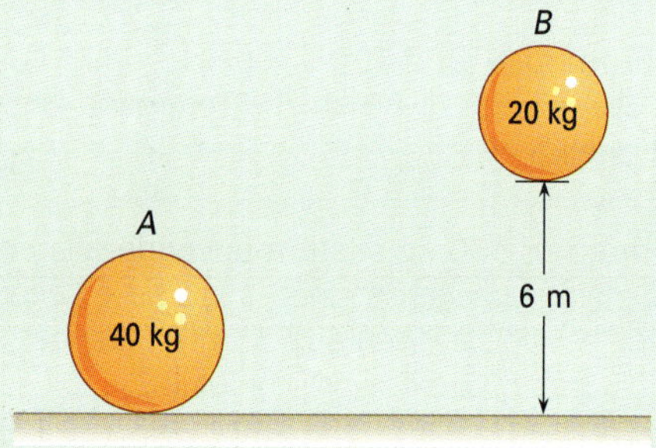

[3 m]

47 Un uomo di 80 kg si trova sul terrazzo di un edificio a 30 m dal livello stradale. Calcola l'energia potenziale gravitazionale dell'uomo rispetto al suolo. [$23{,}5 \cdot 10^3$ J]

Per lo svolgimento dell'esercizio, completa il percorso guidato, inserendo gli elementi mancanti dove compaiono i puntini.

1 I dati sono: ....

2 Un dato implicito è quello relativo all'accelerazione di gravità: g = ...

3 La formula da usare, dato che ti viene richiesta l'energia potenziale gravitazionale, è: U_g = ...

4 Sostituisci nella formula i dati, trovando perciò:

U_g = ... = ...

48 Una sonda spaziale si trova a 150 m di quota rispetto al suolo di Marte. Sapendo che l'accelerazione di gravità del pianeta in questione è 0,38 volte quella terrestre e che la massa della sonda vale 500 kg, trova la sua energia potenziale gravitazionale. [$2{,}8 \cdot 10^5$ J]

49 Completa la seguente tabella, sapendo che l'accelerazione di gravità è $g = 9{,}81$ m/s^2.

***m* (kg)**	5	10	15	20	...	...
***h* (m)**	10	20	...	...	50	60
U_g (J)	...	...	450	800	1500	2400

50 Un oggetto di massa 27 kg si trova a 8,5 m dal suolo.

a) Calcola la sua energia potenziale.

b) Se la situazione si verificasse su Marte cambierebbe qualcosa? Motiva la risposta.

[2251 J]

51 Una palla di massa 500 g è stata portata da un ragazzo all'altezza di 10 m da terra.

a) Determina il lavoro compiuto dal ragazzo. È un lavoro motore o resistente?

b) Calcola l'energia potenziale gravitazionale della palla.

c) Se la palla cade a terra, qual è il lavoro della forza peso? È un lavoro motore o resistente?

[49 J]

52 A quale quota si deve trovare un corpo di 1250 g per avere un'energia potenziale gravitazionale di 260 J?

Suggerimenti **Devi trovare la formula inversa a partire dalla definizione di energia potenziale...**

[21,2 m]

53 Un acrobata di massa 52 kg si trova su una piattaforma a 9 m di altezza. A quale altezza dovrebbe posizionarsi un uomo di 78 kg per avere la stessa energia potenziale gravitazionale? Quale lavoro è stato compiuto per portare l'acrobata da terra sino alla piattaforma? [6 m; 4591 J]

54 Quale massa deve avere una sfera affinché, trovandosi sulla cima di una torre alta 20 m, abbia un'energia potenziale gravitazionale di 100 J rispetto al suolo? [510 g]

55 Un pacco, dall'altezza iniziale di 2,75 m, viene sollevato di 92 cm. Se alla fine ha un'energia potenziale gravitazionale di 1485 J rispetto al suolo, qual è la sua massa? [41 kg]

56 Un oggetto di 45 kg, trovandosi a 18,5 m dal suolo, possiede un'energia potenziale gravitazionale di 1348,65 J. Stabilisci su quale corpo celeste si trova, tenendo conto della tabella delle accelerazioni di gravità.

	Terra	**Luna**	**Marte**
g (m/s^2)	9,81	1,62	3,73

57 Una sonda atterrata su un pianeta sconosciuto rileva che un corpo di massa 125 kg posto su un monte alto 2300 m presenta un'energia potenziale gravitazionale di $8 \cdot 10^5$ J. Determina l'accelerazione di gravità del pianeta. [2,78 m/s^2]

58 ***ENGLISH*** A cart is pulled at constant speed along an inclined plane to the height of a chair.

a) If the mass of the loaded cart is 2.5 kg and the height of the chair is 0.45 meters, then what is the potential energy of the loaded cart at the height of the chair?

b) If a force of 12.3 N is used to drag the loaded cart along the inclined plane for a distance of 0.90 meters, then how much work is done on it?

[*a*) 11.04 J; *b*) 11.04 J]

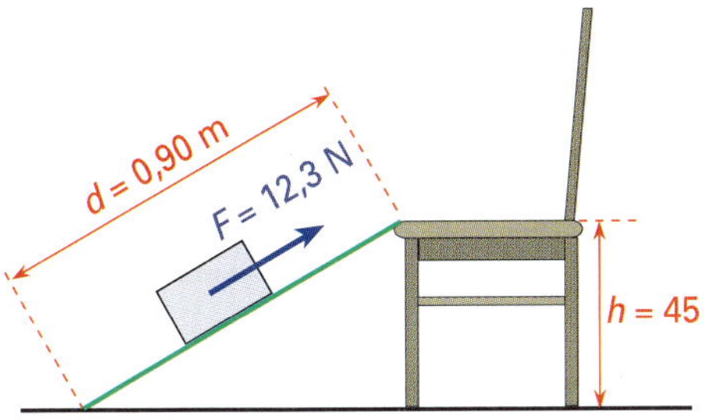

13.6 L'energia potenziale elastica

59 Osserva la seguente figura in cui viene rappresentata una molla in fase di compressione crescente.

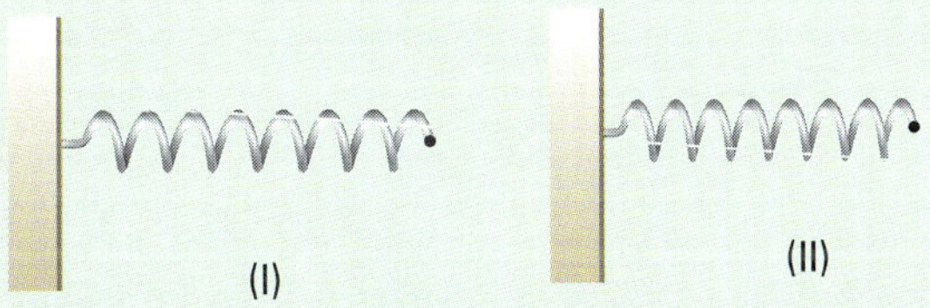

a) Nella figura (II) il vettore che rappresenta la forza di reazione elastica aumenta o diminuisce rispetto a quello della (I)?

b) Nella figura (II) il vettore che rappresenta la forza che causa la compressione aumenta o diminuisce rispetto a quello della (I)?

c) Disegna nella figura (II) i due vettori forza.

d) Nel passaggio dalla situazione (I) alla (II), l'energia potenziale elastica aumenta o diminuisce?

60 Calcola l'energia potenziale elastica accumulata da una molla caratterizzata da una costante elastica di 35 N/m, che è stata allungata rispetto alla posizione di riposo di 7,2 cm.

[$9,1 \cdot 10^{-2}$ J]

Per lo svolgimento dell'esercizio, completa il percorso guidato, inserendo gli elementi mancanti dove compaiono i puntini.

1 I dati sono: ....

2 La formula da usare, dato che ti viene richiesta l'energia potenziale elastica, è: U_{el} = ...

3 Sostituisci nella formula i dati, trovando perciò:

U_{el} = ... = ...

61 Calcola l'energia potenziale elastica accumulata da una molla lunga a riposo 38,6 cm, caratterizzata da una costante elastica di 130 N/m, e che compressa diventa di 32,2 cm.

[0,27 J]

62 È data una molla di costante K = 45 N/m. Completa la seguente tabella.

ΔL (m)	$5 \cdot 10^{-2}$	$1,5 \cdot 10^{-1}$	$2 \cdot 10^{-1}$	$5 \cdot 10^{-1}$
U_{el} (J)	...	...	...	...

63 Una molla *A* ha la costante elastica K = 20 N/m ed è compressa di 4 cm.

a) Determina l'energia potenziale elastica di *A*.

b) Se la compressione di *A* raddoppia, come varia la sua energia potenziale elastica?

c) Se la compressione di *A* diventa 2 cm, la sua energia potenziale elastica si dimezza? Motiva la risposta.

[0,016 J]

64 Osserva il seguente grafico.

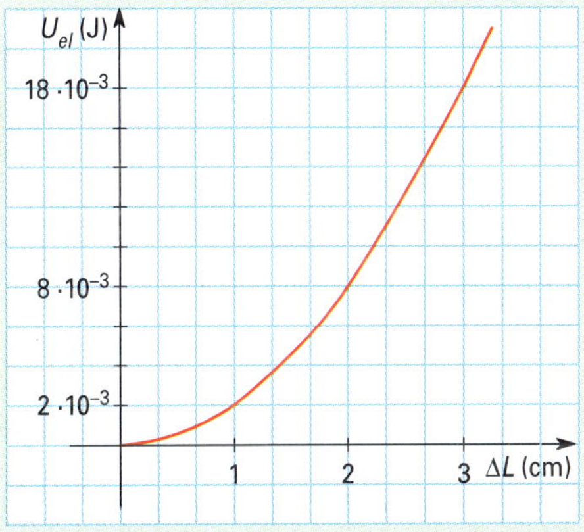

a) Che tipo di proporzionalità intercorre fra la compressione di una molla e la sua energia potenziale elastica?

b) Quando la molla è compressa di 2 cm, quanto è l'energia potenziale elastica della molla?

c) Se l'energia potenziale elastica è di $18 \cdot 10^{-3}$ J, quanto è compressa la molla?

d) Qual è la costante elastica della molla?

[40 N/m]

65 Una molla è stata compressa accumulando un'energia potenziale elastica di 0,25 J. Sapendo che la sua lunghezza a riposo è di 20 cm, mentre quella finale è di 15 cm, calcola la costante elastica della molla.

[200 N/m]

66 Appendendo a una molla un cilindretto metallico, essa risulta lunga 48 cm; aggiungendo un secondo cilindretto identico al primo essa diventa di 56 cm. Sapendo che l'energia potenziale elastica nella posizione finale è di 4 J, calcola la costante elastica della molla.

Suggerimenti Tieni presente che se con l'aggiunta del secondo cilindretto la molla si è allungata di una certa quantità, l'allungamento complessivo con i due cilindretti uguali, in caso di perfetta elasticità, sarà...

[312,5 N/m]

67 Una molla è stata allungata accumulando, a causa della forza di richiamo elastica, un'energia potenziale di 0,125 J. Sapendo che la lunghezza a riposo è di 18,5 cm, mentre quella finale è di 25 cm, calcola il valore della forza elastica.

[3,85 N]

68 Una molla è stata allungata accumulando un'energia potenziale elastica di 0,150 J. Sapendo che la lunghezza a riposo è di 21 cm e che la costante elastica vale 40 N/m, trova la lunghezza finale della molla.

Suggerimenti Devi trovare prima l'allungamento con l'opportuna formula inversa e quindi...

[29,7 cm]

69 Calcola l'energia potenziale accumulata in una molla, sapendo che si è allungata di 6,5 cm dopo che le è stata applicata una forza di 10 N.

[0,325 J]

70 ***ENGLISH*** A compressed spring stores an elastic potential energy of 0.130 J; at its equilibrium position, its length is 20 cm, whereas its length after the compression is 14 cm. Calculate the spring constant.

[72.2 N/m]

Problemi

PER COSTRUIRE LE COMPETENZE

La risoluzione dei problemi richiede la conoscenza degli argomenti trasversali a più paragrafi. Con il pallino sono contrassegnati i problemi che presentano una maggiore complessità.

1 Una forza costante agisce su un corpo parallelamente allo spostamento per un tempo di 12 minuti e mezzo. Sapendo che la forza è pari a 180 N e che lo spostamento è di 10 km, trova la potenza sviluppata.

Suggerimenti Devi combinare i concetti di lavoro e di potenza...

[2,4 kW]

2 Un motore ha una potenza di 1000 W. Stabilisci per quanto tempo ha dovuto funzionare il motore se, grazie a esso, si è ottenuta una forza costante di 5200 N, che ha spostato il corpo a cui è stata applicata di 6 m.

[31,2 s]

3 Una forza costante sposta un corpo per un tratto di 727 cm, in una direzione che forma un angolo di 30° con la direzione della forza stessa, sviluppando una potenza di 40 W. Sapendo che l'azione è durata 20 s, trova il valore del modulo della forza.

[127 N]

4 Una sfera di 10 kg scende senza attrito lungo un piano inclinato, passando dalla velocità di 2,0 m/s alla velocità di 5,5 m/s in un intervallo di tempo pari a mezzo secondo. Calcola la forza e la potenza da essa sviluppata, nel caso in cui il tratto percorso dalla sfera sia di 1,875 m.

[70 N; 262,5 W]

• **5** Un corpo con massa di 10 kg scende, senza attrito, lungo un piano di lunghezza 15 m che ha un'inclinazione di 30° con il piano orizzontale. Determina il lavoro della componente attiva della forza peso e la potenza sviluppata dalla forza peso nel corso della discesa.

Suggerimenti Lungo un piano inclinato si verifica un moto uniformemente accelerato di cui puoi determinare l'accelerazione, poi, utilizzando la legge oraria $s = ...$

[735,75 J; 298 W]

• **6** Un libro di 1650 g cade da una mensola posta a 250 cm di altezza da terra su un tavolino. Calcola l'altezza del tavolino, sapendo che l'energia potenziale gravitazionale del libro è diminuita durante la caduta di 28 J.

Suggerimenti È conveniente cominciare calcolando l'energia potenziale gravitazionale del libro quando si trova sulla mensola...

[77 cm]

• **7** Tenendolo inizialmente fermo, un corpo di 500 g viene appeso a una molla disposta verticalmente tramite un'asta di supporto. In questa situazione il corpo si trova a 80 cm dal suolo. Sapendo che la molla ha una costante elastica di 25 N/m, calcola l'energia potenziale gravitazionale finale del corpo, una volta che la molla si sia allungata accompagnando il corpo appeso fino al punto di equilibrio, e il valore dell'energia potenziale elastica. Di quanto è diminuita l'energia potenziale gravitazionale rispetto alla situazione iniziale? Coincide con quella elastica? (Motiva l'ultima risposta).

Suggerimenti Devi trovare prima di tutto il valore della forza peso, data dal prodotto $m \cdot g$ (essendo $g = ...$), applicata alla molla e poi il suo allungamento...

[2,96 J; 0,48 J; 0,96 J]

8 Un corpo, sotto l'azione del proprio peso, passa da 15 m a 9 m di altezza in un intervallo di tempo pari a 1,11 s. Sapendo che la sua massa è di 50 kg, calcola:

a) il lavoro compiuto dalla forza peso;

b) l'energia potenziale gravitazionale iniziale;

c) l'energia potenziale gravitazionale finale;

d) la variazione di energia potenziale gravitazionale;

e) la potenza sviluppata dalla forza peso.

Che cosa noti, confrontando il lavoro con la variazione di energia potenziale?

[*a*) 2943 J; *b*) 7357,5 J; *c*) 4414,5 J; *d*) – 2943 J; *e*) $2{,}65 \cdot 10^3$ W]

9 Una cassa viene sollevata da un'altezza di 125 cm a un'altezza di 3 m. Sapendo che la sua energia potenziale gravitazionale è aumentata di 893 J, calcolane la massa.

[52 kg]

10 Un pendolo con massa di 350 g, sospeso mediante un filo di 70 cm, viene spostato dalla posizione di equilibrio fino a raggiungere la posizione *A* (vedi figura). Sapendo che la posizione di equilibrio *O* dista 0,4 m dal suolo, determina l'energia potenziale gravitazionale del pendolo rispetto alla Terra quando si trova in *A*.

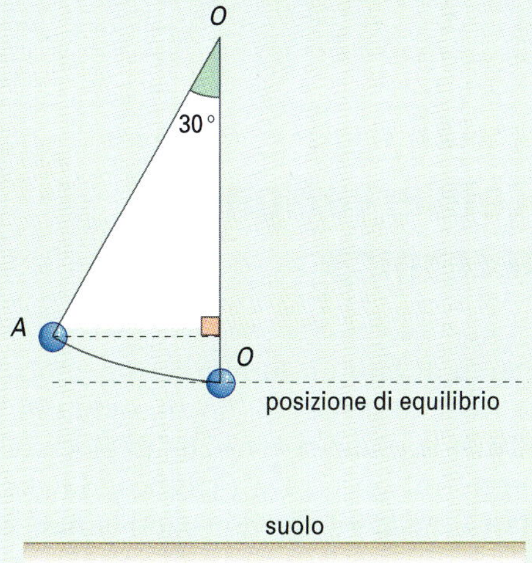

[1,7 J]

• **11** Una molla disposta orizzontalmente, avente una costante elastica pari a 400 N/m, viene compressa con la forza di 42,0 N. In questa situazione al suo estremo viene agganciato un parallelepipedo che ha una massa di 6,5 kg, libero di strisciare su un piano (parallelo all'asse della molla) rispetto al quale ha un coefficiente d'attrito statico pari a 0,8. Calcola l'energia potenziale elastica accumulata nella compressione e stabilisci se, una volta lasciato libero, il parallelepipedo si mette in movimento oppure no.

[2,2 J; no...]

• **12** Un carrello di 400 g, partendo da fermo, scivola senza attrito su un piano inclinato lungo 1,70 m e alto 31,2 cm. Calcola l'energia cinetica finale del carrello al termine della discesa.

Suggerimenti Rifletti bene: una strada per la ricerca della soluzione è molto rapida...

[1,2 J]

13 Un'automobile di 1170 kg, partendo da ferma, accelera per 9,25 s con accelerazione costante pari a 3,0 m/s^2. Calcola la potenza sviluppata dal motore nella fase di accelerazione.

Suggerimenti Dopo avere trovato l'energia cinetica al termine del moto uniformemente accelerato, dal teorema delle forze vive puoi notare che tale quantità è uguale al ..., per cui per trovare la potenza basterà dividerlo per...

[49 kW]

• **14** Ti trovi comodamente seduto a Porto de Santana, in Brasile, praticamente all'equatore. Raccogliendo dalle tabelle riportate alla fine del volume i dati opportuni, determina l'energia cinetica che possiede un turista di 80 kg seduto vicino a te per il fatto di ruotare insieme alla Terra. Di quanti grammi risulta ridotto il «peso» del turista in questione, a causa della conseguente forza centrifuga?

[8,6 · 10^6 J; 275 g]

15 Un bob a due, che ha una massa complessiva (equipaggio compreso) di 360 kg, con una velocità iniziale di 80 km/h inizia a percorrere una discesa che presenta un dislivello di 42,5 m. Calcola:

a) la variazione di energia potenziale;

b) il lavoro delle forze gravitazionali, sapendo che senza attrito la velocità finale è di 131 km/h;

c) il lavoro resistente delle forze d'attrito, sapendo che in tal caso la velocità finale è di 115 km/h.

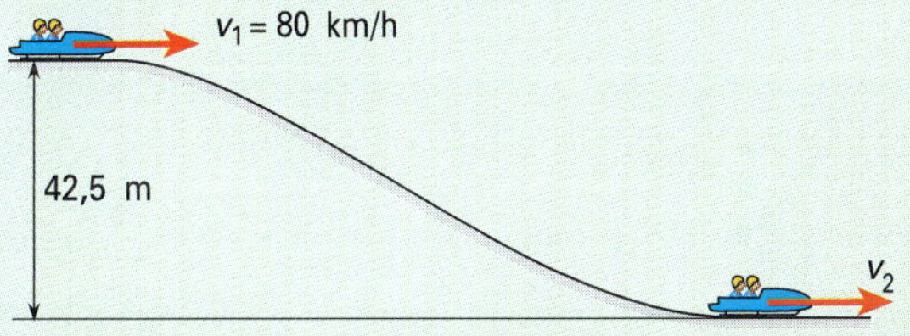

[*a*) 150 kJ; *b*) 150 kJ; *c*) 55 kJ]

16 Calcola l'energia cinetica di un corpo di (60,0 ± 0,2) kg che si muove alla velocità di (13,4 ± 0,1) m/s, riportandone la scrittura completa.

[(5,4 ± 0,1 kJ)]

• **17** Calcola la variazione di energia potenziale gravitazionale di un uomo di (85,4 ± 0,2) kg che è salito da un'altezza di (2,60 ± 0,05) m a un'altezza di (6,85 ± 0,05) m. S'intende che devi riportare la scrittura completa del risultato.

Suggerimenti Per la *g* devi prendere un'incertezza pari a 0,01 m/s^2...

[(3,6 ± 0,2) · 10^3 J]

18 ***ENGLISH*** A 100 N force is applied to move a 15 kg object at a constant speed.
Calculate the amount of work done by the applied force when:

a) the force moves the object for a horizontal distance of 5 m;

b) the force is applied at an angle of 30° to the horizontal (same horizontal distance of 5 m);

c) the same object is lifted to a height of 5 meters at a constant speed.

Hint If the force is 30° above the horizontal, you should calculate cos 30°...

[*a*) 500 J; *b*) 433 J; *c*) 735 J]

UNITÀ 14

Principi di conservazione

Lezione multimediale

VIDEO LAB VIRTUAL LAB

14.1 Il principio di conservazione dell'energia meccanica

Immaginiamo di fare un tumultuoso percorso sulle montagne russe di un parco giochi, seduti in un vagoncino. Tutte le grandezze fisiche in gioco (altezza, velocità, accelerazione, ...) si modificano incessantemente. Ma c'è qualcosa che non cambia mai, a parte la massa dei passeggeri? La risposta non è immediata. Di certo avrai notato che, qualunque sia il modello di montagne russe, la corsa comincia sempre con una lenta salita sino al punto più alto della struttura.
Dal momento che nella salita è aumentata la quota rispetto al livello del terreno, è stata accumulata energia potenziale di tipo gravitazionale.

ANIMAZIONE

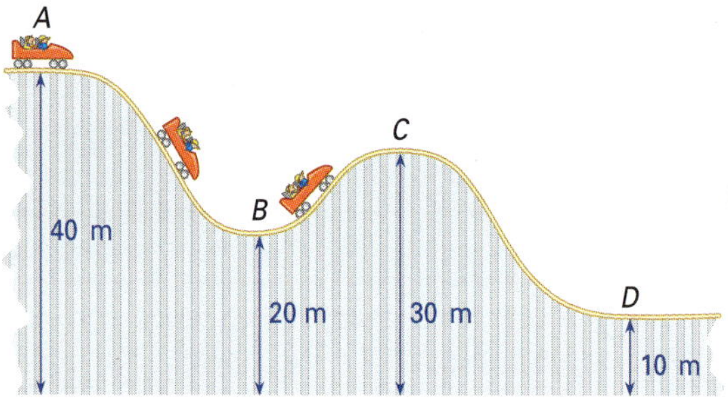

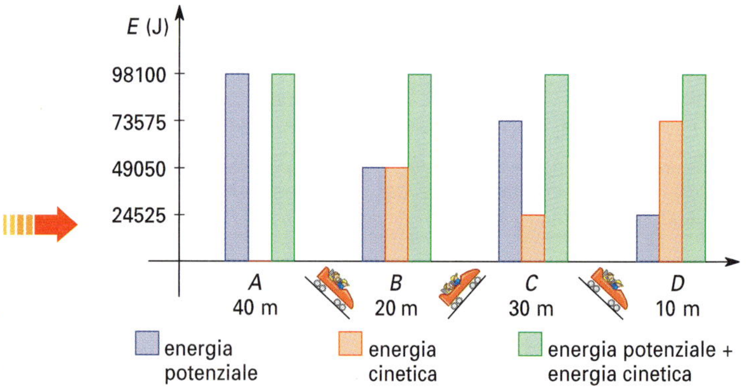

Supponiamo che il punto *A* delle montagne russe si trovi a 40 m da terra. Il vagoncino ha in questa posizione la massima energia potenziale e siccome per un attimo sta quasi fermo, possiamo per semplicità ritenere nulla l'energia cinetica.
Da lì in avanti comincia a scendere, di conseguenza la velocità e l'energia cinetica aumentano, mentre la quota e l'energia potenziale diminuiscono, sino ad arrivare in *B*. Nella fase di risalita verso *C* il processo si inverte, per cui la velocità e l'energia cinetica diminuiscono, mentre la quota e l'energia potenziale aumentano.
Vi è in sostanza una specie di *altalena* fra le due forme di energia, di modo che se una cresce l'altra decresce e viceversa. Tuttavia, si verifica una circostanza piuttosto ricca di conseguenze: la loro somma rimane costante.

Poiché conosciamo già le formule che danno E_C ed U_g, traduciamo in una tabella le osservazioni che abbiamo fatto sul percorso del vagoncino, ipotizzando che la sua massa sia di 250 kg.

Tabella 1

	h (m)	$U_g = m \cdot g \cdot h$ (J)	v (m/s)	$E_c = {}^1/_2\, m \cdot v^2$ (J)	$E_c + U_g$ (J)
A	40	98 100	0	0	98 100
B	20	49 050	19,8	49 050	98 100
C	30	73 575	14,0	24 525	98 100
D	10	24 525	24,3	73 575	98 100

N.B. Le energie cinetiche sono state calcolate arrotondando i valori delle velocità.

Ricorda!...

Con il termine *energia potenziale* si intende non soltanto l'energia potenziale gravitazionale, ma anche quella elastica (considerate sia insieme sia singolarmente).

L'ultima colonna della tabella 1 riguarda la somma tra energia cinetica e potenziale, detta **energia meccanica**. L'**energia meccanica** (E_M) è la somma fra l'energia cinetica e l'energia potenziale relative a un determinato corpo.

energia meccanica

$$E_M = E_C + U_g \qquad E_M = \frac{1}{2} m \cdot v^2 + m \cdot g \cdot h$$

Come si vede chiaramente dalla tabella 1, la somma $E_C + U_g$ si mantiene costante: durante la discesa la seconda diminuisce a vantaggio della prima, mentre durante la salita avviene il contrario. Da qui segue la formulazione del **principio di conservazione dell'energia meccanica**.

principio di conservazione dell'energia meccanica

Durante il moto di un corpo in assenza di attriti, la somma dell'energia cinetica e dell'energia potenziale gravitazionale si mantiene costante. In altre parole, si conserva l'energia meccanica:

$$E_M = \text{costante}$$

esempio

Una sfera di 25 kg, partendo dal punto (1) a 5 m di altezza, percorre tutta la discesa. Qual è la velocità finale della sfera quando giunge in (2)?

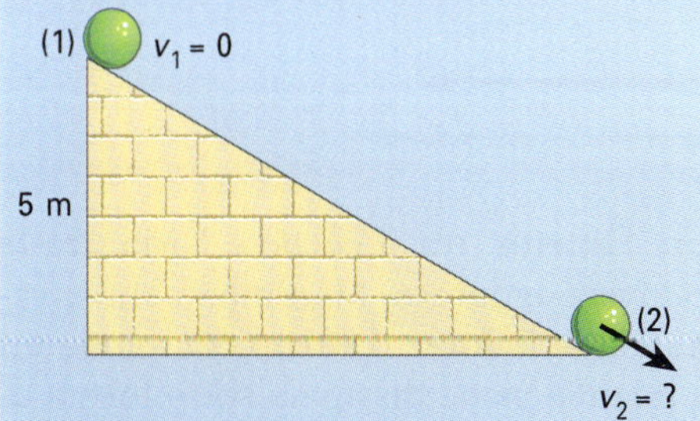

Probabilmente, ragionando nei termini delle leggi del moto, potrai pensare che i dati non siano sufficienti. Ma ricorrendo al principio di conservazione appena visto, indicando con E_{M1} l'energia meccanica in (1) e con E_{M2} quella in (2), si può procedere come riportato a fianco.

$$E_{M1} = E_{M2}$$

ma per definizione di energia meccanica

$$E_{C1} + U_{g1} = E_{C2} + U_{g2}$$

sostituendo le rispettive espressioni

$$\frac{1}{2} m \cdot v_1^2 + m \cdot g \cdot h_1 = \frac{1}{2} m \cdot v_2^2 + m \cdot g \cdot h_2$$

in (1) la sfera è ferma ($v_1 = 0$), mentre in (2) la quota è nulla ($h_2 = 0$), quindi

$$m \cdot g \cdot h = \frac{1}{2} m \cdot v_2^2$$

moltiplicando ambo i membri per $\frac{2}{m}$

$$\frac{2}{m} \cdot m \cdot g \cdot h_1 = \frac{1}{2} m \cdot v_2^2 \cdot \frac{2}{m}$$

semplificando e ricavando v_2

$$v_2 = \sqrt{2 \cdot g \cdot h_1}$$

e sostituendo i valori

$$v_2 = \sqrt{2 \cdot 9{,}81 \cdot 5} = 9{,}9 \text{ m/s}$$

SCHEDA LAB

Il procedimento dell'esempio svolto sembra lungo, perché abbiamo voluto svilupparlo passo-passo. In generale, però, con questa strada, cioè con l'utilizzo del principio di conservazione dell'energia meccanica, la soluzione di solito viene raggiunta più rapidamente.
Un'altra osservazione rilevante è che la massa del corpo non serve ai fini del risultato finale, perché conta unicamente la quota iniziale.

▶ Come giustifichi tale conclusione? ....

....

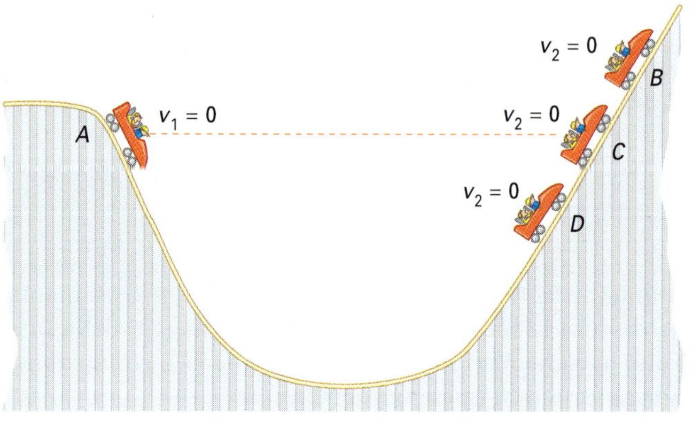

▶ Concentrati sulla figura: lasciando partire il vagoncino da *A*, dove arriva secondo te nella risalita? In *B*, *C* o *D*? (Dai una motivazione alla tua risposta.)

....

....

Per intuito, siamo giustamente portati a pensare che il vagoncino non possa arrivare sino a *B*, essendo più in alto di *A*. Il principio di conservazione dell'energia meccanica ammetterebbe *C* come soluzione (se lì è fermo, così come in *A*, dovrà avere la stessa energia potenziale gravitazionale e perciò la stessa quota di *A*). Però l'esperienza ci insegna che il carrello alla prima risalita non raggiungerà l'altezza di *A*, bensì arriverà in *D*.

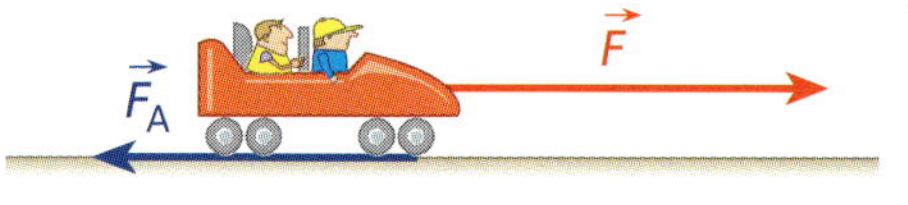

Il fatto è che nella realtà agisce sempre l'attrito (tra il corpo e l'aria, tra le ruote e i binari ecc.), che noi abbiamo invece ignorato. Man mano che il vagoncino scende e lo spazio percorso aumenta, le forze d'attrito compiono un lavoro negativo: una parte dell'energia iniziale viene dissipata sotto forma di calore e l'energia meccanica totale del sistema non si conserva, bensì diminuisce. Si parla in questo caso di **fenomeni dissipativi**.

fenomeni dissipativi

Tutti quei processi in seguito ai quali si ha dispersione di energia sotto forma di calore (per esempio, gli attriti) prendono il nome di **fenomeni dissipativi**.

Ricorda!...

Il principio di conservazione dell'energia meccanica è valido esclusivamente in assenza di fenomeni dissipativi.

14.2 La molla e la conservazione dell'energia meccanica

ANIMAZIONE VIRTUAL LAB

Consideriamo una molla a riposo disposta su un tavolo orizzontale. Un disco di massa m si avvicina alla molla alla velocità v_0. Scattiamo una serie di fotografie della situazione in vari istanti. Non ci sono attriti di nessun tipo.

1
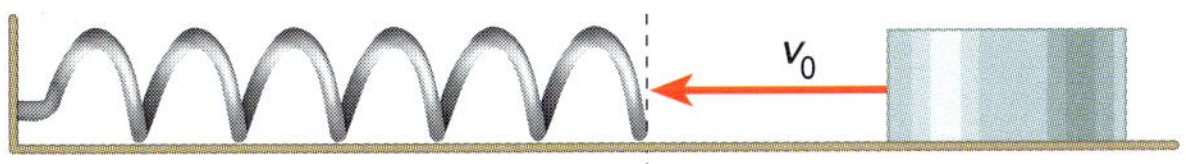

La molla è in posizione di riposo, il disco ha una velocità v_0 e sta per comprimere la molla.

2
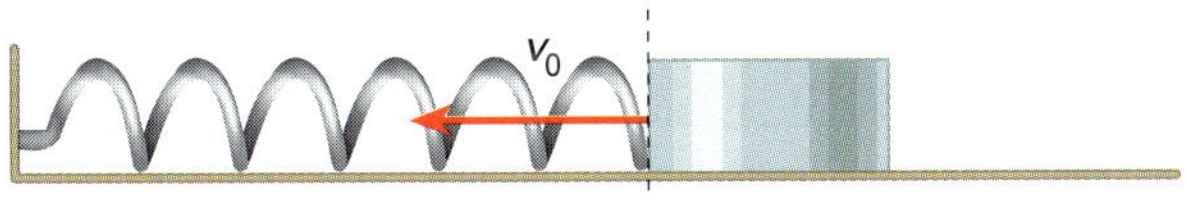

Nell'istante del contatto il sistema formato dal disco e dalla molla ha energia potenziale elastica nulla (molla in posizione di riposo) ed energia cinetica dovuta al disco data da $(1/2)\ m \cdot v_0^2$ per cui l'energia meccanica totale è:

$$E_M = \frac{1}{2} m \cdot v_0^2 + 0$$

3
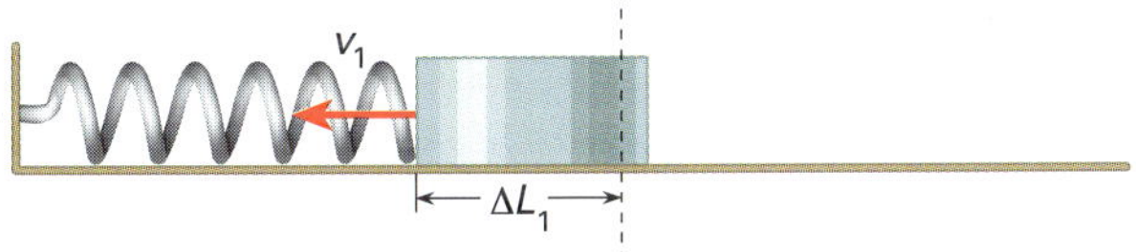

Inizia la compressione della molla, di conseguenza l'energia potenziale elastica aumenta, mentre la velocità e l'energia cinetica del disco diminuiscono. Si ha:

$$E_M = \frac{1}{2} m \cdot v_1^2 + \frac{1}{2} K \cdot (\Delta L_1)^2$$

4
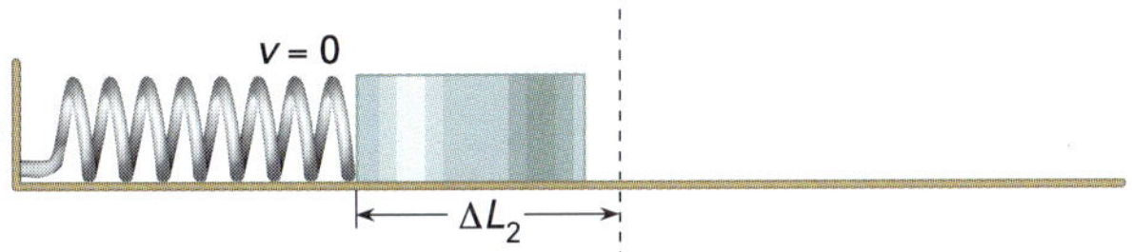

La molla ha raggiunto il limite di compressione. L'energia potenziale elastica è massima, viceversa l'energia cinetica è nulla essendo il disco fermo, quindi:

$$E_M = 0 + \frac{1}{2} K \cdot (\Delta L_2)^2$$

5
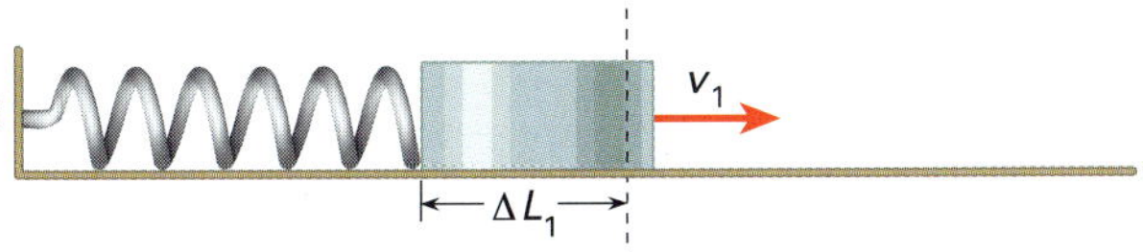

Il sistema si trova in una situazione analoga alla 3, ma con velocità di verso opposto. L'energia meccanica è ancora:

$$E_M = \frac{1}{2} m \cdot v_1^2 + \frac{1}{2} K \cdot (\Delta L_1)^2$$

6
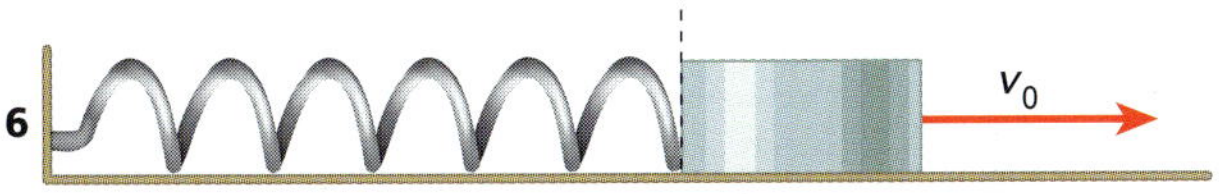

Un attimo prima del distacco la situazione è di nuovo:

$$E_M = \frac{1}{2} m \cdot v_0^2 + 0$$

Avendo fatto l'ipotesi che non ci siano attriti, tutte le quantità E_M scritte prima sono uguali fra loro. Il principio di conservazione dell'energia meccanica nel caso della molla diventa:

$$E_M = E_C + U_{el} = \text{costante} \quad \Rightarrow \quad \frac{1}{2}m \cdot v^2 + \frac{1}{2}K \cdot (\Delta L)^2 = \text{costante}$$

▶ Che cosa succede se la molla viene disposta verticalmente?

....

Oltre all'energia cinetica, bisogna tener conto sia dell'energia potenziale gravitazionale sia di quella elastica:

$$E_M = E_C + U_g + U_{el} = \text{costante} \quad \Rightarrow \quad \frac{1}{2}m \cdot v^2 + m \cdot g \cdot h + \frac{1}{2}K \cdot (\Delta L)^2 = \text{costante}$$

14.3 La conservazione dell'energia

L'energia meccanica (costituita da energia cinetica e potenziale) non è l'unico tipo di energia esistente. Le forme in cui si manifesta l'energia, come abbiamo visto nell'Unità 13, sono numerose: elettrica, magnetica, termica, chimica, ... Allarghiamo allora il nostro discorso, tenendo conto di tutte le possibili forme di energia esistenti e prendendo in esame un **sistema isolato**.

sistema isolato

Si dice **sistema isolato** un sistema che non scambia né materia né energia con l'esterno.

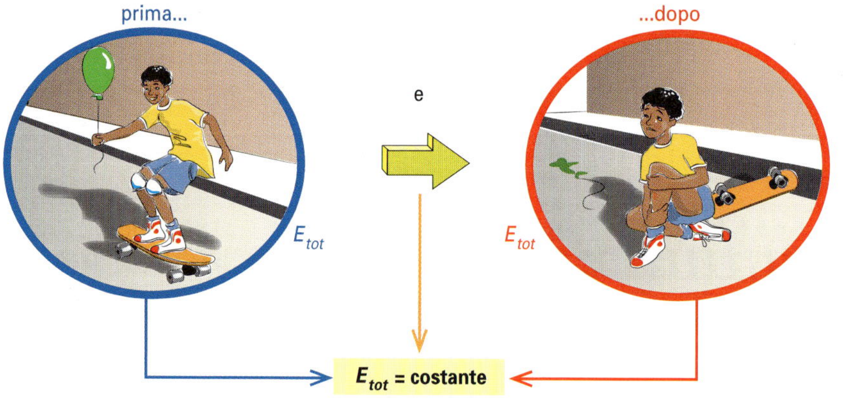

Se all'inizio il sistema è caratterizzato da una certa energia totale E_{TOT}, qualunque cosa accada in esso (trasformazioni chimiche, riscaldamenti o raffreddamenti, interazioni di qualsiasi tipo, ...), l'energia totale E_{TOT} rimane sempre la stessa. Questo è un risultato a carattere estremamente generale e davvero fondamentale: il **principio di conservazione dell'energia**.

principio di conservazione dell'energia

L'energia non si crea e non si distrugge, ma si trasforma.

Nell'esempio del vagoncino sulle montagne russe, se nel bilancio energetico includiamo qualunque energia, allora possiamo sempre affermare che l'energia totale effettivamente si conserva, in quanto nel conto va inserita anche l'energia termica dissipata a causa degli attriti. In altre parole, l'energia che viene a mancare in una particolare forma, la dobbiamo necessariamente ritrovare da qualche altra parte in una veste diversa.

14.4 Il principio di conservazione della quantità di moto

ANIMAZIONE

SCHEDA LAB

Due pattinatori su ghiaccio, che identificheremo con A e B, hanno massa uguale ($m_A = m_B$) e sono fermi uno di fronte all'altro. A un certo punto si danno una spinta reciproca che li porta ad allontanarsi.

- Si conserva l'energia meccanica dei due pattinatori considerati insieme?

  ....

- Notando che l'energia potenziale rimane la stessa, dato che la pista è orizzontale, la domanda diventa: si conserva l'energia cinetica totale?

  ....

La risposta è negativa, in quanto inizialmente l'energia cinetica è nulla, essendo $v = 0$ per entrambi; dopo la spinta, invece, i due atleti sono in movimento, sia pure in versi opposti, per cui l'energia cinetica complessiva non è più nulla. Eppure, qualcosa che rimane costante c'è anche adesso...

Quando un corpo viene in qualche maniera sollecitato, la sua *risposta* alla sollecitazione dipende sia dalla sua massa sia dalla sua velocità. Perciò si è pensato di definire una nuova grandezza fisica, la **quantità di moto** ($\vec{Q}$), definita come segue:

$$\vec{Q} = m \cdot \vec{v}$$

quantità di moto

dove m è la massa del corpo e $\vec{v}$ la velocità.

L'unità di misura del modulo della quantità di moto è il kg $\frac{\text{m}}{\text{s}}$.

unità di misura di Q

La quantità di moto si comporta seguendo un principio estremamente importante: il **principio di conservazione della quantità di moto**.

In un sistema nel quale non agiscono forze esterne, perché sono nulle o comunque la loro somma vettoriale è nulla, la quantità di moto si mantiene costante:

$$\vec{Q} = \text{costante}$$

principio di conservazione della quantità di moto

Ricorda!...

La quantità di moto è una grandezza vettoriale che ha:
- modulo: $Q = m \cdot v$;
- direzione: quella della velocità $\vec{v}$;
- verso: coincidente con quello di $\vec{v}$.

Questo è un principio che ha una validità più generale di quello di conservazione dell'energia meccanica ed è utile per studiare, fra le altre cose, gli urti delle particelle subatomiche negli acceleratori.
Analizziamone le conseguenze sui due pattinatori di cui abbiamo parlato all'inizio. Innanzi tutto, osserviamo che la risultante delle forze esterne è nulla: la forza peso dei pattinatori, che all'inizio sono fermi, è equilibrata esattamente dalla reazione vincolare della pista. Dunque ci troviamo nelle condizioni di validità del principio di conservazione delle quantità di moto.

prima della spinta...

dopo la spinta...

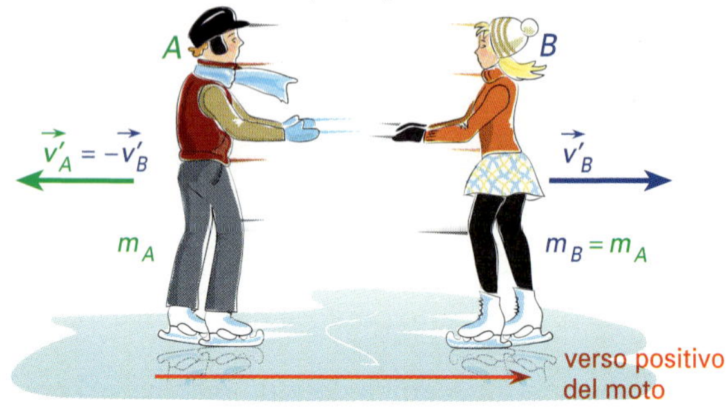

Prima della spinta la quantità di moto totale $\vec{Q}$ è ovviamente zero dato che $\vec{v}_A = \vec{v}_B = 0$:

$$\vec{Q} = m_A \cdot 0 + m_B \cdot 0 = 0$$

Dopo la spinta, se $\vec{v}'_A$ e $\vec{v}'_B$ sono le velocità di A e B, la quantità di moto totale $\vec{Q}'$ si conserva e resta nulla:

$$\vec{Q}' = m_A \vec{v}'_A + m_B \vec{v}'_B = 0$$

Essendo $m_A = m_B$, semplificando si ottiene $\vec{v}'_A = -\vec{v}'_B$.
I due pattinatori si allontanano l'uno dall'altro con velocità uguali in modulo e direzione, ma verso opposto.

ESPANSIONI **L'impulso**

FLASH

Attenzione allo sparo

Quando si utilizza un'arma da fuoco si verifica sempre il fenomeno del rinculo, che è una conseguenza della conservazione della quantità di moto. Il sistema *fucile + pallottola* inizialmente è in quiete e quindi la quantità di moto totale è nulla. Dato che il moto avviene in una direzione, possiamo utilizzare la notazione scalare:

$$Q = m_{fucile} \cdot v_{fucile} - m_{pallottola} \cdot v_{pallottola} = 0$$

Nel momento del tiro la quantità di moto rimane invariata e quindi:

$$v'_{fucile} = \frac{m_{pallottola}}{m_{fucile}} v'_{pallottola}$$

Pertanto nel momento in cui fuoriesce la pallottola il fucile *va indietro*. Questo effetto è sfruttato nelle armi automatiche per espellere il bossolo e ricaricare l'arma.
Anche la propulsione a reazione dei razzi è basata sulla conservazione della quantità di moto. Il combustibile brucia, i gas vengono espulsi ad alta velocità all'indietro e, di conseguenza, il razzo si muove in verso opposto. Il fenomeno non è legato alla presenza di aria, perché la spinta del gas è esercitata direttamente sul razzo: anzi, nel vuoto avviene in modo ancora più efficace in quanto non vi sono gli effetti dissipativi degli attriti.
L'analisi dettagliata risulta più complessa di quella precedente, perché il sistema è in movimento e occorre tenere conto che anche la massa del razzo, man mano che il combustibile brucia, è soggetta a variazione.

14.5 Gli urti

Nello studio degli urti fra i corpi, se le forze esterne non intervengono oppure sono trascurabili, il principio di conservazione della quantità di moto è sempre valido.
L'energia cinetica totale invece si mantiene prima e dopo l'urto costante solo in particolari tipi di urti.

Urto elastico

Quando si urtano due automobiline, vi è una parziale deformazione dei paraurti in gomma che rapidamente tornano alla situazione originaria: l'energia cinetica totale si conserva.

Urto anelastico

Se viene rotto un vetro, una parte dell'energia cinetica viene dissipata (in deformazione dei corpi coinvolti e calore): l'energia cinetica totale non si conserva.

Urto totalmente anelastico

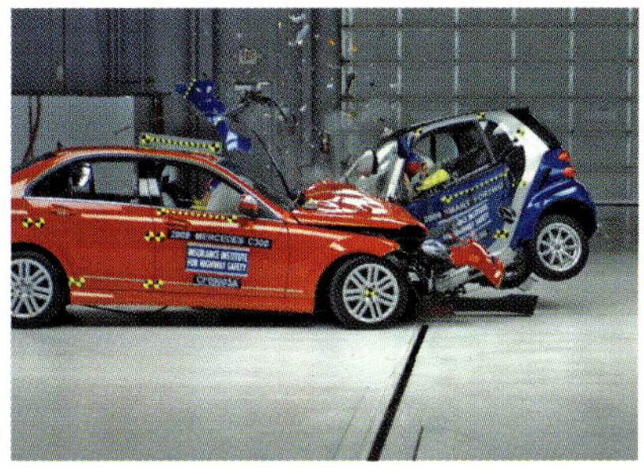

In questo incidente in cui l'energia cinetica totale non si conserva, oltre a deformarsi, i due corpi rimangono incastrati in modo da avere la stessa velocità dopo l'urto.

Gli urti si classificano in:
- **urti elastici**, se l'energia cinetica totale si conserva;
- **urti anelastici**, se l'energia cinetica totale non si conserva;
- **urti totalmente anelastici** se, dopo l'urto anelastico, i due corpi rimangono incastrati e continuano a muoversi alla stessa velocità.

classificazione degli urti

Fondamentalmente la differenza risiede nel fatto che nel caso degli urti non elastici una parte dell'energia meccanica dovuta al moto causa la deformazione permanente dei corpi, che non tornano alla loro forma iniziale, o si trasforma in calore.

Ricorda!...
La quantità di moto, purché le forze esterne al corpo o al sistema considerato siano complessivamente nulle, si conserva in qualunque tipo di urto.

esempio

Consideriamo il caso di un urto elastico in cui le sfere prima e dopo l'urto si muovono lungo una retta.
Consideriamo due sfere di raggio uguale, A di massa $m_A = 2{,}5$ kg e B di massa $m_B = 0{,}5$ kg, che procedono nella stessa direzione ma con versi opposti. Prima dell'urto frontale A e B hanno rispettivamente velocità $v_A = 2$ m/s e $v_B = -4$ m/s. Dopo l'urto, le due sfere si allontanano l'una dall'altra con B che ha una velocità finale di 6 m/s.

a) Determinare la velocità di A dopo l'urto.
b) L'urto è elastico?

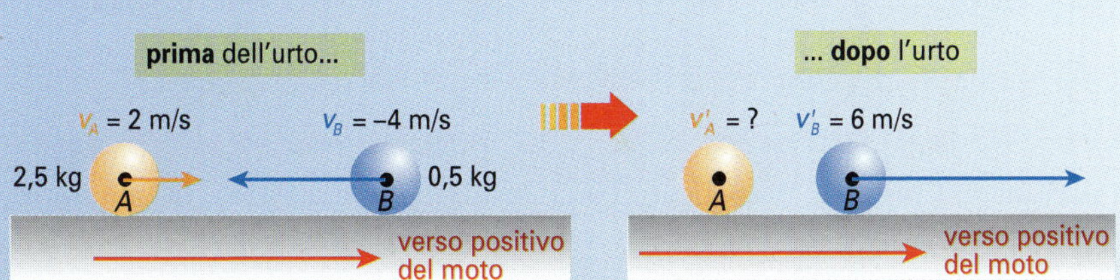

a) Assumiamo arbitrariamente come verso positivo quello da sinistra verso destra e schematizziamo i dati.

	situazione iniziale (prima dell'urto)	situazione finale (dopo l'urto)
$m_A = 2{,}5$ kg	$v_A = 2$ m/s	$v'_A = ?$
$m_B = 0{,}5$ kg	$v_B = -4$ m/s	$v'_B = 6$ m/s

Dato che il moto avviene in una direzione, possiamo utilizzare la forma scalare della legge di conservazione della quantità di moto.

Prima dell'urto *Dopo l'urto*

$$\begin{aligned} Q_{tot} &= Q'_{tot} \\ m_A \cdot v_A + m_B \cdot v_B &= m_A \cdot v'_A + m_B \cdot v'_B \\ 2{,}5 \cdot 2 + 0{,}5 \cdot (-4) &= 2{,}5 \cdot v'_A + 0{,}5 \cdot 6 \\ 3 &= 2{,}5 \cdot v'_A + 3 \end{aligned}$$

da cui:

$$v'_A = \frac{3-3}{2{,}5} = 0 \text{ m/s}$$

La sfera *A* dopo l'urto si ferma.

b) Per verificare se l'urto è elastico occorre controllare se l'energia cinetica si conserva o no. Calcoliamo le energie cinetiche E_c ed E'_c prima e dopo l'urto.

Prima dell'urto:

$$E_c = \frac{1}{2} m_A v_A^2 + \frac{1}{2} m_B v_B^2 = \frac{1}{2} \cdot 2{,}5 \cdot 2^2 + \frac{1}{2} \cdot 0{,}5 \cdot (-4)^2 = 9 \text{ J}$$

Dopo l'urto:

$$E'_c = \frac{1}{2} m_A v_A'^2 + \frac{1}{2} m_B v_B'^2 = \frac{1}{2} \cdot 2{,}5 \cdot 0^2 + \frac{1}{2} \cdot 0{,}5 \cdot 6^2 = 9 \text{ J}$$

Dato che l'energia cinetica non varia possiamo concludere che l'urto è elastico.

esempio

Una palla *A* di 300 g urta alla velocità di 1,8 m/s una palla *B* di 50 g inizialmente ferma. Se dopo l'urto la palla *A* continua il suo moto, mantenendo invariati direzione e verso, alla velocità di 1,4 m/s e la palla *B* parte nella stessa direzione e nello stesso verso alla velocità di 2,4 m/s, di quale tipo di urto si tratta?

Schematizziamo i dati.

	situazione iniziale (prima dell'urto)	situazione finale (dopo l'urto)
$m_A = 300$ g	$v_A = 1{,}8$ m/s	$v'_A = 1{,}4$ m/s
$m_B = 50$ g	$v_B = 0$ m/s	$v'_B = 2{,}4$ m/s

Calcoliamo le energie cinetiche E_C ed E'_C, prima e dopo l'urto:

$$E_c = \frac{1}{2} m_A \cdot v_A^2 + \frac{1}{2} m_B \cdot v_B^2 = \frac{1}{2} 0{,}300 \cdot 1{,}8^2 + \frac{1}{2} 0{,}050 \cdot (0)^2 = 0{,}486 \text{ J}$$

$$E'_c = \frac{1}{2} m_A \cdot v_A'^2 + \frac{1}{2} m_B \cdot v_B'^2 = \frac{1}{2} 0{,}300 \cdot (1{,}4)^2 + \frac{1}{2} 0{,}050 \cdot (2{,}4)^2 = 0{,}438 \text{ J}$$

L'urto è anelastico, in quanto l'energia cinetica finale è minore di quella iniziale. Non può essere, tuttavia, classificato come totalmente anelastico, in quanto le velocità di *A* e di *B* dopo l'urto sono diverse ($v'_A \neq v'_B$).

ESPANSIONI **Dalla traslazione alla rotazione**

ESPANSIONI **Il principio di conservazione del momento angolare**

IN SINTESI

AUDIO

- L'**energia meccanica** è data dalla somma dell'energia cinetica e dell'energia potenziale relative a un determinato corpo; la formula che esprime l'energia meccanica è perciò:

  $$E_M = E_C + U_g$$

- I **fenomeni dissipativi** sono i processi in seguito ai quali si ha dispersione di energia sotto forma di calore (per esempio, gli attriti). Quando il moto di un corpo avviene *senza fenomeni dissipativi*, allora l'*energia meccanica si conserva*, per cui si può scrivere:

  $$E_M = \text{costante}$$

- Nel caso di un vagoncino che si muove sulle montagne russe, il principio di conservazione dell'energia meccanica diventa:

  $$E_M = \frac{1}{2} m \cdot v^2 + m \cdot g \cdot h = \text{costante}$$

- Nel caso di una molla che oscilla orizzontalmente, il principio di conservazione dell'energia meccanica diventa:

  $$E_M \ \frac{1}{2} m \cdot v^2 + \frac{1}{2} K \cdot (\Delta L)^2 = \text{costante}$$

- Nel caso in cui siano presenti sia l'energia potenziale gravitazionale sia quella elastica (molla che oscilla verticalmente), il principio di conservazione diventa:

  $$E_M = \frac{1}{2} m \cdot v^2 + m \cdot g \cdot h + \frac{1}{2} K \cdot (\Delta L)^2 = \text{costante}$$

- Un **sistema isolato** non scambia né materia né energia con l'esterno.

  Il *principio generale di conservazione* dell'energia afferma che in un sistema isolato l'energia non si crea e non si distrugge, ma si trasforma.

- La **quantità di moto** è una grandezza vettoriale definita come:

  $$\vec{Q} = m \cdot \vec{v}$$

  Il suo modulo è $Q = m \cdot v$ e si misura in kg $\frac{\text{m}}{\text{s}}$.

  La direzione e il verso coincidono con quelli della velocità $\vec{v}$.

- In un sistema nel quale è complessivamente nulla l'azione delle forze esterne, la quantità di moto del sistema si mantiene costante:

  $$Q = \text{costante}$$

- Tutti gli urti sono caratterizzati dalla conservazione della quantità di moto.

  Gli **urti** possono essere:

  - **elastici**, quando si conserva anche l'energia cinetica totale;
  - **anelastici**, quando non si conserva l'energia cinetica totale (parte dell'energia meccanica si disperde nella deformazione dei corpi, e cioè in fenomeni dissipativi);
  - **totalmente anelastici**, quando non si conserva l'energia cinetica totale e dopo l'urto i corpi procedono uniti, con la stessa velocità finale.

STRUMENTI DI CONSOLIDAMENTO E VERIFICA

VERIFICHE

Vero-falso

Immagina un ragazzo che in un parco di giochi acquatici scenda lungo uno scivolo non rettilineo e in assenza di attrito. La velocità finale dipende:

1 dall'altezza dello scivolo. V F

2 dalla lunghezza complessiva del percorso prima di entrare in acqua. V F

3 dal peso del ragazzo. V F

4 dalla posizione assunta dal ragazzo durante la discesa. V F

5 dall'altezza del ragazzo. V F

Inoltre:

6 L'energia potenziale elastica aumenta in fase di compressione di una molla. V F

7 Una molla orizzontale in fase di allungamento presenta solo energia cinetica. V F

8 Se durante il moto di un corpo in assenza di attrito l'energia cinetica passa da 100 J a 40 J, allora l'energia potenziale gravitazionale passa da 10 J a 70 J. V F

9 La quantità di moto si misura in kg · m/s. V F

10 Il principio di conservazione della quantità di moto non è valido per gli urti anelastici. V F

Test a scelta multipla

1 Una legge di conservazione individua:

A le grandezze fisiche che intervengono in un fenomeno

B le grandezze fisiche che cambiano durante un fenomeno

C le grandezze fisiche che rimangono invariate durante il fenomeno

D le grandezze fisiche che variano di meno durante il fenomeno

2 Se una palla, in assenza di attrito, scende da uno scivolo e arriva a terra, è errato affermare che:

A tutta l'energia potenziale gravitazionale si converte in energia cinetica

B la somma dell'energia potenziale gravitazionale e dell'energia cinetica in cima allo scivolo è uguale a quella al termine dello scivolo

C l'energia meccanica totale si mantiene costante in qualunque punto della discesa

D l'energia potenziale gravitazionale in qualunque punto della discesa è maggiore di quella cinetica

3 Due sfere, S_1 di massa m ed S_2 di massa $2m$, scendono su un piano inclinato in assenza di attriti. Possiamo affermare che alla fine della discesa:

A S_1 è più veloce di S_2

B S_2 è più veloce di S_1

C S_1 ed S_2 hanno la stessa velocità

D la velocità di S_1 non è confrontabile con quella di S_2 perché dipende dal materiale delle sfere

4 In presenza di attriti è corretto affermare che l'energia meccanica totale:

A diminuisce

B rimane costante

C aumenta

D ha un comportamento variabile, talvolta aumenta e talvolta diminuisce

5 Con riferimento a una molla posta su un piano orizzontale, quale affermazione è corretta?

A La somma dell'energia cinetica e potenziale elastica è variabile a ogni istante

B L'energia potenziale elastica si può integralmente convertire in cinetica e viceversa

C L'energia cinetica e potenziale elastica aumentano o diminuiscono contemporaneamente

D Anche in presenza di forze dissipative la somma dell'energia cinetica e potenziale elastica si mantiene costante

6 In base al principio generale di conservazione dell'energia, si può dire che:

A in qualunque sistema l'energia totale si conserva

B in ogni trasformazione di energia una parte di energia svanisce nel nulla

C in ogni trasformazione di energia si ha la creazione di energia dal nulla

D in un sistema isolato l'energia totale si mantiene costante nel tempo

7 Una molla risulta allungata di 20 cm. Se la sua costante elastica vale 80 N/m, allora la molla ha un'energia elastica di:

A 1,6 J

B 800 J

C 1600 J

D 4 J

8 La quantità di moto è una grandezza di tipo:

A scalare e si misura in kg/(m · s)

B vettoriale e il suo modulo si misura in kg · m/s

C scalare e si misura in kg · m/s

D vettoriale e il suo modulo si misura in kg/(m · s)

9 Il principio di conservazione della quantità di moto è valido:

A se i due corpi che si urtano sono soggetti alla stessa forza peso

B se le forze esterne agenti sul sistema hanno risultante non nulla

C se i due corpi che si urtano non sono soggetti alla forza peso

D se le forze esterne agenti sul sistema hanno risultante nulla

10 In relazione a un urto elastico è corretto sostenere che la quantità di moto:

A si conserva, anche se non si conserva l'energia cinetica

B si conserva, così come l'energia cinetica

C non si conserva, tuttavia si conserva l'energia cinetica

D non si conserva, così come non si conserva l'energia cinetica

Applichiamo le conoscenze

Esercizi

14.1 Il principio di conservazione dell'energia meccanica

Salvo diversa indicazione, in tutti gli esercizi si presuppone che nei fenomeni considerati gli attriti non vi siano o siano trascurabili. Inoltre, dove è possibile, si raccomanda di ricorrere al principio di conservazione dell'energia meccanica, anche se sono possibili altri percorsi risolutivi.

1 Un vaso con massa di 4 kg, posto inizialmente su un balcone a 12 m da terra, cade.

a) Determina l'energia potenziale gravitazionale e l'energia cinetica che il vaso ha sul balcone.

b) Qual è l'energia meccanica totale del vaso sul balcone?

c) Qual è l'energia meccanica totale del vaso a metà percorso?

[*a*) 471 J; 0 J]

2 Sappiamo che un sistema isolato ha un'energia meccanica totale di 5000 J. Completa la seguente tabella.

U_{Pg} (J)	500	1000	...	...	...
E_C (J)	...	...	2000	1000	0

3 Un aeromodello di 1,4 kg sta volando a una velocità di 23,4 km/h a una quota di 12,4 m dal suolo. Calcola la sua energia meccanica.

[200 J]

Per lo svolgimento dell'esercizio, completa il percorso guidato, inserendo gli elementi mancanti dove compaiono i puntini.

1 Prima di tutto trasforma la velocità in m/s:
v = 23,4/ .... = ...

2 Calcola l'energia cinetica utilizzando la formula:
E_C = ... = ...

3 Calcola l'energia potenziale gravitazionale con la formula:
U_g = ... = ...

4 Dato che ti viene chiesta l'energia meccanica, basta fare la somma: E_M = ... = ...

4 Un palloncino contenente 3 litri di acqua sta cadendo verticalmente. Mentre si trova a 4,4 m dal suolo ha una velocità di 9,0 m/s. Calcola la sua energia meccanica, sapendo che a ogni litro corrisponde una massa di 1 kg. **[251 J]**

5 Un camion di 18 tonnellate transita su un ponte alla velocità di 60 km/h. Calcola la sua energia potenziale gravitazionale (rispetto al livello dell'acqua), nel caso in cui la sua energia meccanica sia di $3{,}73 \cdot 10^6$ J.

Suggerimenti **Una volta che hai determinato l'energia cinetica del camion, ti sarà sufficiente sottrarre dall'energia...**

[1,23 MJ]

6 Un ciclista acrobata di 60 kg si sta esibendo su un filo posto a una certa altezza dal suolo, muovendosi su di esso con la bicicletta alla velocità di 4 m/s. La sua energia meccanica è pari a 4000 J. Determina la sua energia potenziale gravitazionale. **[3520 J]**

7 Un carrello di 350 g si muove a una certa velocità sulla guidovia a cuscino d'aria posta a 1,20 m dal pavimento. Considerato che la sua energia meccanica ammonta a 4,5 J, trova l'energia cinetica del carrello.

Suggerimenti **Una volta che hai determinato l'energia potenziale gravitazionale del carrello, ti basta sottrarre dall'energia...**

[0,4 J]

8 Un ragazzino di 40 kg corre su un muretto alto 2 m, con un'energia meccanica di 1200 J. Calcola la sua energia cinetica. **[415 J]**

9 Un vaso di 1,8 kg cade da una mensola posta a 2,8 m di altezza dal pavimento. Determina l'energia potenziale gravitazionale, l'energia cinetica e l'energia meccanica totale che ha il vaso nelle seguenti situazioni:

a) quando inizia la caduta;
b) dopo che ha percorso 1 m dall'inizio della caduta;
c) dopo 2 m;
d) quando arriva a terra (un istante prima dell'urto).

[*a*) 49,4 J; 0 J; 49,4 J; *b*) 31,8 J; 17,6 J; ...; *c*) 14,1 J; 35,3 J; ... *d*) 0 J; 49,4 J; ...]

Per lo svolgimento dell'esercizio, completa il percorso guidato, inserendo gli elementi mancanti dove compaiono i puntini.

- *Risposta a*

1 Indicando con h la distanza dal pavimento, l'energia potenziale gravitazionale iniziale è:
U_{Pg} = ...

2 Indicando con v la velocità iniziale (che vale ....), l'energia cinetica corrispondente è:
E_C = ...

3 Per determinare l'energia meccanica, basta che esegui la somma fra ....
Perciò: E_M = ...

- *Risposta b*

1 Determina la quota alla quale si trova l'oggetto:
h = ...

2 Calcola dapprima il nuovo valore dell'energia potenziale gravitazionale:
U_g = ...

3 L'energia meccanica si conserva, quindi:
E_M = ...

4 Infine, l'energia cinetica sarà data da:
$E_C = E_M -$ .... = ...

E così via...

10 Una sciatrice con massa di 62 kg percorre una discesa lungo un piano inclinato partendo da ferma.
Determina l'energia potenziale gravitazionale, l'energia cinetica, l'energia meccanica totale in *A*, *B*, *C*.

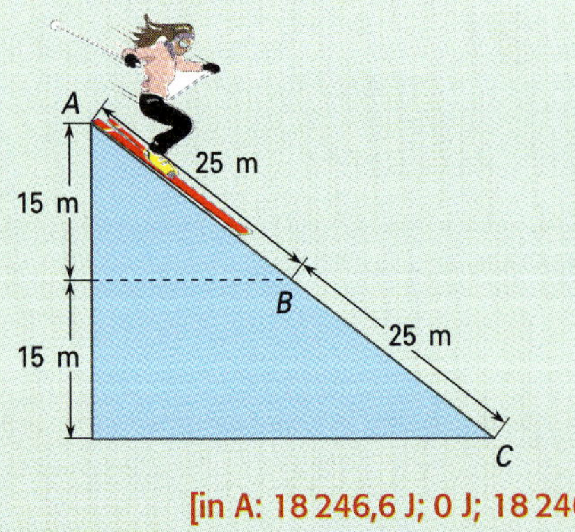

[in A: 18 246,6 J; 0 J; 18 246,6 J; ...]

11 Un sacchetto di noccioline di 350 g cade dall'altezza di 9 m. Determina l'energia potenziale, l'energia cinetica e l'energia meccanica quando:

a) inizia la caduta;
b) si trova a 6 m di altezza;
c) si trova a 3 m di altezza;
d) arriva a terra (un istante prima dell'urto).

[*a*) 30,9 J; 0 J; 30,9 J; *b*) 20,6 J; 10,3 J; ...; *c*) 10,3 J; 20,6 J; ...; *d*) 0 J; 30,9 J; ...]

12 In relazione all'Esercizio 11, utilizzando la carta millimetrata, riporta in un sistema di assi cartesiani sull'asse delle *X* le distanze dal suolo e sull'asse delle *Y* i corrispondenti valori dell'energia potenziale gravitazionale. Ripeti per l'energia cinetica e l'energia meccanica totale, nello stesso piano cartesiano, ricorrendo a colori differenti.

13 Sapendo che h indica l'altezza di un corpo di massa 2 kg in caduta libera, inizialmente fermo rispetto al livello di riferimento, e che v è la sua velocità, completa la seguente tabella.

h (m)	10	8	6	4	2	0
U_g (J)	...	...	...	...	...	0
v (m/s)	0	...	...	...	...	...
E_C (J)	0	...	...	...	...	...
$E_M = E_C + U_g$ (J)	...	...	...	...	...	...

Suggerimenti Per non calcolare ogni volta t e poi la v corrispondente, puoi adoperare la seguente formula: $v = \sqrt{2 \cdot g \cdot s}$, con $s = 10 - ...$

14 Se una bambina con massa di 22 kg sale su uno scivolo alto 2,5 m, quale velocità raggiunge alla fine della discesa, se non si dà nessuna spinta?

Suggerimenti L'inclinazione dello scivolo non è necessaria, perché l'energia potenziale iniziale dipende solo da... Inoltre, ti ricordiamo che la massa non è indispensabile...

[7 m/s]

15 Se un tuffatore di 68 kg si lascia andare dalla piattaforma dei 10 m, quale velocità ha nel momento dell'impatto con l'acqua? E se invece fosse di 100 kg?

[14 m/s; ...]

16 Un oggetto di 700 g cade in verticale. Inizialmente è fermo. Quando raggiunge il suolo ha la velocità di 17,5 m/s. Da quale altezza è caduto?

Suggerimenti La massa non è strettamente necessaria, perché impostando l'equazione che esprime la conservazione dell'energia meccanica, può essere semplificata...

[15,6 m]

17 Un'automobile di massa 1200 kg si trova, ferma, in cima a una discesa rettilinea. A motore spento comincia a scendere, toccando alla fine della discesa la velocità di 45 km/h. Quale dislivello c'è fra il punto più alto e quello più basso della discesa?

[8 m]

18 Osserva in figura il tragitto che un carrello con massa di 200 kg percorre nelle montagne russe di un parco giochi. Parte da *A* a 45 m di altezza, giunge al livello del suolo in *B* e risale fino a *C* che si trova a 27 m. Determina:

a) l'energia cinetica, l'energia potenziale gravitazionale e la velocità in *B*;

b) l'energia cinetica, l'energia potenziale gravitazionale e la velocità in *C*.

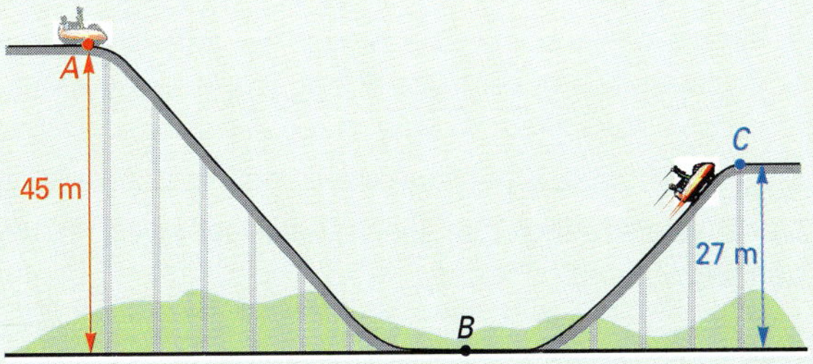

Suggerimenti Dopo aver calcolato in *A* l'energia totale, che coincide con l'energia..., devi utilizzare la conoscenza che in *B* e *C* l'energia meccanica...

[*a*) 88 290 J; 0 J; 29,7 m/s; *b*) 35 316 J; 52 974 J; 18,8 m/s]

19 Un ragazzo di 65 kg si lancia con lo skateboard da un punto *A* posto a 4 m di altezza, lasciandosi andare da fermo e senza darsi la spinta in nessun modo.
Facendo riferimento alla figura, rispondi alle seguenti domande:

a) Riesce il ragazzo a risalire fino a *B*, che è a 5 m?

b) Che velocità ha quando passa in *C*, che è a 3 m?

c) A quale altezza massima riesce a risalire?

[*a*) No, perché...; *b*) 4,4 m/s; *c*) ...]

20 Un pendolo di 125 g oscilla dalla posizione *A* alla *B*, quindi alla *C* (vedi figura). Il punto *A*, che è alla stessa altezza di *C*, è più in alto rispetto a *B* di 25 cm. Determina:

a) quale velocità ha il pendolo quando passa in *B*;

b) quale velocità ha quando raggiunge *C*.

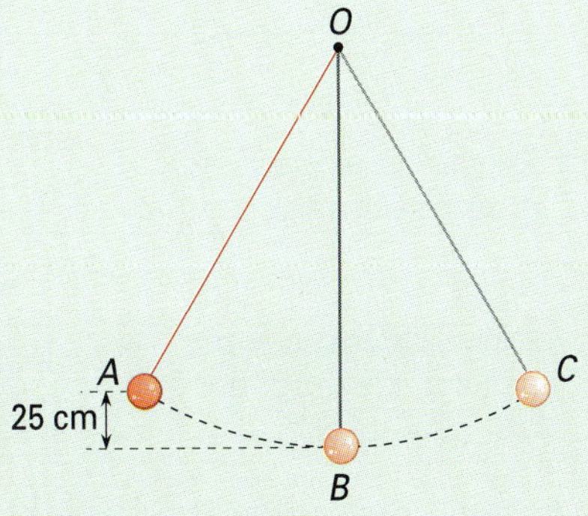

Suggerimenti Dopo aver assunto $h = 0$ nel punto *B* (come se fosse il suolo), determina l'energia potenziale gravitazionale in *A*. Poi, basandoti sul principio di conservazione dell'energia meccanica...

[*a*) 2,2 m/s; *b*) 0 m/s]

21 Un pendolo di 80 g oscilla dalla posizione *A* a *B*, per poi portarsi in *C* (vedi figura esercizio precedente). Quando il pendolo passa in *B*, ha una velocità di 1,8 m/s. Determina l'altezza del punto *A* rispetto a *B*.

[16,5 cm]

22 ***ENGLISH*** A rock is dropped from a height of 1.6 meters. How fast is the rock falling just before it hits the ground?

[5.6 m/s]

14.2 La molla e la conservazione dell'energia meccanica

23 Completa la seguente tabella relativa a una molla in fase di compressione a causa di un corpo di massa *m* e di velocità iniziale *v*.

U_{Pel} (J)	100	200	...	...	...
E_C (J)	...	...	200	100	0
E_M (J)	500	500	...	...	...

24 Una molla, disposta su un piano orizzontale in posizione di riposo, è caratterizzata da una costante elastica di 790 N/m. Se una sfera di 400 g la comprime andandole incontro alla velocità di 6 m/s, qual è la massima compressione della molla?
Alla fine, quando la molla si ridistende e la lancia via, quale energia cinetica possiede la sfera?

[13,5 cm; 7,2 J]

Per lo svolgimento dell'esercizio, completa il percorso guidato, inserendo gli elementi mancanti dove compaiono i puntini.

	Prima della compressione		*Dopo la compressione*
1 In base al principio di conservazione dell'energia meccanica hai che:	E_{M1}	=	E_{M2}
2 Nel caso della molla orizzontale, l'energia meccanica è data da:	... + U_{el1}	=	E_{C2} + ...
3 Sostituendo:	.... + 0	=	0 + ...

4 Ottieni un'equazione da cui puoi ricavare l'allungamento:

ΔL = ...

5 Con un semplice ragionamento, rispondi alla seconda domanda:

E_{C3} = ...

25 In un flipper la molla ha una costante elastica di 1800 N/m e la biglia ha massa di 150 g.

a) Se la molla viene compressa di 1 cm e la pallina è ferma appoggiata alla molla, qual è l'energia potenziale elastica e qual è l'energia cinetica della pallina?

b) Quando la molla viene lasciata, fino a tornare alla posizione di equilibrio, l'energia potenziale elastica della molla si trasforma in energia cinetica della pallina. Quanto vale?

c) Qual è la velocità con cui la pallina si allontana dalla molla?

[*a*) 0,09 J; 0 J; *b*) 0,09 J; *c*) 1,1 m/s]

26 In relazione al flipper dell'Esercizio 25, se la molla viene compressa di 1,5 cm, qual è la velocità con cui la pallina si allontana da essa? [1,64 m/s]

27 In una fabbrica un vagoncino di 3 quintali che sta viaggiando a 15 km/h urta contro un respingente a molla di costante $K = 9000$ N/m, cedendogli tutta la sua energia cinetica.

a) Determina l'energia cinetica del mezzo nel momento dell'urto.

b) Quando il respingente viene toccato, l'energia cinetica del treno si trasforma in energia potenziale elastica a causa della compressione della molla. Quanto vale?

c) Determina la compressione della molla.

[*a*) 2600 J; *c*) 76 cm]

28 Una molla è disposta su un piano orizzontale e si trova a riposo. La sua costante elastica vale 200 N/m. Una massa di 2 kg la urta orizzontalmente alla velocità 1,4 m/s, comprimendola. Trova di quanto si accorcia la molla e l'energia cinetica che la massa possiede quando viene alla fine respinta in verso opposto, una volta lasciata la molla.

[0,14 m; 1,96 J]

29 Una molla con costante elastica di 340 N/m, disposta orizzontalmente su un piano, viene compressa di 20 cm da un corpo di massa pari a 1,5 kg. Determina la velocità con la quale il corpo viene rilanciato indietro, mentre la molla riacquista la posizione di riposo.

Suggerimenti **Una volta impostata l'equazione relativa al principio di conservazione dell'energia meccanica, devi cercare di ricavare la velocità...**

[3 m/s]

30 Una molla orizzontale che ha una costante elastica di 141 N/m, subisce una compressione che riduce la sua lunghezza di 8,5 cm a causa di una sfera di 650 g che l'ha urtata procedendo a una certa velocità. Calcola la velocità della sfera.

[1,25 m/s]

31 ***ENGLISH*** A 200 g mass is attached to a spring of unknown spring constant *K*. The spring is compressed 20 cm from its equilibrium value. When released, the mass reaches a speed of 5 m/s. Determine the spring constant.

[125 N/m]

14.4 Il principio di conservazione della quantità di moto

32 Un camion con massa di 7 t viaggia alla velocità di 54 km/h mentre un'automobile di 1200 kg lo sorpassa alla velocità di 126 km/h. Qual è la quantità di moto del camion e quella dell'automobile?

[$105 \cdot 10^3$ kg · m/s; $42 \cdot 10^3$ kg · m/s]

33 Dario e Mattia stanno allenandosi per partecipare a una gara di corsa. Dario, di massa 72 kg, corre alla velocità di 15 km/h e Mattia, di massa 65 kg, si muove alla velocità di 18 km/h.

a) Qual è la differenza tra le quantità di moto di Dario e Mattia?

b) Quale velocità dovrebbe avere Mattia per avere la stessa quantità di moto di Dario?

[25 kg · m/s; 16,6 km/h]

34 Un bambino di 18 kg viaggia nell'apposito seggiolino, ma il padre si è dimenticato di allacciare le cinture. All'improvviso vi è una brusca frenata per fermarsi a un semaforo rosso e il piccolo viene sbalzato dal sedile con una quantità di moto di 288 kg · m/s. A quale velocità procedeva l'auto prima dell'arresto?

[57,6 km/h]

35 Vi sono due motociclette *A* e *B* che procedono alla stessa velocità di 65 km/h, ma la quantità di moto di *A* è il doppio di quella di *B*.

a) Qual è la massa della moto *A* se la massa di *B* è 60 kg?

b) Se le due moto procedono in versi opposti, potrebbero avere lo stesso vettore quantità di moto? Motiva la risposta.

[120 kg]

36 Un giovane di 70 kg è in piedi su uno skateboard fermo di 10 kg e tiene in mano uno zaino la cui massa complessiva è di 7 kg. Con quale velocità si muove all'indietro lo skateboard, se il giovane lancia lo zaino orizzontalmente davanti a sé imprimendogli una velocità di 2,4 m/s?

[– 0,21 m/s]

Per lo svolgimento dell'esercizio, completa il percorso guidato, inserendo gli elementi mancanti dove compaiono i puntini.

	Prima del lancio		*Dopo il lancio*
1 In base al principio di conservazione della quantità di moto:	Q_1	=	Q_2
2 Ricordando la definizione di quantità di moto:	$m_1 \cdot v_1$	=	...
3 Prima del lancio dello zaino il sistema è fermo per cui, sostituendo i dati, puoi scrivere:	...	=	7 · 2,4 + (70 +10) · ...

4 Ottieni un'equazione da cui puoi ricavare la velocità cercata:

v_2 = ...

N.B. Il risultato è negativo in quanto il giovane e lo skateboard vanno in verso .... rispetto allo zaino.

37 Un tennista lancia da fermo una pallina da 50 g che raggiunge la velocità di 63 km/h (assumi come verso positivo del moto quello della pallina dopo il lancio).

a) Prima del lancio la quantità di moto del sistema tennista + pallina è ....

b) Dopo il lancio qual è la quantità di moto della pallina? Qual è la quantità di moto del tennista?

c) Dopo il lancio la quantità di moto del sistema tennista + pallina è ....

[*b*) 0,875 kg · m/s; ...]

38 Situazione iniziale: un bambino di 32 kg si trova su un monopattino di 4 kg inizialmente fermo.
Situazione finale: il bambino scende da dietro con velocità di 1,4 m/s e contemporaneamente il monopattino si mette in moto.

a) Inserisci nella tabella, in corrispondenza dei puntini, i relativi valori della quantità di moto (assumi come verso positivo del moto quello del monopattino).

quantità di moto		
	situazione iniziale	**situazione finale**
sistema monopattino + bambino	....	....
bambino	....	....
monopattino	....	....

b) Determina la velocità con cui si allontana il monopattino.

[11,2 m/s]

39 Una piattaforma con massa di 30 kg dotata di rotelle sta muovendosi su un binario alla velocità di 9 km/h. Un ragazzo di 65 kg, che sta correndo alla velocità di 18 km/h nella stessa direzione della piattaforma, vi salta sopra. Qual è la quantità di moto totale del sistema piattaforma + ragazzo?

[400 kg · m/s]

40 Ripeti l'Esercizio 39 nell'ipotesi che il ragazzo stia correndo in direzione opposta rispetto alla piattaforma.

[250 kg · m/s]

41 Due ragazzini di 52 kg e 75 kg si trovano su uno skateboard di massa 8 kg, fermo. Se il ragazzo più robusto scende da dietro (verso assunto come negativo) con velocità di – 0,8 m/s, determina la velocità finale dello skateboard con sopra il ragazzo più magro.

[1,0 m/s]

42 Un fucile di massa 4,2 kg spara un proiettile che si muove alla velocità di 315 m/s. Trova la massa del proiettile, sapendo che la velocità di rinculo del fucile è di 1,2 m/s.

Suggerimenti Il procedimento è simile a quello illustrato nell'Esercizio 36, solo che in questo caso devi ricavare...

[16 g]

43 Un furgoncino aperto, che ha una massa di 800 kg, viaggia a 43,2 km/h. Dall'alto viene lasciata cadere verticalmente una cassa, in maniera tale che la velocità del mezzo scende a 40,0 km/h. Calcola la massa della cassa.

[64 kg]

44 ***ENGLISH*** If a 5-kg bowling ball is projected upwards with a velocity of 3.0 m/s, what is the recoil velocity of the earth? (Earth mass = $6.0 \cdot 10^{24}$ kg).

[$7.5 \cdot 10^{-24}$ m/s, downward]

45 ***ENGLISH*** A 0.500-kg cart moving rightwards with a speed of 0.90 m/s collides with a 1.50-kg cart moving leftwards with a speed of 0.20 m/s. The two carts stick together and move as a single object after the collision. Determine the post-collision speed of the two carts.

[0.375 m/s]

14.5 Gli urti

46 Osserva la seguente figura.

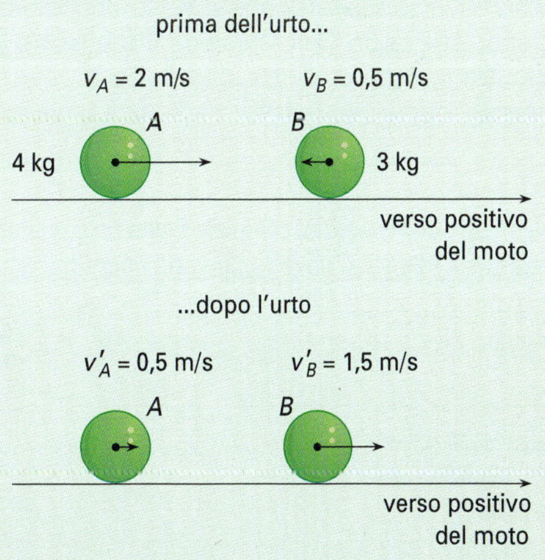

a) In relazione alle informazioni contenute nella figura, inserisci nella tabella, in corrispondenza dei puntini, i relativi valori della quantità di moto.

quantità di moto		
	situazione iniziale (prima dell'urto)	**situazione finale (dopo l'urto)**
sistema *A* + *B*	....	....
sfera *A*	....	....
sfera *B*	....	....

b) Si conserva la quantità di moto della sfera *A*, della sfera *B* o del sistema *A* + *B*?

47 Osserva la seguente figura in cui due sferette sono inizialmente collegate con una molla compressa e poi si allontanano perché la molla viene liberata.

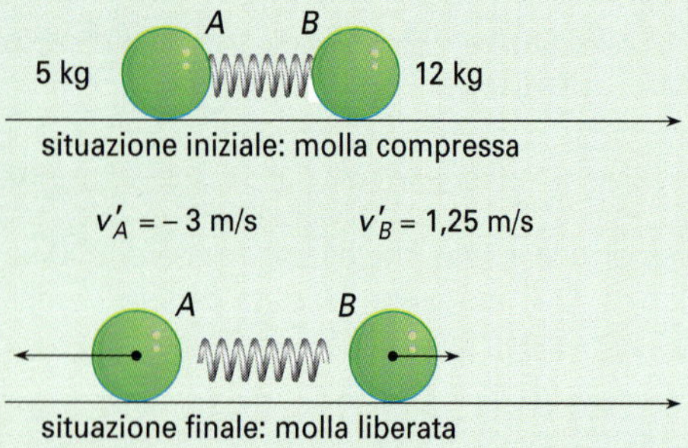

a) Inserisci nella tabella in corrispondenza dei puntini i relativi valori della quantità di moto.

	quantità di moto	
	situazione iniziale (molla compressa)	**situazione finale (molla liberata)**
sistema $A + B$	....	....
sfera A	....	....
sfera B	....	....

b) La quantità di moto del sistema $A + B$ si conserva?
c) L'energia cinetica del sistema $A + B$ si conserva?

48 Una palla A di massa 200 g, che si sposta con traiettoria rettilinea a 6 m/s, urta centralmente contro una palla B di massa 500 g, che si muove con velocità di modulo pari a 10 m/s che ha la stessa direzione e verso opposto rispetto ad A. Sapendo che dopo l'urto A inverte il suo moto, tornando indietro alla velocità di 4 m/s, determina la velocità di B e il suo verso. Dopodiché, stabilisci se l'urto è elastico oppure no. **[– 6 m/s; no]**

Per lo svolgimento dell'esercizio, completa il percorso guidato, inserendo gli elementi mancanti dove compaiono i puntini.

	Prima dell'urto		*Dopo l'urto*
1 Assumi come positiva la velocità della palla A e come negativa quella della palla B.			
2 In base al principio di conservazione della quantità di moto hai che:	Q_1	=	Q_2
3 Ricordando la definizione di quantità di moto:	$m_1 \cdot v_1$	=	...
4 Sostituendo i dati, puoi scrivere:	$0{,}200 \cdot 6 - ...$	=	$-0{,}200 \cdot 4 + ...$

5 Ottieni un'equazione da cui puoi ricavare la velocità cercata:

$v'_B =$ ....

6 Conoscendo tutte le velocità, determini l'energia cinetica iniziale e finale del sistema costituito dai due corpi:

$E_C = \frac{1}{2} m_A \cdot v_A^2 + \frac{1}{2} m_A \cdot v_B^2 =$ ....;

$E'_C =$ .... = ...

7 Se $E_C = E'_C$, allora puoi concludere che l'urto è ...., altrimenti ....

49 Due carrelli A e B percorrono la stessa rotaia, ma in verso opposto.

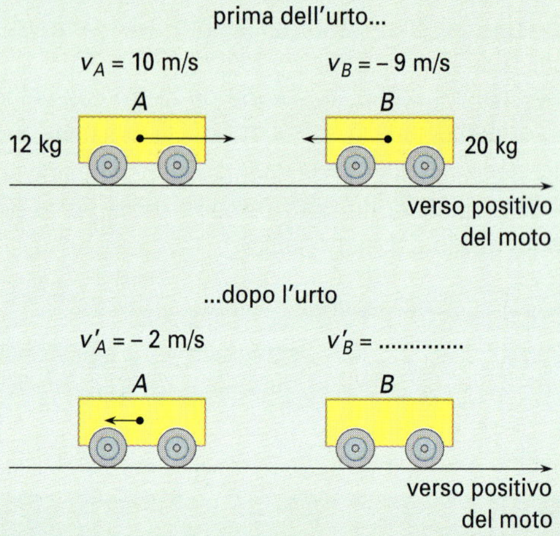

a) Determina la velocità e il verso con cui si muove il carrello B dopo l'urto.
b) Inserisci nella tabella, in corrispondenza dei puntini, i relativi valori della quantità di moto.

	quantità di moto	
	situazione iniziale (prima dell'urto)	**situazione finale (dopo l'urto)**
sistema $A + B$	....	....
carrello A	....	....
carrello B	....	....

[*a*) –1,8 m/s]

50 Osserva la seguente figura in cui inizialmente due sferette sono collegate con una molla compressa e poi la molla viene liberata.

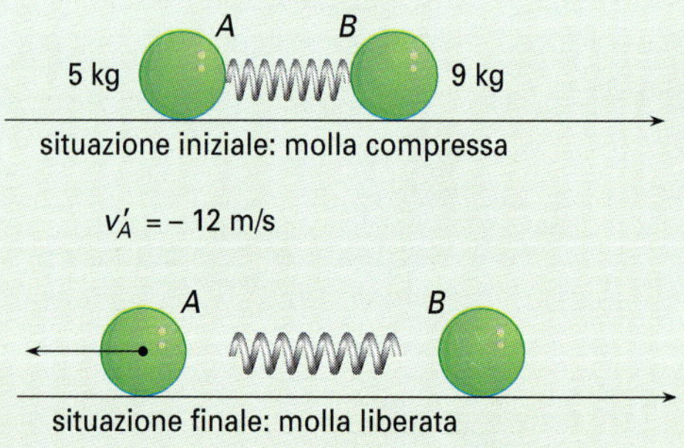

a) Determina la velocità finale di B.

b) Inserisci nella tabella, in corrispondenza dei puntini, i relativi valori della quantità di moto.

	quantità di moto	
	situazione iniziale (molla compressa)	**situazione finale (molla liberata)**
sistema $A + B$	....	....
sfera A	....	....
sfera B	....	....

[*a*) 6,67 m/s]

51 Considera le sfere descritte nell'Esercizio 46 e supponi che dopo l'urto rimangano incastrate.
a) Come si chiama questo tipo d'urto?
b) La quantità di moto si conserva?
c) Con quale velocità si muove dopo l'urto il sistema formato dalle due sfere?
d) In quale verso si muove il sistema formato dalle due sfere dopo l'urto?
[*c*) 0,93 m/s]

52 Una sfera da 1,2 kg, lanciata alla velocità di 54 km/h, ne colpisce centralmente una ferma di 600 g. Dopo l'urto entrambe le sfere procedono nella stessa direzione e nello stesso verso. Se la velocità finale della sfera di massa maggiore risulta di 5 m/s, calcola la velocità di quella minore. Quindi, verifica se l'urto in questione è elastico. [20 m/s; sì]

53 Due carrelli si muovono l'uno contro l'altro, restando uniti dopo l'urto. Se il primo di 320 g ha una velocità di 0,45 m/s, mentre il secondo di 240 g ha una velocità di 0,60 m/s, quanto vale la velocità finale dei due carrelli?

Suggerimenti Nello scrivere la quantità di moto dopo l'urto, tieni presente che le due velocità sono uguali...

[0 m/s]

54 In autostrada, in situazione di scarsa visibilità, un'automobile di massa pari a 1200 kg, che ha una velocità 90 km/h, va a sbattere frontalmente contro un'auto di 800 kg ferma. I due veicoli rimangono incastrati e proseguono assieme.
Si chiede di stabilire a quale velocità si muovono i due mezzi dopo lo scontro. [54 km/h]

55 ***ENGLISH*** A baseball player holds a bat loosely and bunts a ball.
Complete the table below.

	Momentum before collision	Momentum after collision
Bat	75	...
Ball	35	10
Total	...	...

Problemi

PER COSTRUIRE LE COMPETENZE

La risoluzione dei problemi richiede la conoscenza degli argomenti trasversali a più paragrafi. Con il pallino sono contrassegnati i problemi che presentano una maggiore complessità.

1 Un carrello di 320 g si muove sulla guidovia a cuscino d'aria alla velocità di 1,5 m/s. Sapendo che la sua energia meccanica è di 5 J, calcola la quota alla quale si trova il carrello rispetto al pavimento. [1,48 m]

2 Un ciclista di 65 kg si sta esibendo su un filo posto a un'altezza di 8 m. La sua energia meccanica è di 5500 J. Trova la velocità del ciclista. [3,5 m/s]

• **3** Un carrellino con massa di 1200 g, libero di scivolare senza attrito su un piano inclinato lungo 2 m e alto 1,25 m, viene agganciato a una molla di costante elastica 67,5 N/m, fissata parallelamente al piano inclinato stesso. All'equilibrio il carrellino, dopo avere dilatato la molla, si trova a un'altezza di 87,5 cm dal pavimento. Calcola l'energia meccanica del sistema formato dal carrellino e dalla molla.

Suggerimenti Ti conviene rappresentare in un disegno la situazione descritta dal problema, in modo da capire qual è la forza effettiva che agisce sulla molla, dilatandola...

[10,7 J]

• **4** Una sfera con massa di 1,5 kg viene posizionata su un piano inclinato, che forma con il piano orizzontale un angolo di 30°, a un'altezza di 10 m in modo da comprimere di 30 cm una molla avente $K = 500$ N/m (vedi figura).
Se la molla viene lasciata libera, quale altezza raggiunge la sfera?

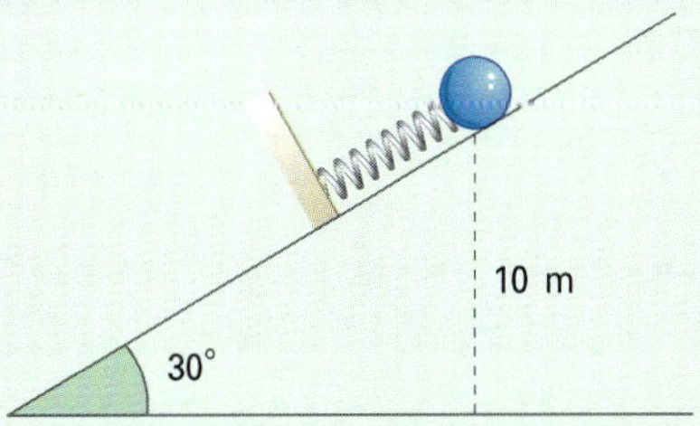

Suggerimenti Si tratta di uguagliare l'energia .... della molla e l'energia .... della sfera alla fine del percorso quando è ferma. Tieni conto che, essendo su un piano inclinato, se utilizzi le leggi del moto, devi considerare solo la componente attiva della forza peso della sfera...

[11,5 m]

5 Un'automobile di 950 kg, ferma, viene messa in folle in cima a una discesa rettilinea lunga 120 m e caratterizzata da un dislivello di 20 m. Utilizzando il principio di conservazione dell'energia meccanica, trova quanto spazio ha percorso l'automobile dall'inizio del suo moto fino al punto in cui raggiunge la velocità di 11,7 m/s. [42 m]

6 Una sfera d'acciaio di 375 g sta cadendo verticalmente. Quando si trova a 6,20 m dal suolo ha una velocità di 10 m/s. Trascurando l'attrito dell'aria, determina l'energia cinetica e la velocità della sfera quando è scesa a una quota di 1,20 m. [37 J; 14 m/s]

• **7** Una sfera con massa di 450 g scende su un piano inclinato lungo 1,50 m e alto 62,5 cm, partendo da ferma dalla sommità del piano. Una volta raggiunta la base, muovendosi orizzontalmente, va a urtare centralmente una sfera ferma di 275 g dello stesso diametro. Sapendo che la velocità della prima sfera dopo l'urto diventa 0,84 m/s, pur conservando il verso iniziale, calcola la velocità della seconda sfera e stabilisci di quale tipo di urto si tratta.

[4,35 m/s; urto elastico, poiché ...]

8 Filippo sta scendendo su uno skateboard lungo una pista e nel punto *P*, che si trova a 2,50 m di altezza, raggiunge la velocità di 4,36 m/s.
Di quanto risale dalla parte opposta, dopo avere abbandonato la pista, rispetto all'altezza alla quale si trova il punto *P*?

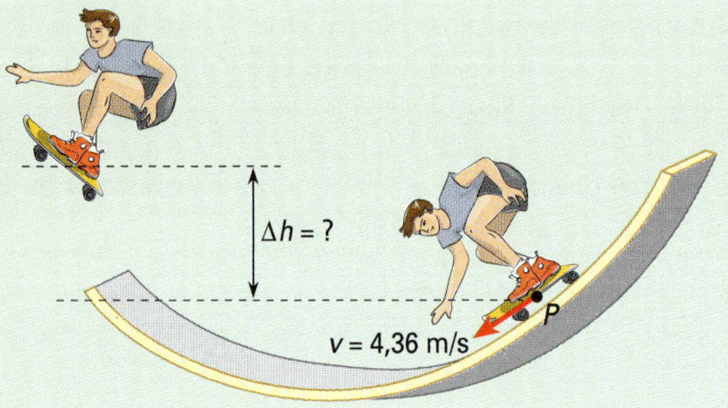

Suggerimenti La massa di Filippo non viene data in quanto...

[0,97 m]

9 Un proiettile di 12 g si conficca alla velocità di 350 m/s in un disco di legno di 750 g agganciato a una molla orizzontale che inizialmente si trova a riposo e che ha una costante elastica di 400 N/m.
Trova di quanto si contrae la molla nell'ipotesi che il proiettile dopo l'urto resti dentro il disco.

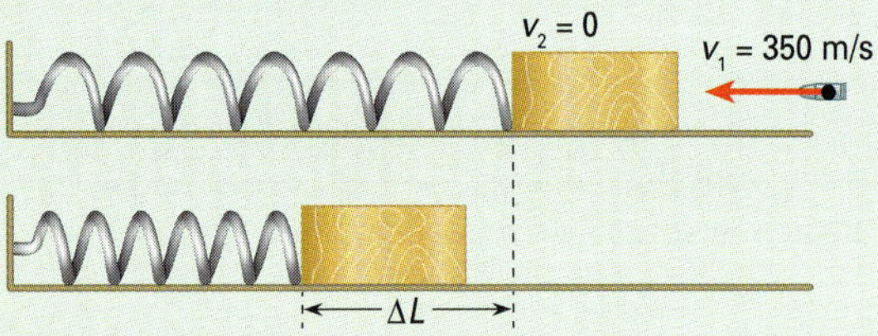

[24 cm]

10 Un proiettile con massa di 12 g si muove orizzontalmente alla velocità di 420 m/s e si incastra in una sfera di metallo di 1,2 kg inizialmente ferma.

a) Il sistema proiettile + sfera si muove?

b) Se la risposta *a* è affermativa, determina con quale velocità.

c) Se il sistema proiettile + sfera andasse a urtare contro una molla avente $k = 4000$ N/m, di quanto si accorcerebbe la molla?

[*b*) 4,16 m/s; *c*) 7,2 cm]

11 Una sfera di 2 kg risulta posizionata su un'asta a 0,80 m dal centro di rotazione. La velocità angolare è 0,75 rad/s. Determina la distanza dal centro di rotazione a cui bisogna mettere la sfera, per fare in modo che, in assenza di momenti esterni, la velocità angolare diventi 1,25 rad/s. [62 cm]

12 Un proiettile di 15 g colpisce centralmente, procedendo alla velocità di 450 m/s, una sfera di legno di 2,5 kg appesa a un punto fisso tramite un sottile cavo d'acciaio, ferma nella posizione verticale di equilibrio. Calcola l'altezza a cui arriva la sfera rispetto alla posizione iniziale, immaginando che il proiettile, dopo avere colpito la sfera, rimanga incastrato al suo interno.

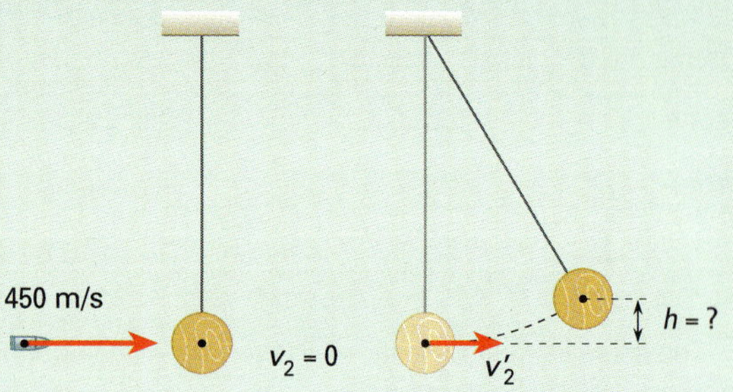

Suggerimenti Si tratta di un urto totalmente... Inoltre, il peso del cavetto è trascurabile.

[37 cm]

• **13** Un vagoncino delle montagne russe compie il giro della morte, entrando nell'anello alla velocità di 44 km/h. Sapendo che nel punto più alto ha una velocità di 20 km/h, determina il raggio dell'anello (trascurando gli attriti e ricordando che il vagoncino non ha motore...). La velocità raggiunta nel punto più alto è sufficiente a equilibrare la forza peso e non farlo cadere?

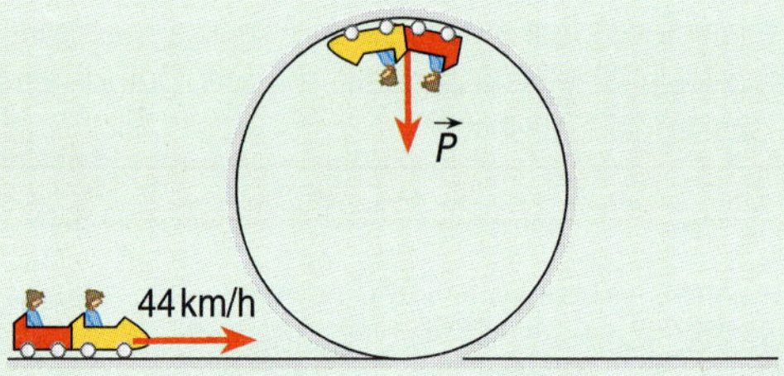

[3,0 m; sì...]

14 Il vagone di una miniera, che ha una massa totale di 120 kg, va a urtare contro un respingente dopo avere percorso una discesa che presenta un dislivello di 3 m. Prima della discesa il vagone aveva una velocità di 5,0 m/s. Calcola, trascurando gli attriti, la contrazione massima del respingente nell'eventualità che la costante elastica della molla al suo interno valga $252 \cdot 10^3$ N/m.

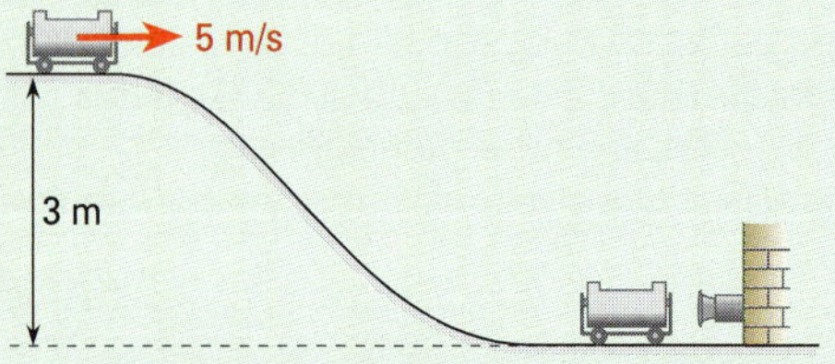

[20 cm]

• **15** Un carrello si muove con velocità di $(1{,}36 \pm 0{,}02)$ m/s a un'altezza dal suolo di $(1{,}145 \pm 0{,}005)$ m. La sua massa risulta essere $(0{,}320 \pm 0{,}002)$ kg, mentre l'accelerazione di gravità rispetto al livello del mare deve essere considerata con una incertezza di 0,01 m/s^2. Determina la misura dell'energia meccanica del carrello.

Suggerimenti Non arrotondare secondo i criteri noti le incertezze dell'energia cinetica e dell'energia potenziale gravitazionale, ma soltanto quella finale dell'energia meccanica...

[$(3{,}89 \pm 0{,}06)$ J]

Tabelle

Tabella 1. Multipli e sottomultipli delle unità di misura

prefisso	simbolo	potenza di 10
tera	T	10^{12}
giga	G	10^{9}
mega	M	10^{6}
kilo	k	10^{3}
etto	h	10^{2}
deca	da	10^{1}
–	–	1
deci	d	10^{-1}
centi	c	10^{-2}
milli	m	10^{-3}
micro	μ	10^{-6}
nano	n	10^{-9}
pico	p	10^{-12}

Tabella 2. Sistema Internazionale delle unità di misura. Unità di base o fondamentali

grandezza	unità di misura	simbolo	definizione
lunghezza	metro	**m**	attualmente è la **distanza percorsa nel vuoto dalla luce in un tempo pari a 1/299792458 di secondo** (in precedenza, era la quaranta-milionesima parte del meridiano terrestre o la distanza fra due incisioni su un campione costituito da una sbarra di platino-iridio)
tempo	secondo	**s**	**intervallo di tempo nel quale si hanno 9192631770 oscillazioni di una particolare radiazione emessa dal cesio-133** (dapprima era una delle 86 400 parti in cui veniva suddiviso il giorno solare medio)
massa	kilogrammo	**kg**	**massa di un campione cilindrico di platino-iridio** conservato nell'Ufficio Internazionale dei Pesi e delle Misure di Sèvres, vicino a Parigi (una volta era invece la massa di 1 dm^3 di acqua distillata alla temperatura di 4 °C)
temperatura	kelvin	**K**	**frazione di 1/273,16 della temperatura termodinamica dell'acqua al suo punto triplo**, nel quale si trovano in equilibrio le fasi solida, liquida e gassosa
intensità di corrente elettrica	ampere	**A**	**intensità di corrente elettrica che, circolando in due fili paralleli conduttori di lunghezza infinita posti alla distanza di un metro l'uno dall'altro, fa sì che tra di essi si abbia una forza di $2 \cdot 10^{-7}$ newton per ogni metro di lunghezza**
quantità di sostanza	mole	**mol**	**quantità di sostanza di un sistema che contiene tante entità elementari quanti sono gli atomi in 0,012 kg di carbonio 12; le entità elementari devono essere specificate e possono essere atomi, molecole, ioni, elettroni ecc. ovvero gruppi specificati di tali particelle**
intensità luminosa	candela	**cd**	**intensità luminosa emessa da una sorgente monocromatica con frequenza di $5{,}40 \cdot 10^{14}$ hertz e intensità energetica nella direzione della radiazione di $1{,}46 \cdot 10^{-3}$ watt/stera-diante**

Tabella 3. Unità di grandezze derivate del Sistema Internazionale

grandezza	unità di misura	simbolo	definizione
angolo piano	radiante	**rad**	**angolo compreso tra due raggi che intercettano sulla circonferenza un arco di lunghezza uguale a quella dei raggi**
angolo solido	steradiante	**sr**	**angolo solido con vertice al centro della sfera che individua sulla sua superficie un'area uguale a quella di un quadrato di lato pari al raggio della sfera stessa**
forza	newton	**N**	$1\ N = 1\ kg \cdot m/s^2$
costante elastica	newton su metro	**N/m**	
momento di una forza	newton per metro	**N · m**	
densità	kilogrammo su metro al cubo	**kg/m^3**	
pressione	pascal	**Pa**	$1\ Pa = 1\ N/m^2$
velocità	metro *al* secondo	**m/s**	
accelerazione	metro *al* secondo quadrato	**m/s^2**	
frequenza	hertz	**Hz**	1 Hz = 1/s
lavoro, energia	joule	**J**	1 J = 1 N · m
potenza	watt	**W**	1 W = 1 J/s
quantità di moto	kilogrammo per metro *al* secondo	**kg · m/s**	
coefficiente di dilatazione termica (lineare e cubica)	kelvin alla meno uno	**K^{-1}**	
calore	joule	**J**	1 J = 1 N · m
calore specifico	joule su (kilogrammo per kelvin)	**J/(kg · K)**	
capacità termica	joule su kelvin	**J/K**	
coefficiente di conducibilità termica	watt su (metro per kelvin)	**W/(m · K)**	
calore latente	joule su kilogrammo	**J/kg**	
carica elettrica	coulomb	**C**	1 C = 1 A · s
densità superficiale di carica	coulomb su metro al quadrato	**C/m^2**	
campo elettrico	newton su coulomb	**N/C**	
tensione (o d.d.p.), f.e.m.	volt	**V**	1 V = 1 J/C
capacità	farad	**F**	1 F = 1 C/V
resistenza	ohm	**Ω**	1 Ω = 1 V/A
resistività	ohm per metro	**Ω · m**	
campo magnetico	tesla	**T**	1 T = 1 N/(A · m)
flusso del campo magnetico	weber	**Wb**	$1\ Wb = 1\ T \cdot m^2$

Tabella 4. Principali costanti fisiche

denominazione	simbolo	valore
velocità della luce	c	$3 \cdot 10^8$ m/s
costante di gravitazione universale	G	$6,67 \cdot 10^{-11}$ N m²/kg²
costante di Planck	h	$6,63 \cdot 10^{-34}$ J s
carica dell'elettrone	e	$1,6 \cdot 10^{-19}$ C
massa dell'elettrone	m_e	$9,11 \cdot 10^{-31}$ kg
massa del protone	m_p	$1,67 \cdot 10^{-27}$ kg
costante dei gas perfetti	R	8,31 J/(mol · K)
numero di Avogadro	N_0	$6,02 \cdot 10^{23}$ mol^{-1}
costante dielettrica del vuoto	ε_0	$8,85 \cdot 10^{-12}$ F/m
permeabilità magnetica del vuoto	μ_0	$4\pi \cdot 10^{-7}$ T · m/A

Tabella 5. Dati relativi al Sistema solare

pianeta	massa (kg)	raggio (m)	g (m/s²)	distanza dal Sole (m)	periodo di rivoluzione (s)
Mercurio	$3,18 \cdot 10^{23}$	$2,50 \cdot 10^6$	3,63	$5,79 \cdot 10^{10}$	$7,60 \cdot 10^6$
Venere	$4,90 \cdot 10^{24}$	$6,08 \cdot 10^6$	8,87	$1,08 \cdot 10^{11}$	$1,94 \cdot 10^7$
Terra	$5,98 \cdot 10^{24}$	$6,38 \cdot 10^6$	9,81	$1,49 \cdot 10^{11}$	$3,16 \cdot 10^7$
Luna	$7,34 \cdot 10^{22}$	$1,73 \cdot 10^6$	1,62	–	$2,36 \cdot 10^6$
Marte	$6,41 \cdot 10^{23}$	$3,39 \cdot 10^6$	3,73	$2,28 \cdot 10^{11}$	$5,94 \cdot 10^7$
Giove	$1,90 \cdot 10^{27}$	$7,14 \cdot 10^7$	26,0	$7,78 \cdot 10^{11}$	$3,74 \cdot 10^8$
Saturno	$5,70 \cdot 10^{26}$	$5,75 \cdot 10^7$	11,2	$1,43 \cdot 10^{12}$	$9,30 \cdot 10^8$
Urano	$8,79 \cdot 10^{25}$	$2,55 \cdot 10^7$	10,5	$2,87 \cdot 10^{12}$	$2,65 \cdot 10^9$
Nettuno	$1,03 \cdot 10^{26}$	$2,49 \cdot 10^7$	13,3	$4,50 \cdot 10^{12}$	$5,20 \cdot 10^9$

Tabella 6. Dati relativi alla Terra

massa	$5,98 \cdot 10^{24}$ kg
raggio medio	$6,378 \cdot 10^6$ m
accelerazione di gravità g	9,81 m/s²
distanza media dal Sole	$1,49 \cdot 10^{11}$ m
distanza media dalla Luna	$3,84 \cdot 10^8$ m
densità dell'aria	1,29 kg/m³
densità dell'acqua	1000 kg/m³
velocità del suono nell'aria (20° C)	343 m/s
pressione atmosferica	$1,013 \cdot 10^5$ Pa

Indice analitico